Weltmarktintegration, Wachstum und Innovationsverhalten
in Schwellenländern

Göttinger Studien zur Entwicklungsökonomik
Göttingen Studies in Development Economics

Herausgegeben von/ Edited by Hermann Sautter

Band 11

PETER LANG
Frankfurt am Main · Berlin · Bern · Bruxelles · New York · Oxford · Wien

Matthias Blum

Weltmarktintegration, Wachstum und Innovationsverhalten in Schwellenländern

Eine theoretische Diskussion
mit einer Fallstudie über
„Argentinien 1990-1999"

PETER LANG
Europäischer Verlag der Wissenschaften

Bibliografische Information Der Deutschen Bibliothek
Die Deutsche Bibliothek verzeichnet diese Publikation in der
Deutschen Nationalbibliografie; detaillierte bibliografische
Daten sind im Internet über <http://dnb.ddb.de> abrufbar.

Zugl.: Göttingen, Univ., Diss., 2002

Gedruckt mit freundlicher Unterstützung des
Ibero-Amerika Instituts für
Wirtschaftsforschung, Göttingen.

D7
ISSN 1439-3395
ISBN 3-631-50442-X

© Peter Lang GmbH
Europäischer Verlag der Wissenschaften
Frankfurt am Main 2003
Alle Rechte vorbehalten.

Das Werk einschließlich aller seiner Teile ist urheberrechtlich
geschützt. Jede Verwertung außerhalb der engen Grenzen des
Urheberrechtsgesetzes ist ohne Zustimmung des Verlages
unzulässig und strafbar. Das gilt insbesondere für
Vervielfältigungen, Übersetzungen, Mikroverfilmungen und die
Einspeicherung und Verarbeitung in elektronischen Systemen.

www.peterlang.de

Vorwort

Führt die Globalisierung zu einer wachsenden Ungleichheit der internationalen Einkommensverteilung? Für die meisten Ökonomen lautet die Antwort auf diese Frage: *Jedem* Land bietet die Globalisierung zumindest die *Chance* zu einem verstärkten Einkommenswachstum; wie es diese Chance *nutzt,* ist eine Frage seiner binnenwirtschaftlichen Anpassungsfähigkeit. Länder mit geringer Anpassungsflexibilität fallen international zurück. Durch ihre niedrigen Wachstumsraten vergrößert sich ihr Einkommensabstand zu Ländern, die sich erfolgreich im internationalen Wettbewerb behaupten können.

Doch mit dieser Antwort fangen die eigentlichen Fragen erst an. Wie kann ein Land die Chancen besser nutzen, die ihm eine Integration in den Weltmarkt bietet? Welche politischen und institutionellen Voraussetzungen müssen gegeben sein, damit der Anschluss an das Weltmarktgeschehen nicht nur statische Reallokationsgewinne, sondern auch dynamische Wachstumsgewinne auslöst? Wie kann ein Land vermeiden, dass es in eine "Heckscher-Ohlin-Falle" gerät, d. h. zum Lieferanten von Industriewaren mit geringem Verarbeitungsgrad wird, die kaum einen langfristigen Wachstumsgewinn versprechen?

Dies sind die Fragen, die Herr Blum in der vorliegenden Arbeit aufgreift. Er tut es mit bemerkenswertem Geschick. Als erstes zieht er die moderne Wachstumstheorie zu Rate. Was sagt sie zu den Determinanten des Wachstums und zum Einfluss einer außenwirtschaftlichen Verflechtung auf diese Determinanten? Einerseits sind die Aussagen dieser Theorie sehr präzise, andererseits sehr begrenzt im Blick auf ihre wirtschaftspolitische Anwendbarkeit. Beides versteht Herr Blum in überzeugender Weise herauszuarbeiten. Er stellt die Logik mehrerer wachstumstheoretischer Modellfamilien dar und fasst ihre Ergebnisse in übersichtlicher Weise zusammen. An den Aussagen dieser Theorie kommt man nicht vorbei. Das ist die erste Erkenntnis, die die Arbeit vermittelt.

Die zweite Erkenntnis lautet, dass die endogene Wachstumstheorie ergänzungsbedürftig ist. Herr Blum sieht eine brauchbare Ergänzung im Innovationssystem-Ansatz. Ebenso kenntnisreich, wie er zuvor eine Reihe wachstumstheoretischer Modelle diskutiert hat, stellt er die Fragestellungen und Erkenntnisse dieses relativ jungen Zweiges der Institutionenökonomik dar. Er ist wenig formalisiert, aber gerade dadurch offen für zahlreiche wirtschaftspolitische Fragestellungen. In der gelungenen Verknüpfung der endogenen Wachstumstheorie mit dem Innovationssystem-Ansatz ist eine besondere Leistung dieser Arbeit zu sehen.

Mit dieser Verknüpfung hat der Verfasser die Grundlage für eine empirische Untersuchung geschaffen. Er hat dafür Argentinien ausgewählt, ein Land, das nach 1990 eine bewusste Weltmarktintegration betrieben und auch einige bewusste Schritte unternommen hat, um seine Innovationskapazität zu erhöhen. Der untersuchte Zeitraum (1990-1999) ist zu kurz und die Fragestellung zu komplex, um Einzelhypothesen, die sich aus der Wachstumstheorie und aus dem Innovationssystem-Ansatz ergeben, ökonometrisch testen zu können. Gleichwohl versteht es der Verfasser, die Entwicklungen in Argentinien mit Hilfe der zuvor formulierten Hypothesen zu erklären und damit zugleich die Brauchbarkeit einzelner wachstumstheoretischer Modelle zu überprüfen.

Insgesamt zeigt diese Arbeit, worin die Möglichkeiten eines Schwellenlandes bestehen, durch eine Integration in den Globalisierungsprozess dynamische Wohlfahrtsgewinne zu erzielen. Dies ist ein bemerkenswerter Beitrag zur Vertiefung einer Debatte, in der oft nur Pauschalurteile ausgetauscht werden.

Göttingen, Oktober 2002

Hermann Sautter

Danksagung

Die hier vorliegende Doktorarbeit ist das Resultat eines fünf Jahre währenden Suchprozesses. Während ihrer Entstehung wurden verschiedene Forschungsgebiete betreten und später - zum Teil mit Bedauern - wieder verlassen, um neue, zielführendere Pfade zu beschreiten. Am Ende des Weges entstand aus der Kombination von verschiedenen wissenschaftlichen Ansätzen, Ideen und neuen Datensätzen ein innovatives Produkt, dass zumindest einige Antworten auf mir selbst am Anfang der Suche gestellten Fragen geben konnte. Auf diesem Weg wurde mir von verschiedener Seite bei der Orientierung geholfen.

Mein besonderer Dank gilt meinem sehr geschätzten akademischen Lehrer Herrn Prof. Dr. Hermann Sautter, der mir mit Rat und Motivation zur Seite stand, die Entwicklung eigener Ideen zielstrebig voranzutreiben. Auch Herrn Prof. Dr. Kucera und Herrn Prof. Bloech bin ich für ihre Unterstützung beim Abschluss der Dissertation zu großem Dank verpflichtet.

Des weiteren gilt mein Dank Frau Dr. Felicitas Nowak-Lehmann Danziger und Herrn Dr. Rolf Schinke, die mir am Ibero-Amerika Institut mit ihren Erfahrungen in theoretischer und empirischer Forschung zur Seite standen, sowie meinen Kollegen Susanne Hesselbarth und Jörg Stosberg, die mir unser gemeinsames Los des Promovierens erleichterten. Auch den anderen Teilnehmern des Doktorandenkolloquiums am Ibero-Amerika Institut danke ich für viele fruchtbare Diskussionen.

Dem DAAD gilt mein Dank dafür, dass er mich dabei unterstütze, vor Ort in Argentinien Daten und Erfahrungen sammeln und einen subjektiven Einblick in mein Forschungsobjekt gewinnen zu können.

Auf der anderen Seite des Atlantiks geht mein Dank insbesondere an Frau Marcela Cristini vom Forschungsinstitut FIEL sowie Herrn Gustavo Lugones und Herrn Roberto Bisang, die es mir in Buenos Aires erleichterten, an die Daten und Informationen zu gelangen, die in den empirischen Teil der Arbeit Eingang fanden.

Schließlich bedanke ich mich bei Juan Pantano, Igor Gouvea, Adriana Cardozo sowie Frau Margret von Schierstaedt, die mir bei der Aufbereitung der empirischen Daten und bei der Erstellung der Manuskriptes für die Veröffentlichung der Arbeit eine große Hilfe waren.

Frankfurt, Oktober 2002

Matthias Blum

Inhaltsverzeichnis

Verzeichnis der Grafiken XIV
Verzeichnis der Tabellen XVI
Verzeichnis der Abkürzungen XVIII
Verzeichnis der Variablen XX

1 Einführung 1

2 Technischer Fortschritt, Innovation und Wissen als Quellen des Wachstums 9

  2.1 Quellen des Wachstums in nicht-F&E-basierten Wachstumsmodellen 9
    2.1.1 Einführung 9
    2.1.2 Die neoklassische Wachstumstheorie 10
      2.1.2.1 Aufbau und Ergebnisse 10
      2.1.2.2 Die Situation der Schwellenländer in der Neoklassik 14
      2.1.2.3 Empirische Untersuchungen auf der Grundlage der Neoklassik 15
    2.1.3 Die endogene Wachstumstheorie 17
      2.1.3.1 Ein Überblick über die endogene Wachstumstheorie 17
      2.1.3.2 Endogenes Wachstum durch Kapitalakkumulation 19
      2.1.3.3 Endogenes Wachstum durch Externalitäten des Humankapitals 21
    2.1.4 Zusammenfassung 22
  2.2 Innovation durch F&E als Quelle endogenen Wachstums 23
    2.2.1 Vom exogenen technischen Fortschritt zur Innovation durch private Forschung und Entwicklung (F&E) 23
    2.2.2 Endogenes Wachstum durch F&E und horizontale Innovationen ... 25
      2.2.2.1 Das Modell 26
      2.2.2.2 Herleitung des Wachstumsgleichgewichts und Modellergebnisse 32
      2.2.2.3 Effekte einer exogenen Erhöhung der Forschungsproduktivität 37
      2.2.2.4 Armutsfallen 39
      2.2.2.5 Kapitaleinsatz im Forschungssektor: die *lab equipment*-Spezifikation 40
    2.2.3 Endogenes Wachstum durch F&E und Qualitätsverbesserungen 41
      2.2.3.1 Das Modell 42
      2.2.3.2 Das Wachstumsgleichgewicht und der gleichgewichtige Wachstumspfad 49
    2.2.4 Implikationen und Grenzen der F&E-basierten Wachstumsmodelle 55

2.2.4.1 Gegenüberstellung des Romer- und des Aghion/Howitt-Modells 55
2.2.4.2 Hypothesen für das Wachstum von Schwellenländern 56
2.2.4.3 Wissensbasierte Entwicklungspolitik in F&E-basierten Wachstumsmodellen 57
2.2.4.4 Empirische Befunde zu F&E-basiertem Wachstum 60
2.2.4.5 Wissensakkumulation als Quelle des Wachstum – einige Erweiterungen 65
2.2.5 Zusammenfassung der Ergebnisse 68
2.3 Effekte einer Weltmarktintegration auf Wachstum und Innovation in Schwellenländern 69
2.3.1 Einführung 69
2.3.2 Die Integration identischer Volkswirtschaften im Rivera-Batiz/Romer-Modell 73
2.3.3 Komparative Vorteile, Handel und endogenes Wachstum 81
2.3.3.1 Einleitende Worte zur Integration von zwei ungleichen Ländern 81
2.3.3.2 Unterschiede in den akkumulierten Wissensbeständen 82
2.3.3.3 Unterschiedliche Forschungsproduktivitäten 85
2.3.3.4 Unterschiede in der Humankapitalausstattung 92
2.3.3.5 Zusammenfassung: Effekte der Weltmarktintegration von SL im Romer-Modell 100
2.3.4 Nullwachstum durch Handel: das Grossman/Helpman-Modell 100
2.4 Diskussion der Integrationseffekte bei F&E-basiertem Wachstum 103
2.4.1 Implikationen für Wachstum und F&E in Schwellenländern 103
2.4.1.1 Wachstum und Konvergenz durch eine Politik der Weltmarktintegration? 103
2.4.1.2 Der *trade off* zwischen Wachstum und Forschung 105
2.4.1.3 Graduelle Handelsliberalisierung, Wachstum und Spezialisierung 106
2.4.2 Internationale Wissensdiffusion – einige Erweiterungen 108
2.4.2.1 Alternative Kanäle der internationalen Wissensdiffusion 108
2.4.2.2 Indirekte Wissensspillover 110
2.4.2.3 Diffusion*lags* und Absorptionsvoraussetzungen im Empfängerland 111
2.4.2.4 Besonderheiten des Humankapitals 113
2.4.2.5 Auslandsverschuldung, Wechselkurspolitik und Protektion im Industrieland 113
2.4.3 Empirische Befunde zu Weltmarktintegration, Wachstum und Innovation 114

2.4.4 Gründe, Ansatzpunkte und Instrumente für die Forschungspolitik von Schwellenländern 117
    2.4.4.1 Gründe für eine Forschungspolitik in Schwellenländern 117
    2.4.4.2 Ansatzpunkte der Forschungspolitik in offenen Schwellenländern 121
    2.4.4.3 Die Forschungsproduktivität als Ansatzpunkt der Forschungspolitik 124
        2.4.4.3.1 Determinanten der Forschungsproduktivität 124
        2.4.4.3.2 Maßnahmen zur Erhöhung der Forschungsproduktivität 126
2.4.5 Zusammenfassung der Ergebnisse 127

3 Systemische Innovation als Quelle wirtschaftlicher Entwicklung 129

3.1 Konzeptionelle Grundlagen des Innovationssystem-Ansatzes 129
    3.1.1 Einführung 129
    3.1.2 Das Verständnis des NIS-Ansatzes von Innovation und technischem Wandel 132
    3.1.3 Nationale Innovationssysteme: Definition, Abgrenzung und Aufbau 139
        3.1.3.1 Zur Definition und Abgrenzung von nationalen Innovationssystemen 139
        3.1.3.2 Der Aufbau eines nationalen Innovationssystems 142
        3.1.3.3 Die wichtigsten Akteure eines NIS und ihrer Beziehungen 145
    3.1.4 Politikempfehlungen des NIS-Ansatzes 150
    3.1.5 Synthese: Eine Gegenüberstellung von EWT und NIS-Ansatz 152
3.2 Effekte einer Weltmarktintegration auf die NIS von Schwellenländern 156
    3.2.1 Innovation und Innovationssysteme in Schwellenländern 156
        3.2.1.1 Innovation und technischer Fortschritt in Schwellenländern 156
        3.2.1.2 Nationale Innovationssysteme in Schwellenländern 159
    3.2.2 Mögliche Auswirkungen einer Weltmarktintegration auf die Innovationssysteme von Schwellenländern 162
    3.2.3 Empfehlungen für eine wachstumsorientierte Innovationspolitik in offenen Schwellenländern 167
3.3 Zusammenfassung der Hypothesen 171

4 Auswirkungen der Weltmarktintegration auf das Wachstum, das Innovationsverhalten und das Innovationssystem in Argentinien 177

4.1 Die Evolution des argentinischen NIS bis 1990 und der Prozess der Weltmarktintegration 177
    4.1.1 Einführung 177
    4.1.2 Die historische Entwicklung des argentinischen Innovationssystems 179
        4.1.2.1 Die Evolution des argentinischen NIS im 20. Jahrhundert 179
        4.1.2.2 Eine kurze Charakterisierung des NIS am Anfang der 90er Jahre 185
    4.1.3 Die Liberalisierung des Außenhandels nach 1988 189
        4.1.3.1 Erste Phase: Liberalisierung und Regionalisierung von 1988 bis 1995 189
        4.1.3.2 Zweite Phase: Konsolidierung und Stagnation nach 1995 193
        4.1.3.3 Wechselnde Bestimmungen für Investitionsgüterimporte 194
        4.1.3.4 Reformkontext, Zusammenfassung und Bewertung der Liberalisierung 195

4.2 Effekte der Weltmarktintegration auf den Wachstumspfad und den Umfang der Innovationsaktivitäten 197
    4.2.1 Die Entwicklung der Produktion und des Außenhandels von 1990 bis 1999 197
        4.2.1.1 Wirtschaftswachstum, Faktorakkumulation und Faktorproduktivität 197
        4.2.1.2 Entwicklung des Außenhandels 203
            4.2.1.2.1 Strukturelle Veränderungen bei den Importen 204
            4.2.1.2.2 Strukturelle Veränderungen bei den Exporten 208
    4.2.2 Quantitative Entwicklungen bei Forschung, Invention und Innovation 211
        4.2.2.1 Entwicklung des Forschungsinputs von 1991 bis 1999 212
        4.2.2.2 Entwicklung des Forschungsoutputs von 1990 bis 1999 ... 220
        4.2.2.3 Produktivität des Forschungssektors 223
    4.2.3 Zusammenfassung und Diskussion 225

4.3 Anpassungsreaktionen im argentinischen NIS 235
    4.3.1 Einführung 235
    4.3.2 Veränderungen in der Produktionsstruktur 236
    4.3.3 Mikroökonomische Anpassungsprozesse in der argentinischen Industrie 240
        4.3.3.1 Allgemeine Angaben zur Methode und zum Sample der *Encuesta* 241

4.3.3.2 Überblick über die Investitionen in Technologie im Jahr 1996 ... 242
4.3.3.3 Vergleich der Investitionen in Technologie zwischen 1992 und 1996 ... 245
4.3.3.4 Fremdbezug von inkorporierter und nicht-inkorporierter Technologie ... 247
4.3.3.5 Unternehmensinterne Innovationsaktivitäten ... 251
4.3.3.6 Ergebnisse der F&E und die Performance der innovativen Unternehmen ... 254
4.3.3.7 Strukturelle Unterschiede in den technologischen Anstrengungen ... 256
4.3.3.8 Kooperationen, Zulieferbeziehungen und Cluster ... 264
4.3.3.9 Zusammenfassung und Diskussion der Prozesse im produktiven Teil des NIS ... 266
4.3.4 Institutionelle Rahmenbedingungen und komplementäre Elemente ... 274
4.3.5 Veränderungen in der FT-Politik und im Wissenschaftssystem ... 279
    4.3.5.1 Erste Reformansätze bis 1996 ... 279
    4.3.5.2 Die Reform der Forschungs- und Technologiepolitik im Jahr 1996 ... 283
        4.3.5.2.1 Theoretische Grundlagen, Zielsetzung und Ansatzpunkte der Reformen ... 283
        4.3.5.2.2 Die neue institutionelle Struktur ... 285
        4.3.5.2.3 Die neuen horizontalen forschungspolitischen Instrumente ... 287
        4.3.5.2.4 Andere Elemente der FT-Politik ab 1996 ... 289
    4.3.5.3 Entwicklungen in der FT-Politik und im Wissenschaftssystem nach 1996 ... 290
    4.3.5.4 Zusammenfassung und Diskussion der forschungspolitischen Reformen ... 299
4.3.6 Die Evolution des NIS des argentinischen NIS nach 1990 – eine Synthese ... 304
    4.3.6.1 Zusammenfassung und Interpretation der Evolution des NIS ... 304
    4.3.6.2 Effekte der Weltmarktintegration auf die argentinische Innovationsfähigkeit ... 307
    4.3.6.3 Diagnose des argentinischen NIS im Jahr 1999 ... 310

5 Schlussbetrachtung ... 313

Anhänge A.1 – A.4 ... 323

Literaturverzeichnis ... 329

Verzeichnis der Grafiken

Grafik 2.1.2.1:	Die Struktur des Solow-Modells ohne technischen Fortschritt	10
Grafik 2.1.2.2:	Das Wachstumsgleichgewicht im Solow-Modell	11
Grafik 2.1.3.1:	Überblick über die endogene Wachstumstheorie	18
Grafik 2.1.3.2:	Der Wachstumsprozess im AK-Modell	19
Grafik 2.2.1.1:	Die Struktur des Romer-Modells	27
Grafik 2.2.2.2:	Der Kapitalstock im Romer-Modell	28
Grafik 2.2.2.3:	Das Wachstumsgleichgewicht im Romer-Modell	34
Grafik 2.2.2.4:	Reallokationseffekte nach einer Erhöhung der Forschungsproduktivität	37
Grafik 2.2.2.5:	Armutsfallen im Romer-Modell	40
Grafik 2.2.3.1:	Die Struktur des Aghion/Howitt-Modells	43
Grafik 2.2.3.2:	Der gleichgewichtige Forschungsaktivität im Aghion/Howitt-Modell	49
Grafik 2.2.3.3:	Anpassung zum Gleichgewicht im Aghion/Howitt-Modell	51
Grafik 2.2.3.4:	Der gleichgewichtige Wachstumspfad im Aghion/Howitt-Modell	53
Grafik 2.2.4.1:	Die lineare Wirkungskette von der F&E zum Wachstum in der EWT	60
Grafik 2.2.4.2:	F&E-Investitionen und PKE	61
Grafik 2.2.4.3:	F&E-Investitionen und Wachstum des PKE	62
Grafik 2.3.1.1:	Mögliche Kanäle des internationalen Wissenstransfers	72
Grafik 2.3.2.1:	Internationale Transaktionen bei der Integration im Rivera-Batiz/Romer-Modell	74
Grafik 2.3.2.2:	Effekte einer vollständigen Integration identischer Volkswirtschaften	78
Grafik 2.3.2.3:	Wachstumspfade vor und nach der Integration identischer Volkswirtschaften	79
Grafik 2.3.3.1:	Wachstumsgleichgewichte zweier autarker Länder mit unterschiedlichen Forschungsproduktivitäten	87
Grafik 2.3.3.2:	Integrationseffekte bei unterschiedlichen Forschungsproduktivitäten	89
Grafik 2.3.3.2:	Integrationseffekte bei unterschiedlichen Humankapitalausstattungen	94
Grafik 2.3.4.1:	Die Struktur des Grossman/Helpman-Modells	101
Grafik 3.1.1.1:	Ein Überblick über innovationstheoretische Forschungsansätze	129
Grafik 3.1.3.1:	Schematischer Aufbau eines NIS	145

Grafik 3.1.3.2:	Kanäle für Wissensflüsse zwischen den Elementen eines NIS	148
Grafik 4.2.1.1:	Durchschnittliche Wachstumsraten 1950 bis 1999	199
Grafik 4.2.1.2:	Die Entwicklung der Außenhandelsverflechtung von 1991 bis 1999	204
Grafik 4.2.1.3:	Die Entwicklung der Exportgüterstruktur 1991 bis 1999	209
Grafik 4.2.2.1:	Ausgaben für Forschung und Technologie in Relation zum BIP	213
Grafik 4.2.2.2:	Ausgaben für F&E nach Forschungsart	217
Grafik 4.3.2.1:	Industrien mit deutlichen Produktionszuwächsen (1993 =100)	238
Grafik 4.3.2.2:	Industrien mit Produktionsrückgängen (1993 =100)	239
Grafik 4.3.3.1:	Investitionen in Investitionsgüter nach Technologie und Herkunft 1996	248
Grafik 4.3.3.2:	Von den befragten Unternehmen erhaltene Patente 1992 bis 1996	255
Grafik 4.3.5.1:	Organigramm der Institutionen der argentinischen FT-Politik	285
Grafik 4.3.5.2:	Horizontale Programme der Forschungs- und Technologiepolitik	287

Verzeichnis der Tabellen

Tabelle 2.2.4.1:	Vergleich der beiden F&E-basierten endogenen Wachstumsmodelle	55
Tabelle 2.3.1.1:	Integrationsformen	72
Tabelle 2.3.3.1:	Integrationseffekte im SL bei Humankapitalausstattungsdifferenzen	96
Tabelle 2.3.3.2:	Wachstumsrateneffekte im SL im Romer-Modell	97
Tabelle 2.3.3.3:	Spezialisierungseffekte im SL im Romer-Modell	99
Tabelle 2.4.1.1:	Wachstums- und Spezialisierungseffekte in Schwellenländern	105
Tabelle 3.1.5.1:	Gegenüberstellung des Innovationskonzeptes von EWT und NIS	152
Tabelle 4.1.2.1:	Gründungsdaten der argentinischen Forschungsinstitute	180
Tabelle 4.1.2.2:	Indikatoren des argentinischen NIS im internationalen Vergleich	185
Tabelle 4.1.3.1:	Indikatoren zur argentinischen Handelspolitik von 1988 bis 1994	190
Tabelle 4.2.1.1:	Die Entwicklung des Bruttoinlandsproduktes von 1990 bis 1999	198
Tabelle 4.2.1.2:	Die Akkumulation von Produktionsfaktoren von 1990 bis 1999	200
Tabelle 4.2.1.3:	Die Entwicklung des Außenhandels 1990 bis 1999	203
Tabelle 4.2.1.4:	Die Struktur der Importe 1991 bis 1999	205
Tabelle 4.2.1.5:	Güterimporte nach Art der Verwendung 1990 bis 1998	205
Tabelle 4.2.1.6:	Die sektorale Verwendung der Investitionsgüterimporte 1990 bis 1998	206
Tabelle 4.2.1.7:	Die Herkunft der Güterimporte 1991, 1994 und 1998	208
Tabelle 4.2.1.8:	Der Technologiegehalt der argentinischen Industriegüterexporte	210
Tabelle 4.2.2.1:	Die Ausgaben für ACT und F&E	212
Tabelle 4.2.2.2:	Argentiniens Ausgaben für F&E und ACT im internationalen Vergleich	214
Tabelle 4.2.2.3:	Die Aufteilung der Ausgaben für ACT nach Akteuren	215
Tabelle 4.2.2.4:	Die Aufteilung der Ausgaben für F&E nach Akteuren	216
Tabelle 4.2.2.5:	Die Aufteilung der Ausgaben für ACT (F&E): Internationaler Vergleich	216
Tabelle 4.2.2.6:	Die Aufteilung der Ausgaben für ACT nach Forschungsgebieten	218
Tabelle 4.2.2.7:	Wissenschaftliches Personal von 1993 bis 1997	219

Tabelle 4.2.2.8:	Patentanträge und Patentzulassungen von 1990 bis 1999	220
Tabelle 4.2.2.9:	Patente im Eigentum von Schwellenländern beim USPTO	222
Tabelle 4.2.2.10:	Wissenschaftliche Publikationen im internationalen Vergleich	222
Tabelle 4.2.2.11:	Die Entwicklung der Produktivität des Forschungssektors	224
Tabelle 4.3.2.1:	Anteile der Wirtschaftssektoren an der Wertschöpfung 1990 bis 1999	237
Tabelle 4.3.3.1:	Die Entwicklung der Unternehmen des *Samples B* von 1992 bis 1996	242
Tabelle 4.3.3.2:	Investitionen in Technologie im Jahr 1996	244
Tabelle 4.3.3.3:	Ein Vergleich der Investitionen in Technologie 1992 und 1996	246
Tabelle 4.3.3.4:	Ausgaben für F&E und Innovation von 1992 bis 1996	252
Tabelle 4.3.3.5:	Die sektorale Entwicklung der Innovationsaktivität 1992 bis 1996	256
Tabelle 4.3.3.6:	Die sektorale Struktur des Technologieerwerbs im Jahr 1996	259
Tabelle 4.3.3.7:	Innovationsausgaben nach Beschäftigtenzahl der Unternehmen 1992 und 1996	261
Tabelle 4.3.3.8:	Ausländische Direktinvestitionen: Zustrom und Kapitalstock	262
Tabelle 4.3.3.9:	Der Technologieerwerb der in- und ausländischen Unternehmen 1996	263
Tabelle 4.3.3.10:	Unternehmenskontakte zu Forschungsinstituten	264
Tabelle 4.3.3.11:	Kooperationen mit OCT von 1992 bis 1996 nach Unternehmensgröße	265
Tabelle 4.3.5.1:	Die Budgets der großen OCT im Jahr 1995	281
Tabelle 4.3.5.2:	Ausgaben des Haushaltes für OCT 1997/1998	297
Tabelle 4.3.5.3:	Übersicht über die PICT 1996 bis 1998	294
Tabelle 4.3.5.4:	Übersicht über die PID 1994 bis 1998	295
Tabelle 4.3.5.5:	Die finanzielle Ausstattung der Programme des FONTAR 1998	296
Tabelle 4.3.6.1:	Übersicht: Effekte der Weltmarktintegration auf die Innovationsfähigkeit	308

Verzeichnis der Abkürzungen

ACT	Actividades de Ciencia y Tecnología
AGENCIA	Agencia Nacional de Promoción Científica y Tecnológica
BIP	Bruttoinlandsprodukt
BSP	Bruttosozialprodukt
CET	gemeinsamer Außenzoll (*common external tariff*)
CNAE	Comisión Nacional de Actividades Espaciales
CNEA	Comisión Nacional de Energia Atómica
COFECYT	Consejo Federal de Ciencia y Tecnología
CONEAU	Kommission zur Evaluierung der universitären Forschung
CONICET	Consejo Nacional de Investigaciones Cientificas y Tecnológicas
EJC	Vollzeitstellenäquivalente (*equivalente jornada completa*)
ESFL	gemeinnützige Organisationen (*entidades sin fines de lucro*)
EWM	endogenes Wachstumsmodell
EWT	endogene Wachstumstheorie
F&E	Forschung & Entwicklung
FDI	ausländische Direktinvestitionen
FOMEC	Fondo para la mejora de la educacion cientifica
FONCYT	Fondo para la Ciencia y Tecnología
FONTAR	Fondo Tecnológico Argentino
FT-Politik	Forschungs- und Technologiepolitik
GACTEC	Gabinete de Ciencia y Tecnología
GDN	Global Development Network
GTZ	Gesellschaft für technologische Zusammenarbeit
IDB	Inter-American Development Bank
IL	Industrieland
INdEC	Instituto Nacional de Estadistica y Censo
INET	Instituto Nacional de la Educación Tecnica
INTA	Instituto Nacional deTecnología Agropecuaria
INTI	Instituto Nacional de Tecnología Industrial
IS	Innovationssystem
IT	Information und Telekommunikation
KMU	kleine und mittelgroße Unternehmen
MCE	Ministerio de Cultura y Educación
Mercosur	Mercado Comun del Sur
MNU	multinationale Unternehmen
NIC	Schwellenland (*newly industrializing country*)
NIS	nationales Innovationssystem
NHU	große Unternehmen in argentinischem Eigentum

OCT	öffentliches Forschungsinstitut (*organismos cientifico-tecnologico*)
OECD	Organisation for Economic Co-operation and Development
PICT	wissenschaftlich-technologische Projekte (*Proyectos de Investigación Científica y Tecnológica*)
PID	Projekte zur industriellen Entwicklung (*Proyectos de Investigación y Desarrollo*)
PKE	Pro-Kopf-Einkommen
PMT	Programm zur technologischen Modernisierung
SECYT	Secretaria de Ciencia y Tecnologia
SEGEMAR	Servicio Geológico Minero Argentino
SL	Schwellenland
TF	technischer Fortschritt
TFP	Totale Faktorproduktivität
WIPO	World Intellectual Property Organisation
WTO	World Trade Organisation

Verzeichnis der Variablen

A	Technologieparameter (im Solow- und im AK-Modell)
A_R	Wissensstand (im Romer-Modell)
A_{AH}	Qualität der Investitionsgüter (im Aghion-Howitt Modell)
B	Effizienzparameter in der *lab equipment*-Variante des Romer-Modells
C	Konsum
H	Humankapitalstock
K	Sachkapitalstock (im AK-Modell: Gesamtkapitalstock)
L	verfügbare und eingesetzte Arbeitsmenge
T	Innovationsereignis
V	Wert einer Innovation
Y	Endproduktmenge
g	Wachstumsrate
i	Index für die Zwischengutvarianten
k	Kapitalintensität
m	Menge eines importierten Zwischengutes
n	Bevölkerungswachstum
p	Preis
q	Anteil eines Landes an der Weltwissensproduktion
r	Zinssatz
s	Sparquote
t	Zeit (im Romer-Modell, im Aghion/Howitt-Modell: Index für die Anzahl der Innovationen)
w	Lohnsatz (Arbeit, Humankapital)
x	Menge eines im Inland produzierten Zwischengutes
y	Pro-Kopf-Produktion
z	Subventionssatz
α, β	partielle Produktionselastizitäten
δ	Abschreibungsrate
ε	Produktivitätsparameter des Zwischenproduktsektors im Romer-Modell
γ	Höhe einer Innovationsstufe
η	Produktivitätsparameter des Endproduktsektors
κ	Parameter zur Aufteilung des Konsums auf Güterarten im Grossman/Helpman-Modell
λ	Innovations-Eintrittswahrscheinlichkeit
π	Gewinn eines Monopolisten
θ	Forschungsproduktivität

ρ	Zeitpräferenzrate
σ	intertemporale Substitutionselastizität
τ	Zeit im Aghion/Howitt-Modell
μ	Poisson-Eintrittsrate
ω	produktivitätsbereinigter Lohnsatz
IL	Industrieland
SL	Schwellenland
A	Autarkie
GI	Gütermarktintegration
VI	vollständige Integration

1 Einführung

Zwei große Trends bestimmen die langfristige wirtschaftliche Entwicklung in der Gegenwart: die Globalisierung und die Entstehung der Wissensgesellschaft. Zum einen hat seit dem Ende des zweiten Weltkriegs die internationale Interdependenz, sei es in Form internationaler Handels- und Kapitalströme oder des internationalen Standortwettbewerbes, in erheblichem Maße zugenommen. Zum anderen basiert die Funktionsweise der modernen postindustriellen Gesellschaft auf einem großen, in der Vergangenheit akkumulierten und schnell weiter wachsenden Wissensstock: In ihr basieren die Wettbewerbsvorteile von Unternehmen und Ökonomien zunehmend auf ihren Wissensressourcen, und die Schaffung neuen Wissens stellt den Motor der wirtschaftlichen und gesellschaftlichen Entwicklung dar.

Was bedeuten die beiden Trends für die Situation der Entwicklungsländer insgesamt und der Schwellenländer im Besonderen? Können auch sie in einer globalisierten Welt einen wissensbasierten Entwicklungsprozess verfolgen? Oder wird ihr Abstand zu den Industrieländern mit ihren historisch gewachsenen, effektiven Systemen zur Wissensgenerierung und -diffusion in einer globalisierten Welt immer weiter wachsen? Die vorliegende Arbeit hat das Ziel, mögliche Effekte der Weltmarktintegration auf das Innovationsverhalten und das Wachstum in Schwellenländern zu untersuchen. Die Zusammenhänge sollen auf der Grundlage neuer theoretischer Entwicklungen erörtert und anhand einer Fallstudie überprüft werden. Zum Gegenstand der Fallstudie wurde Argentinien und seine wirtschaftliche Entwicklung zwischen 1990 und 1999 gewählt.

Argentinien ist mit seinen radikalen Wirtschaftsreformen zu Beginn der 90er Jahre zum Inbegriff einer „neoliberalen" Politik der Marktöffnung und Weltmarktintegration geworden. Nur wenige Länder haben in so kurzer Zeit einen derartig extremen Wandel von einer binnen- zu einer außenorientierten Entwicklungsstrategie vollzogen. Es folgte mit seiner liberalen, den Marktkräften vertrauenden Politik den Empfehlungen der multilateralen Washingtoner Institutionen, die unter dem Sammelbegriff *Washington Consensus* gebündelt wurden. Durch den nach der Liberalisierung einsetzenden Wirtschaftsboom galt Argentinien lange Zeit als das Aushängeschild der Reformbefürworter.

Das Scheitern des argentinischen Wirtschaftsmodells gegen Ende der 90er Jahre rief dann umgehend die Kritiker des *Washington Consensus* auf den Plan, die in der argentinischen Krise ein weiteres Beispiel für das Scheitern der liberalen Reformempfehlungen der Washingtoner Institutionen für die Entwicklungsländer sahen. Ein Ansatzpunkt der Kritik ist die Deindustrialisierung der Entwicklungsländer, die Zerstörung ihrer indigenen Wissensbasis und die zunehmende Abhängigkeit von der technologischen Entwicklung in den Industrieländern in Zeiten der zunehmenden Globalisierung.

Bestätigt der Aufstieg und Fall Argentiniens in den 90er Jahren eher die Befürworter oder die Kritiker einer Weltmarktintegration? Verbessert die Weltmarktintegration die langfristigen Entwicklungschancen von Entwicklungs- und Schwellenländern, oder geht mit der Weltmarktintegration ihre in der Wissensgesellschaft so wertvolle Fähigkeit zur Entwicklung eigener technologischer Kompetenzen verloren? Vor zehn Jahren wäre die Antwort vermutlich recht eindeutig ausgefallen, in Zeiten wachsender Globalisierungskritik hat sie wieder an Aktualität gewonnen.

Die folgende theoretische und empirische Untersuchung widmet sich vier zentralen Fragen zum Untersuchungskomplex „Weltmarktintegration, Innovation und Wachstum von Schwellenländern". Diese vier Leitfragen der Arbeit lauten:

1. Wie beeinflusst die Offenheit eines Schwellenlandes seinen Wachstumsprozess?

2. Wie beeinflusst die Offenheit eines Schwellenlandes den Umfang seiner Innovationsanstrengungen?

3. Wie beeinflusst die Offenheit eines Schwellenlandes seine Fähigkeit zur Generierung von Innovationen, im Sinne seiner Innovationseffizienz?

4. Welche Rolle kann der Wirtschaftspolitik in offenen Schwellenländern dabei zukommen, Wachstum zu stimulieren und die inländische Forschungskompetenz zu entwickeln?

Die Suche nach Antworten auf diese Fragen basiert auf einer zentralen Annahme. Diese Annahme ist, dass Innovationen und Wissensakkumulation tatsächlich einen bedeutenden Beitrag zum Wachstums- und Entwicklungsprozess leisten. Diese Hervorhebung der Rolle von Innovation und Wissen für den Wachstums- und Entwicklungsprozess ist nicht neu, aber in den letzten Jahren wieder stärker in den Fokus der Entwicklungsinstitutionen gerückt. Sowohl der Weltentwicklungsbericht: *Knowledge for Development* als auch ein Human Development Report *Making New Technologies Work for Human Development* widmeten sich zuletzt ausführlich der Rolle von Wissen im Entwicklungsprozess.[1] Darüber hinaus wurde im Jahr 1999 in Bonn das *Global Development Network* (GDN) zur Verbesserung des internationalen Wissensaustausches und zur Förderung des Wissenstransfers in die Entwicklungsländer ins Leben gerufen.

Um Antworten auf die vier Leitfragen zu bekommen, wird zunächst auf der Grundlage neuerer wirtschaftstheoretischer Forschungsansätze erörtert, welche Mechanismen für den Zusammenhang zwischen einer Weltmarktintegration, dem Wachstum und dem Innovationsverhalten eine Rolle spielen. Das erste theoretische Fundament dieser Arbeit ist die endogene Wachstumstheorie (EWT). Die aus ihr gewonnenen Erkenntnisse werden dann mit Hilfe des Ansatzes nationaler Innovationssysteme (NIS) erweitert.

---

[1] Vgl. Weltbank (1999) und UNDP (2001).

Das Ende der 80er und die 90er Jahre erlebten einen Boom in der theoretischen und empirischen Wachstumsforschung. Zu den theoretischen Neuentwicklungen gehört die endogene Wachstumstheorie (EWT). In einem ihrer Zweige steht die zunehmende Akkumulation des Produktionsfaktors Wissen im Zentrum der Analyse von Wachstumsprozessen. Wissensgenerierung und -akkumulation werden als Ergebnisse gezielter Verhaltensweisen modelliert und das Wissen selbst als ein partiell öffentliches Gut betrachtet, das aber zumindest teilweise privat appropriierbar und darüber hinaus unbegrenzt akkumulierbar ist. Die Ursache der Wissensgenerierung sind Investitionen in F&E in einem von der Güterproduktion separiertem Forschungssektor, der Blaupausen und neues Wissen herstellt. Die wichtigsten Modelle dieser Gruppe stammen von Aghion/Howitt sowie Romer.[1]

Mit diesen neuen Wachstumsmodellen konnte erstmals auch die Beziehung zwischen dem Offenheitsgrad einer Volkswirtschaft und ihrer langfristigen Wachstumsrate makroökonomisch modelliert werden. Die wegweisenden Arbeiten dieser als „neue Wachstumstheorie/ neue Außenhandelstheorie" titulierten Forschungsrichtung stammen von Grossman/Helpman, Rivera-Batiz/Romer, Segerstrom/Anant/Dinopoulos, Young und Stokey.[2] Die neue Theorie konnte die Hoffnung auf den Nachweis einer eindeutig positiven Relation zwischen der Offenheit und dem Wachstum nicht erfüllen. Ihre Aussagen über die Wirkungen einer Weltmarktintegration fallen je nach Modell unterschiedlich aus, eindeutige Hypothesen aus der Theorie als Ganzem sind nicht ableitbar. Aber mittels eines Überblicks über ihre Modellwelt können Parameter und Prozesse identifiziert werden, die bestimmen, ob eine Außenhandelsliberalisierung eher wachstumsstimulierend oder wachstumshemmend auf Entwicklungsländer wirkt. Die Schlussfolgerungen für ein bestimmtes Land hängen dann von seiner Ähnlichkeit zu der einen oder anderen Modellwelt ab.

Dieser ambivalente Befund stand zunächst im Widerspruch zu einer wachsenden Anzahl empirischer Untersuchungen, die einen positiven Zusammenhang zwischen der Offenheit und dem Wachstum von Ländern fanden. Erst gegen Ende der 90er Jahre wurde auch dieser Befund durch neue Studien zunehmend in Zweifel gezogen, und die zu beobachtende langfristige Divergenz in der Welteinkommensverteilung und die große Heterogenität von Wachstumsprozessen rückten ins Zentrum der empirischen Wachstumsforschung. Beide Befunde lassen sich mit der EWT prinzipiell vereinbaren.

Die neuen Wachstumsmodelle riefen schnell eine Welle der Kritik und alsbald einen umfangreichen Kosmos von Erweiterungen hervor. Innerhalb des neoklassischen Ideengebäudes der Wachstumstheorie wurden Annahmen über den

---

[1] Vgl. Aghion/Howitt (1992), Romer (1990).
[2] Vgl. Grossman/Helpman (1990, 1991a, b, c), Rivera-Batiz/Romer (1991), Segerstrom/ Anant/Dinopoulos (1990), Young (1991), Stokey (1991).

Modellaufbau und die Modellierung der Innovation in Frage gestellt. Darüber hinaus erwiesen sich einige zentrale Aussagen der EWT als empirisch unhaltbar. Dies führte zu zahlreichen Erweiterungen bis hin zur Entstehung einer neuen Modellfamilie, der semi-endogenen Wachstumstheorie. Kritiker „jenseits" der Neoklassik kritisierten das Verständnis der EWT von Entwicklung als einem gleichgewichtigen und der Innovation als einem vollständig rationalen und linearen Prozess. Wichtige Elemente der Innovation, des technischen Wandels und der wirtschaftlichen und gesellschaftlichen Entwicklung blieben nach ihrer Ansicht unberücksichtigt oder wurden gar prinzipiell falsch verstanden. Aber trotz der in vielerlei Hinsicht berechtigten Kritik stellt die EWT m. E. den zur Zeit besten Rahmen dar, die Beziehung zwischen der Offenheit eines Landes und den langfristigen Wachstumsaussichten zu strukturieren.

Doch um auch einige neuere Erkenntnisse aus der Innovationsforschung in diese Untersuchung einzubeziehen, soll die Analyse auf Basis der EWT ergänzt werden. Hierzu wird der „Ansatz der nationalen Innovationssysteme" (NIS) herangezogen, der ebenfalls am Anfang der 90er Jahre entstanden und schnell zum dominierenden Paradigma der Innovationsforschung geworden ist. Seine Berücksichtigung ist insbesondere für die Suche nach Antworten auf die Fragen 3 und 4 nach den Rückwirkungen der Weltmarktintegration auf die Innovationsfähigkeit und nach den wirtschaftspolitischen Empfehlungen sinnvoll und wichtig. Das Ziel des NIS-Ansatzes ist ein adäquates Verständnis möglichst aller wichtigen, Innovationsprozessen zugrunde liegenden Motivationen, Prozesse und Strukturen, um wirtschaftspolitische Empfehlungen ableiten zu können. Die innovationsrelevanten Prozesse, Akteure und Rahmenbedingungen werden zu einem Innovationssystem zusammengefasst. Dabei betont der NIS-Ansatz, anders als die EWT, gerade die Vielfalt und die Unterschiede, die bei Innovationsprozessen zu beobachten sind. Der NIS-Ansatz fasst einige ältere Theorien zum Innovationsprozess zu einem umfassenden Ideengebäude zusammen. Daher stellt er kein einheitliches, sondern ein sehr heterogenes Konstrukt dar. Der NIS-Begriff bleibt somit vage, dennoch konnten auf seiner Basis interessante, über die neoklassische Innovationstheorie hinaus gehende Erkenntnisse gewonnen werden.

Empirische Untersuchungen zur exakten Überprüfung der Hypothesen der EWT oder des NIS-Ansatz sind schwierig. Die Vielfalt der Modelle und Ergebnisse der EWT erschwert ihre Überprüfung mit Hilfe ökonometrischer Verfahren. Zwar ist in vielen wachstumstheoretisch motivierten Studien versucht worden, anhand von Länderquerschnittsstudien und Zeitreihenuntersuchungen einzelne Hypothesen aus der EWT zu testen.[1] Aber die Hypothesenformulierung verlief zumeist *ad hoc* und nicht auf dem Fundament eines konkreten Modelles der EWT. Beim NIS-Ansatz schließt die Komplexität der Innovationsprozesse und

---

[1] Einige Ergebnisse werden im Rahmen der Diskussionen dieser Arbeit zusammengefasst, die Studien lieferten in der Tendenz eher keine Betätigung für die EWT.

seine Betonung der Individualität von Innovationssystemen eine ökonometrische Überprüfung des Ansatzes von vorne herein aus. Wegen dieser methodischen Schwierigkeiten einer ökonometrischen Untersuchung auf Basis von EWT und NIS-Ansatz wird in dieser Arbeit ein alternativer empirischer Ansatz verfolgt: Die Untersuchung mehrerer Modelle anhand der Betrachtung eines einzelnen Experiments: Die Weltmarktintegration Argentiniens um 1990. Dieser Analyse kommt eine seit wenigen Jahren erheblich verbesserte Datenlage in Argentinien zu gute.

Im Rahmen der Analyse dieses Experimentes wird im empirischen Teil dieser Arbeit zunächst auf der Basis von Hypothesen aus der EWT untersucht, welche Wirkungen die Weltmarktintegration Argentiniens auf seinen Wachstumspfad hatte.[1] Die Effekte der Weltmarktintegration auf den Import von Investitionsgütern und auf die inländische Innovationstätigkeit werden dabei besonders berücksichtigt. Die Analyse stützt sich primär auf aggregierte Größen.

Im zweiten Schritt wird dann betrachtet, welche Veränderungen sich seit der Weltmarktintegration im argentinischen Innovationssystem ergaben. In diesem Teil der Analyse werden der Wandel in der argentinischen Wirtschaftsstruktur, die unternehmerischen Strategien und die Veränderungen in den innovationsrelevanten institutionellen Rahmenbedingungen und in der Forschungspolitik berücksichtigt. Zur Analyse der unternehmerischen Anpassungsstrategien wird auf die Ergebnisse einer Befragung zum technologischen Verhalten der Industrieunternehmen, zur Analyse der forschungs- und technologiepolitischen Reformen auf die seit 1997 veröffentlichten Weißbücher der Regierung zurückgegriffen.

Für die soeben skizzierte Fallstudie stellt Argentinien m. E. ein besonders gutes Untersuchungsobjekt dar, weil seine Weltmarktintegration ein in seiner Intensität wohl einmaliges wirtschaftspolitisches Experiment war. Auf die Rolle Argentiniens als Beispiel im ideologischen Meinungsstreit wurde am Anfang der Einleitung bereits hingewiesen. Aber darüber hinaus gibt es auch analytische Gründe, warum Argentinien für eine empirische Untersuchung der vier Leitfragen besonders gut geeignet ist. Zum einen musste für die Analyse ein Land ausgewählt werden, in dem eine derart umfassende Außenhandelsliberalisierung stattgefunden hat, dass sie einer Weltmarktintegration tatsächlich nahekommt. Darüber hinaus mussten in dem zu untersuchenden Land zum Zeitpunkt der Liberalisierung bereits eine eigene Industriebasis und ein nennenswerter eigener, aber relativ ineffizienter Forschungssektor vorhanden sein. Und drittens musste es eine verwertbare Datenlage zum Innovationsverhalten geben. Alle drei Voraussetzungen waren im Falle Argentiniens gegeben.

---

[1] Dabei wird – aus theoretischen und empirischen Erwägungen – von einer auf dem neoklassischen Wachstumsmodell basierenden Analyse durch *growth accounting* Abstand genommen.

Natürlich bereitet die Fallstudie „Argentinien 1990-1999" auch einige Schwierigkeiten. Zum einen stellt die Datenverfügbarkeit in Argentinien trotz der Verbesserungen weiterhin ein Hindernis dar. Denn die Verfügbarkeit innovationsrelevanter Daten hat sich in den letzten Jahren zwar erheblich verbessert, aber die Länge der verfügbaren Zeitreihen wachstumsrelevanter Größen im Allgemeinen und von Innovationsindikatoren im Besonderen lässt die Verwendung ökonometrischer Zeitreihenverfahren noch nicht zu. Das oben skizzierte, eher in die Breite angelegte empirische Vorgehen wurde somit erforderlich. Zum anderen gab es gerade in Argentinien nach 1990 zahlreiche andere Einflussfaktoren auf den Wachstumspfad, die weder von der F&E-basierten EWT noch vom NIS-Ansatz dezidiert erfasst werden. Insbesondere Effekte der spezifischen argentinischen Wechselkurspolitik überlagern möglicherweise die Effekte der Außenhandelsliberalisierung.

Mit der Untersuchung der vier oben aufgeführten Leitfragen anhand der Weltmarktintegration Argentiniens verfolgt die Untersuchung drei Zielsetzungen.

1. Zum einen sollen die anhand der argentinischen Erfahrungen gewonnenen Erkenntnisse dazu dienen, Aussagen über die Relevanz des einen oder anderen vorgestellten Modells (bzw. der einen oder anderen Theorie) machen zu können und Hinweise für wichtige, in den Modellen bisher nicht berücksichtigte Anpassungsprozesse zu erhalten.

2. Auf der anderen Seite soll die Darstellung der theoretischen Zusammenhänge dabei helfen, die nach der Weltmarktintegration zu beobachtenden Entwicklungen in Argentinien etwas besser zu verstehen.

3. Dieses bessere Verständnis soll schließlich dazu dienen, Hinweise für Argentinien selbst und für andere Schwellenländer zu bekommen, wie eine Weltmarktintegration möglichst entwicklungsförderlich gestaltet werden kann. Derartige Übertragungen der Erfahrungen Argentiniens auf andere Länder sollten, entsprechend der Betonung der individuellen Besonderheit eines jeden NIS, natürlich mit großer Vorsicht unternommen werden.

Zum Abschluss der Einleitung wird nun der Aufbau der Arbeit vorgestellt. Zunächst wird kurz in die Wachstumstheorie eingeführt und die wichtige Rolle von technischen Fortschritt, Wissensakkumulation, und Innovation als Quellen endogenen Wachstums hergeleitet (Abschnitte 2.1 und 2.2). In einem zweiten Schritt wird die vielschichtige Beziehung zwischen der Weltmarktintegration und dem Wachstum von EL auf der Basis der F&E-basierten Wachstumsmodelle analysiert (Abschnitt 2.3). Die Ergebnisse werden zu Hypothesen zusammengefasst und Ergebnissen empirischen Studien gegenübergestellt, ehe Empfehlungen aus der EWT für eine wissensbasierte Wachstumspolitik abgeleitet werden (Abschnitt 2.4). Zur Ergänzung der Erkenntnisse aus der EWT wird ihr Ideengebäude dann um eine Darstellung des NIS-Ansatzes ergänzt (Abschnitt 3.1). Der NIS-Ansatz wird auf die Situation von Schwellenländern übertragen. Mögliche Effekte einer Weltmarktintegration auf die Funktionsweise der

NIS von EL werden diskutiert, und die wirtschaftspolitischen Empfehlungen aus der EWT werden durch Empfehlungen auf der Basis des NIS-Ansatzes ergänzt (Abschnitt 3.2). Auf der Basis der EWT und der NIS wird schließlich die Transformation der argentinischen Ökonomie und des argentinischen Innovationssystems zwischen 1990 und 1999 untersucht. Zunächst werden die Entwicklung des argentinischen NIS bis 1990 und der Prozess der Weltmarktintegration skizziert (Abschnitt 4.1). Es folgt eine Darstellung und Diskussion der Entwicklung des Wirtschaftswachstums und der Innovationsanstrengungen (Abschnitt 4.2). Diese Befunde werden durch eine detaillierte Untersuchung mikroökonomischer Anpassungsprozesse bzw. Veränderungen bei den einzelnen Elementen des NIS ergänzt (Abschnitt 4.3). Die Arbeit schließt mit einer Zusammenfassung und Einordnung der Ergebnisse und einem Ausblick (Kapitel 5).

2 Technischer Fortschritt, Innovation und Wissen als Quellen des Wachstums

2.1 Quellen des Wachstums in nicht-F&E-basierten Wachstumsmodellen

2.1.1 Einführung

Die Wachstumstheorie hat das Ziel, die langfristige Entwicklung ausgewählter makroökonomischer Größen von Volkswirtschaften im Zeitablauf zu erklären: das Niveau und das Wachstum der gesamten Produktion einer Volkswirtschaft (BSP oder BIP) oder des Pro-Kopf-Einkommens (PKE).

Langfristig große Einkommenseffekte bereits kleiner Änderungen in der Wachstumsrate einer Gesellschaft lassen eine effektive Wachstumspolitik dringlich erscheinen. Der Weg zur zielgerichteten Ausgestaltung einer wirksamen Wachstumspolitik führt allerdings über das „positive" Verständnis des Wachstumsprozesses. Erst gesicherte Erkenntnisse aus einer Wachstumstheorie können eine effektiven Ausgestaltung einer wachstumsorientierten Wirtschaftspolitik (z.B. in Form einer wachstumsstimulierenden Handelspolitik) ermöglichen. Allerdings tut sich die Wirtschaftswissenschaft mit einem Konsens über konkrete wachstumspolitische Empfehlungen weiterhin schwer. Folglich fehlt es auch in der Wirtschaftspolitik an eindeutigen Ansatzpunkten für eine wachstumsorientierte Wirtschaftspolitik.

Die Wachstumstheorie verwendet mathematische Gleichgewichtsmodelle zur Beschreibung und Erklärung des Wachstumsphänomens.[1] Die formale Analyse der Wachstumstheorie erfolgt durch die Übertragung mikroökonomischer Verhaltensannahmen auf die makroökonomische Ebene unter der Annahme vollständig informierten und rationalen Verhaltens identischer Wirtschaftssubjekte. Produktionsfaktoren werden akkumuliert, in Produktionsprozessen kombiniert und tragen so zur Produktion eines aggregierten Gesamtoutputs bei. Der Gesamtoutput wird schließlich konsumiert oder durch Konsumverzicht erneut der Faktorakkumulation zugeführt; der Kreislauf somit geschlossen.

Die formale Wachstumstheorie hat verschiedene Modellklassen hervorgebracht. Im Abschnitt 2.1.2 wird kurz auf das neoklassische Wachstumsmodell eingegangen, da seine Kenntnis zum Verständnis der Wachstumsmodelle mit endogenem technischen Fortschritt hilfreich ist. Daran anschließend wird im Abschnitt 2.1.3 ein kurzer Überblick über das Universum der endogenen Wachstumsmodelle gegeben. In den Abschnitten 2.2, 2.3 und 2.4 wird dann ausführlich auf Wachstumsmodelle mit endogenem technischen Fortschritt durch Investitionen in F&E eingegangen.

---

[1] Dabei bauen die einzelnen Schulen der Wachstumstheorie auf Ideen auf, die bereits von der klassischen und der postkeynesianischen Wirtschaftswissenschaft entwickelt wurden. Ideen von Adam Smith, Karl Marx, Malthus oder auch Joseph Schumpeter liefern die konzeptionellen Grundlagen für Entwicklung der einzelnen Modelle. Vgl. hierzu Maußner/Klump (1996).

2.1.2 Die neoklassische Wachstumstheorie

2.1.2.1 Aufbau und Ergebnisse

Der Ausgangspunkt meiner Ausführungen zur Wachstumstheorie ist das neoklassische Wachstumsmodell. Zurückgehend auf Solows wegweisenden Beitrag von 1956 ist es zunächst als Antwort auf die postkeynesianische Wachstumstheorie entstanden.[1] Es bildet das Zusammenspiel von Sparen und Kapitalbildung sowie Bevölkerungs- bzw. Arbeitskräftewachstum im langfristigen Wachstumsprozess ab. Im Hinblick auf die Funktion dieser Größen im Wachstumsprozess leistet das Modell viel; seine Erklärungsgrenzen weisen auf ultimative wachstumsrelevante Prozesse hin. Seine Struktur ist in Grafik 2.1.2.1 dargestellt.

Grafik 2.1.2.1: Die Struktur des Solow-Modells ohne technischen Fortschritt

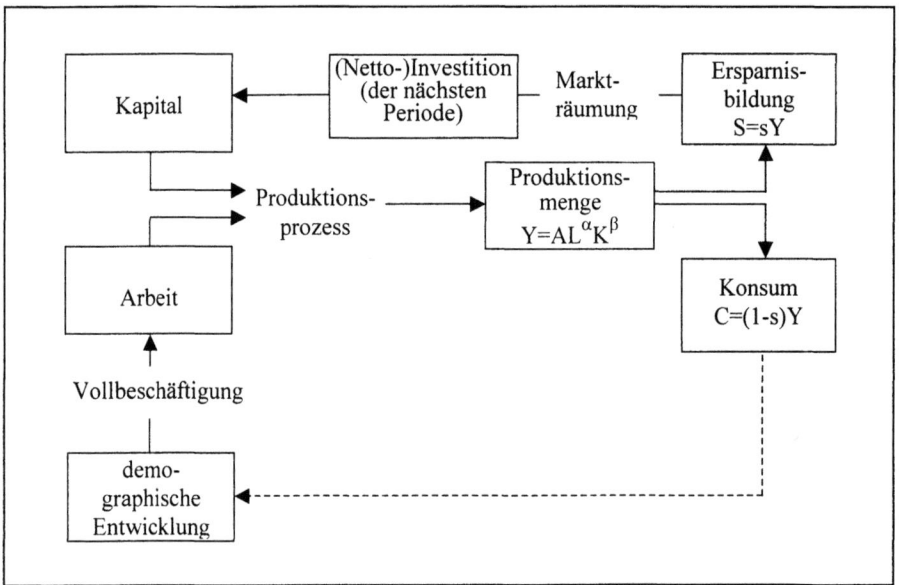

Quelle: eigene Darstellung

Das neoklassische Wachstumsmodell ist ein 1-Sektoren-Modell. Seine zentrale Annahme ist die Existenz einer gesamtwirtschaftlichen, neoklassischen Produktionsfunktion mit abnehmenden Grenzerträgen der Produktionsfaktoren (Arbeit L, Kapital K) und einem Homogenitätsgrad von eins. Zu jedem gegeben Zeitpunkt sparen die Haushalte einen bestimmten, exogen vorgegebenen Teil (s) ihres Arbeits- und Kapitaleinkommens, der investiert wird und damit zur Erhöhung des Kapitalstocks beiträgt. Der Rest des Einkommens fließt in den Konsum.

---

[1] Vgl. Solow (1956).

Da der Kapitalstock K permanenten Verschleißprozessen (der Abschreibung δ) in exogen gegebener Höhe unterworfen ist, ergibt sich die Wachstumsrate des Nettokapitalstocks aus der Differenz zwischen der aggregierten Ersparnisbildung und der aggregierten Abschreibung. Das Wachstum des Arbeitsangebotes L wird exogen durch die Bevölkerungswachstumsrate (n) bestimmt und ist somit vom Lohnsatz unabhängig.

Im neoklassischen Modell herrscht auf den Faktormärkten und auf dem Gütermarkt vollkommene Konkurrenz. Die beiden Faktoren Kapital und Arbeit werden folglich entsprechend ihrer Grenzproduktivität entlohnt, und der Preis des Gutes entspricht seinen Grenzkosten.

Die Erhöhung des Kapitalstock und das Bevölkerungswachstum erhöhen die Güterproduktion der Volkswirtschaft und das Einkommen der Wirtschaftssubjekte, das von den Haushalten wiederum in exogen vorgegebenem Verhältnis auf Konsum und Investition verteilt wird.

Das stationäre Wachstumsgleichgewicht (der *steady state*) einer Volkswirtschaft ist dadurch definiert, dass die Güterproduktion mit konstanter Rate wächst. Im Solow-Modell wachsen im Wachstumsgleichgewicht der Output und der Kapitalstock mit der exogen gegebenen Rate des Bevölkerungswachstums. Grafik 2.1.2.2 veranschaulicht das Wachstumsgleichgewicht im neoklassischen Modell.

Grafik 2.1.2.2: Das Wachstumsgleichgewicht im Solow-Modell

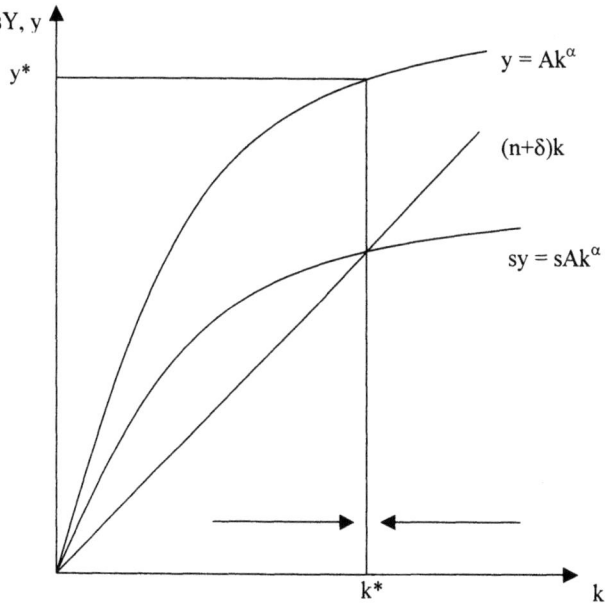

Quelle: Frenkel/Hemmer (1999), S.44.

Da die Wachstumsraten des Kapitalstocks und der Bevölkerung gleich sind, ändert sich im *steady state* die Kapitalintensität der Produktion (k=K/L) nicht mehr. Der Kapitalzuwachs und der Kapitalverzehr pro Kopf stimmen somit überein, eine Bedingung, die in Grafik 2.1.2.2 am Schnittpunkt der sy-Kurve und (n+δ)k-Geraden bei der Kapitalintensität k* erfüllt ist.

Im Gleichgewicht des neoklassischen Modells wachsen der Output und der Kapitalstock dauerhaft. Dabei bleiben das Pro-Kopf-Einkommen (PKE), die Arbeitsproduktivität (Y/L) und die Kapitalintensität der Produktion (K/L) konstant. Das gleichgewichtige PKE-Niveau der neoklassischen Ökonomie wird positiv durch die Sparquote und negativ durch das Bevölkerungswachstum und die Abschreibungsrate determiniert.

Jede Volkswirtschaft befindet sich im Solow-Modell entweder in ihrem stationären Gleichgewicht oder nähert sich diesem asymptotisch an. Die Stabilität des Solow-Modells wird in der Grafik 2.1.2.2 durch die zwei Pfeile angedeutet: Bei einer zu geringen Kapitalintensität (links von k*) liegt die Rate der Pro-Kopf-Kapitalakkumulation über der Rate des Pro-Kopf-Kapitalverzehrs (Bevölkerungswachstum und Abschreibungen) und die Kapitalintensität nimmt zu, rechts von k* liegt sie darunter, und die Kapitalintensität nimmt ab. Mit zunehmender Annäherung an den *steady state* von unten nimmt die Rate der Kapitalakkumulation und die Wachstumsrate ab.

Das Solow-Modell bietet Ansatzpunkte für Erweiterungen. Der Technologieparameter A kann durch die Berücksichtigung des technischen Fortschritts im Zeitablauf ansteigen. Darüber hinaus kann das Solow-Modell um Investitionen in das Humankapital ergänzt werden. Und die Sparquote lässt sich über Annahmen zur Zeitpräferenzstruktur der Haushalte endogenisieren.[1]

Das spätestens seit Beginn der Industrialisierung zu beobachtende langfristige Wachstum des PKE bleibt im neoklassischen Grundmodell unerklärt. Soll im neoklassischen Modell das PKE der Wirtschaft dauerhaft wachsen, so muss dieses Wachstum durch einen zusätzlichen Parameter Eingang in das Modell finden, der die Produktivität eines oder beider Produktionsfaktoren erhöht. Um die Erklärungslücke zu schließen, führte Solow die Rate des technischen Fortschritts (g) in sein Modell ein, mit der sich der Technologieparameter A der Produktionsfunktion erhöht. Solows technischer Fortschritt ist eine modellexogene Größe. Die Exogenität des technische Fortschritt muss dergestalt interpretiert werden, dass er nicht das Ergebnis eines gezielten ökonomischen Pro-

---

[1] Die Endogenisierung der Ersparnisbildung erfolgte durch Cass und Koopmans auf der Basis von Vorarbeiten von Ramsey. Die skizzierten Ergebnisse des Modells ändert sich durch die Erweiterung nicht, allerdings ist die Wachstumsrate nun stets optimal, und die Sparquote steigt während des Anpassungspfades an. Auf endogene Sparentscheidungen wird im Abschnitt 2.2 noch einmal eingegangen.

zesses, sondern ein Zufallsprodukt ist.[1] Der technische Fortschritt kann gleichermaßen auf beide Produktionsfaktoren einwirken oder aber die Produktivität nur eines Faktors erhöhen. Der erste Fall wird mit Hicks-neutralem, der zweite mit Harrod-neutralem TF bezeichnet.[2] Wird technischer Fortschritt in das Solow-Modell eingeführt, so entspricht die langfristige Wachstumsrate des PKE der Rate des technischen Fortschritts: Dauerhafte Produktivitätssteigerungen bei einem Produktionsfaktor sind also eine notwendige und hinreichende Bedingung, um im Solow-Modell dauerhaft positive Wachstumsraten zu erzielen. Befindet sich ein Land nicht in seinem Wachstumsgleichgewicht, so ergibt sich auch im Solow-Modell mit technischen Fortschritt, dass es in der Folgezeit zum *steady state* tendiert. Die Geschwindigkeit der Anpassung verlangsamt sich mit zunehmender Annäherung an den Gleichgewichtspfad.[3] Bei gleichen Parametern konvergieren die Wirtschaften zu einem gemeinsamen *steady state* mit einer gemeinsamen Wachstumsrate, bei unterschiedlichen Parametern zu unterschiedlichen *steady states* mit ebenfalls gleicher Wachstumsrate.

Das Humankapital kann als ein Teil des gesamten Kapitalstocks einer Volkswirtschaft interpretiert und modelliert werden.[4] Damit wird der Argumentation von Mankiw, Romer und Weil gefolgt, dass Bildung in Anlehnung an die Humankapitaltheorie als Investition in die zukünftige Leistungsfähigkeit des Faktors Arbeit interpretiert werden kann.[5] Auch diese Investitionen können dann zu einem Humankapitalstock aggregiert werden. Der Kapitalstock einer Volkswirtschaft beinhaltet nun zwei Komponenten, die beide abnehmende Grenzerträge aufweisen. Der Produktionsbeitrag des Gesamtkapitals nimmt zu, und die Wirkung der abnehmenden Grenzerträge des Gesamtkapitals schwächt sich ab. Die Kernaussagen des Solow-Modells über den gleichgewichtigen Wachstumspfad bleiben dennoch bestehen. Die langfristige Wachstumsrate wird wieder exogen durch die Rate des technischen Fortschritts bestimmt. Auf das gleichgewichtige PKE-Niveau wirkt allerdings ein weiterer Faktor ein, die exogene Rate der Hu-

---

[1] Der technische Fortschritt des Solow-Modells kann nicht nur als die Entwicklung neuartiger Produktionsweisen interpretiert werden. Auch organisatorischer Fortschritt und Verbesserungen in den institutionellen Rahmenbedingungen können als „technischer Fortschritt" aufgefasst werden.

[2] Technischer Fortschritt ist dann neutral, wenn sich die Anteile der Faktoreinkommen an der Produktion nicht ändern (die Konstanz der Faktoreinkommensverteilung ist ein stilisierter Fakt, der heute nur noch eingeschränkte Gültigkeit besitzt). Reale Wachstumsprozesse lassen sich tendenziell besser durch Harrod-neutralen technischen Fortschritt erklären, da sich die Realzinsen im Verlauf des Wachstumsprozesses nur wenig ändern, während die Reallöhne deutlich steigen und damit das Zins/Lohnverhältnis stetig abnimmt. Vgl. Kaldor (1961).

[3] Sie wird darüber hinaus positiv durch die Sparquote sowie negativ vom Bevölkerungswachstum und der Abschreibungsrate beeinflusst.

[4] Alternativ kann Humankapital auch als qualitative Ausprägung des Faktors Arbeit oder als Einflussgröße auf die Rate des technischen Fortschritts interpretiert werden. Vgl. Bosworth/Collins (1996), Nelson/Phelps (1966) und die Modelle in Abschnitt 2.2.

[5] Vgl. Mankiw/Romer/Weil (1992).

mankapitalakkumulation. Zudem ändert sich die Dynamik des Anpassungspfades: die Konvergenz erfolgt langsamer. Dem Humankapital wird bei Mankiw/Romer/Weil zwar eine wichtige, aber keine tragende Rolle im Wachstumsprozess zugewiesen. Da sein Einsatz in der Produktion keine Externalitäten beinhaltet, liefert das Mankiw/Romer/Weil-Modell der Wirtschaftspolitik keine Rechtfertigung, einzugreifen.

2.1.2.2 Die Situation der Schwellenländer in der Neoklassik

Die spezielle Situation der SL als Länder mit relativ geringen PKE lässt sich aus Sicht der neoklassischen Wachstumstheorie entweder als ein Ungleichgewichtszustand (z.B. nach einem exogenen Schock) oder als ein Gleichgewichtszustand mit relativ geringer Sparquote, relativ geringer Bildungsinvestition und/oder relativ hoher Bevölkerungswachstumsrate interpretieren.

Im ersten Fall müsste nach jedem Schock ein asymptotischer *catch up*-Prozess zu beobachten sein, wie er im Rahmen der Annäherung an den *steady state* bereits skizziert wurde. Die ärmsten SL würden besonders schnell wachsen, mit zunehmendem PKE würde ihre Wachstumsrate abnehmen. Dieser Wachstumsprozess würde sich als Automatismus einstellen. Seine treibende Kraft wäre die Kapital- und/oder Humankapitalakkumulation.

Im zweiten Fall würde die Wachstumsrate der SL der weltweiten Wachstumsrate entsprechen. Um zu den IL aufzuschließen, müssten die Einwohner der SL ihre Sparneigung oder ihre Investitionen in Bildung erhöhen. In diesem Fall würde erneut ein asymptotischer *catch up*-Prozess einsetzten. Die neoklassische Wachstumstheorie lässt die Ursachen der geringeren Parameterwerte in SL unerklärt, und mögliche *feedback*-Effekte geringer PKE auf die Faktorakkumulationsraten bleiben unberücksichtigt. Darüber hinaus wird von internationalen Unterschieden in der Technologie oder in den institutionellen Rahmenbedingungen gänzlich abstrahiert.

In beiden Fällen wachsen die SL langfristig schneller oder zumindest gleich schnell wie die IL. Armutsfallen, in denen SL dauerhaft gar nicht oder zumindest weniger als die IL wachsen, können im Rahmen des neoklassischen Wachstumsmodells nicht erklärt werden.

Ein Ansatzpunkt zur Einleitung bzw. Beschleunigung des *catch up*-Prozesses der SL ist in der neoklassischen Wachstumstheorie seine Weltmarktintegration. Zwar schließt die Existenz nur eines Produktes im neoklassischen Modell eine isolierte Analyse der Wirkungen des internationalen Güterhandels aus. Durch eine gleichzeitige Öffnung von Güter- und Faktormärkten zwischen unterschiedlichen Ländern kann dagegen ein höherer Wachstumspfad des SL erreicht werden. Die größere relative Kapitalknappheit und der damit verbundene höhere Grenzertrag des Faktors Kapital im SL macht intertemporalen Handel durch Kapitalexporte aus dem IL in das SL profitabel. Diese können in Form von Eigenkapital (z.B. FDI) oder Fremdkapital (Kredite) erfolgen und sind mit Kapitalrückflüssen (ausgeschüttete Gewinne, Zinsen, Tilgung) in der Zukunft verbunden. Der Fluss von Kapital führt zu einer beschleunigten Angleichung der Faktorpreise und der Pro-Kopf-Produktion zwischen IL und SL. Das Konsumniveau im IL liegt aber dauerhaft über dem im SL.[1]

2.1.2.3 Empirische Untersuchungen auf der Grundlage der Neoklassik

Die Überprüfung des neoklassischen Modells erfolgte primär auf der Basis seiner Hypothesen über internationale PKE- und Wachstumsratendifferenzen.[2] Im Solow-Modell werden internationale PKE-Differenzen durch unterschiedliche exogene Wachstumsparameter erklärt. Länder mit hohen Akkumulationsraten und geringem Bevölkerungswachstum sollten im Gleichgewicht ein höheres PKE aufweisen als andere.

Die Implikationen der Anpassungsprozesse des Solow-Modells haben darüber hinaus zur empirischen Untersuchung internationaler Wachstumsratendifferenzen auf Basis der Konvergenzhypothese geführt. Bei identischen exogenen Parametern (s, n, δ, g) für alle Länder würden auf dem Anpassungspfad aufgrund der größeren relativen Kapitalknappheit Länder mit einem geringen PKE schneller wachsen als Länder, die sich dichter an ihrem *steady state* befinden.[3] Unterschiedliche exogene Parameter führen dagegen zu individuellen PKE-Niveaus im *steady state*. Nähern sich Volkswirtschaften an ihren individuellen *steady state* an, der von der individuellen Konstellation der exogenen Parameter bedingt wird, so nennt man diesen Prozess *bedingte* Konvergenz. Das PKE in der Ausgangslage und die individuellen exogenen Parameter bestimmen gemeinsam die Wachstumsrate eines Landes. Und da sich die exogenen Parameter unterscheiden können, kann es im Fall der bedingten Konvergenz dazu kommen, dass ein relativ reiches IL schneller wächst als ein relativ armes SL, da es trotz höherem PKE noch weiter von seinem *steady state* entfernt ist.[4]

Die ersten Länderquerschnittsuntersuchungen zur Erklärung internationaler PKE- und Wachstumsratendifferenzen auf Basis des neoklassischen Modells kamen weitgehend zu positiven Befunden. Nach der Erweiterung um Humankapital lieferte das erweiterte Solow-Modell eine gute Erklärung für internationale PKE-Differenzen.[5] Zudem trug das Anfangs-PKE in den Untersuchungen signifikant zur Bestimmung von Wachstumsratendifferenzen bei.[6] Zwar musste die Annahme absoluter Konvergenz verworfen werden, aber es konnten beding-

---

[1] Vgl. Frenkel/Hemmer (1999), S.155ff.
[2] Auch Untersuchungen zu internationalen Faktorbewegungen wurden zur Überprüfung des Solow-Models herangezogen. Sie zeigen, dass diese nicht den Vorhersagen der Neoklassik entsprechen. Kapital und Humankapital wandern entgegen den Knappheitsverhältnissen eher von den SL in die IL als umgekehrt. Vgl. Lucas (1990).
[3] Der empirische Befund lautet *absolute* Konvergenz.
[4] Im Fall der bedingten Konvergenz konvergieren die Wachstumsraten.
[5] Vgl. Mankiw/Romer/Weil (1992).
[6] Vgl. Barro (1991), Barro/Sala-i-Martin (1995).

te Konvergenzprozesse festgestellt werden. SL wuchsen, unter Berücksichtigung ihrer z. T. geringeren Faktorakkumulationsraten, schneller als die IL.

Mit zunehmender Verfeinerung der Methode und längeren Beobachtungszeiträumen kam es allerdings zu einer gewissen Relativierung der Ergebnisse. Nur wenige Wachstumsparameter (darunter die Investitionsquote) erwiesen sich tatsächlich als robust, und die *ad hoc*-Berücksichtigung zahlreicher bedingender Parameter verwässerte die Aussagen der Untersuchungen zur Konvergenz.[1] Auch die Annahme einer weltweit gleichen Technologie erwies sich als nicht haltbar. Und statt bedingter Konvergenz rückten die absolute Divergenz der PKE sowie die geringe Persistenz von Wachstumsraten in den Blickpunkt der empirischen Wachstumsforschung.[2]

Gerade die Wachstums-Performance der SL ist alles andere als homogen, von einer Allgemeingültigkeit der Neoklassik kann vor dem Hintergrund der vielen verschiedenen Erfahrungen nicht gesprochen werden. Einige Staaten – das prominenteste Beispiel sind die „Tigerstaaten" Südost-Asiens – scheinen tatsächlich einen *catch up*-Prozess zu durchlaufen. Seine fundamentalen Ursachen (hohe Ersparnisbildung, Humankapitalakkumulation oder technischer Fortschritt) sind aber weiterhin umstritten.[3] Andere Staaten – insbesondere im Afrika südlich der Sahara – wachsen dagegen sogar langsamer als der Durchschnitt aller Staaten. Und auch im Zeitablauf schwanken die Wachstumsraten deutlich: ehedem erfolgreiche Staaten können Wachstumskatastrophen erleben.[4] Pritchett hat eine anschauliche Taxonomie unterschiedlicher Wachstumserfahrungen zusammengestellt.[5] Ein allgemeingültiges Wachstumsmodell müsste alle diese Erfahrungen von SL erklären können, das neoklassische Model leistet dies nicht.

Bereits vor der relativ neuen Welle von Länderquerschnittsuntersuchungen wurden auf der Basis des neoklassischen Modells empirische Untersuchungen der Wachstumsbeiträge der einzelnen Produktionsfaktoren durchgeführt. Solow führte hierzu die Methode des *growth accounting* ein.[6] In diesem Ansatz werden die Zuwächse des BIP in die Beiträge der Zuwächse der Produktionsfaktoren zerlegt. Werden die Wachstumsbeiträge aller messbaren quantitativen und qualitativen Veränderungen der Faktorbestände – unter Berücksichtigung ihrer *factor shares* – vom Gesamtoutputwachstum abgezogen, so ergibt sich das sogenannte Solow-Residual. Es wird auch als Totale Faktorproduktivität (TFP) bezeichnet und als Maß des (nicht direkt messbaren) technischen Fortschritts interpretiert.

---

[1] Vgl. Barro/Sala-i-Martin (1995), Sala-i-Martin (1997) und zur Kritik an Länderquerschnittsregressionen Kenny/Williams (2001).
[2] Vgl. Pritchett (1997), Easterly/Levine (2001). Auf die Probleme von Untersuchungen zur Persistenz von Wachstumsraten wurde bereits im Kontext der Situation der SL in der Neoklassik eingegangen.
[3] Zur Kontroverse siehe u.a. die Aufsätze von Young (1995) und Nelson/Pack (1997).
[4] Vgl. Easterly et al. (1993).
[5] Vgl. Pritchett (2000).
[6] Vgl. Solow (1957).

In den ersten Studien war der Beitrag der TFP zum Wachstum außerordentlich hoch, aber durch zunehmende Verfeinerungen des *growth accounting* konnte das Residual immer weiter reduziert werden.[1] Die meisten neueren Untersuchungen zeigen aber, dass die TFP weiterhin einen wichtigen Beitrag zum Wachstum und zu internationalen PKE-Differenzen leistet.[2]

Allerdings weisen *growth accounting*-Studien erhebliche Probleme auf. Da die *growth accounting*-Studien Hicks-neutralen technischen Fortschritt implizieren, vernachlässigen sie mögliche Effekte des technischen Fortschritts auf die Rate der Kapitalakkumulation, und die Bedeutung der Kapitalakkumulation für das Wachstum wird überschätzt. Auch die Interpretation des TFP-Anstiegs als „technischer Fortschritt" ist problematisch, da die TFP eher ein Maß für alle nicht näher spezifizierten Größen ist.[3] Aber trotz der Kritik stellt das *growth accounting* auch heute noch den dominierenden Ansatz zur Messung des technischen Fortschritts bzw. des technischen Niveaus eines Landes dar.

Aufgrund der Erklärungsdefizite der Neoklassik (Rolle des technischen Fortschritt, Beitrag und Erklärung der TFP, internationale Faktorbewegungen, keine Einflussmöglichkeiten der Wirtschaftspolitik) und theoretischer Fortschritte entstand in den 80er Jahren eine neue Klasse von Wachstumsmodellen, die sogenannten endogenen Wachstumsmodelle.[4]

2.1.3 Die endogene Wachstumstheorie

2.1.3.1 Ein Überblick über die endogene Wachstumstheorie

Grafik 2.1.3.1 gibt einen Überblick über das Gebäude der endogene Wachstumstheorie. In den folgenden Abschnitten werden zunächst zwei prominente Beispiele vorgestellt: das AK-Modell und das Uzawa-Lucas-Modell. F&E-basierte endogene Wachstumsmodelle (EWM) mit rationalen Investitionen in neue Technologien und externen Effekten werden dann in den beiden folgenden Abschnitten dieses Kapitels ausführlich behandelt werden.

Allen endogenen Wachstumsmodellen ist gemeinsam, dass sie die langfristige Wachstumsrate aus dem Modell heraus erklären. Sie unterscheiden sich in den Determinanten der Wachstumsrate. Die meisten EWM (mit Ausnahme des einfachen AK-Modells) berücksichtigen bei der Erklärung des Wachstums Marktunvollkommenheiten. Die EWT stellt somit eine Abkehr vom neoklassischen Modell mit ausschließlich vollkommener Konkurrenz dar. Berücksichtigung fanden z.B. technologische und pekuniäre Externalitäten, Nichtrivalitäten und

---

[1] Vgl. Jorgenson/Griliches (1967).
[2] Dies gilt nicht nur für *growth accounting*- sondern auch für Länderquerschnitts-Paneluntersuchungen. Für einen exzellenten Überblick vgl. Easterly/Levine (2001).
[3] Zur kritischen Diskussion des *growth accounting*-Ansatzes vgl. z.B. Hulten (2000) oder Prescott (1998).
[4] Zur Entstehung der endogenen Wachstumstheorie vgl. Romer (1994).

Nichtkonvexitäten, versunkene Kosten und zunehmende Skalenerträge sowie monopolistische und oligopolistische Konkurrenz.[1]

Grafik 2.1.3.1: Überblick über die endogenen Wachstumstheorie

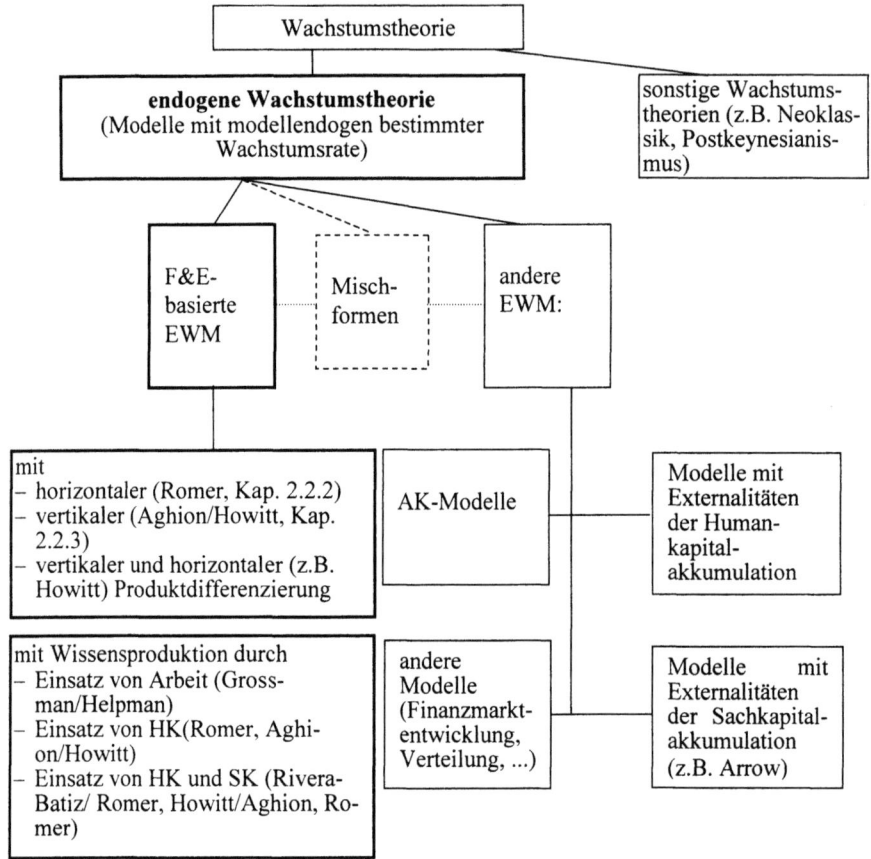

Quelle: eigene Darstellung

Die EWM schlagen damit eine Brücke zwischen der neoklassischen Wachstumstheorie und der Ideenwelt der Entwicklungstheorie. So gelang es mit ihrer Hilfe, Armutsfallen formal zu erklären und Modelle wie die *stages*-Theorie oder *big push*-Ansätze zu formalisieren.[2] Im Gegensatz zur Komplexität der Entwick-

---

[1] Einzelne Aspekte der EWT fanden sich schon in früheren Wachstumsmodellen (z.B. *learning by doing* bei Arrow (1962), steuerfinanzierte Forschung bei Shell (1966), Patente bei Nordhaus (1969)), aber erst mit der EWT gelang es, technischen Fortschritt und dauerhaftes Wachstum erfolgreich zu endogenisieren.

[2] Vgl. Murphy/Shleifer/Vishny (1989).

lungsökonomik ist die Struktur der EWM dennoch weiterhin recht einfach. Der Fokus der Analyse wird jeweils auf einen oder wenige zentrale Aspekte gelegt, von der Komplexität realer Ökonomien sind die EWM weit entfernt.

2.1.3.2 Endogenes Wachstum durch Kapitalakkumulation

Das in seiner Struktur einfachste Modell zu endogenen Erklärung dauerhaften Wachstums ist das sogenannte AK-Modell. Es geht auf Arbeiten von Jones/Manuelli und Rebelo zurück.[1] Im AK-Modell ist der Technologieparameter A zeitinvariant. Darüber hinaus wird angenommen, dass das Bevölkerungswachstum oder die Ausstattung mit natürlichen Ressourcen keine langfristige Restriktion für das Wachstum darstellen. Dauerhaftes Wachstum wird allein von der Akkumulation eines unbegrenzt akkumulierbaren Produktionsfaktors „Kapital" (K*) angetrieben. Dieser Faktor Kapital kann als ein Aggregat aus Sach- und Humankapital interpretiert werden.[2] Dauerhaftes Wachstum durch dauerhafte K*-Akkumulation erfordert konstante Grenzerträge des Gesamtkapitals. Das Wachstum ist im AK-Modell dann dauerhaft, wenn bei jeder Kapitalintensität der Effizienzparameter A so groß ist, dass die Kapitalakkumulation den Kapitalverschleiß ausgleichen kann (Grafik 2.1.3.2).

Grafik 2.1.3.2: Der Wachstumsprozess im AK-Modell

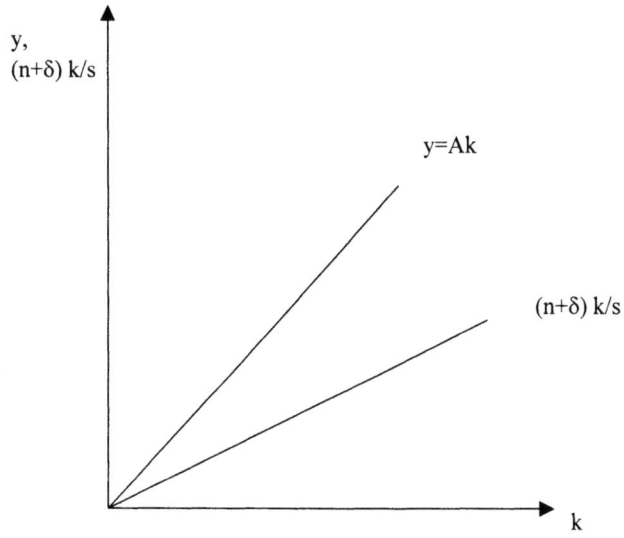

Quelle: Frenkel/Hemmer (1999), S.183.

---

[1] Vgl. Jones/Manuelli (1990) und Rebelo (1991).
[2] Diese Interpretation kann erklären, warum auf den Faktor Arbeit im Modell verzichtet werden kann.

Die langfristige Wachstumsrate des AK-Modells ist ebenso wie die im Solow-Modell mit technischem Fortschritt positiv und konstant. Sie reagiert aber positiv auf wirtschaftspolitische Maßnahmen zur Förderung der Kapitalbildung.[1] Das AK-Modell weist naturgemäß für unterschiedliche Länder keine einheitliche langfristige Wachstumsrate auf – alle Staaten wachsen mit der Rate, die durch den länderspezifischen Kapitalakkumulationsparameter vorgegeben wird. Im AK-Modell sind wie in der Neoklassik Anpassungsprozesse aus Ungleichgewichtssituationen heraus möglich. Der Anpassungspfad nach einem Schock ähnelt dabei jenem im neoklassischen Modell.

Geringe PKE *und* geringe PKE-Wachstumsraten von SL lassen sich im Rahmen der AK-Modelle durch eine zu geringe Rate der Kapitalakkumulation erklären. Allerdings sind die Perspektiven des AK-Modells für SL pessimistischer als in der Neoklassik: Da es in den AK-Modellen keine abnehmenden Grenzerträge der Kapitalakkumulation gibt, sind bei konstanten Parametern auch zukünftig divergierende PKE zu erwarten. Die AK-Modelle bieten allerdings auch eine optimistische Vision: Wirtschaftspolitische Maßnahmen zur Erhöhung der Kapitalakkumulation können diese Tendenz umkehren.

Empirische Untersuchungen weisen darauf hin, dass die Rate der Kapitalakkumulation tatsächlich einen langfristigen Wachstumsrateneffekt haben könnte. So konnten De Long und Summers im Rahmen einer Länderquerschnittsuntersuchung zeigen, dass zwischen Ausrüstungsinvestitionen und Wachstum auch langfristig ein positiver Zusammenhang besteht.[2] Levine und Renelt bestätigen ihren Befund.[3] In ihrer umfassenden Sensitivitätsanalyse sind Sachkapitalinvestitionen die einzige Determinante, die in beliebigen Kombination mit anderen Determinanten ihre signifikant positive Beziehung zur Wachstumsrate behält.

Es gibt aber auch negative Befunde zum AK-Modell. Wenn die Rate der Kapitalakkumulation einen positiven Wachstumseffekt hat, müsste auch eine „gute" oder „schlechte" Wirtschaftspolitik einen Effekt auf die langfristige Wachstumsrate haben. Jones hat für den Wachstumsprozess der USA gezeigt, dass die Zunahme der Faktorakkumulationsraten (Sparen, Bildung) keinen Wachstumsrateneffekt hervorgerufen hat, das AK-Modell in seiner einfachen Form als für die USA nicht gelten kann.[4] Easterly kommt in einer Analyse des Wachstums von SL zu einem ähnlichen Befund.[5] Eine zweite Kontraindikation gegen das AK-Modell stellt die fehlende Persistenz von Wachstumsraten dar.[6]

---

[1] Vgl. Jones (1995) und Arnold (1999).
[2] Vgl. De Long /Summers (1991).
[3] Vgl. Levine/Renelt (1992).
[4] Vgl. Jones (1995).
[5] Vgl. Easterly (2001).
[6] Vgl. Easterly et al. (1993). Im Rahmen einer Zeitreihenuntersuchung des AK-Modells gewinnt die Erfassung und Erklärung exogener Schocks an Bedeutung.

2.1.3.3 Endogenes Wachstum durch Externalitäten des Humankapitals

Lucas kombinierte in seinem EWM die Idee des externalitätsbasierten Wachstums[1] mit Elementen des Uzawa-Modells dergestalt, dass sie zur Erklärung dauerhafter Wachstumsprozesse durch Humankapitalakkmulation führt.[2] Auf der Basis mikroökonomischer Untersuchungen werden gerade Bildungsinvestitionen mit positiven Externalitäten in Verbindung gebracht. Zu den zentralen Erkenntnissen der empirischen Humankapitalforschung gehört, dass sie relativ hohe private und soziale *rates of return* aufweisen.

Das Uzawa-Lucas-Modell beinhaltet zwei Effekte, die jeder für sich dauerhaftes Wachstum hervorrufen können. Humankapital wird in einem speziellen Bildungssektor allein durch Einsatz eines Teils des vorhandenen Humankapitals gebildet. Das Uzawa-Lucas Modell gehört somit zur Klasse der 2-Sektoren-Wachstumsmodelle. Ist die Grenzproduktivität des Bildungssektors groß genug, so ergibt sich ein dauerhafter Anstieg des Humankapitalstocks. Zudem weist der Einsatz des Humankapitals in der Produktion positive externe Effekte auf. Der durchschnittliche Bildungsgrad in der Ökonomie geht in die Bestimmung des Outputniveaus mit ein. Die langfristige Wachstumsrate wird im Uzawa-Lucas-Modell von der Produktivität des Bildungssektors und von der Höhe der Externalitäten determiniert. Aufgrund der Externalität ist die langfristige Wachstumsrate bei dezentraler Planung suboptimal. Für den optimalen Wachstumspfad würde ein wohlwollender Planer höhere Investitionen in Bildung veranlassen. Auch im Uzawa-Lucas-Modell sind Ungleichgewichtssituationen möglich, die Anpassung an das Gleichgewicht weist eine komplexe Dynamik auf.

Lucas entwickelt in seinem Aufsatz eine zweite Modellvariante, in der die Humankapitalakkumulation nicht aus einer Bildungsinvestition (die in Konkurrenz zur Produktion steht), sondern aus Erfahrungsgewinn in der Produktion resultiert. Auch in diesem Modellrahmen kommt es bei externen Effekten der Humankapitalakkumulation zu dauerhaftem Wachstum.

Eine theoretische Schwäche der humankapitalbasierten Wachstumsmodelle ist, dass das Humankapital personengebunden ist. Aufgrund der begrenzter Lebenszeit von Individuen kann es nicht unbegrenzt akkumulierbar sein. Werden qualitative Aspekte der Bildung außer acht gelassen, so stößt humankapitalinduziertes Wachstum an Wachstumsgrenzen, die ihm von der Bevölkerungsentwicklung und der Lebenserwartung gezogen werden. Qualitative Verbesserun-

---

[1] Arrow (1962) führte positive Externalitäten infolge von dynamischen produktionsgebundenen Lernprozessen in die Wachstumstheorie ein. Auch Romer (1986) formulierte seine ersten endogenen Wachstumsmodelle als Modelle mit zunehmenden Skaleneffekten der Produktion infolge wissensbezogener Externalitäten.

[2] Vgl. Uzawa (1965) und Lucas (1988). Der Ansatz von Mankiw/Romer/Weil (1992) ist kein endogenes Wachstumsmodell, da er zur Erklärung dauerhaften Wachstums weiterhin des exogenen technischen Fortschritts bedarf. Das Humankapital ist in gleicher Weise abnehmenden Grenzerträgen unterworfen wie das Sachkapital.

gen des Humankapitals setzen aber voraus, dass neues, „besseres" Wissen vermittelt werden kann.

Die Einbeziehung von Externalitäten des Humankapitals kann zur Erklärung der Situation der SL herangezogen werden. Ihr geringes PKE kann in einem relativ unproduktiven Bildungssektor oder in ihrer Spezialisierung auf die Produktion von Gütern mit geringen Lernpotentialen begründet liegen. Auch zur Erklärung zunehmender, internationaler Ungleichheit können die Lucas-Modelle herangezogen werden. In ihnen wachsen Länder mit hohen Humankapitalakkumulationsraten dauerhaft schneller als andere. Entwicklungspolitische Strategien müssten bei Gültigkeit eines der beiden Lucas-Modelle an den Prozessen ansetzen, durch die das Humankapital gebildet wird.

Im Rahmen der externalitätenbasierten Wachstumsmodelle kann eine Weltmarktintegration die divergente PKE-Entwicklung noch verstärken.[1] Dies ist z. B. dann der Fall, wenn der externe Effekt auf einen Produktionssektor beschränkt ist und nur lokal begrenzt wirkt. Eine Marktöffnung wird dann in einem relativ humankapitalarmen SL zu einer Spezialisierung auf humankapitalextensive Produkte mit geringem Wachstumspotential führen. Dies kann dort die Potentiale oder die Anreize zur weiteren Humankapitalbildung vermindern.

Entgegen den Ergebnissen des Uzawa-Lucas-Modells scheint sich die Humankapitalakkumulation nicht positiv auf das Wachstum auszuwirken. Neuere empirische Untersuchungen zeigen, dass sich die beschleunigte Akkumulation von Humankapital seit den 50er Jahren nicht in höheren Wachstumsraten niedergeschlagen hat.[2] Statt dessen ging der Anstieg der Bildungsindikatoren sogar mit einem Rückgang der Wachstumsraten gerade in den SL einher.[3] Auf Befunde zur Weltmarktintegration und dem Wachstum in SL gehe ich an späterer Stelle ausführlicher ein.

2.1.4 Zusammenfassung

1. Im Rahmen des neoklassischen Wachstumsmodells wächst das PKE eines Landes im Wachstumsgleichgewicht nicht. Auf dem Anpassungspfad zum Gleichgewicht wächst die Wirtschaft mit asymptotisch abnehmender Rate.
2. Die Einführung exogenen technischen Fortschritts ist eine Möglichkeit, im neoklassischen Modell das PKE langfristig wachsen zu lassen. Die Quellen des technischen Fortschritts liegen dabei jenseits der ökonomischen Sphäre.
3. Das geringere PKE der SL lässt sich im neoklassischen Modell durch eine Ungleichgewichtssituation oder durch seine Wachstumsparameter erklären. Im ersten Fall setzt automatisch Konvergenz ein, im zweiten Fall müssten für einen Aufholprozess die exogenen Parameter verändert werden.

---

[1] Vgl. Young (1991). Weitere Modelle mit lokal begrenzten Externalitäten und negativen Integrationseffekten für EL haben Matsuyama (1991) und Stokey (1991) entwickelt.
[2] Vgl. Pritchett (1996.)
[3] Vgl. Easterly (2001).

4. Die Weltmarktintegration eines SL führt in der Neoklassik zu einem beschleunigten Konvergenzprozess über Kapitalimporte.
5. In der EWT wird das langfristige Wachstum modellendogen erklärt. Ein Wachstumsmotor ist die Faktorakkumulation (im AK-Modell die Kapital-, im Uzawa-Lucas-Modell die Humankapitalakkumulation). Der technische Fortschritt spielt in ihnen keine Rolle mehr.
6. In den beiden EWM lässt sich das geringe PKE und das geringe Wachstum der SL in zu geringen Faktorakkumulationsraten erklären.
7. Die Weltmarktintegration kann bei rein lokalen Externalitäten zu einer Verminderung der Wachstumsrate im SL führen.
8. Die empirische Wachstumsforschung verwendet Länderquerschnitts-, *growth accounting*- und Zeitreihen-Untersuchungen zur Überprüfung der Modelle und zur Bestimmung der relevanten PKE- und Wachstumsdeterminanten.
9. Die Ergebnisse der empirischen Wachstumsforschung sind uneinheitlich. Die Rate der Sachkapitalakkumulation scheint sowohl PKE-Niveau- als auch Wachstumsrateneffekte aufzuweisen. Die Humankapitalausstattung beeinflusst das PKE-Niveau positiv, aber nicht die Wachstumsrate. Das Residual spielt eine wichtige Rolle bei der Erklärung von PKE- und Wachstumsratendifferenzen. Zur Frage der Konvergenz der PKE gibt es sehr heterogene Befunde, ebenso zur Wirksamkeit von Wirtschaftspolitik.

2.2 Innovation durch F&E als Quelle endogenen Wachstums

2.2.1 Vom exogenen technischen Fortschritt zur Innovation durch private Forschung & Entwicklung (F&E)

In den bisher vorgestellten Wachstumsmodellen stand die Akkumulation der Produktionsfaktoren Sach- und Humankapital im Zentrum der Analyse. Im neoklassischen Modell wird das langfristige Wachstum des PKE aufgrund der abnehmenden Grenzerträge beider Produktionsfaktoren nur durch exogenen technischen Fortschritt erklärt. Dieser technische Fortschritt ist es, der die abnehmenden Grenzerträge der Produktionsfaktoren immer wieder aufhebt. Er tritt auf wie „Manna vom Himmel", ist also unbeeinflusst vom wirtschaftlichen Geschehen.

Demgegenüber spielt im AK-Modell technischer Fortschritt keine Rolle. Allein die Rate der Kapitalakkumulation erklärt das dauerhafte Wachstum. Und auch im Uzawa-Lucas-Modell ist nicht der technische Fortschritt der Wachstumsmotor; die Humankapitalbildung tritt an seine Stelle. Dauerhaftes Wachstum entsteht infolge positiver Externalitäten des Humankapitals in der Produktion und spezieller Annahmen über die Humankapitalakkumulation: Das Humankapital muss unbegrenzt und mit konstanten Grenzerträgen akkumulierbar sein.

Das neoklassische Modell, das Uzawa-Lucas-Modell und das *learning-by-doing*-Modell verweisen alle zur Begründung von exogenem TF oder von Externalitäten auf nur begrenzt privat appropriierbare Lernerfolge. Dabei ist die mit Externalitäten verbundene Akkumulation von Wissen letztendlich die entscheidende Komponente ihrer Wachstumsprozesse. Aber die Wissensakkumulation und -diffusion wird in ihnen nicht durch Märkte determiniert. Wie die gezielte Schaffung, Verbreitung und Akkumulation neuen Wissens modellendogen erfasst werden kann, ist Gegenstand der folgenden Abschnitte.

Wirtschaftshistorische Untersuchungen verweisen darauf, dass erst die immer wiederkehrende Entwicklung neuer Ideen, ihre Umsetzung in Produkte und Produktionsverfahren und ihre Durchsetzung am Markt dauerhafte Produktivitätssteigerungen (und die dauerhafte Faktorakkumulation) von Wirtschaften ermöglicht hat.[1] Erst neue Produkte und Investitionsgüter machen eine Ausweitung der Investitionen in Anlagen immer wieder aufs Neue rentabel, erst das mit neuen Produkten oder Prozessen einher gehende neue Wissen macht eine dauerhafte Akkumulation von „produktiverem" Humankapital möglich, und schließlich können nur durch neue Verfahren begrenzte natürliche Ressourcen substituiert werden.

Die Entstehung von neuem Wissen sowie die damit verbundene Entwicklung neuer Produkte oder Prozesse wird in der EWT durch zwei Prinzipien modelliert. Zum einen ist das neue Wissen ein „Nebenprodukt" von Produktion oder Investition (*learning by doing, using*, etc.), zum anderen das Ergebnis gezielter Investitionen (F&E-Investitionen in Unternehmen oder steuerfinanzierte Forschung durch den Staat).[2] Das Zweite dieser beiden Prinzipien soll im Mittelpunkt dieser Untersuchung stehen. Denn in modernen Volkswirtschaften sind in Unternehmen oder öffentlichen Forschungslaboren viele Vorgänge derartiger gezielter Investitionen (ab jetzt: F&E) in Wissen zu beobachten. Sie beeinflussen entscheidend die Wettbewerbsfähigkeit eines Landes und charakterisieren die moderne Wissensgesellschaft der Industrieländer. Der exogene technische Fortschritt des neoklassischen Modells lässt sich durch die Berücksichtigung derartiger gezielter Investitionen in F&E und daraus resultierender Innovationen ökonomisch analysieren und somit endogenisieren.[3] Durch sie wird

---

[1] Vgl. stellvertretend für viele andere Freeman/Soete (1997).
[2] Das Zusammenspiel von Innovation und – ebenfalls empirisch beobachtbarem – *learning by doing* wurde von Young (1993) betrachtet. Dabei kam er zu dem Schluss, dass F&E die entscheidende Rolle zukommt, da *learning by doing* für jedes Produkt an natürliche Grenzen stößt.
[3] Die beschränkte Rationalität von Innovationsprozessen aufgrund von Ungewissheit wird in Kapitel 3 thematisiert. Im Rahmen der F&E-basierten EWM ist der Innovationserfolg immer kalkulierbar.

auch das langfristige Wachstum modellendogen erklärbar, und es lassen sich Hypothesen über ihre Wachstumswirkungen ableiten.[1]

In den F&E-basierten Modellen der EWT verläuft der Weg von der Produktentwicklung zur Erhöhung des Outputs unverzüglich und geradlinig; das Verständnis der endogenen Wachstumstheoretiker vom technischen Fortschritt entspricht dem linearen Innovationsmodell. Dies stellt eine Vereinfachung dar, die sich mit analytischen Gründen erklären lässt. Die einfachen Annahmen der F&E-basierten EWT über die gezielte und gewinnorientierte Wissensgenerierung und -diffusion wurden oft kritisiert und die Aussagekraft der EWT damit in Frage gestellt. In der Realität verläuft weder der Innovationsprozess noch der mit Neuerungen einhergehende Prozess des wirtschaftlichen und gesellschaftlichen Strukturwandels unverzüglich und geradlinig. Innovationen entstehen nicht allein durch die Forschungs- und Entwicklungsarbeit von Forschern, sie weisen oft erhebliche *time lags* von der Entwicklung bis zur erfolgreichen Durchsetzung am Markt auf und ihr Erfolg am Markt wird oft erst durch komplementäre Innovationen und neue Institutionen ermöglicht. Von diesen Kritikpunkten wird im Rahmen der EWT abstrahiert, sie werden im dritten Kapitel 3 wieder aufgegriffen.

In den folgende Abschnitten werden zwei Modelle diskutiert, in denen die Wissensproduktion entsprechend der neoklassischen mikroökonomischen Innovationstheorie modelliert wurde. Dies ist zum einen das Romer-Modell mit horizontaler Produktdifferenzierung (Abschnitt 2.2.2) und zum anderen das Aghion/Howitt-Modells mit vertikaler Produktdifferenzierung (Abschnitt 2.2.3). Daran anschließend (Abschnitt 2.2.4) folgt eine Diskussion der Modellannahmen und -ergebnisse.

2.2.2 Endogenes Wachstum durch F&E und horizontale Innovationen

Das Romer-Modell ist das wohl bekannteste Modell mit Wachstum durch horizontale Innovationen.[2] In enger ideengeschichtlicher Anlehnung an die theoretischen Arbeiten von Adam Smith und Allyn Young ist in ihm das Wirtschaftswachstum und wirtschaftliche Entwicklung das Ergebnis zunehmender Arbeitsteilung. Wichtige mikroökonomische Grundlagen des Romer-Modells wurden von Dixit und Stiglitz und Ethier entwickelt.[3] Das Romer-Modell kann zudem als eine Erweiterung seines eigenen Modells von 1987 sowie eines Modells von Judd aufgefasst werden, wobei letzterer in seinem Modell noch kein dauerhaftes

---

[1] Auch in den meisten F&E-basierten Wachstumsmodellen spielt die Akkumulation der Produktionsfaktoren Sach- und Humankapital eine wichtige Rolle. Aber der Produktionsfaktor *Wissen* mit seinen Besonderheiten erhält die fundamentale Bedeutung für das langfristige Wachstum.
[2] Vgl. Romer (1990).
[3] Vgl. Dixit/Stiglitz (1979) und Ethier (1982).

Wachstum zu beschreiben vermochte.[1] Eine einfachere Version eines Modells horizontaler Innovationen ohne Sach- und Humankapital stammt von Grossman/Helpman.[2]

Im Zentrum der Romer'schen Modellwelt stehen steigende Skalenerträge (*increasing returns*) und Nichtkonvexitäten bei der Entstehung und Verbreitung von Ideen. Romer hebt – anders als z.B. die Modelle von Grossman/Helpman – die Bedeutung des Humankapitals für das Wirtschaftswachstum durch seinen Einsatz in F&E-Aktivitäten hervor. In seinem Modell werden drei zentrale Elemente der wirtschaftlichen Entwicklung berücksichtigt:

1. Technischer Fortschritt, interpretiert als Verbesserungen in der Art und Weise, aus natürlichen Rohstoffen Konsumgüter zu produzieren, ist der entscheidende Motor des Wachstums.

2. Technischer Wandel durch technische Neuerungen ist das Ergebnis gezielter Aktivitäten. Diese Aktivitäten (F&E) werden zwar nicht nur, aber auch durch wirtschaftliche Anreize beeinflusst. Die gezielten Aktivitäten werden vornehmlich durch Menschen mit relativ hohem Bildungsstand durchgeführt.

3. Das Wissen (i.S.v. Anleitungen für die Art und Weise, Rohstoffe in Konsumgüter zu verwandeln) ist ein Gut mit besonderen Eigenschaften.[3] Die wichtigste Eigenschaft ist seine Nicht-Rivalität in der Nutzung bei zumindest begrenzter Ausschließbarkeit. Denn eine einmal entwickelte Handlungsanleitung (Idee; Blaupause) kann zu jeder Zeit in beliebigem Ausmaß und immer wieder verwandt werden, ohne sich dabei abzunutzen. Die Entwicklung einer neuen Blaupause entspricht einer einmaligen Investition, mit zunehmender Nutzung der Blaupause sinken sie Durchschnittskosten der Entwicklung.

2.2.2.1 Das Modell

Das Romer-Modell stellt den Wachstumsprozess durch eine konstante Wachstumsrate des technischen Wissensstandes einerseits und einer damit einhergehenden dauerhaft zunehmenden Produktvielfalt bei Investitionsgütern andererseits dar. Es ist ein 3-Sektoren-Modell mit einem Forschungssektor, einem Zwischenproduktsektor und einem Endproduktsektor. Der schematische Ablauf der Modellprozesse ist in Grafik 2.2.2.1 dargestellt.

Es gibt im Romer-Modell vier Produktionsfaktoren: (ungelernte) Arbeit (L), Humankapital (H), Technologie (Wissen, A_R) und Sachkapital (K). Der Sachkapitalstock besteht aus differenzierten Zwischenprodukten (Investitionsgütern).

---

[1] Vgl. Romer (1987) und Judd (1985).
[2] Vgl. Grossman/Helpman (1991).
[3] In späteren Veröffentlichungen verwendet Romer zunehmend den Begriff Ideen an Stelle von Wissen.

Grafik 2.2.1.1: Die Struktur des Romer-Modells

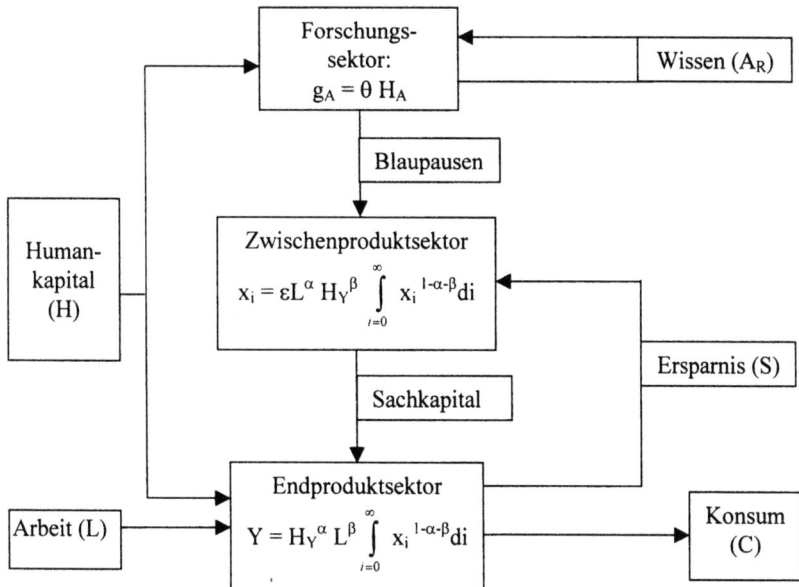

Quelle: eigene Darstellung

Anders als in anderen endogenen Wachstumsmodellen wird im Romer-Modell Arbeit von Humankapital und Humankapital von Wissen konzeptionell klar abgegrenzt. Arbeit umfasst die natürlichen, angeborenen Fertigkeiten von Menschen. Humankapital umfasst die durch Bildung, Ausbildung und Training erworbenen Kenntnisse. Es ist ein privates Gut und steht für die private Komponente des Faktors Wissen. Romers „Wissen" (Technologie) steht für die nichtrivale (kodifizierte) Komponente des Wissens.

Die Produktionsfaktoren werden in den 3 Sektoren eingesetzt. Zwei Sektoren produzieren Güter, ein dritter Ideen (i. S. v. Blaupausen) und allgemeines Wissen. Die Entscheidungen über den Faktoreinsatz in den Sektoren und die daraus resultierenden Ergebnisse werden nun modelliert.

Die Konsumgüterproduktion der Wirtschaft ist durch eine additiv-separable Produktionsfunktion charakterisiert.[1] Ihre Produktionsfunktion hat die folgende Struktur

$$(2.2.2.1) \quad Y(H_Y, L, x) = H_Y^\alpha L^\beta \int_{i=0}^{\infty} x_i^{1-\alpha-\beta} \, di$$

---

[1] Vgl. Ethier (1982). Die Begriffe Konsumgut und Endprodukt werden in der Modelldiskussion synonym verwendet.

In der Konsumgüterproduktion werden also Humankapital, Arbeit und Sachkapital eingesetzt. Dabei stellt das Produkt aus der Anzahl der zu einem Zeitpunkt existierenden Zwischengütervarianten ($A_R(t)$) und der eingesetzten Menge einer jeden Variante (x_i) den Kapitalstock (K) der Wirtschaft dar. Zur Veranschaulichung des Kapitalstocks mit Investitionsgütervielfalt dient Grafik 2.2.2.2:

Grafik 2.2.2.2: Der Kapitalstock im Romer-Modell

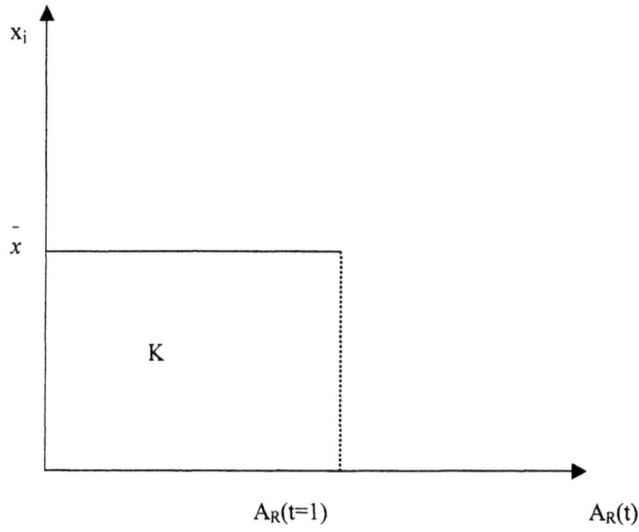

Quelle: Romer (1990), S.S91.

Aus Vereinfachungsgründen gehen alle Investitionsgütervarianten symmetrisch in die Güterproduktion ein (d.h. für alle x_i gilt $x_i = x$), und es bestehen keine Substitutionsbeziehungen zwischen ihnen, d.h. keine Variante verdrängt eine andere.[1]

Auf dem Markt für Konsumgüter herrscht vollkommene Konkurrenz, so dass die Endproduktproduzenten den Endproduktpreis als gegeben nehmen und ihre (gewinnmaximalen) Output- und Inputmengen entsprechend anpassen. Der Preis für eine Output-Einheit soll als Numeraire dienen und eins sein. Die inverse Nachfragefunktion der Endproduktproduzenten für eine Einheit eines jeden Investitionsgutes x_i lautet dann

---

[1] Für ein Modell mit Obsoleszenz siehe Abschnitt 2.2.3. Darüber hinaus gib es im Romer-Modell keine Abschreibungen auf den Kapitalstock.

(2.2.2.2) $\quad p(i) = (1-\alpha-\beta)H_Y^\alpha L^\beta x(i)^{-\alpha-\beta}.$ [1]

Die Unternehmen des Investitionsgütersektors setzen bei der Investitionsgüterproduktion das ε-fache aller Produktionsfaktoren in gleichem Einsatzverhältnis wie die Endproduktproduzenten ein:[2]

(2.2.2.3) $\quad x(Y) = \varepsilon Y = \varepsilon H_Y^\alpha L^\beta \int\limits_{i=0}^{\infty} x_i^{1-\alpha-\beta}\, di$

Diese Gleichung lässt sich alternativ dergestalt interpretieren, dass in der Produktion von Zwischengütern jeweils ε Konsumgüter eingesetzt werden. Die Produktion von Investitionsgütern erfordert daher Ersparnisbildung durch Konsumverzicht, wobei der Investitionsgüterproduzent für den Verzicht der Haushalte auf eine Konsumgütereinheit einen Zins in Höhe von r zahlen muss. Aus Vereinfachungsgründen gelte ab jetzt ε =1.

Zur Aufnahme der Produktion einer neuen Variante erwirbt jedes Unternehmen des Investitionsgütersektors einmalig vom Forschungssektor eine Blaupause. Diese fixe Ausgabe muss es über die Gewinne aus seiner zukünftigen Aktivität finanzieren.

Die Unternehmen des Zwischenproduktsektors verkaufen ihre Zwischenprodukte x_i zum Preis p(i) an die Konsumgüterproduzenten, die sie dann in der Konsumgüterproduktion einsetzen. Die Notwendigkeit, Gewinne zu erzielen, macht erforderlich, dass jedes Unternehmen des Investitionsgütersektors in seinem Marktsegment gegenüber seinen Abnehmern, den Unternehmen des Endproduktsektors, als Monopolist mit Preissetzungsspielraum auftreten kann. Wenn ein potentieller Zwischenprodukthersteller die Nachfragefunktion nach seinem Produkt kennt (Gleichung 2.2.2.2), kann er den Wert eines Patentes bestimmen und auf dem Blaupausenmarkt eine Lizenz erwerben (s.u.).

Um seine Zahlungsbereitschaft für eine Blaupause zu bestimmen, bestimmt jeder potentielle Investitionsgüterhersteller seine gewinnmaximale Produktionsmenge gemäß des Maximierungsproblems

(2.2.2.4) $\quad \pi = \max_{x} p(x)x - rx,$

wobei ihm die inverse Nachfragefunktion aus Gleichung 2.2.2.3 bekannt ist und er H_Y, L und r als gegebene Daten hinnimmt.

---

[1] Mit Hilfe der inversen Nachfragefunktion bestimmen die Zwischengutproduzenten ihren gewinnmaximalen Preis.
[2] Auch die Begriffe Investitionsgut und Zwischenprodukt werden im Rahmen der Modelldiskussionen synonym verwendet.

Aus dem Maximierungskalkül (2.2.2.4) lässt sich aufgrund der konstanten Grenzkosten und der konstanten Elastizität der inversen Nachfragekurve der gewinnmaximale Preis

(2.2.2.5) $\bar{p} = \dfrac{r}{1-\alpha-\beta}$,

ermitteln, der sich als *mark up* über den Grenzkosten r interpretieren lässt. Beim Preis $\bar{p}$ erzielt der Zwischenguthersteller mit der gewinnmaximalen Angebotsmenge $\bar{x}$ einen Gewinn von

(2.2.2.6) $\pi = (\alpha + \beta)\bar{p}\bar{x}$.

Der Investitionsgüterhersteller besitzt auf dem Blaupausenmarkt keine Nachfragemacht, d. h. er betrachtet den Preis für eine Blaupause als gegeben. Folglich entspricht der Gegenwartswert seiner zukünftigen Gewinne genau dem Preis einer Blaupause.[1] Es lässt sich zeigen, dass (bei konstantem Blaupausenpreis P_A) zu jedem Zeitpunkt t der aus der Monopolstellung erzielte Deckungsbeitrag genau den Zinszahlungen für den Blaupausenerwerb entspricht.[2]

(2.2.2.7) $\pi(t) = r(t)P_A$

Unter Berücksichtigung der Kosten des Blaupausenerwerbs erzielt jeder Zwischenproduktproduzent somit genau einen Nullgewinn. Zur Bestimmung des Blaupausenangebots wird nun den Forschungssektor betrachtet.

Im Romer-Modell ist der Forschungssektor der eigentliche Motor des langfristigen Wachstums. Er sorgt durch Einsatz des Faktors Humankapital für die Erweiterung des Wissensstandes.[3] Die Wissensgenerierung erfolgt mittels einer linearen Wissensproduktionsfunktion:

(2.2.2.8) $\dot{A}_R = \theta H_A A_R$

Der Parameter θ ist die exogen gegebene Forschungsproduktivität des Forschungssektors. H_A ist das in der Forschung eingesetzte Humankapital und A_R ist der in der Vergangenheit akkumulierte, öffentlich verfügbare Wissensstand. Im Modell hängt die Wachstumsrate des Wissensstocks $g_A = \dot{A}_R / A_R$ allein von der Produktivität der Forschung θ und der Menge des in der Forschung eingesetzten Humankapitals H_A ab. Das Humankapital und der vorhandene Wissens-

---

[1] Die Finanzierung der Blaupause erfolgt über den Finanzmarkt.
[2] Zur Begründung vgl. Romer (1990), S. S87.
[3] Die hier vorgestellte Spezifikation ist der als *knowledge driven* bezeichnete Fall ohne Sachkapitaleinsatz im Forschungssektor. Bei Rivera-Batiz/Romer (1991) wird diesem Ansatz die sogenannte *lab equipment specification* gegenübergestellt, bei dem auch Sachkapital in Form von differenzierten Zwischengütern im Forschungssektor eingesetzt wird.

bestand geht linear in die Wissensgenerierung ein.[1] Romers Modellierung des Forschungssektors beschreibt nur, in welchem Zusammenhang eine Variation der Faktoreinsatzmengen mit der Höhe des Innovationsoutputs steht. Alle darüber hinaus gehenden Details der Forschungsaktivität stecken im Parameter θ; wie die Wissensproduktion (und -diffusion) abläuft, bleibt offen.

Neues Wissen können die Forscher in Form von Blaupausen für Investitionsgüter ökonomisch verwerten. Die Blaupausen sind zeitlich unbegrenzt patentierbar. Erst mit der Verwertung des neuen Wissens wird der Wissenszuwachs auch zur Innovation. Der Bestand an neuem Wissen (als öffentliches Gut) und an verfügbaren Zwischenproduktvarianten (als private Güter) entwickelt sich parallel. Mit dem Preis für eine Blaupause P_A wird der im Forschungslabor eingesetzte Faktor Humankapital entlohnt. Der bereits vorhandene Wissensstock ist ein öffentliches Gut und wird nicht entlohnt.[2] Aufgrund des freien Zugangs zum Forschungssektor erzielen die Forschungslabore keinen Gewinn, d.h. der Blaupausen-Preis entspricht den Grenzkosten der Blaupausenproduktion:

$$(2.2.2.9) \quad P_A = \frac{w_H}{\theta A_R}$$

Zur Vervollständigung des Modells muss abschließend die Nachfrageseite modelliert werden, um den Konsumgüter- und den Kapitalmarkt schließen zu können. Die Haushalte maximieren ihren Nutzen gemäß einer intertemporalen Nutzenfunktion der Form

$$U = \int_0^\infty U(C)e^{-\rho t} dt \text{ mit } U(C) = \frac{C^{1-\sigma} - 1}{1-\sigma},$$

und der optimale Konsumwachstumspfad unterliegt der Keynes-Ramsey-Regel:

$$(2.2.2.10) \quad \frac{\dot{C}}{C} = \frac{1}{\sigma}(r - \rho).$$

Hierbei ist σ die intertemporale Substitutionselastizität der Wirtschaftssubjekte, ρ ihre Zeitpräferenzrate und r der Zinssatz.[3] Im Kapitalmarktgleichgewicht entspricht der Zinssatz r der Grenzproduktivität des Kapitals.

---

[1] Die Annahme der linearen Wissensproduktion wurde im Rahmen der semi-endogenen Wachstumstheorie gelockert. Für einen kurzen Überblick siehe Abschnitt 2.2.4.
[2] Da die Wissensproduktionsfunktion (2.2.2.8) einen Homogenitätsgrad von 2 hat, können das Humankapital und das Wissen nicht gleichzeitig mit ihrem Grenzprodukt entlohnt werden. Aber da der Faktor Wissen in der Forschung ein öffentliches Gut ist, erhält er keine Entlohnung. D.h. Inhaber bisheriger Patente erhalten keine Kompensation für ihrem Beitrag zum allgemeinen Wissensstock, der Ertrag aus dem Verkauf einer Blaupause fließt allein ihrem Entwickler zu. Vgl. Rivera-Batiz/Romer (1991) S. 537.
[3] In der intertemporalen Substitutionselastizität findet die Risikoaversion der Wirtschaftssubjekte ihren Ausdruck.

Das Angebot der Haushalte an Arbeit und Humankapital sei exogen gegeben, konstant und somit faktorpreisinelastisch.

Das Romer-Modell wird geschlossen, indem simultan ein Gleichgewicht auf dem Kapitalmarkt (über den Zins r), auf dem Markt für Humankapital (mit Vollbeschäftigung und einem einheitlichen Lohnsatz w_H), auf dem Markt für Blaupausen (mit einem einheitlichen Preis p_A) und auf den Gütermärkten unter Berücksichtigung der beschriebenen Verhaltensannahmen und Produktionsbeziehungen hergestellt wird.

2.2.2.2 Herleitung des Wachstumsgleichgewichts und Modellergebnisse

Ein gleichgewichtiger Wachstumspfad ist durch die Konstanz der Wachstumsrate des Outputs im Zeitablauf (und damit durch exponentielles Wachstum) definiert. Da im Romer-Modell H und L konstant sind, wachsen in seinem Wachstumsgleichgewicht der Output Y, der Kapitalstock K und der Wissensstand A_R mit der gleichen Rate. Aus der gleichen Wachstumsrate von K und A_R resultiert, dass die Einsatzmenge jeder Investitionsgütervariante im Endproduktsektor $\bar{x}$ konstant bleibt. Und mit $\bar{x}$ muss auch der Zins r im Wachstumsgleichgewicht konstant sein.

Da zudem die Grenzproduktivitäten des Humankapitals in der Forschung und in der Güterproduktion mit der gleichen Rate wie A_R und K wachsen, wächst auch der Lohnsatz w_H mit der gleichen Rate wie der Output.[1] Dies impliziert wiederum aufgrund der Gleichung (2.2.2.9), dass der Blaupausenpreis im Wachstumsgleichgewicht konstant bleiben muss. Schließlich lässt sich auch noch zeigen, das auch der Konsum mit der gleichen Rate wie der Output wächst, so dass im Wachstumsgleichgewicht stets gilt:

$$g = \frac{\dot{Y}}{Y} = \frac{\dot{C}}{C} = \frac{\dot{K}}{K} = \frac{\dot{A}_R}{A_R} = \theta H_A$$

und $\bar{x}$, r, P_A, H_A, H_Y = konstant.

Romer beginnt seine algebraische Herleitung des Wachstumsgleichgewichts, indem er zunächst auf der Angebotsseite eine Beziehung zwischen der Output-Wachstumsrate und dem Grenzertrag der Investition (=Zins) herstellt. Bei simultaner Berücksichtigung der nachfrageseitigen Beziehung zwischen dem Konsumwachstum und dem Zinssatz lässt sich dann genau ein Wertepaar (g,r) ermitteln, das ein allgemeines Wachstumsgleichgewicht festlegt.[2]

---

[1] Die Aufteilung des Humankapitals auf Forschung und Produktion ändert sich im Wachstumsgleichgewicht nicht.
[2] Vgl. Romer (1990), S. S90ff.

Für die Herleitung der angebotsseitigen Beziehung zwischen der Wachstumsrate g und dem Zins r muss das Gleichgewicht auf dem Blaupausenmarkt, die Lohnarbitrage und die Vollbeschäftigung auf dem Humankapitalmarkt berücksichtigt werden. Unter Berücksichtigung der Beziehung (2.2.2.9) für den markträumenden Blaupausenpreis lässt sich über die Lohnarbitrage auf den Markt für Humankapital ($w_{H_1} = w_{H_1}$) eine eindeutige Beziehung zwischen dem Humankapitaleinsatz in der Produktion H_Y und dem Zinssatz r finden:

(2.2.2.11) $H_Y = \frac{1}{\theta} vr$ mit $v = \frac{\alpha}{(1-\alpha-\beta)(\alpha+\beta)}$.[1]

Sie besagt, dass bei gleichem Lohnsatz in der Produktion und in der Forschung nur dann mehr Humankapital in der Güterproduktion eingesetzt werden kann, wenn auch der Zins steigt, da sich für eine derartige Humankapitalreallokation der Gegenwartswert eine Blaupause verringern muss.

Aus Gleichung (2.2.2.11) lässt sich nun über die Vollbeschäftigungsbedingung auf dem Humankapitalmarkt ($H = H_Y + H_A$) und der Bestimmungsgleichung der Wachstumsrate für den Wissensstock ($g = \theta H_A$) die lineare und negative Beziehung

(2.2.2.12) $g = \theta H_A = \theta H - vr$

zwischen g und r bestimmen.[2]

Die endgültige Schließung des Modells durch die Einbeziehung der Nachfrageseite (Gleichung 2.2.2.10) über das Kapitalmarktgleichgewicht (Sparen = Investieren) soll später erfolgen. Zunächst sollen die Teilgleichgewichte auf der Angebots- und Nachfrageseite und das Wachstumsgleichgewicht veranschaulicht werden. Anhand von Gleichung (2.2.2.10) ist ersichtlich, dass es auch auf der Nachfrageseite genau eine lineare (und positive) Beziehung von r und g gibt, die ein nachfrageseitiges Gleichgewicht definiert. Die Beziehungen (2.2.2.10) und (2.2.2.12) und das Wachstumsgleichgewicht werden in Grafik 2.2.2.3 (nächste Seite) in einem (g,r)-Raum dargestellt. Die beiden eingezeichneten Geraden stellen die Linearkombinationen (von g und r) der *partiellen Gleichgewichte* auf der Angebotsseite und auf der Nachfrageseite dar.

---

[1] Zur Herleitung vgl. Romer (1990), S. S91.
[2] Vgl. Romer (1990), S. S92.

Grafik 2.2.2.3: Das Wachstumsgleichgewicht im Romer-Modell

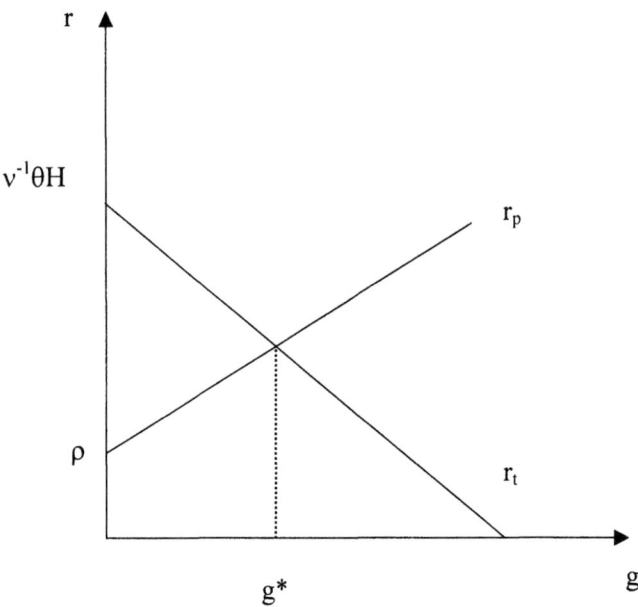

Quelle: Rivera-Batiz/Romer (1991), S.207.

Die r_t-Kurve (oder Technologiekurve) gibt alle Kombinationen von g und r an, bei denen der Arbeitsmarkt geräumt und somit die Grenzproduktivität (und damit der Lohnsatz) des Humankapitals in der Güterproduktion und in der Blaupausenproduktion gleich ist. Sie verläuft fallend, da ein höheres Wachstum einen Mehreinsatz von Humankapital in der Forschung erfordert. Aufgrund der Vollbeschäftigungsbedingung muss zwingend Humankapital aus der Produktion abwandern, wobei dort Humankapital durch Sachkapital substituiert wird. Der erhöhte Investitionsgütereinsatz impliziert einen niedrigeren Zinssatz. Die algebraische Form der r_t-Kurve lautet nach einfacher Umformung von (2.2.2.12)

$$r_t = \frac{1}{v}(\theta H - g) \text{ mit Steigung } -\frac{1}{v}.$$

Die r_p-Kurve (oder Präferenzkurve) für das Nachfragegleichgewicht ergibt sich aus der Keynes-Ramsey-Regel. Ihr Verlauf lässt sich durch folgenden Gedankengang veranschaulichen: Eine Erhöhung der Wachstumsrate erfordert eine Reduktion des Humankapitaleinsatzes in der Produktion (und damit der Produktion selbst) in der Gegenwart zugunsten zukünftig steigender Konsummöglichkeiten. Zu dieser Verlagerung des Konsums in die Zukunft sind die Haushalte (bei konstanten Präferenzen) nur durch einen gestiegenen Zinssatz bereit.

Ihre algebraische Form lautet nach einfacher Umformung von Gleichung (2.2.2.10)

$r_p = \rho + \sigma g$ mit der Steigung σ.

Das eindeutige Wachstumsgleichgewicht des Gesamtsystems aus Angebot und Nachfrage liegt im Schnittpunkt der beiden Geraden.[1] Er definiert die konstanten Gleichgewichtswerte für r und g (und damit implizit auch H_A) auf dem gleichgewichtigen Wachstumspfad. Anhand der beiden Kurven lassen sich die Wachstumswirkungen von Parameteränderungen (H, θ, etc.) erläutern.

Schließt man das Romer-Modell endgültig, indem man im rechten Term der Gleichung (2.2.2.12) den Zinssatz r durch den (nach Umformung erhältlichen) Ausdruck für den Zinssatz aus Gleichung (2.2.2.10) ersetzt,[2] so hat die gleichgewichtige Wachstumsrate des Romer-Modells die Form:

$$(2.2.2.13) \quad g = \theta H - vr = \frac{\theta H - v\rho}{\sigma v + 1},$$

in der sie nur noch von exogen gegebenen Parametern abhängt. Es ist offensichtlich, dass die Determinanten des langfristigen Wachstums die Forschungsproduktivität (positiv), die Humankapitalausstattung (positiv), die Zeitpräferenzrate der Individuen (negativ) und ihre intertemporale Substitutionselastizität (negativ) sind. Allein eine Variation dieser exogenen Größen führt zu Veränderungen der langfristigen Wachstumsrate. Eine erfolgreiche Wachstumspolitik muss auf diese Parameter einwirken. Durch die Abhängigkeit des Wachstums von der Humankapitalausstattung weist das Romer-Modell einen Skaleneffekt auf: „Große" Ökonomien wachsen schneller als „kleine".

Im Romer-Modell gibt es zwei Marktunvollkommenheiten: den monopolistischen Wettbewerb auf dem Zwischenproduktmarkt und die positive Externalität in der Wissensproduktion. Daher liegt die gleichgewichtige Wachstumsrate bei zentraler Planung durch einen wohlwollenden Diktator, der die Marktunvollkommenheiten in seiner Planung berücksichtigt, über der bei dezentraler Koordination. Wirtschaftspolitische Maßnahmen können die beiden Marktunvollkommenheiten reduzieren und die Wachstumsrate und die Wohlfahrt erhöhen. Ihre Wirkungsweise soll anhand der beiden Ansatzpunkte näher erläutert werden.

---

[1] Romer (1990, S.S91) zeigt, dass es aufgrund von Stabilitätserwägungen auf dem gleichgewichtigen Wachstumspfad eine weitere Parameterrestriktion gibt, da die langfristige Wachstumsrate g nicht oberhalb des Gleichgewichtszins r liegen darf. In der Grafik impliziert dies seinen Schnittpunkt unterhalb einer 45°-Kurve.
[2] Dabei sei daran erinnert, das der Konsum ebenfalls mit der Rate g wächst.

Zum einen ist die Angebotsseite des Marktes für Investitionsgüter monopolistisch organisiert, so dass eine Lücke zwischen den Grenzerträgen des Kapitals und den Grenzkosten der Zwischengüterproduzenten besteht. Hieraus folgt, dass die Einsatzmenge x von jedem Investitionsgut zu gering ist. Dies führt zu einem zu geringen Outputniveau und kann einen negativen Effekt auf die Innovationsanreize (erkennbar am zu niedrigen, von x abhängigen Blaupausenpreis) ausüben.[1] Eine Subventionierung des Investitionsgütereinsatzes könnte diesem Effekt entgegenwirken. Allerdings zeigt Romer, dass eine direkte Subventionierung des Investitionsgütereinsatzes zwar das Produktionsniveau, aber nicht die Wachstumsrate erhöht. Denn sie führt zwar zu einer Erhöhung der Einsatzmenge jeder Investitionsgütervariante x, lässt aber die Humankapitalallokation unverändert, da sie seine Entlohnung in der Produktion und in der Forschung in gleichem Maße erhöht.

Zum anderen weist die Blaupausenproduktion einen positiven externen Effekt auf, da die Forscher für die Erhöhung des allgemeinen Wissensstocks nicht entlohnt werden. Durch diese positive Externalität der Wissensproduktion ist das gleichgewichtige Wachstum bei dezentralen Entscheidungen nicht optimal, sondern zu niedrig. Auch hieraus ergeben sich Ansatzpunkte für die Wirtschaftspolitik. Denn Maßnahmen, die die Allokation des Humankapitals dauerhaft zugunsten des Forschungssektors verändern, erhöhen die Wissensproduktion, die Wachstumsrate und die Wohlfahrt. Eine steuerfinanzierte Subventionierung des Humankapitaleinsatzes im Forschungssektor ist ein Instrument, das zu einer Angleichung der gleichgewichtigen an die optimale Wachstumsrate führen kann. Eine Subventionierung des Humankapitaleinsatzes in der Forschung kann über einen Zuschlag auf den Blaupausenpreis oder eine teilweise Übernahme der Lohnkosten erfolgen. Eine *ad-valorem*-Subvention des Blaupausenpreises in der Form

(2.2.2.14) $\quad p_A^Z = (1+z)P_A$

würde zu einer Erhöhung der Löhne in der Forschung führen und damit einen Anreiz zur Faktorreallokation geben.[2] Bei ihrem Einsatz würde die gleichgewichtige Wachstumsrate

(2.2.2.15) $\quad g = \dfrac{(1+z)\theta H - \nu\rho}{\sigma\nu + z + 1}$

betragen.[1] Auch eine Subventionierung des Zinssatzes wirkt wachstumsratenerhöhend, da sie die Allokation des Humankapitals zugunsten der Forschung verändert.[2]

---

[1] Vgl. Trauth (1997), S.173.
[2] Da eine Subvention aber stets in gleichem Maße die Löhne in der Forschung und in der Endproduktproduktion erhöht, führt sie zu gewissen „Sickerverlusten".

2.2.2.3 Effekte einer exogenen Erhöhung der Forschungsproduktivität[3]

Anhand von Gleichung (2.2.2.13) wird deutlich, dass eine Erhöhung der Forschungsproduktivität wachstumsratenerhöhend wirkt. Die aus der Erhöhung resultierenden Anpassungsprozesse und -effekte sollen nun kurz erläutert werden. Die rechte Seite von Gleichung (2.2.2.12) impliziert, dass eine exogene Erhöhung der Forschungsproduktivität die Wachstumsrate dann erhöht, wenn der direkte positive Produktivitätseffekt auf das Humankapital größer als ein möglicher indirekter negativer Effekt aus gestiegenen Zinsen ist. Der Zinseffekt würde sich über eine Reallokation des Humankapitals bremsend auf das Wachstum auswirken. Der Reallokationseffekt wird in Grafik 2.2.2.4 in einem (H_A, r)-Raum dargestellt. Ein einmaliger, aber dauerhafter Anstieg der Forschungsproduktivität löst Anpassungsprozesse aus, die zu einer Drehung beider Kurven nach oben führen.

Grafik 2.2.2.4: Reallokationseffekte nach einer Erhöhung der Forschungsproduktivität

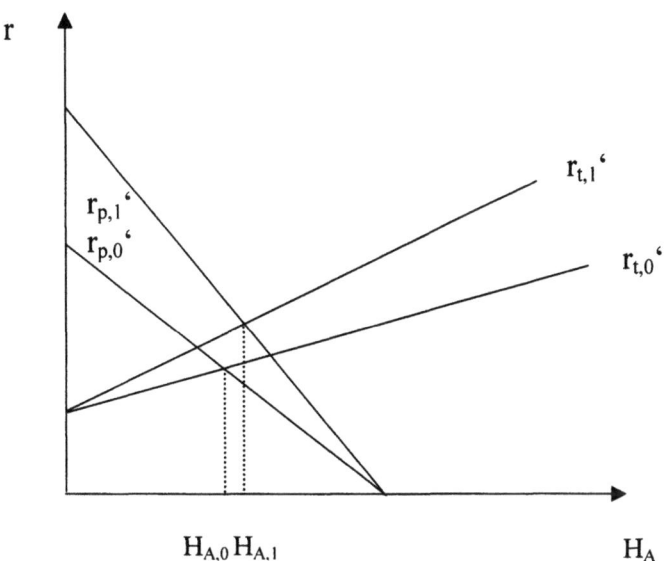

Quelle: Frenkel/Hemmer (1999), S. 259.

---

[1] Vgl. Trauth (1997), S.174ff.
[2] Auch Steuervorteile, eine Risikoversicherung oder eine Förderung der Grundlagenforschung sind mögliche Instrumente zur Innovationsförderung. Ihre Wirkung lässt sich im bisherigen Modellrahmen allerdings nicht abbilden.
[3] Vgl. Frenkel/Hemmer, (1999), S.259f.

Drehung der rt'-Kurve:

Die gestiegene Forschungsproduktivität erhöht den Output an Blaupausen pro Forscher. Die Grenzproduktivität der Forscher und ihr Lohn nimmt zu, und das Humankapital hat einen Anreiz, aus der Produktion abzuwandern. Für jede vorgegebene Größe des Forschungssektors H_A muss im Gleichgewicht folglich auch der Anreiz zum Humankapitaleinsatz in der Güterproduktion zunehmen. Dies erfordert eine höhere Grenzproduktivität des Humankapitals in der Güterproduktion und damit einen schneller wachsenden Kapitalstock pro Arbeiter, was über die steigende Investitionsgüternachfrage wiederum einen steigenden Zins impliziert. Der steigende Zins reduziert andererseits auch den Anreiz zur Blaupausenproduktion, da er den Gegenwartswert eines Patentes reduziert. Dies führt dazu, dass das Humankapital letztendlich in der Güterproduktion verbleibt.

Drehung der rp'-Kurve:

Eine gestiegene Forschungsproduktivität bei konstanter Forschungssektorgröße bedeutet eine gestiegene Wissens- und Output- und damit auch eine gestiegene Konsumwachstumsrate. Diese erfordert die Bereitschaft, mehr Konsum in die Zukunft zu verlagern, was ebenfalls einen Zinsanstieg erforderlich macht.

Die beiden Drehungen könnten zu einem neuen Schnittpunkt links oder rechts des alten Wachstumsgleichgewichts führen. Dass der Netto-Reallokationseffekt immer positiv ist, zeigt die Relation 2.2.2.16:[1]

$$(2.2.2.16) \quad \frac{\partial H_A}{\partial \theta} = \frac{\rho}{\theta^2(\sigma+1/\nu)} > 0 \ .$$

Sie besagt, dass der neue gleichgewichtige Humankapitaleinsatz in der Forschung stets rechts vom alten Gleichgewichtswert liegt, infolge einer Erhöhung der Forschungsproduktivität findet eine Reallokation zugunsten des Forschungssektors statt. Und damit ist auch der Wachstumsrateneffekt einer Forschungsproduktivitätserhöhung stets positiv, weil Humankapital in den Forschungssektor wandert *und* dort produktiver eingesetzt wird.

Eine entsprechende Analyse ist auch für eine exogene Erhöhung des Humankapitalstocks möglich. In diesem Fall entsteht durch das Mehrangebot an Humankapital Druck auf seinen Lohnsatz. Damit entsteht für die Labore und für die Konsumgüterproduzenten ein Anreiz, mehr Humankapital einzusetzen. Da der Einsatz des Humankapitals in der Wissensproduktion konstante und in der Güterproduktion abnehmende Grenzerträge aufweist, besteht für die zusätzlichen Humankapitalanbieter ein größerer Anreiz, in der Forschung zu arbeiten. Eine hieraus resultierende höhere Wachstumsrate des Konsums erfordert jedoch einen Zinsanstieg, der den Blaupausenwert reduziert und die Produktivität des

---

[1] Zur Herleitung der Beziehung siehe Frenkel/Hemmer (1999), S.260.

Humankapitaleinsatzes in der Güterproduktion erhöht, was eine Wanderung von Humankapital in die Produktion induziert. Letztendlich erhöht sich im neuen Gleichgewicht der Humankapitaleinsatz sowohl in der Wissens- als auch in der Güterproduktion. In Grafik 2.2.2.3 führt ein Anstieg bei der Humankapitalausstattung zu einer Drehung der r_t-Kurve nach oben, die r_p-Kurve bleibt unverändert.[1] Der neue Schnittpunkt impliziert eine höhere Wachstumsrate bei einem gestiegenen Zins.[2]

2.2.2.4 Armutsfallen

Ein wichtiges Ergebnis des Romer-Modelles für die Analyse der speziellen Situation von SL ist, dass es – wie in anderen EWM mit Nichtkonvexitäten auch – zu einer Armutsfalle kommen kann. Bei einer Kombination aus einer geringen Humankapitalausstattung und einer geringen Forschungsproduktivität eines Landes bleibt das endogene Wachstum vollständig aus. Denn ist (bei gegebener Forschungsproduktivität) die Humankapitalausstattung eines Landes zu gering, dann ist die Grenzproduktivität des Humankapitals in der Güterproduktion so hoch, dass alles Humankapital in der Güterproduktion eingesetzt wird. Als Resultat wird es nicht forschen und somit auch nicht wachsen. Der Schwellenwert für die Aufnahme von Forschungsaktivitäten liegt bei $H = \rho v$. Grafik 2.2.2.5 veranschaulicht die Wachstumsfalle anhand der linearen Beziehung zwischen H_A (und damit g) und H. Sie schneidet die Ordinate im negativen Bereich. Da der Humankapitaleinsatz in der Forschung nicht negativ werden kann, weist die Gerade eine Knickstelle auf. Der Bereich des Nullwachstums liegt links von der Knickstelle. Ist die zu geringe Humankapitalausstattung eines Landes der Grund für seine Armutsfalle, so liegen zu ihrer Überwindung bildungspolitische Maßnahmen auf der Hand.[3]

Eine Armutsfalle kann alternativ auch durch eine zu geringe Forschungsproduktivität im SL erklärt werden. In Grafik 2.2.2.5 liegt der Ordinatenabschnitt der eingezeichnete Gerade bei

$$\varpi = -\frac{v\rho}{v\theta + 1} \ .$$

---

[1] In Grafik 2.2.2.4 führt die Humankapitalerhöhung zu einer *Verschiebung* der rt'-Kurve nach oben.

[2] Dagegen ruft eine Erhöhung der Ausstattung des Landes mit Wissen (A), Arbeit (L) oder ein Anstieg der Produktivität der Güterproduktion ε in Romers Modell nur einen Niveaueffekt auf das PKE und keinen Wachstumsrateneffekt hervor. Vgl. Romer (1990), S. S93f.

[3] Allerdings stellt sich bei Betrachtung einer Armutsfalle aufgrund von Humankapitalmangel die grundsätzliche Frage nach der Rolle der Humankapitalakkumulation im Romer-Modell.

Grafik 2.2.2.5: Armutsfallen im Romer-Modell

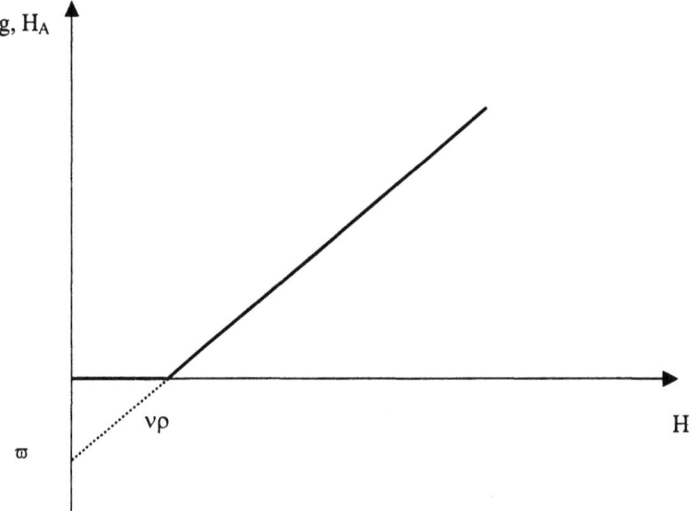

Quelle: Romer (1990), S.S95.

Eine Produktivitätssteigerung in der Forschung führt (neben einer Drehung nach oben) zu einer Verschiebung der Geraden nach oben und damit zu einer Verschiebung der Knickstelle nach links. Bei einer hinreichend großen Produktivität wird die Wachstumsschwelle so niedrig liegen, dass der (exogen gegebene und konstante) Humankapitalstock für einen endogenen Wachstumsprozess ausreicht. Forschungspolitische Maßnahmen könnten somit ebenfalls zur Überwindung einer Armutsfalle beitragen.[1]

2.2.2.5 Kapitaleinsatz im Forschungssektor: die *lab equipment*-Spezifikation

Romer hat gemeinsam mit Rivera-Batiz, als alternative Spezifikation zur Forschung ohne Kapitaleinsatz eine zweite Modellvariante entwickelt, in der auch Kapital im Forschungssektor eingesetzt wird.[2] Sie modellieren den *lab-equipment*-Fall aus Vereinfachungsgründen dergestalt, dass die Struktur der Produktionsfunktion der Wissensproduktion jener der Güterproduktion gleicht und nur durch einen Effizienzparameter B von ihr abweicht.[3]

---

[1] Auch durch die Aufnahme von Außenhandel kann im Romer-Modell eine Armutsfalle beendet werden.
[2] Vgl. Rivera-Batiz/Romer (1991).
[3] Den allgemeinen Fall beliebiger relative Produktionselastizitäten in der Güterproduktion und der Forschung werden von Eicher/Turnovsky (1999) und Romer (1996) im Rahmen der SEWT diskutiert.

$$(2.2.2.16) \quad \dot{A}_R = BH^\alpha L^\beta \int_0^\infty x(i)^{1-\alpha-\beta} di$$

Die *lab-equipment*-Spezifikation des Romer-Modells lässt sich somit als ein 1-Sektoren-Wachstumsmodell darstellen, da die Produktionsfunktion aller drei Sektoren in einer linearen Beziehung zueinander stehen. In der Grafik 2.2.2.3 würde im *lab equipment*-Fall die r_t-Kurve waagerecht verlaufen, da der Anteil des Humankapitaleinsatzes in der Forschung nicht mehr vom Zinssatz r, sondern allein von den relativen Produktivitäten der Güter- und der Wissensproduktion (1/B) abhängt.[1]

Auch die *lab-equipment*-Spezifikation weist wissensgetriebenes endogenes Wachstum auf. Aber da A_R nicht mehr direkt in die Wissensproduktion eingeht, gibt es keine positiven externen Effekte in der Wissensproduktion mehr. Dafür können nun Anreize zum Investitionsgütereinsatz den Output des Forschungssektors dauerhaft erhöhen. Die *lab equipment*-Spezifikation mach somit deutlich, dass es mit plausiblen Modifikationen zu einer Umkehrung der Politikimplikationen aus einem F&E-basierten endogenen Wachstumsmodell kommen kann.

2.2.3 Endogenes Wachstum durch F&E und Qualitätsverbesserungen

Modelle mit gezielten Verbesserungen der Qualität einer exogen vorgegebenen Anzahl von Produkten sind die zweite Gruppe der F&E-basierten EWM. Die grundlegenden Beiträge zur Entwicklung dieser Modellfamilie stammen von Aghion/Howitt, Grossman/Helpman und Segerstrom/Anant/Dinopoulos.[2] Sie entwickeln komparativ-statische und partialanalytische Vorarbeiten aus der Patentrennen-Literatur weiter.[3] Die Ausführungen zu dieser Modellklasse werden analog zu denen zum Romer-Modell erfolgen, zu dem die Modelle Parallelen aufweisen. So ähnelt der strukturelle Aufbau der Qualitätsleitermodelle jenem des Romer-Modells. Auch in ihnen ist ein „Forschungssektor" und sein Produkt „Wissen" der Motor dauerhaften Wachstums.

---

[1] Wie in dieser Darstellung hatten auch Rivera-Batiz/Romer (1991) zuvor aus Vereinfachungsgründen angenommen, dass der Technologieparameter der Endproduktproduktion genau 1 sein soll und genau eine Endprodukteinheit zur Produktion von einer Zwischenprodukteinheit bereitgestellt werden muss.

[2] Vgl. Aghion/Howitt (1992), Grossman/Helpman (1991) und Segerstrom/Anant/Dinopoulos (1990). Die drei Modelle unterscheiden sich in ihren Annahmen über die Produktionsfaktoren, die Anzahl der zur Verbesserung zur Verfügung stehenden Produktvarianten und über die Natur (stochastisch, deterministisch) der Innovationsereignisse. Ihre Implikationen für das Wachstum sind gleich. Alle drei Modelle beinhalten in ihrer ursprünglichen Form Finanzmärkte, aber kein Sachkapital.

[3] Für eine Übersicht über die mikroökonomischen Grundlagen von Patentrennen vgl. Reinganum (1989).

Allerdings entwickelt der Forschungssektor keine Blaupausen für andersartige, sondern für bessere Produkte. Diese besseren Produkte können entweder End- oder Zwischenprodukte sein. Erstere erhöhen direkt den aggregierten Nutzen einer Gesellschaft, letztere die Produktivität der in der Endproduktproduktion eingesetzten Faktoren und damit die verfügbare Menge eines homogenen Endproduktes. Die neuen Produktvarianten verdrängen ältere Produktvarianten. Der entscheidende Unterschied zwischen dem Romer-Modell und den Qualitätsleiter-Modellen liegt somit in der Art des Innovationsprozesses und damit des grundlegenden Verständnisses von Entwicklung: Nicht zunehmende Arbeitsteilung, sondern die kontinuierliche qualitative Verbesserung gegebener Produktarten steht im Mittelpunkt des Wachstumsprozesses. Die folgende Darstellung eines Qualitätsleiter-Modells bezieht sich weitgehend auf das Aghion/Howitt-Modell.[1]

2.2.3.1 Das Modell

Im Aghion/Howitt-Modell ist das innovationsgetriebene Wachstum ein diskretionärer Prozess in stetiger Zeit τ. Das Modell besteht aus drei Sektoren, in denen Endprodukte unter vollkommener Konkurrenz, Zwischenprodukte unter monopolistischer Konkurrenz und neue Designs produziert werden (siehe Grafik 2.2.3.1 auf der nächsten Seite). Es gibt drei Produktionsfaktoren: Technologie (A_{AH}) sowie als zwei Formen von Arbeit in jeweils exogen vorgegebener Menge unqualifizierte Arbeit (L) und qualifizierte Arbeit (H, ab jetzt Humankapital genannt, das mit seinem Lohnsatz w entlohnt wird).[2]

Der Endproduktsektor setzt zur Produktion von Endprodukten unqualifizierte Arbeit (L) und Zwischengüter ein. Der Zwischengütersektor setzt zur Produktion nur Humankapital (H_X) ein. Er befindet sich im Wettbewerb mit dem Forschungssektor um den Faktor Humankapital. Der Forschungssektor setzt Humankapital (H_A) ein und entwickelt Blaupausen (für neue, bessere Zwischenprodukte), die vom Zwischenproduktsektor erworben werden.

---

[1] Dabei werden Elemente von Aghion/Howitt (1992) und Aghion/Howitt (1998), Kapitel 2 kombiniert.

[2] In der Originaldarstellung von Aghion/Howitt (1992) tritt als dritte Form von Arbeit „spezialisierte Arbeit", auf, die nur im Forschungssektor eingesetzt wird. Aus Vereinfachungsgründen werde ich auf ihn verzichten. In der Version des Modelles in Aghion/Howitt (1998) gibt es nur noch eine Form von Arbeit, die dem Humankapital in dieser Darstellung entspricht und in der Investitionsgüterproduktion und in der Forschung eingesetzt wird. Beide Versionen unterscheiden sich nicht in zentralen Aussagen. Aus Gründen der Symmetrie zum Romer-Modell habe ich den Einsatz unqualifizierter Arbeit in der Produktion beibehalten.

Grafik 2.2.3.1: Die Struktur des Aghion/Howitt-Modells

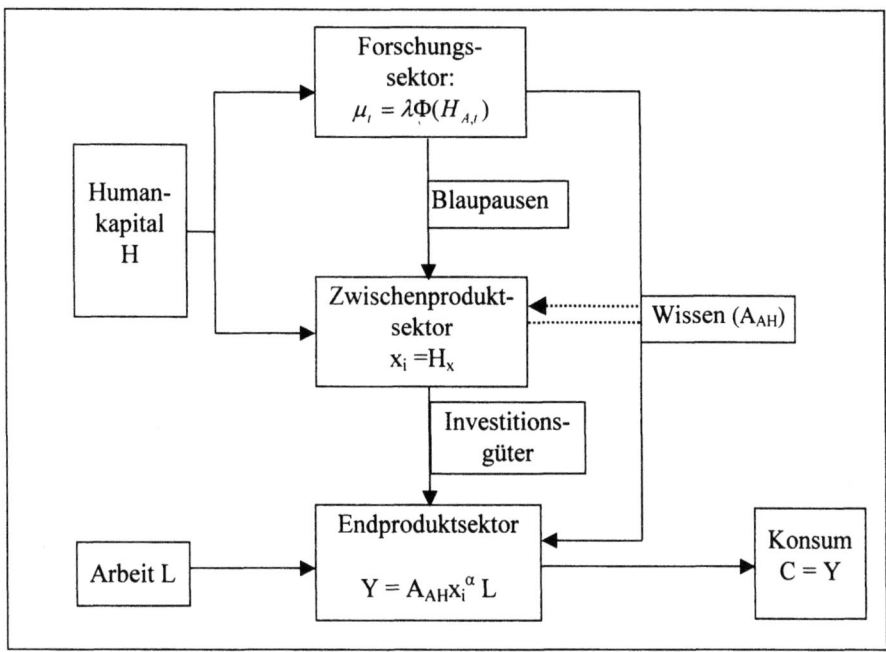

Quelle: eigene Darstellung

Die besondere Dynamik des Aghion/Howitt-Modells beruht auf seiner intertemporalen Struktur diskreter Verbesserungsprozesse: Interdependenzen zwischen gegenwärtigen und zukünftigen Innovationen stehen im Mittelpunkt dieses Ansatzes. Es überträgt das Prinzip der Patentrennen auf ein unendliches Innovationskontinuum mit endogener Gewinnhöhe in einen makroökonomischen Kontext. Dabei berücksichtigen Aghion/Howitt explizit die Unsicherheit über den Innovationserfolg: Innovationen resultieren in ihrem Modell aus einem stochastischen Poisson-Prozess, bei dem die Eintrittswahrscheinlichkeit des zufälligen Innovationsereignisses T innerhalb eines Zeitintervall durch die Eintrittsrate µ bestimmt wird.[1]

Der Produktivitätsfortschritt infolge einer jeden Innovation T wird so normiert, dass er durch einen konstanten Verbesserungsfaktor γ charakterisiert wird (bei γ = 1,1 impliziert eine Innovation also einen Qualitätssprung um 10%). Die Wahrscheinlichkeit, dass durch den Einsatz eines Forschers zu einem bestimmten Zeitpunkt ein Produktivitätsfortschritt des gegebenen Ausmaßes eintritt, wird durch die Eintrittsrate µ des Poisson Prozesses für einen Forscher determiniert. Da jeder Forscher unabhängig vom anderen agiert und da unabhängige Poisson-Prozesse additiv sind, wird die Länge des Intervalls t zwischen zwei

---

[1] Hierin unterscheidet sich ihr Modell von dem von Segerstrom/Anant/Dinopoulos (1990).

Innovationsereignissen (á 10% Produktivitätsfortschritt) somit einerseits stochastisch durch den Poisson-Prozess bestimmt, andererseits hängt die Höhe der Eintrittswahrscheinlichkeit (und damit die Häufigkeit der Innovationen) aber auch vom Ressourceneinsatz in der Forschung ab. Durch Mehreinsatz von Humankapital in der Forschung verkürzt sich der Zeitraum von einer „normierten" Innovation bis zur nächsten.[1]

Die Darstellung der Modellstruktur beginnt wieder mit der Endproduktproduktion. Die homogenen Endprodukte werden durch Einsatz des jeweils besten Zwischengutes (mit seinem Produktivitätsparameter $A_{AH,\,t}$) und der ungelernten Arbeit produziert.

(2.2.3.1) $Y_t = A_{AH,t} F(x, L) = A_{AH,t} x^\alpha$

wobei $0<\alpha<1$ gilt, also abnehmende Grenzerträge beim Einsatz jeder Zwischengutvariante vorliegen. Da die ungelernte Arbeit L in einer festen, gegebenen Menge eingesetzt wird, soll sie gleich 1 gesetzt werden. Infolge dessen lässt sich die Güterproduktionsfunktion zur Vereinfachung als eine Cobb-Douglas-Funktion von x ausdrücken.

Jeder Einsatz einer neuen Zwischengutvariante in der Endproduktproduktion führt zu einer Erhöhung des Technologieparameters A_{AH} entsprechend der Beziehung

(2.2.3.2) $A_{AH,t} = A_{AH,0} \gamma^t$

Dabei ist $\gamma > 1$, d.h. jede neue Variante weist in der Endproduktproduktion eine um den Faktor γ höhere Produktivität als die vorherige auf. Es soll keine Diffusionslags geben, d.h. jede Innovation erhöht den Ouput Y sofort um den Faktor γ. Die Gleichung 2.2.3.2 verdeutlicht, dass jede Entwicklung einer neuen Blaupause einen positiven intertemporalen Spillover-Effekt aufweist, da der Ertrag aus der Innovation in Form von Gewinn für jedes Unternehmen zeitlich begrenzt ist, der Produktivitätszuwachs aber die Produktivität und damit den Wert aller zukünftigen Varianten erhöht.

Die Endprodukte werden im Aghion/Howit-Modell allein durch Konsum verbraucht. Der Markt für Endprodukte ist durch vollkommene Konkurrenz gekennzeichnet. Daher maximiert jeder Endproduktproduzent seinen Gewinn, in dem er vom zum jeweiligen Zeitpunkt besten Zwischengut genau so viel nachfragt, dass der Zwischengüterpreis p_x gleich dem Wertgrenzprodukt des Zwischengutes ist.

---

[1] Auf weitere Details zur Blaupausenproduktion wird im Rahmen der Modellbetrachtung wieder eingegangen.

Der einzige Produktionsfaktor, der – in Konkurrenz zur Forschung – bei der Zwischengüterproduktion eingesetzt wird, ist Humankapital:

(2.2.3.3) $x = H_X$

Unabhängig von der Qualitätsstufe des Zwischenproduktes soll zur Produktion von einer Einheit x stets genau eine Einheit Humankapital eingesetzt werden. Die Produktionsfunktion ist linear, und die Produktivität des Zwischenproduktsektors bleibt konstant.[1]

Alle Innovationen sollen „drastisch" sein. Dies bedeutet, dass der Qualitätssprung so groß ist, dass der Zwischengütermarkt zu jedem Zeitpunkt ein temporäres Monopol ist und der Monopolist seinen maximalen Gewinn erzielen kann.[2] Infolge eines jeden Innovationsereignisses wird die alte Zwischenproduktvariante reibungslos durch die neue ersetzt, es gibt keine Diffusions*lags*. Mit der Verdrängung einer alten Variante durch eine neue verdrängt zugleich der neue temporäre Monopolist auch den alten, dessen Zustrom an Monopolgewinnen π_t damit endet.[3] Damit weist die F&E-Aktivität eine negative intertemporale Externalität (*business stealing*) auf, die in den Modellen mit horizontaler Produktdifferenzierung nicht enthalten ist.

Da der Zwischenproduktproduzent Monopolist ist, kann er als Preissetzer auftreten. Zur optimalen Preissetzung des Monopolisten muss er die inverse Nachfragefunktion des Endproduktsektors nach Zwischenprodukten kennen. Es seien der Preis des Endproduktes $p_{y,t} = 1$ und der Preis des Zwischenproduktes $p_{x,t} = p_t(x)$. Dann ergibt sich aus dem mengenanpassenden Kalkül der Endproduktproduzenten die inverse Nachfragekurve für den Zwischengutproduzenten

(2.2.3.4) $p_t(x) = A_{AH,t} \alpha x_t^{\alpha-1}$,

---

[1] Die verbesserte Qualität des Zwischenproduktes wirkt sich allein auf die Höhe der Endproduktproduktion aus.

[2] Aghion/Howitt erweitern ihr Modell um den Fall „nicht-drastischer" Innovationen, die das gleichzeitige Angebot unterschiedlicher Qualitäten ermöglichen. In diesem Fall setzt der neue Monopolist einen *limit price* $p^* = \gamma^{1/\alpha} w_t$, bei dem der Gewinn des alten Monopolisten gerade noch negativ ist. Der *mark up* des neuen Monopolisten reduziert sich im Vergleich zum nicht-drastischen Fall von $1/\alpha$ auf $\gamma^{1/\alpha}$. Der Wert einer Innovation sinkt, die dynamischen Eigenschaften des Modells bleiben aber erhalten.

[3] Wegen dieses Obsoleszenzeffektes werden diese Modellklasse auch schumpeterianisch genannt.

bei der der Zwischengutpreis $p_t(x)$ dem Wertgrenzprodukt des Zwischenproduktes entspricht.[1] Der Monopolist maximiert seinen Gewinn π_t, in dem er seine Angebotsmenge x_t (und damit gleichzeitig seinen Humankapitaleinsatz $H_{x,t}$) so wählt, dass für seinen Gewinn

$$\pi_t = \max_x [p_t(x) - w_t] x$$

gilt. $A_{AH,t}$ und w_t sind für ihn gegeben. Für die Lösung des Gewinnmaximierungsproblems sei der produktivitätsbereinigte Lohn definiert als

(2.2.3.5) $\quad \omega_t = \dfrac{w_t}{A_t}$.

Im Gewinnmaximum erzielt der Monopolist mit dem gewinnmaximalen Absatzpreis

(2.2.3.6) $\quad p_t = \dfrac{w_t}{\alpha}$

und der gewinnmaximalen Produktionsmenge

(2.2.3.7) $\quad x_t = \left(\dfrac{\omega_t}{\alpha^2} \right)^{\frac{1}{\alpha-1}}$

den Gewinn

(2.2.3.8) $\quad \pi_t = \left(\dfrac{1-\alpha}{\alpha} \right) w_t x_t = A_{AH,t}\, \tilde{\pi}(\omega_t)$.

Die Funktion $\tilde{\pi}(\omega_t)$ auf der rechten Seite der Gleichung (2.2.3.8) hat einen fallenden Verlauf und lässt sich als „Funktion des maximalen Gewinns in Abhängigkeit von w und A" interpretieren. Aus dem Gewinn π_t bezahlt der Zwischenguthersteller die Kosten für den Erwerb der Blaupause.

Aus dem oben skizzierten Poisson-Prozess resultiert für Innovationen (Blaupausen) eine Poisson-Eintrittsrate μ_t, die sich aus dem exogenen Forschungsproduktivitätsparameter λ und dem Faktoreinsatz H_A ergibt:

$$\mu_t = \lambda \Phi(H_{A,t})$$

---

[1] Die Produktionselastizität des Zwischengutes α bestimmt die Preiselastizität der Nachfrage $(=1-\alpha)^{-1}$ und damit den Monopolisierungsgrad. Mit abnehmendem α und damit abnehmender Preiselastizität der Nachfrage kann der Monopolist einen höheren *mark up* erzielen, er besitzt mehr Marktmacht.

Die Innovationsproduktionsfunktion $\Phi(.)$ soll konstante Skalenerträge aufweisen und dergestalt sein, dass für $H_A = 0$ auch $\Phi(H_A) = 0$ gilt und somit ohne Humankapitaleinsatz keine Innovationen auftreten.[1] Von nun an soll der Einfachheit halber die lineare Beziehung

(2.2.3.9) $\mu_t = \lambda H_{A,t}$

gelten. Jedes einzelne Labor maximiert seinen erwarteten zukünftigen Gewinn aus der Innovation gemäß

Max! $\lambda h V_{t+1} - w_t h$

wobei V_{t+1} der Wert der nächsten Innovation und h die Humankapitalmenge ist, die ein Labor einsetzt.[2] Der Innovationserfolg eines Labors wird allein durch seinen eigenen Einsatz von Forschungsinputs h im jeweiligen Intervall t determiniert. Es gibt weder Vorteile durch vergangene Forschungserfolge noch gibt es Spillover-Effekte zwischen Laboren.

Da der Forschungssektor durch vollkommene Konkurrenz gekennzeichnet ist, setzt jedes Labor so viel Humankapital in der Forschung ein, dass der gegenwärtige Lohnsatz w_t seinem abdiskontierten erwarteten Ertrag der nächsten Innovation V_{t+1} multipliziert mit der Innovationserfolgswahrscheinlichkeit λ entspricht:

(2.2.3.10) $w_t = \lambda V_{t+1}$

Die linke Seite der Gleichung sind die gegenwärtigen Grenzkosten des Humankapitaleinsatzes (und der Wert einer Humankapitaleinheit in der Produktion), die rechte Seite der Wert des Einsatzes einer Humankapitaleinheit in der Forschung, ausgedrückt durch den abdiskontierten Wert des nächsten Patentes (V_{t+1}). Zu beachten ist die dynamische Struktur der Gleichung.

Das Ergebnis einer jeden Innovation ist eine Blaupause für eine verbesserte Variante des Zwischenproduktes, für die ein Patent erlangt und eine Lizenz an den Zwischenproduktsektor verkauft werden kann. Der erwartete Ertrag rV_{t+1}

---

[1] Die Innovationseintrittsrate lässt sich dergestalt modifizieren, dass sie von der Größe des Forschungssektors abhängt, es gilt $\lambda=\lambda(H_A)$. In diesem Fall treten intratemporale externe Effekte auf. Hieraus ergibt sich ein System mit multiplen Gleichgewichten: einem instabilen und zwei stabilen (eine Nullwachstumsfalle und ein Wachstumsgleichgewicht mit g>0). Positive intratemporale Externalitäten in der Forschung sind eine weitere Begründung für wirtschaftspolitische Eingriffe (Forschungsförderung).
[2] Die Suffixe t und t+1 beziehen sich dabei nicht auf Zeitpunkte, sondern benennen Innovationsereignisse.

aus der nächsten Lizenz ist für den Zwischenprodukthersteller in jedem Einheitszeitintervall

(2.2.3.11) $rV_{t+1} = \pi_{t+1} - \lambda H_{A,t+1} V_{t+1}$,

also die Differenz aus seinem Gewinn π_{t+1} (siehe Gleichung 2.2.3.8) und dem erwarteten Verlust durch den (stochastisch determinierten) Eintritt der übernächsten Innovation. Diese Gleichung berücksichtigt, dass ein Monopolist nur so lange Monopolrenten erzielen kann, bis die nächste bessere Variante von der Konkurrenz entwickelt wurde.[1]

Die Nachfrageseite (Konsumentscheidung) entspricht auch im Aghion/Howitt-Modell jener im des Ramsey/Cass/Kopmans-Modells, d.h. die Haushalte bestimmen ihren Konsum nach der Keynes-Ramsey-Regel (siehe Gleichung 2.2.2.10).

Das Aghion/Howitt-Modell wird durch die Entscheidung der Unternehmen und Labore über die Verteilung des Humankapitals auf Produktion und Forschung geschlossen. Da die Arbeitsmärkte stets geräumt sind, wird der das gesamte Humankapitalangebot immer vollständig in der Güterproduktion und der Forschung eingesetzt, und die Entlohnung des Humankapitals erfolgt nach den Wertgrenzprodukten seiner beiden Verwendungen, die bei Markträumung gleich sind. Das Modellgleichgewicht lässt sich folglich durch zwei Gleichungen charakterisieren: die gewinmaximale Arbitragegleichung (2.2.3.13) und die Vollbeschäftigungsgleichung (2.2.3.14).

Aus Gleichung (2.2.3.11) folgt in Kombination mit Gleichung (2.2.3.10) für w_t

(2.2.3.12) $w_t = \lambda V_{t+1} = \dfrac{\lambda \pi_{t+1}}{\left(r + \lambda H_{A,t+1}\right)}$

und unter Berücksichtigung der Gleichung (2.2.3.8) zur Bestimmung des maximalen Gewinns für den markträumenden produktivitätsbereinigten Lohnsatz ω_t die neue gewinmaximale Arbitragegleichung

(2.2.3.13) $\omega_t = \dfrac{\lambda \gamma \tilde{\pi}(\omega_{t+1})}{r + \lambda H_{A,t+1}}$.

Die Räumung des Humankapitalmarktes führt zur Aufteilung des gesamten Humankapitalangebots gemäß

---

[1] Die Gleichung (2.2.3.11) gilt nur für den Fall, das der Monopolist nicht selber die nächste Innovation anbieten wird. Aber ein gewinnmaximierende Monopolist hat keinen Anreiz, zu forschen, da der Gewinn eines nicht-forschenden Monopolisten stets größer als der eines forschenden Monopolisten ist. Dies ist der sogenannte Arrow-Effekt. Allerdings haben Aghion/Howitt gezeigt, dass die weitere Teilnahme des Monopolisten am Innovationswettbewerb die zentralen Aussagen des Modells nicht ändert würde. Vgl. hierzu Aghion/Howitt (1992), S. 330 und Maußner/Klump (1996), S.264.

(2.2.3.14) $H = \tilde{H}_x(\omega_t) + H_{A,t}$

mit $\tilde{H}_x(\omega_t)$ als der gewinnmaximalen vom Zwischenproduktsektor nachgefragten Humankapitalmenge (die negativ vom produktivitätsbereinigten Lohn abhängt).

2.2.3.2 Das Wachstumsgleichgewicht und der gleichgewichtige Wachstumspfad

Der gleichgewichtige Wachstumspfad ist wieder dadurch definiert, das der Output (und damit der Produktivitätsparameter A) mit konstanter Rate wächst. Er ist im Aghion/Howitt-Modell dadurch charakterisiert, dass auf ihm der Einsatz von Humankapital im Forschungssektor ($H_{A,t} = H_A$) und die produktivitätsbereinigten Löhne ($\omega_t = \omega$) konstant sind.

Aus den Gleichungen (2.2.3.13) und (2.2.3.14) wird im Wachstumsgleichgewicht für die Arbitragegleichung

(2.2.3.13*) $\omega = \dfrac{\lambda \gamma \, \pi(\omega)}{r + \lambda H_A}$

und für die Vollbeschäftigungsgleichung

(2.2.3.14*) $H = \tilde{H}_x(\omega) + H_A$.

Über die Bedingung der Konstanz des produktivitätsbereinigten Lohnsatzes ω und die Zahl der eingesetzten Forscher H_A lässt sich ein Gleichgewicht bestimmen, das in Grafik 2.2.3.2 in einem (ω,H_A)-Raum dargestellt ist.

Grafik 2.2.3.2: Die gleichgewichtige Forschungsaktivität im Aghion/Howitt-Modell

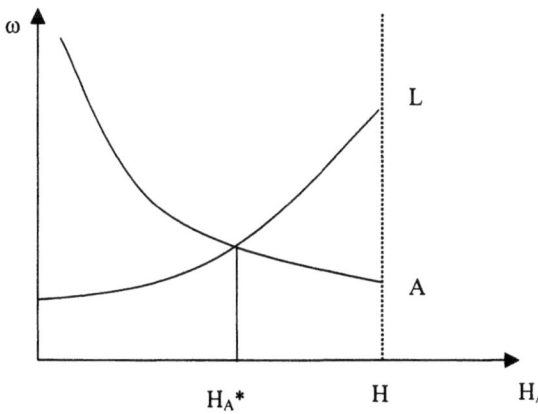

Quelle: Aghion/Howitt (1998), S.59.

Die fallende A-Kurve wird durch die Arbitragegleichung (2.2.3.13*) und die steigende L-Kurve durch die Vollbeschäftigungsgleichung (2.2.3.14*) definiert. Die Steigungen der Kurven lassen sich wie folgt begründen:

- Die A-Kurve fällt, da ein zunehmender Einsatz von Humankapital in der Forschung einen höheren Blaupausenpreis und damit einen höheren zukünftigen Gewinn der Zwischengüterproduzenten impliziert. Deren zukünftiger Gewinn steigt aber nur dann, wenn der produktivitätsbereinigte Lohnsatz sinkt.

- Die L-Kurve hat einen steigenden Verlauf, da mit zunehmenden Einsatz von Humankapital in der Forschung der Einsatz von Humankapital in der Zwischengüterproduktion sinken muss. Der Humankapitaleinsatz in der Produktion sinkt aber nur dann, wenn der produktivitätsbereinigte Lohnsatz ω steigt.[1]

Die gleichgewichtige Forschungsaktivität stellt sich im Schnittpunkt der A- und L-Kurve ein. Auf dem gleichgewichtigen Wachstumspfad mit konstantem H_A und ω wachsen der Output (und damit der Konsum) Y, die Löhne w und die Gewinne π jeweils mit der gleichen Rate γ.

Die Lageparameter der gleichgewichtigen Forschungsaktivität H_A^* (und damit auch der Innovationseintrittsrate) sind r, H, λ und γ. Sie nimmt mit sinkendem Zins, steigendem Humankapital sowie höherer Forschungsproduktivität zu.[2]

- Ein fallender Zins erhöht den Gegenwartswert zukünftiger Innovationen und damit den Grenzertrag der Forschung.

- Mehr Humankapital (unter sonst gleichen Bedingungen) senkt den produktivitätsbereinigten Lohnsatz. Ein geringerer Lohn senkt die Kosten der Forschung und erhöht gleichzeitig den Ertrag der Forschung (da zukünftig ein höherer Gewinn möglich ist). Der Humankapitaleinsatz in der Forschung nimmt zu.

- Eine höhere Eintrittsrate λ hat zwei gegenläufige Effekte. Zum einen nimmt die Effizienz der Forscher zu, zum anderen erhöht sich die Obsoleszenzrate. Der Nettoeffekt ist dabei positiv.

- Und ein höherer Parameter für den Produktivitätszuwachs γ schließlich erhöht den zukünftigen Gewinn des Monopolisten und somit den Ertrag aus der Forschung.

---

[1] Zur Erinnerung: Die Funktion $H_x(\omega)$ hat einen fallenden Verlauf. Vgl. S.44.

[2] Ein weiterer Lageparameter ist die Produktionselastizität des Investitionsgutes α. Sie kann als Parameter für die Marktmacht des Investitionsgüterherstellers interpretiert werden. Es lässt sich zeigen, dass mit sinkendem α (d.h. mit wachsender die Marktmacht) der Ertrag des Monopolisten und somit der Anreiz zur Innovation wächst, H_A^* also steigt. Im Aghion/Howitt-Modell ist Marktmacht immer wachstumsratenerhöhend. Vgl. Aghion/Howitt (1998), S.58.

Im Aghion/Howitt-Modell bestimmt (aufgrund der vorausschauenden Differenzengleichung 2.2.3.13) der zukünftige Humankapitaleinsatz in der Forschung (im Intervall t+1) die gegenwärtige Größe des Forschungssektors (im Intervall t):

$$H_{A,t} = \psi(H_{A,t+1})$$

mit einem im positiven Wertebereich fallenden Verlauf von ψ(.), d.h. einem negativen Zusammenhang zwischen der gegenwärtigen und der zukünftigen Forschung. Denn wird in t+1 mehr in F&E investiert werden, so steigt zum einen die Innovationseintrittswahrscheinlichkeit und damit die Obsoleszenzrate für die nächste Innovation, zum anderen steigt auch der Lohn der Humankapitalbesitzer, wodurch der Wert der t-ten Innovation sinkt. Beide Effekte reduzieren den erwarteten Ertrag aus der Forschung und somit den Ressourceneinsatz in der Forschung in t.

Auf dem gleichgewichtigen Wachstumspfad ist H_A^* in jedem Intervall gleich. Es ist ein *perfect foresight equilibrium*, die eben beschriebenen Effekte bleiben im Zeitablauf konstant.

Was passiert aber in einer Ausgangssituation, in der H_A nicht gleich dem Gleichgewichtswert H_A^* ist? Grafik 2.2.3.3 veranschaulicht die Anpassungsdynamik aus einer Ungleichgewichtssituation an das Gleichgewicht. Die 45°-Grad-Linie beschreibt alle Punkte mit identischer Forschungssektorgröße in t und t+1. Die $\psi(H_{A,t+1})$-Kurve beschreibt die o.a. Beziehung zwischen gegenwärtiger und zukünftiger Forschungsanstrengung. Die Schnittstelle zwischen der 45°-Linie und der $\psi(H_{A,t+1})$-Kurve determiniert das Wachstumsgleichgewicht aus Grafik 2.2.3.2 mit $H_{A,t}$ und $H_{A,t+1} = H_A^*$.

Grafik 2.2.3.3: Anpassung zum Gleichgewicht im Aghion/Howitt-Modell

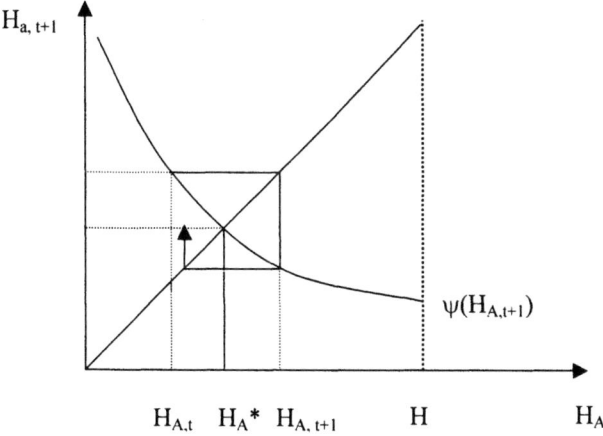

Quelle: Aghion/Howitt, S. 64.

Beginnt das Land in t in einer Ungleichgewichtssituation mit zu wenig Forschung (im dargestellten Beispiel links vom Gleichgewicht), so wird sich die Zahl der Forscher im nächsten Intervall t+1 erhöhen. Trägt man diesen Wert auf die 45°-Linie ab, so wird deutlich, dass in der folgenden Periode t+2 der Humankapitaleinsatz in der Forschung wieder zurückgehen muss (allerdings über dem Wert von t liegt), dann in t+3 wieder steigt (allerdings unter dem Wert von t+1 liegt) usw. Es ergibt sich ein Anpassungsprozess, auf dem sich der Humankapitaleinsatz dem Gleichgewichtswert $H_A{}^*$ asymptotisch annähert. Das Wachstumsgleichgewicht des Aghion/Howitt-Modells ist also stabil.[1]

Ein positiver gleichgewichtiger Humankapitaleinsatz in der Forschung $H_A{}^*$ führt zu einer unendlichen Folge von Innovationen, zwischen deren Auftreten Zeitintervalle von stochastisch determinierter Länge vergehen, in denen kein Wachstum zu beobachten ist. Es ergibt sich ein diskreter Wachstumsprozess, der in Grafik 2.2.3.4 veranschaulicht ist. In der Grafik ist der Wachstumsprozess über die Zeit τ dargestellt. Im Lauf der Zeit werden sukzessive neue PKE-Stufen erreicht. Die Intervalllängen zwischen zwei Innovationen (mit der konstanten Produktivitätssteigerung $\ln\gamma$) variieren und sind gemäß dem stochastischen Poisson-Prozess exponentiell verteilt.[2]

Aus der Gesetzmäßigkeit der Abfolge von Produktivitätssteigerungen lässt sich das Outputwachstum über die Zeit bestimmen. Nach Ablauf eines Zeitintervalls der Länge 1 kann stets eine Produktionsmenge

$$\ln Y(\tau+1) = \ln Y(\tau) + (\ln \gamma)\varepsilon(\tau)$$

erwartet werden, wobei $\varepsilon(\tau)$ die (durch den Poisson-Prozess bestimmte) erwartete Anzahl von Innovationen in τ ist. Da bei dem Poisson-Prozess $(\ln\gamma)\varepsilon(\tau) = \lambda H_A{}^*\ln\gamma$ und dieser Ausdruck gleich dem des Erwartungswerts für den

---

[1] Es sind neben dem stabilen Wachstumsgleichgewicht auch zwei andere Gleichgewichte möglich. In dem einen Fall schwankt der Forschungseinsatz dauerhaft zwischen zwei Werten von H_A, es ergibt sich ein sogenannter 2-cycle. Im andere Fall kann es zu eine Nullwachstumsfalle (Armutsfalle) kommen. Bei bestimmten Parameterkonstellationen wird in einem Intervall t kein Humankapital in der Forschung eingesetzt. Zwar würde dann in einem potentiellen nächsten Intervall die Forschung sehr stark steigen, doch dazu kommt es aufgrund der unendlichen Intervalllänge nicht mehr. Die Ursache für einen zu geringen Ausgangswert kann wiederum in den Lageparametern r, H, λ, γ oder α liegen. Dem Marktmachtparameter α kommt in der Wachstumsfalle eine besondere Rolle zu: Zu wenig Marktmacht kann über einen zu geringen Innovationsanreiz eine Wachstumsfalle bedingen. Vgl. Aghion/Howitt (1992), S.335.

[2] Zu beachten ist, dass an der Ordinate logarithmische Größen abgetragen sind. Daher ist die Stufenhöhe stets gleich, und der Wachstumsprozess erscheint (annähernd) linear.

Produktionszuwachs in $\Delta\tau=1$ ist,[1] beträgt die (durchschnittliche) Wachstumsrate im Gleichgewicht

(2.2.3.15) $g_Y = \lambda ln\gamma H_A^*$

Grafik 2.2.3.4: Der gleichgewichtige Wachstumspfad im Aghion/Howitt-Modell

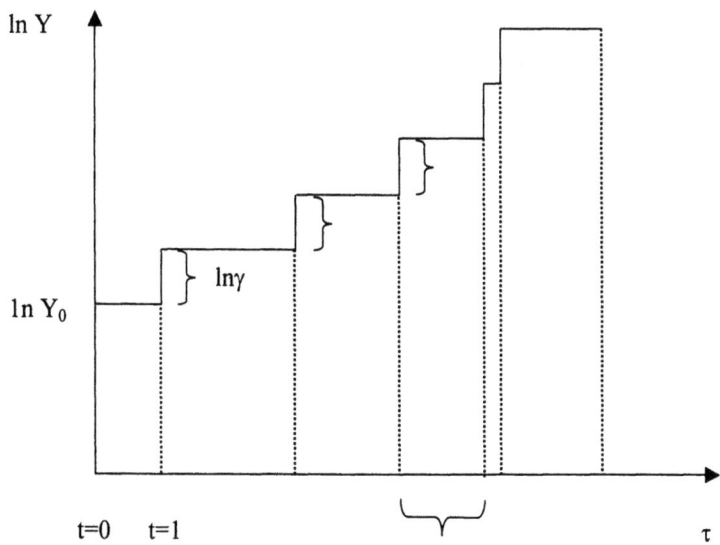

Quelle: Aghion/Howitt (1998), S. 60.

Es ist leicht ersichtlich, dass die Wachstumsrate mit der Produktivität des Forschungssektors (bestimmt durch die Eintrittswahrscheinlichkeit von Innovationen und dem Produktivitätsfortschritt pro Innovation) zunimmt. Darüber hinaus führt eine größere Anzahl von Forschern H_A^* zu mehr Wachstum. Da die Größe des Forschungssektors H_A^* wiederum durch r, H und α bestimmt wird, steigt die Wachstumsrate zudem mit einem niedrigerem Zins, einem höheren Humankapitalstock oder zunehmendem Wettbewerb (ein kleineres α).

Auf Seite 50 wurden bereits die Effekte von Änderungen in den Parametern auf die Anzahl der Forscher H_A^* zusammengefasst. Aus Gleichung (2.2.3.15) wird ersichtlich, dass die Effekte einer Variation der zwei Parameter r und H auf die gleichgewichtige Zahl der Forscher H_A^* direkt an die Wachstumsrate g_Y weitergegeben werden. Aus einer Beschleunigung des technischen Fortschritts (durch eine Erhöhung der Eintrittswahrscheinlichkeit λ oder einer erhöhten

---

[1] Wie leicht ersichtlich ist, wenn man von beiden Seiten der Gleichung $lnY(\tau)$ subtrahiert.

Produktivitätszunahme pro Innovation γ) ergeben sich aber über die Reallokationseffekte hinaus zusätzliche direkte positive Effekte auf die Wachstumsrate.

Der Innovationsprozess im Aghion/Howitt-Modell weist drei Arten von Externalitäten auf, zwei positive und eine negative. Die beiden positiven Externalitäten ergeben sich (a) aus einer Erhöhung der Konsumentenrente, die über der Monopolrente liegt (der sogenannte Aneignungseffekt), und (b) aus einer intertemporalen technologischen Externalität einer jeden Produktivitätssteigerung auf den Wert künftiger Innovationsereignisse. Die negative Externalität ergibt sich aus dem sogenannten *business stealing*, der Zerstörung der Monopolrente des vorherigen Monopolisten.

Aufgrund der Externalitäten liegt auch im Aghion/Howitt-Modell ein suboptimaler Wachstumspfad vor. Durch die positive technologische Externalität kann die dezentrale Wachstumsrate zu niedrig sein. Aber anders als im Romer-Modell ist auch eine zu hohe Wachstumsrate durch zu viel F&E möglich.[1] Dieser Fall tritt ein, wenn der Monopolisierungsgrad α sehr hoch ist. Durch die Subventionierung (oder Besteuerung) der Forschungsaktivität kann eine Annäherung an den optimalen Wachstumspfad erreicht werden.

Das Aghion/Howitt-Modell lässt sich zu einem Mehr-Sektoren-Modell ausbauen.[2] Jeder Sektor hat dann seinen eigenen Forschungssektor, Innovationen treten in jedem Sektor stochastisch auf, und das neue Wissen aus der Innovation fließt in einen allgemeinen Wissensstock ein, der der Innovation in allen anderen Sektoren zu Gute kommt. In diesem Kontext lassen sich positive intersektorale Spillover-Effekte der Forschung darstellen.[3] Auch intersektorale Spillover können forschungspolitische Eingriffe rechtfertigen. Weisen Sektoren unterschiedliche Spillover-Potentiale auf, so ließen sich selektive Maßnahmen der Forschungsförderung rechtfertigen.

Das Mehr-Sektoren-Modell wiederum lässt sich um den Faktor Sachkapital erweitern. Dabei ist eine Erweiterung entsprechend einer *knowlege-driven-* (ohne Kapitaleinsatz in der Forschung), einer *lab-equipment*-Spezifikation (mit identischer Produktionsfunktion der Güter- und Wissensproduktion) oder einem allgemeinen Fall (unterschiedliche Produktionsfunktionen bei Sachkapitaleinsatz in der Produktion und in der Forschung). Im ersten Fall haben Maßnahmen zur Förderung der Kapitalbildung wie im Romer-Modell einen Niveaueffekt. In den letzten beiden Fällen kann eine schnellere Kapitalakkumulation zu dauerhaft höherem Wachstum führen.[4] Die besonderen Wohlfahrtsimplikationen des Aghion/Howitt-Modells (die Möglichkeit zu hohen Wachstums) ändern sich dadurch aber nicht.

---

[1] Vgl. Aghion/Howitt (1992), S.337ff.
[2] Vgl. Aghion/Howitt (1998), Kapitel 3.
[3] Prinzipiell lässt sich in einem Mehr-Sektoren-Modell auch die technologische Entfernung von Sektoren durch Unterschiede in der Spillover-Intensität berücksichtigen.
[4] Vgl. Howitt/Aghion (1998).

2.2.4 Implikationen und Grenzen der F&E-basierten Wachstumsmodelle

2.2.4.1 Gegenüberstellung des Romer- und des Aghion/Howott-Modells

Die Annahmen, Ergebnisse und wirtschaftspolitischen Implikationen des Romer- und des Aghion/Howitt-Modell werden nun kurz zusammengefasst (Tabelle 2.2.4.1) und dann auf die spezielle Situation der SL übertragen.

Tabelle 2.2.4.1: Vergleich der beiden F&E-basierten endogenen Wachstumsmodelle

	Romer-Modell	Aghion/Howitt-Modell
Gemeinsamkeiten in den Annahmen	3 Sektoren, 1 Forschungssektor als Wachstumsmotor rationaler Prozess der Wissensakkumulation der Faktor Wissen weist *non-decreasing returns* auf sofortige Wissensdiffusion unvollkommene Konkurrenz auf dem Markt für Zwischengüter Arbeits- und Humankapitalangebot sind fix	
Unterschiede in den Annahmen	horizontale Produktdifferenzierung deterministischer Innovationsprozess keine Substitutionsbeziehung zwischen Investitionsgütern monopolistische Konkurrenz	vertikale Produktdifferenzierung stochastischer Innovationsprozess Substitutionsbeziehung bei Investitionsgütern (*business stealing*) temporäres Monopol
Gemeinsamkeiten in den Ergebnissen	das Wachstum wird endogen durch die Höhe der F&E-Aktivitäten erklärt das Humankapital ist der zentrale Produktionsfaktor für Wachstum der Wachstumspfad ist stabil die Wachstumsrate ist suboptimal divergierende Entwicklung von Wirtschaften sind die Regel Armutsfallen sind möglich *knife-edge* Lösung, bei Bevölkerungsdynamik instabil die Wachstumsrate lässt sich durch Wirtschaftspolitik beeinflussen	
Unterschiede in den Ergebnissen	die Wachstumsrate bei dezentraler Koordination ist immer zu niedrig	die Wachstumsrate bei dezentraler Koordination kann auch zu hoch sein
Gemeinsamkeiten in den politischen Empfehlungen	*Rahmenbedingungen:* Patentschutz mit Offenlegung des neuen Wissens keine zu restriktive Wettbewerbspolitik offene Arbeitsmärkte funktionsfähige Finanzmärkte (funktionsfähiges Bildungssystem) *Finanzpolitik:* Subventionen für die Forschung (Humankapitaleinsatz, Blaupausenpreis)	
Unterschiede in den politischen Empfehlungen	die Subventionierung von F&E oder des Zinssatzes ist wachstumsraten- und wohlfahrtserhöhend	s. links, aber auch die Besteuerung der F&E-Aktivitäten kann wohlfahrtserhöhend sein

Quelle: eigene Darstellung

Beide Modelle modellieren je drei Sektoren mit besonderen Eigenschaften: Forschung, Zwischenproduktproduktion mit unvollkommener Konkurrenz, Endproduktsektor mit vollkommener Konkurrenz. Deren Erzeugnisse sind Blaupausen, Zwischengüter bzw. homogene Endprodukte. Blaupausen werden wie Endprodukte unter den Bedingungen vollkommener Konkurrenz gehandelt. Die Produktionsfaktoren sind Arbeit, Humankapital, Sachkapital und Wissen.[1] Wissen ist in beiden Modellen ein besonderer Faktor mit einer öffentlichen und einer patentierbaren Komponente. Die Wissensakkumulation verläuft linear, und die Forschungsproduktivität ist in beiden Modellen exogen gegeben und konstant. Die Wissensdiffusion verläuft reibungslos ohne Kosten oder *lags*. Die Aufteilung des Faktors Humankapital auf Forschung und Produktion bestimmt das Gleichgewicht und die Wachstumsrate. Von Bevölkerungsdynamik wird abstrahiert und muss aus Stabilitätserwägungen heraus in beiden Modellen auch abstrahiert werden. Beide Modelle nehmen eine konstante Bevölkerung und konstantem Humankapitalbestand an. Bei wachsender Bevölkerung oder Humankapitalausstattung sind beide Modelle instabil.

Aber während das Romer-Modell auf einem horizontalen Produktdifferenzierungsprozess basiert, basiert das Aghion/Howitt-Modell auf einem vertikalen Produktdifferenzierungsprozess. Die Prozesse sind als zunehmende Arbeitsteilung oder Qualitätsverbesserungen zu interpretieren. Das intertemporale Kalkül (*business stealing*) bei Aghion/Howitt findet kein Äquivalent bei Romer. Die Innovationen bei Aghion/Howitt sind Substitute, die bei Romer nicht. Im Romer Modell treten deterministische, im Aghion/Howitt stochastische Innovationsereignisse auf. Damit liegt das Aghion/Howitt-Modell etwas näher an der Realität. Für die Kernaussagen beider Modelle machen die Annahmen keinen Unterschied. Bei Romer erfolgt der Einsatz von Humankapital in der Endproduktproduktion, bei Aghion/Howitt in der Zwischenproduktproduktion. Die Modellergebnisse werden auch dadurch nicht entscheidend beeinflusst, von Bedeutung ist die Konkurrenz zwischen Forschung und Produktion an sich.

2.2.4.2 Hypothesen für das Wachstum von Schwellenländern

Aus beiden EWM lassen sich gemeinsame Hypothesen für das Wachstum von SL ableiten:

1. Die langfristige Wachstumsrate ist konstant und wird allein von der Effizienz und vom Aktivitätsniveau im Forschungssektor bestimmt. Das Aktivitätsniveau im Forschungssektor wird wiederum von der Ausstattung mit Humankapital und der Aufteilung des Humankapitals zwischen der Forschung und der Produktion determiniert.

---

[1] In der Darstellung des Aghion/Howitt-Modells wurde auf den Faktor Sachkapital verzichtet. Es wurde aber darauf hingewiesen, dass sich das Modell dementsprechend erweitern lässt.

2. Humankapitalreiche oder relativ forschungsproduktive Länder wachsen schneller als humankapitalarme Länder oder Länder mit geringer Forschungsproduktivität. Im internationalen Vergleich kommt es somit zwingend zu divergenten Entwicklungen beim Wachstum des PKE. SL mir ihren geringen PKE sind in den F&E-basierten EWM Länder, die wenig Wissen akkumuliert haben bzw. akkumulieren, weil sie über zu wenig Humankapital oder zu ineffiziente Forschungsstrukturen verfügen.

3. Die Kapitalakkumulation erfolgt im Wachstumsgleichgewicht mit der gleichen Rate wie die Wissensakkumulation. Ansonsten gleiche Länder mit geringerer Kapitalbildung haben ein geringeres PKE, aber gleiche Wachstumsraten.[1]

4. In den EWM geschlossener Volkswirtschaften ist die Existenz technologischer Lücken (in Form von internationalen Wissensdifferenzen) modellendogen möglich, ja sogar die Regel. Diese technologischen Lücken entstehen durch unterschiedliche Wissensakkumulationsraten in der Vergangenheit und sind somit über das ökonomische Verhalten der Akteure verschiedener Länder erklärbar. Im Romer-Modell ist der Grad der Arbeitsteilung, im Aghion/Howitt-Modell die Produktivität der Zwischenprodukte in SL geringer als in IL.

5. In beiden Modellen kann es zu Armutsfallen kommen. Im Romer-Modell aufgrund einer zu geringen Humankapitalausstattung oder einer zu geringen Forschungsproduktivität, im Aghion/Howitt-Modell ebenfalls aus diesen Gründen und darüber hinaus aufgrund einer zu geringen Marktmacht der Zwischenproduktproduzenten.

6. Aufgrund wohlfahrtstheoretischer Überlegungen (positive und negative externe Effekte, Monopolstellungen) lassen sich wirtschaftspolitische Eingriffe rechtfertigen. Im Romer-Modell ist eine Erhöhung der Forschungstätigkeit und der Wachstumsrate immer geboten, während im Aghion/Howitt-Modell unter bestimmten Umständen auch eine Besteuerung der Forschung geboten sein. Auf die wachstumspolitischen Implikationen soll nun etwas ausführlicher eingegangen werden.

2.2.4.3 Wissensbasierte Entwicklungspolitik in F&E-basierten Wachstumsmodellen

Aus dem Romer- und dem Aghion/Howitt-Modell lassen sich die Notwendigkeit bestimmter Rahmenbedingungen und die Ansatzpunkte bestimmter wachstumspolitischer Instrumente für wirtschaftliches Wachstum ableiten. Wirtschaftswachstum setzt in beiden Modellen nur dann ein, wenn (a) für den Forschungssektor ein ausreichender Anreiz zum Forschen besteht und (b) der

---

[1] Die zweite Aussage gilt nur für die beiden *knowledge-driven*-Spezifikationen.

Produzent von Zwischenprodukten die fixen Kosten zum Erwerb der Lizenz für eine Blaupause decken kann. Zu den wachstumsfreundlichen Rahmenbedingungen gehören daher geistige Eigentumsrechte, wettbewerbs- und arbeitsmarktpolitische Regeln und funktionsfähige Finanzmärkte. Aufgrund der Bedeutung des Humankapitals für das Wachstum ist darüber hinaus ein funktionsfähiges Bildungssystem essentiell.

Damit das im Forschungssektor eingesetzte Humankapital in ausreichender Höhe entlohnt werden kann, muss es seine Erzeugnisse vermarkten können. Zumindest die zwischenproduktspezifische Wissenskomponente darf also entweder aus technologischen Gründen nicht frei diffundieren, oder sie muss trotz freier Wissensflüsse institutionell geschützt sein. Dem trägt ein effektives Patentrecht Sorge. Eine zweite wichtige Eigenschaft des Patentrechtes muss sein, dass es neben dem Schutz auch die Offenlegung des neuen Wissens beinhaltet und damit die Diffusion innerhalb des Forschungssektors fördert, um den Zugriff anderer Forscher auf das neue Wissen zu erleichtern. In der EWT werden nur sehr pauschale, einfache Annahmen über das Patentrecht getroffen. Die Frage nach differenzierter, komplexer Ausgestaltung patentrechtlicher Regelungen (Laufzeit, Breite, Lizensierungsregeln) werden nicht diskutiert. Im Romer-Modell werden aus Vereinfachungsgründen zeitlich unbegrenzte geistige Eigentumsrechte unterstellt. Im Aghion/Howitt-Modell ergeben sich zwar *de facto* nur temporäre Monopole, aber die Patente haben *de jure* ebenfalls eine unbegrenzte Laufzeit. Das Patentrecht muss so ausgestaltet sein, dass zu jeder Zeit die Patentierung und Markteinführung einer besseren Variante (und damit *business stealing*) möglich ist.

Der Zwischenproduktsektor ist in beiden Modellen durch unvollkommene Konkurrenz gekennzeichnet. Dies ist eine notwendige Bedingung für das Wirtschaftswachstum, damit Monopolrenten zur Finanzierung der Fixkosten für eine Blaupause erzielt werden können. Folglich müssen Markteintrittsbarrieren – in den beiden Modellen in Form von Patentschutz – bestehen. Mit anderen Worten: der Zwischenproduktsektor muss Ideen erwerben und andere von ihrer Nutzung ausschließen können. Die Wettbewerbspolitik des Staates muss daher permanente (Romer) oder temporäre Monopole (Aghion/Howitt) dulden. Im Aghion/Howitt-Modell wird dies besonders deutlich, da ein hoher Monopolisierungsgrad $(1-\alpha)$ gleichbedeutend mit einer hohen Wachstumsrate ist und eine zu geringe Marktmacht sogar Nullwachstum zur Folge haben kann.[1] Gleichzeitig muss die Wettbewerbspolitik dafür sorgen, dass die Produktmärkte bestreitbar und die Arbeitsmärkte offen sind, so dass stets der Marktzugang für neue Produzenten und der Arbeitsplatzwechsel für Forscher möglich ist.

---

[1] Eine politische Beeinflussung von α ist allerdings schwierig. Im Aghion/Howitt Modell sollte zudem *limit pricing*-Verhalten erlaubt sein.

Zur Finanzierung des Blaupausen-Erwerbs muss der Zwischenproduktsektor auf einen funktionsfähigen Finanzmarkt zurückgreifen können. Denn die Gewinne aus einer Lizenz fallen erst in der Zukunft an, während die Blaupause in der Gegenwart bezahlt werden muss. Das Romer-Modell unterstellt daher einen funktionierenden Eigenkapitalmarkt, in dem die Haushalte Aktien der Zwischenprodukthersteller erwerben. Aghion und Howitt modellieren in einer Erweiterung ihres Modells Ineffizienzen (in Form von *agency costs*) auf dem Finanzmarkt, die wachstumsmindernd wirken.[1]

Da höhere Humankapitalbestände in beiden EWM zu einem höheren Wachstum führen, sind bildungspolitische Maßnahmen als ein wachstumspolitisches Instrument sehr effektiv sein. Allerdings führt ein konstant steigender Humankapitalstock in beiden Modellen zu explosivem Wachstum. Sie stellen mit ihren Annahmen über die Beziehung zwischen Humankapital, Innovation und Wachstum *knife edge*-Lösungen dar.

Über die Schaffung wachstumsfreundlicher Rahmenbedingungen hinaus lassen sich aus den EWM Aussagen über den Einsatz finanzpolitischer Instrumente zur Forschungsförderung ableiten. in beiden Modellen können die Effekte horizontaler Subventionen für F&E-Aktivitäten analysiert werden. Im Romer-Modell ist eine Subventionierung der Wissensproduktion immer wachstumsratenerhöhend. Im Aghion/Howitt-Modell ist unter normalen Parameterkonstellationen ebenfalls eine Subventionierung der Forschung wohlfahrtserhöhend. Allerdings kann eine Besteuerung der F&E wohlfahrtserhöhend wirken, wenn der Wohlfahrtsverlust durch den negativen externen Obsoleszenzeffekt überwiegt.[2]

Die Subventionierung des Einsatzes von Investitionsgütern ruft in den *knowledge driven*-EWM nur einen Niveau- aber keinen Wachstumsrateneffekt hervor. In der *lab equipment*-Spezifikation des Romer-Modelles und des Aghion/Howitt-Modells mit Kapital als Forschungsinput kann eine Sachkapitalbesteuerung wachstumshemmend und die Förderung der Kapitalbildung wachstumsfördernd wirken.

Schließlich sind auch noch andere Ansatzpunkte denkbar. Der Produktivitätsparameter des Forschungssektors ist exogen gegeben, der Prozess der Wissensentstehung wird nicht näher spezifiziert. Effizienzsteigerungen infolge institu-

---

[1] Vgl. Aghion(Howitt (1998), S.69ff. Da in der Realität Unsicherheit und Informationsasymmetrien über den Innovationserfolg bestehen, kann eine gute Finanzmarkttechnologie zur Identifikation erfolgversprechender Innovationen wachstumsratenerhöhend wirken. Ist der Finanzmarkt zu klein (in diesem Fall unterbleibt eine effiziente Risikostreuung) oder zu ineffizient, so wird kein endogener Wachstumsprozess beginnen. Für ein Modell zum Zusammenhang von Finanzmarktentwicklung und endogenem Wachstum vgl. King/Levine (1993).

[2] Allerdings ist staatliches Eingreifen in Form von Subventionen oder Patentschutz nicht immer notwendig, um die optimale Wissensakkumulation herbeizuführen. Private Akteure können selbst institutionelle Arrangements entwickeln, um die Nutzung des Wissens durch Dritte zu beschränken. Vgl. Weder/Grubel (1993).

tioneller oder organisatorischer Reformen in den Laboren, auf den „Wissensmärkten" innerhalb des F&E-Sektors sowie zwischen dem F&E-Sektor und den Produktionssektoren können nur pauschal als eine Erhöhung der Forschungsproduktivitätsparameters abgebildet werden. Ebenfalls nicht untersuchen lassen sich anhand der beiden Grundmodelle die Auswirkungen einer Förderung oder öffentliche Bereitstellung der Grundlagenforschung. Im Abschnitt 2.4.4 sowie im dritten Kapitel werden diese beiden Ansatzpunkte wieder aufgegriffen.

2.2.4.4 Empirische Befunde zu F&E-basiertem Wachstum

Der von den F&E-basierten EWM modellierte Wachstumsprozess erscheint plausibel, bedarf aber der empirischen Bestätigung. Die F&E-basierte EWM unterstellt einen linearen Wirkungszusammenhang zwischen F&E und Wachstum, der als Ansatzpunkt für ihre empirische Überprüfung dienen kann:

Grafik 2.2.4.1: Die lineare Wirkungskette von der F&E zum Wachstum in der EWT

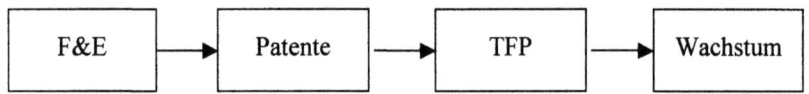

Quelle: eigene Darstellung

Allerdings ist jedes Verbindungsstück in dieser Kette mit erheblichen Problemen für eine empirische Untersuchung des Zusammenhangs zwischen den F&E-Anstrengungen und dem Wachstum eines Landes verbunden.[1] So ist ein großer Teil der F&E nicht formeller, sondern informeller Natur, und die Entscheidung über formelle oder informelle F&E wird u.a. von steuerlichen Anreizen bestimmt. Beim Patentierungsverhalten gibt es ebenfalls Probleme: Auch informelle F&E (oder der Zufall) wird zu Patenten führen, während formelle F&E häufig zu Erkenntnissen führt, bei denen z.B. Geheimhaltung bevorzugt wird. Der Zusammenhang zwischen den Patenten und der TFP wird ebenfalls nicht annähernd linear sein. Wie bereits in Abschnitt 2.1 angesprochen, wirken auf die TFP auch andere Einflussgrößen als die Zahl der Patente. Andererseits erhöhen Innovationen (und damit Patente) auch direkt die Kapitalakkumulation, so dass ihr Gesamteffekt auf das Wachstum möglicherweise unterschätzt wird. Schließlich schlagen sich viele Innovationen überhaupt nicht messbar im Output einer Wirtschaft nieder. In der Summe können all diese Probleme in einem äußerst schwachen Gesamtzusammenhang zwischen den Ausgaben für F&E, der Innovationsrate und dem Wachstum eines Landes resultieren.

---

[1] Für einen Überblick über die Probleme bei und die empirischen Befunde zu den Beziehungen zwischen den ersten drei Größen vgl. Griliches (1994).

Neben der Überprüfung des direkten „linearen" Zusammenhang zwischen F&E und Wachstum (oder F&E und PKE) kann sich eine empirische Untersuchung auch auf „indirekte" Indizien der EWT beziehen: die Existenz internationaler TFP-Differenzen oder die Entwicklungstendenz in der Welteinkommensverteilung.

Zunächst soll ein kurzer Blick auf die direkte Beziehung zwischen dem PKE bzw. der PKE-Wachstumsrate und dem Anteil der F&E-Ausgaben am BIP eines Landes geworfen werden (Grafiken 2.2.4.2 und 2.2.4.3, nächste Seiten). Bereits der Augenschein macht deutlich, dass das Niveau der PKE (PCIL) in einem deutlich positiven Zusammenhang zum Anteil der Ausgaben für F&E am BIP (RD) zu stehen scheint, während der Zusammenhang für die Wachstumsrate (PCIG) dagegen nur sehr schwach ist.[1]

Grafik 2.2.4.2: F&E-Investitionen und PKE[2]

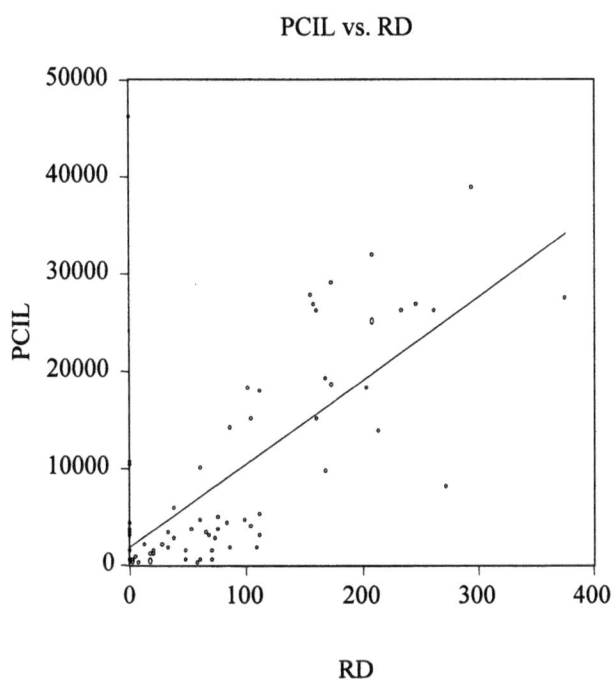

Quelle: Weltbank (2001).

---

[1] Die Angaben für den Anteil der F&E-Ausgaben am BIP beziehen sich auf 1995, die für die PKE auf das Jahr 1990 und die für das PKE-Wachstum auf den Durchschnitt der Jahre 1985 bis 1995.

[2] In der Grafik steht *PCIL* für das PKE in US-$ und *RD* für den Anteil der gesamten Ausgaben eines Landes für F&E am BIP multipliziert mit Hundert.

Grafik 2.2.4.3: F&E-Investitionen und Wachstum des PKE[1]

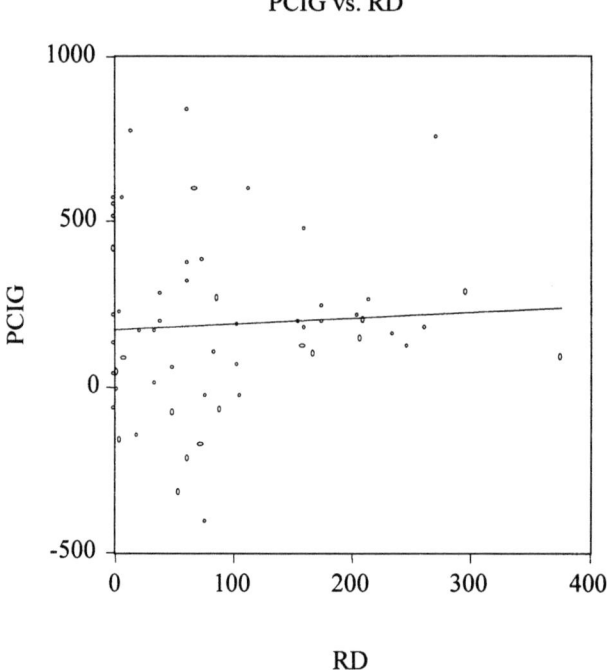

Quelle: Weltbank (2001).

Was haben ökonometrische Untersuchungen zu den Hypothesen der F&E-basierten EWT herausgefunden? In Anlehnung an die Untersuchung von Mankiw, Romer und Weil hat Lichtenberg auf der Grundlage des Solow-Modells eine Länderquerschnittsuntersuchung für 57 Staaten zum Zusammenhang von F&E-Investitionen und PKE-Differenzen durchgeführt.[2] Er berechnet für jedes Land auf der Basis von UNESCO-Daten einen F&E-Kapitalstock nach der *permanent inventory*-Methode. Unter Berücksichtigung der Sach-und Humankapitalakkumulation findet er einen eigenständigen positiven Beitrag der Wissensakkumulation durch F&E auf das Niveau des PKE und auf seine Wachstumsrate. Dieser Beitrag ist für private F&E-Ausgaben höher als für staatliche F&E-Ausgaben.

Birdsall und Rhee haben die Untersuchung von Lichtenberg dahingehend modifiziert, dass sie – ebenfalls auf der Basis von UNESCO-Daten – untersu-

---

[1] In der Grafik steht *PCIG* für das Wachstum des PKE in Prozent mal Hundert und *RD* für den Anteil der gesamten Ausgaben eines Landes für F&E am BIP multipliziert mit Hundert.
[2] Vgl. Lichtenberg (1992). Sein Ansatz stellt keinen direkten Test der EWT dar, gibt aber Anhaltspunkte für die Beziehung zwischen Forschung und Wohlstand von Gesellschaften.

chen, ob sich das Wachstum des BIP durch das Wachstum der Anzahl der Forscher (absolut und pro Kopf der Bevölkerung) oder das Wachstum der F&E-Ausgaben erklären lässt.[1] Anhand ihrer Länderquerschnittsuntersuchung kommen sie zu dem Ergebnis, dass zwar für die OECD-Staaten ein positiver Zusammenhang zwischen der Zunahme der Zahl der Forscher bzw. der F&E-Ausgaben und dem Wachstum gefunden werden kann, allerdings nicht für ein größeres Sample unter Einbeziehung von Entwicklungsländern. In einem weiteren Analyseschritt führen sie hohe F&E-Ausgaben-Anteile am BIP eher auf hohe PKE zurück als umgekehrt.

Jones hat im Rahmen einer Zeitreihenanalyse untersucht, ob der Wachstumspfad der USA den Hypothesen aus der F&E-basierten EWT entspricht. Er kommt aufgrund der Beobachtung, dass der Forschungssektor der USA in der Nachkriegszeit deutlich gewachsen ist, während ihre Wachstumsrate nahezu konstant blieb, zu dem Ergebnis, dass EWM mit ihrer linearen Wissensproduktionsfunktion nicht den Wachstumspfad der USA erklären können.[2]

Ein indirekter Ansatz zur Erfassung des Wissensstandes eines Landes untersucht die Existenz, das Ausmaß und die Entwicklung internationaler TFP-Differenzen. Länderquerschnitts- Panel- und *growth accounting*-Studien finden international erhebliche Unterschiede sowohl in TFP-Niveaus als auch in TFP-Veränderungsraten.[3] Über die konkreten Ursachen der TFP-Differenzen machen die Untersuchungen keine Aussagen. Es ist erneut zu bedenken, dass die TFP-Differenzen auch andere als nur technologische Ursachen haben können. Auch die absolute Divergenz der PKE, die in neueren Studien zur weltweiten Einkommensverteilung hervorgehoben wird, kann mit Vorsicht als ein Indiz zugunsten der F&E-basierten EWM interpretiert werden, da er auf geografisch begrenzte Spillovereffekte hinweist.[4] Ein geografisch begrenzter Spillover-Mechanismus kann in international unterschiedlichen Raten der Wissensakkumulation durch F&E begründet liegen, allerdings können auch andere Aspekte ursächlich sein (z.B. *learning by doing*, institutionelle Unterschiede oder pekuniäre Externalitäten aufgrund von Transaktionskosten).

---

[1] Vgl. Birdsall/Rhee (1993).
[2] Vgl. Jones (1995b). Diese Beobachtung von Jones führte zur Entwicklung der semiendogenen Wachstumstheorie (s. Abschnitt 2.2.4.4). Die Beobachtung von Jones reiht sich andere Untersuchungen ein, die weltweit eine im Zeitablauf beschleunigte Akkumulation von Produktionsfaktoren (und der Verbesserung der Rahmenbedingungen) beobachten, während die Wachstumsraten zurückgegangen sind. Vgl. Easterly (2002).
[3] Derartige internationale TFP-Differenzen sind der Befund nahezu aller Länderquerschnitts- und *panel*-Wachstumsuntersuchungen. Vgl. Fagerberg (1994), Jones/Hall (1999) oder Eastery/Levine (2001).
[4] Diese absolute Divergenz scheint mit der Bildung einer zweigipfligen Welteinkommenverteilung mit einem Nullwachstumspol und ein Wachstumspol einher zu gehen. Vgl. Quah (1993).

Untersuchungen zu den asiatischen „Tiger"-Ökonomien zeigen, dass ihr Wachstumsprozess von einem Anstieg der Ausgaben für F&E begleitet worden ist. Allerdings scheint das Wachstum der Ausweitung des Forschungssektors zeitlich voranzulaufen. Heute finden sich diese Länder hinsichtlich ihrer F&E-Ausgaben/BIP in der weltweiten Spitzengruppe.

Schließlich weisen mikroökonomische Untersuchungen auf Unternehmens- oder Industrieebene auf hohe private und soziale Ertragsraten der privaten F&E-Ausgaben hin. Griliches stellte fest, dass die Ertragsraten um so höher lagen, je aggregierter das Untersuchungsniveau war. Dies kann als ein weiteres Indiz für positive externe Effekte privater F&E interpretiert werden.[1]

Wie kann es zu dieser insgesamt wenig überzeugenden Bilanz empirischer Untersuchungen zur F&E-basierten endogenen Wachstumstheorie kommen? Ein mögliches Argument für die geringe empirische Evidenz F&E-basierter Wachstumsprozesse liegt in der Vernachlässigung internationaler Wissensspillover. Hierauf wird im Abschnitt 2.3 ausführlich eingegangen. Und auch der inländische Wissensdiffusionsprozess und seine Determinanten werden in der EWT im Vergleich zum Wissensproduktionsprozess vernachlässigt.

Darüber hinaus ist die Messung von Innovationsoutputs in der postindustriellen Dienstleistungsökonomie problematisch, da sich die Qualität vieler Dienstleistungen, aber auch von Produkten wie z. B. Pharmazeutika, nur schwer im Rahmen der volkswirtschaftlichen Gesamtrechnungen erfassen lässt.[2]

Auf der anderen Seite scheinen direkte Länderquerschnittsuntersuchungen zur F&E-basierten EWT für Samples unter Einbeziehung von Entwicklungsländern insofern wenig vielversprechend zu sein, als das die absoluten und die privaten F&E-Ausgaben der meisten Entwicklungsländer nur sehr gering sind und ihre Messung nicht nach einheitlichen Standards erfolgt. Die Erfassung von Investitionen in Wissen bereitet zudem gerade in Entwicklungsländern erhebliche Schwierigkeiten, da dort viele derartige Aktivitäten informell ablaufen.

Darüber hinaus ist denkbar, das Länder im Entwicklungsprozess unterschiedliche Wachstumsstadien durchlaufen, in denen nacheinander verschiedene Akkumulationsprozesse dominieren. In diesen Fall wäre formelle F&E erst ab einem bestimmten Entwicklungsstand für einen endogenen Wachstumsprozess von Bedeutung sein, und gerade Schwellenländer müssten mit der Einleitung einer wissensbasierten Wachstumsstrategie beginnen und ihre Rahmenbedingungen dementsprechend anpassen.[3]

---

[1] Für einen Überblick vgl. Griliches (1998).
[2] Zur Diskussion über die Messung von Wissen und endogenem Wachstum vgl. Griliches (1994) und Aghion/Howitt (1998) Kapitel 12.
[3] Zur Taxonomie von Wachstumspfaden vgl. Sachs (2000). Für EWM mit Wachstumsphasen vgl. z.B. Sörensen (1999) oder Chui/Levine/Pearlman (2001):

Ein letztes mögliches Argument ist das Auftreten positiver und negativer exogener Schocks und aus ihnen resultierende Anpassungsprozesse, die F&E-basierte endogene Wachstumsprozesse immer wieder stören und die empirisch beobachtbaren Trends dominieren. Auf die geringe Persistenz von Wachstumsraten gerade in Entwicklungsländern wurde bereits in Abschnitt 2.1 hingewiesen.

2.2.4.5 Wissensakkumulation als Quelle des Wachstum – einige Erweiterungen

Trotz der skizzierten empirischen Defizite stellen die F&E-basierten endogenen Wachstumsmodelle im Gebäude der Wachstumstheorie einen Fortschritt dar. Sie liefern eine Erklärung für das langfristige Wachstum. Dabei sind ihr Aufbau und ihre Annahmen einfach, aber plausibel; sie berücksichtigen Marktunvollkommenheiten und binden sie in eine dynamische makroökonomische Perspektive ein. Entsprechend den Befunden wirtschaftshistorischer Studien führen sie gezielte Wissensakkumulation und Innovation durch private Forschung in die makroökonomische Theorie ein. Mit ihrer Hilfe können wichtige Erkenntnisse über mögliche langfristige Wirkungen der Wirtschafts- und Entwicklungspolitik abgeleitet werden. Aber da das Romer-Modell und das Aghion/Howitt-Modell von sehr einfachen Strukturen und Prozessen ausgehen, liefern sie Ansatzpunkte für Kritik und Erweiterungen. Ein Teil der Kritikpunkte sind fundamentaler Natur und stellen den Ansatz der EWT grundsätzlich in Frage. Zu ihnen gehören

- die Annahme der Rationalität des Innovationskalküls bei vollständiger Information
- die Annahme der gleichgewichtigen Entwicklung ohne strukturellen Wandel
- die Vernachlässigung taziter oder industriespezifischer Wissenskomponenten (in der EWT war neues Wissen immer kodifiziertes und „allgemeines" Wissen)
- die Vernachlässigung der Komplexität von Wissensdiffusionsprozessen (in der EWT stand alles Wissen sofort und kostenfrei allen Forschern zur Verfügung, und alle Innovationen wurden sofort in der Produktion eingesetzt)
- die einfachen Annahmen über die Marktstrukturen und die wettbewerblichen Verhaltensweisen
- die Vernachlässigung interdependenter Beziehungen zwischen Forschung, Produktion und Vermarktung bei der Wissensgenerierung (in der EWT galt das lineare Innovationsmodell von der Invention über Innovation, Diffusion und Produktion zur Nachfrage)
- die Vernachlässigung der wichtigen Rolle des öffentlichen Sektors und von Institutionen bei der Generierung, Diffusion und Akkumulation von Wissen.

Auf diese Kritikpunkte gehe ich im Rahmen der Diskussion der Determinanten der Forschungsproduktivität (Abschnitt 2.4.4.4) und des Innovationssystem-

Ansatzes (Kapitel 3) ausführlicher ein. Ein anderer Teil der Kritik führte innerhalb der Wachstumstheorie zu Modifikationen. Auf vier derartige Modifikationen gehe ich an dieser Stelle kurz ein.

(a) Abnehmende Grenzerträge in der Wissensproduktion

Eine Eigenschaft der endogenen Wachstumsmodelle ist, dass sie Skaleneffekte aufweisen: große Ökonomien wachsen schneller als kleine. Nachdem durch empirische Studien gezeigt wurde, dass Skaleneffekte beim langfristigen Wirtschaftswachstum vermutlich nicht existieren, wurde in der zweiten Hälfte der 90er Jahre eine neue Wachstumstheorie entwickelt: die sogenannte „semiendogene Wachstumstheorie" (SEWT).[1] In der ersten Variante der SEWT wird die Annahme der linearen Wissensproduktionsfunktion mit einer Wissensproduktionselastizität von 1 für die jeden der beiden Inputs Wissen und Humankapital aufgehoben.[2] Sowohl für den Faktor Wissen als auch für den Faktor Humankapital (und in der allgemeinsten Form auch für den Faktor Sachkapital) lassen sich plausible Gründe für langfristig abnehmende Grenzerträge in der Forschung finden: z.B. *fishing out* (die leichtesten Erfindungen werden zuerst gemacht) oder *congestion* (zu viele Forscher behindern sich gegenseitig.

In den Modellen der SEWT wird der neue langfristige Gleichgewichtswachstumspfad dadurch charakterisiert, dass das Wachstum allein von der Rate des Bevölkerungswachstums (oder des Humankapitalwachstums) determiniert wird und nicht mehr politikreagibel ist. Es kann in der SEWT sehr ausgedehnte Anpassungsprozesse aus „technologischen" Ungleichgewichtssituationen geben, ein technologischer *catch up*-Prozess der EL ist in dieser Modellklasse möglich.

(b) Wachstum durch horizontale und vertikale Innovation

Die Modelle von Romer und Aghion/Howitt berücksichtigen jeweils nur einen Aspekt von Innovationsprozessen. Der komplexen Natur von Innovationsprozessen, der sowohl horizontale als auch vertikale Aspekte umfasst, wurde erst von der zweiten Generation der EWT Rechnung getragen. Das Zusammenspiel von horizontalen und vertikalen Innovationen wird im Rahmen einer zweiten Variante der semiendogenen Wachstumstheorie aufgegriffen.[3] In ihr können die Zwischenproduktvarianten durch den Einsatz von Forschern verbessert werden. Darüber hinaus führen horizontale Innovationen zu einer Vergrößerung der Zahl der Zwischenproduktvarianten. Mit zunehmender Zahl der Varianten müs-

---

[1] Die negativen Befunde einer Reihe empirische Untersuchungen von Jones wurden unter dem Begriff „Jones-Critique" subsumiert. Vgl. Jones (1995a, 1995b).
[2] Vgl. für Modelle der SEWT Typ I Jones (1999), Kortum (1997) und Eicher/Turnovsky (1999). Allerdings weist bereits Romer in seinen Original Aufsatz zum Wachstum durch horizontale Innovation darauf hin, dass seine Annahme einer Wissensproduktionselastizität von 1 ein Spezialfall ist.
[3] Vgl. Young (1998), Howitt (1999), Segerstrom (1998).

sen auch immer mehr Forscher im Forschungssektor eingesetzt werden, um die durchschnittliche Rate der Qualitätsverbesserungen konstant zu halten.

Auch in dieser Modellvariante wird daher das langfristige Wachstum des PKE allein vom Bevölkerungswachstum determiniert. Es kann aber – anders als in der ersten Variante der SEWT – bei bestimmter Parameterwahl weiterhin politikreagibel sein.[1]

Beide Varianten der SEWT führen zu einer wichtigen Verallgemeinerung der EWT, ihre Implikationen (Wachstumsraten in Abhängigkeit von Bevölkerungswachstum) überzeugen vor dem Hintergrund der realen Gegebenheiten (hohes Bevölkerungswachstums der EL bei geringen Wachstumsraten) aber ebenso wenig wie die EWT.

(c) Wachsendes endogenes Humankapitalangebot

Romer wollte mit seinem Wachstumsmodell primär zeigen, dass endogene wissensbasierte Wachstumsprozesse in Ökonomien mit konstanten Parametern prinzipiell möglich sein können. Aber weder das Humankapitalangebot noch die Bevölkerungszahl sind in der Realität konstant. Brisanz gewinnt die Annahme konstanter H- und L-Ausstattungen dadurch, dass das Romer- und das Aghion/Howitt-Modell für Ökonomien mit Bildung und/oder Bevölkerungswachstum keinen gleichgewichtigen Wachstumspfad mehr hat, sondern in endlicher Zeit eine unendliche Wachstumsrate erreichen würde. Die F&E-basierten EWM der ersten Generation stellen in Hinblick auf die Bevölkerungsentwicklung *knife edge*-Lösungen dar. Auch diese Erkenntnis hatte zur Entwicklung des SEWT beigetragen. Denn dieser Kritikpunkt an der EWT wird im Rahmen beider SEWT-Varianten umgangen, in denen Bevölkerungswachstum und/oder Humankapitalbildung eine notwendige Voraussetzung für das langfristige gleichgewichtige Wachstum sind. Auch eine Erweiterung des Romer-Modells um endogene Humankapitalakkumulation durch einen Bildungssektor vom Uzawa-Lucas-Typ und damit ist möglich, erhöht aber die Komplexität des Modells erheblich.[2]

(d) Spezifitäten des Humankapital und Rigiditäten der Humankapitalallokation

Die Annahme, dass das Humankapital ein homogener Produktionsfaktor ist, ist ein weiterer Kritikpunkt. Die Kritik kann sich sowohl auf den Indifferenz in Bezug auf den Einsatz in Forschung und Produktion als auch auf spezifische Ausprägungen (z.B. spezifische Kenntnisse über Forschungsgebiete oder industrielle Technologien) des Humankapitals beziehen, ich gehe an dieser Stelle nur auf den ersten Punkt ein. Für die Lösung des Romer- und des Aghion/Howitt-

---

[1] Vgl. Howitt (1999) und Segerstrom (2000).
[2] Vgl. Arnold (1997).

Modells ist die Annahme einer vollständigen Mobilität zwischen der Güterproduktion und der Forschung entscheidend.[1] Dieser Mechanismus bestimmt die gleichgewichtige Aufteilung des Humankapitals auf Forschung und Produktion, determiniert die Wachstumsrate und beeinflusst die Wirksamkeit der Wachstumspolitik. In der Realität werden qualifizierte Arbeitskräfte nicht reibungslos zwischen Laboren einerseits und der Produktion in Unternehmen andererseits wechseln können oder wollen, das Humankapitalangebot in der Forschung (und speziell in der Spitzenforschung) ist inelastisch.

Dies hat Konsequenzen für die Effektivität der Wirtschaftspolitik. Bei inelastischem Humankapitalangebot können F&E-Subventionen eher Einkommenseffekte (*windfall gains*) der aktiven Forscher herbeiführen, als dass sie die gewünschten Volumeneffekte auslösen. Ihre Eignung als Instrument der Wachstumsförderung sinkt somit.

2.2.5 Zusammenfassung der Ergebnisse

1. Die EWT zeigt, dass Produktionsfaktoren mit besonderen Eigenschaften bei der Akkumulation (*increasing returns* und Nichtkonvexitäten) Wachstumsmotoren sein können. Wissen ist ein derartiger Produktionsfaktor.

2. Neues Wissen kann als technischer Fortschritt durch seine Umsetzung in ein neues Produkt, ein besseres Produkt oder ein besseres Verfahren ökonomisch wirksam werden.

3. Der Wissensakkumulationsprozess hat zwei Komponenten: die Wissensgenerierung und die Wissensdiffusion. In der EWT wird der Prozess der Wissensgenerierung für das langfristige Wachstum betont, die Diffusion von Wissen erfolgt reibungslos.

4. Die Wissensgenerierung wird auch durch private, gewinnmotivierte Anreize determiniert und kann daher ökonomisch analysiert werden. Ansatzpunkt der Analyse ist die humankapitalintensive F&E.

5. Die Situation der SL lässt sich durch zu geringe Investitionen in neues Wissen erklären. Hierfür können eine zu geringe Humankapitalausstattung, eine zu geringe Forschungsproduktivität oder wachstumsfeindliche Rahmenbedingungen verantwortlich sein.

6. Die EWM der ersten Generation rechtfertigt eine wissensbasierte Entwicklungspolitik und liefert ihr viele Ansatzpunkte. Es lassen sich innovations-

---

[1] Aghion und Howitt unterschieden in ihrem Original-Aufsatz (1992) noch drei Arten von Arbeit: unqualifizierte Arbeit, qualifizierte Arbeit und spezialisierte Forschungsarbeit. Die qualifizierte Arbeit übernimmt die Rolle des Humankapitals im Romer-Modell und ist zwischen den Sektoren mobil, die beiden anderen Arbeitstypen sind immobil. Diese Annahmen decken sich eher mit der Kritik an der hohen Lohnelastizität der in der Forschung eingesetzten Humanressourcen im Romer-Modell.

freundliche Rahmenbedingungen und finanzpolitische Instrumente unterscheiden. Die Instrumentenwahl und der genaue Einsatz hängen vom endogenen Wachstumsmodell ab.

1. Die spärlichen empirischen Befunde können die Hypothesen aus der F&E-basierten EWM für geschlossene Volkswirtschaften nicht bestätigen.
2. Die F&E-basierten endogenen Wachstumsprozesse sind einfach aufgebaut, Erweiterungen sind möglich. Die Erweiterungen der SEWT ändern nichts an der zentralen Bedeutung des privat motivierten Wissensakkumulationsprozesses. Aber dem wissensgetriebenen endogenen Wachstumsprozess können langfristig ohne Bevölkerungswachstum Grenzen gesetzt sein.

2.3 Effekte einer Weltmarktintegration für Wachstum und Innovation in Schwellenländern

2.3.1 Einführung

Nachdem die mögliche Relevanz von F&E und Wissen für endogene Wachstumsprozesse hergeleitet wurde, werden in diesem Abschnitt innerhalb des Analyserahmens der EWT die Auswirkungen der Weltmarktintegration eines Schwellenlands (SL) auf sein langfristiges Wachstum und seine Innovationsaktivitäten untersucht, um Antworten (in Form von Hypothesen) auf die Leitfragen 1 und 2 zu erhalten.

Bis in die 80er Jahre erfolgte die Darstellung der Effekte einer außenwirtschaftlichen Öffnung von Schwellenländern im Rahmen der reinen Außenhandelstheorie durch komparativ-statische Modelle auf der Basis von Faktorausstattungs- oder Produktivitätsunterschieden bei vollkommener Konkurrenz. Der Tausch auf Basis komparativer Vorteile führt über Spezialisierungsprozesse einmalig zu einer steigenden Wohlfahrt in beiden Ländern. Im Verlauf der 80er Jahre wurden – zunächst wieder in komparativ-statischen Modellen – unvollkommene Konkurrenz mit Fixkosten, Produktdifferenzierung und *economies of scale* in die Außenhandelstheorie eingeführt. Erneut ließen sich Handelsgewinne durch internationale Arbeitsteilung nachweisen.[1] Aber auch die in dieser Modellgruppe sind die von beiden Ländern erzielten Wohlfahrtszuwächse nur einmalige Spezialisierungseffekte, wachstumstheoretisch betrachtet ergibt sich aus Freihandel nur ein Niveaueffekt.[2]

---

[1] Für eine gute Einführung in diese Modellgruppe vgl. Helpman/Krugman (1985). Allerdings konnten im Rahmen dieser Modelle prinzipiell auch Gründe für eine strategische Handelspolitik identifiziert werden.

[2] Da die drei Modelltypen Gegenstand zahlreicher außenhandelstheoretischer Lehrbücher sind, sollen sie hier nicht weiter diskutiert werden Für einen Überblick über handelstheoretische Ansätze, ebenfalls mit einer Anwendung auf den argentinischen Kontext, vgl. Pols (1999).

Zu Beginn der 90er Jahre entstanden als Synthese aus den in Abschnitt 2.2 vorgestellten EWM sowie den soeben skizzierten komparativ-statischen Handelsmodellen neue außenhandelstheoretische Modelle, die dauerhafte Wissensakkumulationsprozesse explizit berücksichtigen.[1] Diese Modelle bilden den Ausgangspunkt des folgenden Abschnitts.

Als Alternative zum Erwerb neuer (oder besserer) Technologien aus dem Inland steht Unternehmen in offenen Volkswirtschaften die Möglichkeit zur Verfügung, neue Technologien aus dem Ausland zu akquirieren. Darüber hinaus können auch die inländischen Forscher im Ausland generiertes Wissen als Input in ihrer Forschung nutzbringend einsetzen. Die in diesem Abschnitt berücksichtigten Transaktionen auf internationalen Technologie- und Wissensmärkten sollen kurz erläutert werden.

Naheliegend ist zunächst die direkte Nutzung des im Ausland generierten und in Investitionsgütern inkorporierten Wissens in der inländischen Produktion über Importe.[2] Investitionsgüter sind handelbare Güter. Im internationalen Investitionsgüterhandel führen die gezielten Interessen des Herstellers und des Nutzers zur Technologiediffusion über Märkte. Wachstumsrelevante Effekte im Sinne der endogenen Wachstumstheorie ergeben sich dabei dann, wenn Spillover-Effekte den Investitionsgüterimport begleiten.[3]

Die wissenschaftliche Entdeckung eines Landes kann über Publikationen, Kongresse oder Kooperationen zur Anregung oder Erleichterung der Forschungsaktivitäten in einem anderen Land führen. Die internationale Verbreitung des Wissens kann spezifische Institutionen und Infrastrukturen erfordern, da geographische Distanz bei der Verbreitung von Wissen eine Rolle spielen kann.[4] Der Wissenstransfer in ein SL wird zudem nur gelingen, wenn dort hinreichende Kapazitäten zur Absorption vorhanden sind. Mit zunehmender Ausreifung des Wissens wird aber seine Nutzung in SL wahrscheinlicher. Bei

---

[1] Vgl. Grossman/Helpman (1990, 1991), Rivera-Batiz/Romer (1991). Das Ziel der neuen Modelle war, die in empirischen Studien erhaltenen Hinweise auf einen positiven Zusammenhang zwischen Außenhandel und langfristigem Wachstum zu erklären. Auf die Diskussion über die empirischen Befunde wird in Abschnitt 2.4 etwas ausführlicher eingegangen.

[2] Neue Ideen finden Eingang in alle neue Güter. Die produktivitätserhöhende Wirkung inkorporierter Wissenszuwächse lässt sich aber am deutlichsten anhand von Investitionsgütern darstellen und nachweisen.

[3] Ein anderer Kanal ist die Nutzung ausländischen in Güter inkorporierten Wissens über den Import spezieller Forschungsgüter (z.B. EDV oder Messtechnik), die als Inputs in die inländische Forschung eingesetzt werden. Weiterhin kann sowohl der Investitionsgüter- als auch der Endproduktimport *reverse engineering* zur Folge haben. Durch *reverse engineering* gewonnene Erkenntnisse erhöhen (bei anschließender Produktionsaufnahme) die Vielfalt der verfügbaren Investitionsgüter im Inland und können als Input in die Forschung einfließen.

[4] Effektive „Diffusionsbedingungen" sind v.a. zwischen den Mitgliedern der Triade (USA, EU, Japan) gegeben.

privater F&E kann die Offenlegung durch Patentierung oder die internationale Kooperation die Diffusion des Wissens erleichtern. Bei öffentlicher Grundlagenforschung ist die Publikation des Wissens ein explizites Ziel, bei dem die internationale Diffusion toleriert wird oder erwünscht ist.

Weitere Kanäle des internationalen Wissenstransfers stellen der Import nichtinkorporierter Technologie (z.B. durch Lizensierung), ausländische Direktinvestitionen (FDI) oder internationale Unternehmenskooperationen dar. Und schließlich können auch Exporte zur Wissensakkumulation beitragen, wenn Kenntnisse (z.b. Qualitätsstandards) aus den Absatzmärkten in die heimische Produktentwicklung einfließen.[1] Auf diese Kanäle wird im Anschluss an die algebraische Analyse in Abschnitt 2.4 wieder eingegangen.

Da alle soeben aufgeführten Prozesse den rationalen Einsatz von Produktionsfaktoren erfordern, lassen sie sich als Elemente eines internationales Marktes für Technologie in den Rahmen der Wachstumstheorie integrieren. Andererseits können all diese Prozesse des Technologieerwerbs von (positiven oder negativen) Spillover-Effekten begleitet werden. Der zur Technologieadoption erforderliche Faktoreinsatz kann also vom ökonomischen Optimum abweichen.

Grafik 2.3.1.1 fasst die verschiedenen Kanäle des Wissenserwerbs aus dem Ausland schematisch zusammen. Den dort skizzierten Facettenreichtum des internationalen „Marktes für Wissen und Technologie" in einem einzigen EWM abzubilden, ist nicht praktikabel. Daher soll sich die folgende Analyse nur auf den Güterhandel und direkte Wissensflüsse zwischen den Forschungssektoren fokussieren, ehe in der anschließenden Diskussion die anderen Kanäle in der Diskussion aufgegriffen werden.

Durch die Weltmarktintegration wird aber nicht nur die potentiell verfügbare Gütervielfalt bzw. -qualität und der potentiell verfügbare Wissensstock im SL erhöht. Die Offenheit eines Landes hat auch Rückwirkungen auf das Innovationskalkül der inländischen Akteure. So wird einerseits der potentielle Absatzmarkt ausgeweitet, wodurch – da bei der Wissensgenerierung durch F&E Fixkosten vorliegen – Skaleneffekte auftreten können. Andererseits kann der internationale Wettbewerb Reallokations- und Substitutionsprozesse auslösen. Schließlich können in der Forschung sogenannte Redundanzeffekte auftreten, da ein globaler Markt den Anreiz für Doppelerfindungen reduziert.

---

[1] Man spricht in diesem Fall von *learning by exporting*. Darüber hinaus tragen Exporte natürlich auch indirekt zum Wachstum bei, da sie die Devisen zum Wissenserwerb erwirtschaften.

Grafik 2.3.1.1: Mögliche Kanäle des internationalen Wissenstransfers[1]

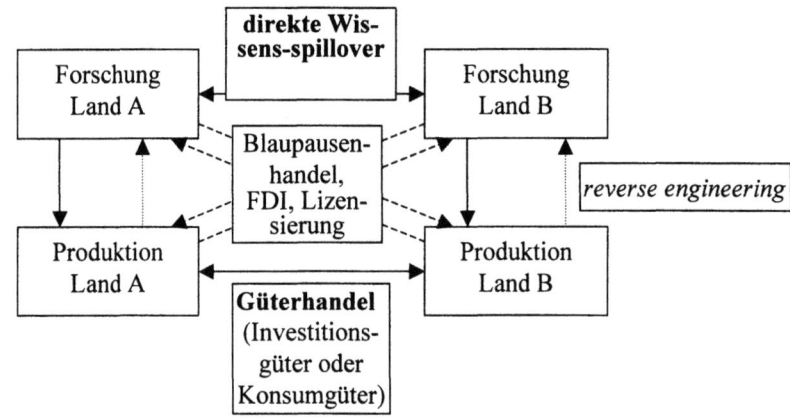

Quelle: eigene Darstellung

Zum Abschluss der Einführung folgt eine Klärung wichtiger Begriffe. Im folgenden Abschnitt soll eine *vollständige Integration* immer die simultane Aufnahme von Güterhandel (mit Zwischen- und Endprodukten), internationalem Kapitalverkehr (internationaler Zinsausgleich) und unbeschränkte internationale Wissensströme zwischen den Forschungssektoren beinhalten. Güterhandel und Wissensflüsse in den Forschungssektor laufen bei der vollständigen Integration zwar gleichzeitig, aber unabhängig voneinander ab. Der Begriff der *Gütermarktintegration* schließt dagegen Wissensflüsse zwischen den Forschungssektoren aus, alleine Güter und Kapital sind international mobil.[2]

Tabelle 2.3.1.1: Integrationsformen

Integration ...	mit Güterhandel	ohne Güterhandel
mit internationalen Wissensflüssen zwischen den Forschungssektoren	vollständige Integration	(Imitation)
ohne internationale Wissensflüsse zwischen den Forschungssektoren	Gütermarktintegration	Autarkie (Ausgangslage)

---

[1] Die durch Fettdruck hervorgehobenen Transaktionen werden in diesem Abschnitt berücksichtigt, die anderen finden in der anschließenden Diskussion Berücksichtigung.

[2] Reale Integrationsprozesse werden zwischen den beiden Extremen liegen, und Güterhandel wird immer auch von Wissensflüssen begleitet sein.

Das Land mit komparativen Vorteilen in der Forschung (aufgrund seiner Faktorausstattung oder seiner relativen Produktivitätsposition) soll stets als Industrieland (IL), das Land mit komparativem Nachteil als Schwellenland (SL) bezeichnet werden.

Der Fokus der Untersuchung ist auf die Angebotsseite der Wirtschaft gerichtet. Die Modellierung der Nachfrageseite basiert stets auf dem Ramsey-Cass-Koopmans-Modell, und internationale Präferenzunterschiede bleiben unberücksichtigt.[1]

Die Produktionsfaktoren Arbeit und Humankapital bleiben in allen beiden untersuchten Integrationsfällen immobil, Migration somit ausgeschlossen. Schließlich findet zu jedem Zeitpunkt ein Handelsbilanzausgleich statt, d.h. es gibt keinen intertemporalen Handel.[2]

Im Zentrum der Analyse stehen die Integrationswirkungen auf die Wachstumsrate und das Niveau der Forschungsaktivität des SL. Auf Basis des Romer-Modells werden zunächst kurz die Effekte einer Integration auf gleiche Integrationspartner betrachtet (2.3.2). Im Anschluss daran wird die Analyse auf zwei ungleiche Handelspartner übertragen (2.3.3). Im Mittelpunkt soll dabei die Analyse von zwei Ländern mit Produktivitätsdifferenzen stehen (2.3.3.3.). Diese wird ergänzt durch die Darstellung der Auswirkungen von Wissens- (2.3.3.2) und Humankapitalausstattungsdifferenzen (2.3.3.4). Den Abschluss bildet eine Analyse des sogenannten „Hysterese"-Falles nach Grossman/Helpman (2.3.4).[3]

2.3.2 Die Integration identischer Volkswirtschaften im Rivera-Batiz/Romer-Modell

Im Romer-Modell wird die gleichgewichtige Wachstumsrate eines Landes durch die Größe und die Produktivität seines Forschungssektors determiniert. Eine „Romer-Ökonomie" weist somit einen Skaleneffekt in Bezug auf seine Humankapitalausstattung auf, humankapitalreiche Länder wachsen schneller. Derartige Skaleneffekte können auch infolge einer Integration von zwei Ökonomien auftreten und das langfristige Wirtschaftswachstum erhöhen. Um die Wirkungsweise von Skaleneffekten einer Integration zu veranschaulichen, wird zunächst der Spezialfall der Integration von zwei vollkommen identischen „Romer-Ökonomien" dargestellt. Dabei folgt die Darstellung Rivera-Batiz und

---

[1] Internationale Präferenzunterschiede im Rivera-Batiz/Romer-Modell untersuchen Frenkel/Trauth (1997).
[2] Handelsbilanzausgleich ist eine notwendige Bedingung auf einem endogenen Wachstumspfad.
[3] Die Implikationen eines Romer- und eines Aghion/Howitt-Modells ähneln einander stark. Daher werden sich die Ausführungen allein auf Modelle mit horizontalen Innovationen beziehen und auf Abweichungen explizit hingewiesen.

Romer.[1] Grafik 2.3.2.1 gibt eine schematische Darstellung der internationalen Transaktionen im Fall des Rivera-Batiz/Romer-Modells identischer Volkswirtschaften wieder.

In einer integrierten Ökonomie stehen allen Sektoren mehr Produktionsfaktoren zur Verfügung. Eine Gütermarktintegration führt zur Verdopplung der Ressourcen der Arbeit, Humankapital, Sachkapital und Wissen in der Produktion. Bei einer vollständige Integration kommt die Verdopplung des Wissens als Input in der Forschung hinzu.

Grafik 2.3.2.1: Internationale Transaktionen bei der Integration im Rivera-Batiz/ Romer-Modell

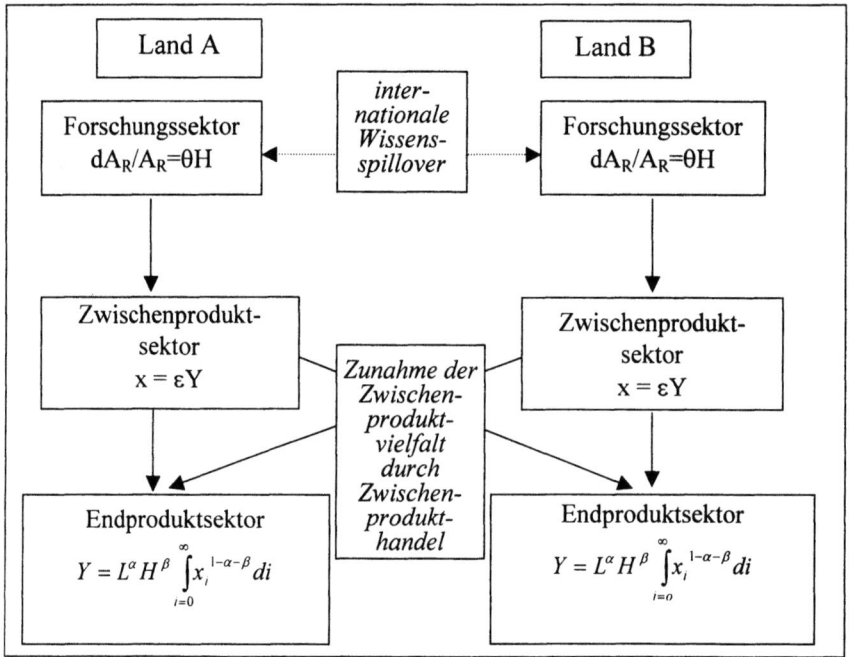

Quelle: eigene Darstellung

Rivera-Batiz und Romer unterscheiden vier Effekte, die von der Integration ausgelöst werden können:[2]

1. Skaleneffekte resultieren aus der gewachsenen Absatzmarktgröße für die Investitionsgüterproduzenten einerseits und aus der größeren Vielfalt beim Angebot differenzierter Investitionsgütervarianten in einem Land andererseits.

---

[1] Vgl. Rivera-Batiz/Romer (1991).
[2] Im Fall des Aghion/Howitt-Modells können zusätzlich noch Obsoleszenz-Effekte auftreten.

2. Direkte Wissenspillovereffekte ergeben sich aus direkten Wissensflüssen zwischen den Forschungssektoren.
3. Reallokationseffekte sind dauerhafte Veränderungen in der Allokation des Faktors Humankapital auf die Güterproduktion und die Forschung infolge von dauerhaften relativen Lohnsatzänderungen.
4. Redundanzeffekte ergeben sich, wenn infolge eine Integration der Anreiz zu redundanten Erfindungen sinkt

Die Analyse des Rivera/Batiz/Romer-Modells erfolgt in drei Schritten. Es soll zunächst der Übergang von der Autarkie zur Gütermarktintegration und dann der Übergang von der Autarkie zur vollständigen Integration bei überschneidungsfreien Wissensbeständen betrachtet werden. Danach wird kurz auf den Fall mit Redundanzen eingegangen. Es werden jeweils die gleichgewichtigen Wachstumspfade vor und nach der Integration verglichen; die Anpassungspfade bleiben weitgehend unberücksichtigt. Ein gleichgewichtiger Wachstumspfad ist im Rivera-Batiz/Romer-Modell durch konstantes Wachstum von Output, Konsum, Kapitalstock und Wissen gekennzeichnet. Er setzt voraus, dass die Allokation des Humankapitals und die Anteile an der Wissensproduktion unverändert bleiben.

Da beide Länder vollkommen symmetrisch sind, wachsen sie im Autarkiefall gleich schnell mit der aus Gleichung (2.2.2.13) bekannten Rate[1]

$$g = \theta H - vr = \frac{\theta H - v\rho}{\sigma v + 1}.$$

Die Gütermarktintegration hat zur Folge, das sich die Anzahl der Investitionsgüter-Varianten, die den Endprodukt-Produzenten in beiden Ländern zur Verfügung steht, erhöht. Bestehen in der Ausgangssituation keine Redundanzen, so verdoppelt sie sich. Hieraus resultiert ein positiver Skaleneffekt auf den Output des Endproduktsektors. Denn wenn in der Endproduktproduktion allen Produzenten die doppelte Zahl von Zwischengütervarianten zur Verfügung steht, kann sich der in der Ausgangslage gegebene Kapitalstock auf eine größere Zahl Varianten verteilen.[2] Das neue Outputniveau beträgt dann in jedem der beiden Länder

(2.3.2.1) $\quad Y = L^\alpha H_Y^\beta (\int_{i=0}^{\infty} x_i^{1-\alpha-\beta} di + \int_{i=0}^{\infty} m_i^{1-\alpha-\beta} di).$

---

[1] Wenn erforderlich, werden bei der weiteren Analyse länderspezifische Parameter mit den Suffixen SL (Inland) und IL (Ausland) bezeichnet.
[2] Diese Reallokation lässt sich dadurch veranschaulichen, dass jedes Land die Hälfte seiner Investitionsgüter gegen die Hälfte der Investitionsgüter des anderen Landes eintauscht. Dieser Austausch erfordert, dass die Investitionen reversibel sind (*putty-putty*-Annahme).

Aus Gleichung (2.3.2.1) wird deutlich, dass die in- und ausländischen Investitionsgüter nach der Integration in gleichem Umfang eingesetzt werden. Die Investitionsgütervarianten aus dem Ausland sind mit m_i bezeichnet.

Im neuen Gleichgewicht wird jede neue Investitionsgütervariante wieder mit dem alten $\underline{x}$-Wert im In- und Ausland und damit mit der alten Produktivität des Kapitals in der Endproduktproduktion eingesetzt.[1] Das neue gleichgewichtige $\underline{x}$-Niveau wird wieder allein durch die gleichgewichtige Wachstumsrate und den Gleichgewichtszinssatz determiniert.[2] Bei verdoppelter Variantenanzahl und gleicher Einsatzmenge pro Investitionsgütervariante ($\underline{x}$ bzw. $\underline{m}$) haben sich der Kapitalstock und der Konsumgüteroutput in beiden Ländern genau verdoppelt.[3] Dieser Skaleneffekt auf den Output in der Güterproduktion ist einmalig und ruft keinen dauerhaften Anstieg der Wachstumsrate hervor. Der neue gleichgewichtige Wachstumspfad liegt bei gleicher Steigung oberhalb des alten.

Diese Überlegung gilt allerdings nur, wenn durch den Skaleneffekt kein Reallokationseffekt ausgelöst wird. Es bleibt also zu zeigen, dass die Integration keinen Reallokationseffekt hervorruft: Da sich im neuen Gleichgewicht der Kapitalstock verdoppelt hat, verdoppelt sich auch die Grenzproduktivität des Faktors Humankapital in der Endproduktproduktion und damit seine Entlohnung. Dadurch entsteht für die Humankapitaleigner ein Anreiz, vermehrt in der Güterproduktion zu arbeiten.[4] Eine Reallokation des Faktors Humankapital in den Endproduktsektor wird allerdings dadurch kompensiert, dass infolge der Gütermarktintegration der Wert einer Blaupause und damit die Entlohnung des Faktors Humankapital in der Forschung in genau dem gleichen Ausmaß ansteigt. Denn da im neuen Gleichgewicht jede Variante in beiden Ländern in der Menge $\underline{x}$ eingesetzt wird, werden nach der Integration von jeder Variante insgesamt $2\underline{x}$ produziert. Folglich verdoppelt sich der Preis für jedes neue Design ebenfalls dauerhaft, und damit verdoppelt sich auch die Entlohnung des Humankapitals im Forschungssektor. Diese beiden sich genau ausgleichenden

---

[1] Unmittelbar nach der Integration sinkt die von jedem Investitionsgut eingesetzte Menge (x_i bzw. m_i) vorübergehend auf die Hälfte des Autarkie-Gleichgewichtswerts Damit nimmt die Produktivität jeder Investitionsgütervariante aufgrund der abnehmenden Grenzerträge bei ihrem Einsatz in der Konsumgüterproduktion zu. Durch den Anstieg der Produktivität des Kapitals steigt die Nachfrage nach Investitionsgütern, und die erhöhte Nachfrage nach Investitionsgütern erhöht die Rate der Kapitalakkumulation.

[2] Das die Wachstumsrate nach der Integration unverändert bleibt, wird im nächsten Absatz gezeigt. Da die Sparneigung infolge der Integration unverändert bleibt, impliziert eine gleiche Wachstumsrate zwangsläufig einen gleichen Zinssatz.

[3] Die Höhe des Niveaueffektes hängt davon ab, in welchem Maße sich die Investitionsgüterbündel der beiden Länder vor der Integration überschnitten hatten. Je geringer die Überschneidung, desto höher ist der Niveaueffekt, bis hin zum Maximum einer Verdoppelung im Fall ohne Überschneidungen.

[4] Die Arbeiter, deren Grenzproduktivität ebenfalls steigt, haben keine alternative Verwendung.

Effekte führen dazu, dass es im Symmetriefall keinen Reallokationseffekt und damit auch keinen langfristigen Wachstumsrateneffekt gibt.

Die gleichgewichtige Wachstumsrate nach der Gütermarktintegration identischer Staaten beträgt also wieder

$$g = \frac{\theta H - v\rho}{\sigma v + 1}.[1]$$

Allerdings hat sich das Niveau des Wachstumspfades bei Fehlen von Redundanzen verdoppelt. Auch die Löhne für Arbeit und Humankapital haben sich infolge der Integration verdoppelt. Die Zinssätze liegen im neuen Gleichgewicht wieder auf dem Autarkie-Niveau. Beide Länder exportieren und importieren nur Investitionsgüter, es kommt zu intraindustriellem Handel.

Beim Übergang von der Autarkie zur vollständigen Integration wird auch die „öffentliche" Wissenskomponente weltweit verfügbar und kann grenzüberschreitend in der Forschung eingesetzt werden. Der verfügbare Wissensstock beider Forschungssektoren verdoppelt sich.[2] Die Wissensproduktionsfunktions-Gleichung 2.2.2.8 wird für jedes der beiden Länder durch die Integration wie folgt modifiziert.

(2.3.2.2) $\dot{A}_R = \theta H_A (A_{R,EL} + A_{I,IL})$ mit $A_{R,SL} = A_{R,IL}$.

Die Verdopplung des Wissensstocks verdoppelt die Produktivität jeder Einheit des in beiden Ländern im Forschungssektor eingesetzten Humankapitals H_A. Mit der Verdopplung der Produktivität der Forscher erhöht sich auch ihre Entlohnung. Der Lohnanstieg lenkt Humankapital in den Forschungssektor. Da dessen Umfang wächst, erhöht sich auch die langfristige Wachstumsrate.

Aufgrund der Vollbeschäftigungsrestriktion muss parallel der Humankapitaleinsatz im Endproduktsektor zurückgehen, und damit auch dessen Output. Der Rückgang des Humankapitaleinsatzes in der Produktion ruft über die Substitution von Human- durch Sachkapital eine Erhöhung der Nachfrage nach neuen Investitionsgütervarianten und einen Zinsanstieg hervor. Auch die gestiegenen Konsummöglichkeiten in der Zukunft erfordern aufgrund der konstanten Präferenzen der Haushalte einen Zinsanstieg. Dieser reduziert den Gegenwartswert der Blaupausen (und die Entlohnung der Forscher). Der Zuwachs des Kapitalstocks und der Wertverlust der Blaupausen bremsen den Reallokationseffekt wieder etwas, der Nettoeffekt der Integration auf die Allokation des Humankapitals zugunsten des Forschungssektors und damit auf Wachstumsrate bleibt

---

[1] Vgl Rivera-Batiz/Romer (1991), .S.544.
[2] Zunächst soll wieder der Fall ohne Redundanzen betrachtet werden.

aber positiv.[1] Grafik 2.3.2.2 veranschaulicht den Unterschied zwischen dem alten und dem neuen Wachstumsgleichgewicht.[2] Während die Lage der Präferenzkurve nach der Integration unverändert bleibt, verschiebt sich die neue Technologiekurve parallel nach oben. Da der integrierten Ökonomie der doppelte Humankapitalstock zur Verfügung steht, liegen die Schnittpunkte der Technologiekurve mit der Abszisse und der Ordinate genau doppelt so weit vom Nullpunkt entfernt wie zuvor.

Grafik 2.3.2.2: Effekte einer vollständigen Integration identischer Volkswirtschaften

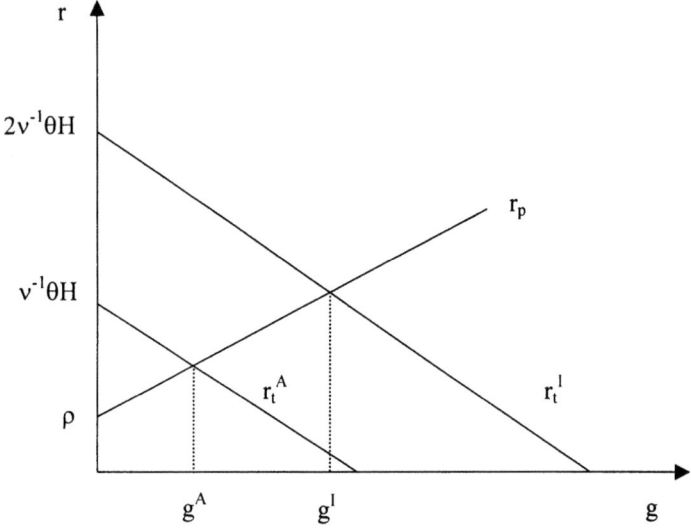

Quelle: Frenkel/Hemmer (1999), S.277.

Der Integrationsraum weist eine höhere gleichgewichtige Wachstumsrate auf. Sie beträgt:

$$g^{VI} = \frac{\dot{A}_R}{(2A_R)} = \theta(H^I_{A,SL} + H^I_{A,IL}) = 2\theta H^I_A \quad \text{mit} \quad H^I_A > H^A_A$$

bzw. in Einheiten von H ausgedrückt

(2.3.2.3) $\quad g^{VI} = \dfrac{2\theta H - \rho v}{1 + \sigma v}$

---

[1] Die Reallokation ruft einen negativen Niveaueffekt in der Güterproduktion hervor.
[2] Werte vor der Integration sind mit A, Werte nach der Integration mit I gekennzeichnet.

und liegt somit um das 2/(1+σν)-fache über der alten Wachstumsrate in Autarkie.[1]

Der Zins steigt in beiden Ländern nach der vollständigen Integration dauerhaft an, da beide Länder im neuen Gleichgewicht Ressourcen in die Forschung verlagert und dadurch auf Gegenwartskonsum verzichtet haben. Der Lohnsatz des Humankapitals ist im neuen Gleichgewicht ebenso wie der Lohnsatz des Faktors Arbeit gestiegen. Allerdings ist nun der Anstieg beim Humankapital höher.

Der Wachstumsrateneffekt wird im Rivera-Batiz/Romer-Modell erst durch die vollständige Öffnung gegenüber Gütern *und* Wissen induziert. Eine alleinige Öffnung für den Güterhandel ohne Wissensflüsse führt nur zu einem einmaligen positiven Niveau-Effekt. Grafik 2.3.2.3 stellt die beiden Wachstumspfade dem Autarkie-Wachstumspfad gegenüber.

Grafik 2.3.2.3: Wachstumspfade vor und nach der Integration identischer Volkswirtschaften[2]

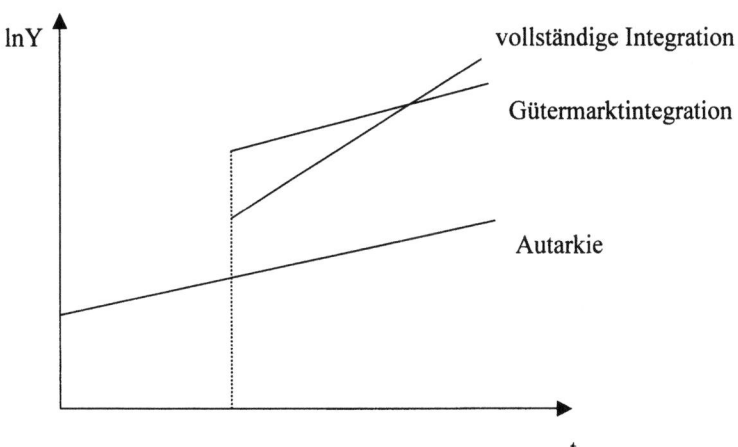

Quelle: eigene Darstellung

Im Rahmen der Integration kann ein positiv wirkender Redundanzeffekt auftreten. Wurden vor der Integration in beiden Ländern teilweise identische Produkte entwickelt und produziert, so können nach der Aufnahme des Güterhandels derartige Doppelerfindungen unmöglich werden, wenn mit der Handelsliberalisierung zugleich international gültige geistige Eigentumsrechte imple-

---

[1] Vgl. Rivera-Batiz/Romer (1992), S.546. Der Nenner drückt den Bremseffekt über den Zinsanstieg aus.
[2] Die Darstellung basiert auf dem Fall ohne jegliche Redundanzen in den Investitionsgüterbündeln.

mentiert werden. Alle Forscher werden dann nach der Integration unterschiedliche Varianten entwickeln.

Bestehen in der Ausgangslage partielle Redundanzen, so fällt der Skaleneffekt in der Produktion zunächst geringer aus. Der „Sprung" während der Anpassung ist kleiner. Dies gilt sowohl für die Gütermarktintegration als auch für die vollständige Integration.[1] Nach der Gütermarktintegration wird der Anteil redundanter Produkte an der Gesamtzahl der Produkte abnehmen und langfristig gegen Null konvergieren. Im Verlauf dieses Prozesses nähert sich die integrierte Wirtschaft asymptotisch dem Gütermarktintegrations-Pfad ohne Redundanz (s. Grafik 2.3.2.3) an. Der Redundanzeffekt ist somit langfristig ebenfalls nur ein Niveaueffekt. Nach einer vollständigen Integration ist die langfristige Wachstumsrate die gleiche wie im Fall ohne Redundanzen, da nach der Integration keine Doppelerfindungen mehr auftreten, das Rivera-Batiz/Romer-Modell behält seinen Wachstumsrateneffekt.

Rivera-Batiz und Romer zeigen anhand einer einfachen Erweiterung des innovationsbasierten Wachstumsmodells von Romer, dass eine Integration identischer Volkswirtschaften aufgrund von Skaleneffekten in der Forschung dauerhaft wachstumsratenerhöhend wirken kann. Dieser positive, dauerhafte Wachstumsraten-Effekt der vollständigen Integration identischer Staaten basiert auf vier Voraussetzungen:[2]

– eine *inreasing returns to scale* -Technologie in der Wissensproduktion

– internationale Wissensflüsse zwischen den Forschungssektoren

– die problemlose Reallokation von Humankapital aus der Produktion in die Forschung

– die internationale Durchsetzung geistiger Eigentumsrechte[3]

Die Gütermarktintegration und die vollständige Integration führen zu einer Wohlfahrtsverbesserung. Eine gezielte Forschungspolitik, z.B. F&E-Subventionen, kann aber auch in integrierten Ländern weiterhin wohlfahrts- und wachstumsratenerhöhend wirken.

---

[1] Aufgrund der Humankapitalreallokation kann der Sprung sogar negativ werden.

[2] Dies Ergebnis des hier skizzierten *knowledge driven*-Falls ändern sich in der *lab equipment*-Spezifikation des Rivera-Batiz/Romer-Modells (vgl. Abschnitt 2.2.2.5). In dieser Variante ergibt sich schon aus der Aufnahme von Güterhandel ein Wachstumsrateneffekt, da mit der Integration auch mehr Zwischengüter in der Wissensproduktion zur Verfügung stehen. Andererseits haben Wissensspillover zwischen den Forschungssektoren keinen eigenständigen Wachstumsrateneffekt mehr, da Wissen nicht mehr direkt und damit nicht mehr mit externen Effekten in die Wissensproduktion einfließt.

[3] Ohne international gültige geistige Eigentumsrechte kann im Fall mit Güterhandel und internationalen Wissensspillovern die Innovation zum Erliegen kommen, da die Investitionsgüterhersteller eine Imitation ihrer Variante und damit den Verlust ihres *mark ups* befürchten müssten.

2.3.3 Komparative Vorteile, Handel und endogenes Wachstum

2.3.3.1 Einleitende Worte zur Integration von zwei ungleichen Ländern

Der soeben diskutierte Fall ist am ehesten für die Integration zwischen zwei großen IL wie z.B. den USA und der EU oder der EU und Japan relevant. Für die Analyse der Implikationen einer Öffnung eines SL soll nun untersucht werden, welche Integrationseffekte sich im Romer-Modell im Fall ungleicher Volkswirtschaften ergeben. In diesem Fall beeinflussen neben Skaleneffekten auch statische und dynamische komparative Vorteile den gleichgewichtigen Wachstumspfad. Der Unterschied der betrachteten Länder kann sich in einer unterschiedlichen Forschungsproduktivität, in einem unterschiedlich technologischen Niveau (in Form unterschiedlicher großer akkumulierter Wissensbestände) oder in einer unterschiedlichen Humankapitalausstattung manifestieren.[1]

Aus analytischen Gründen wird zunächst kurz der Fall unterschiedlicher Wissensstände betrachtet, aus dem sich zentrale Implikationen für die anderen beiden Fälle ergeben. Im Zentrum der Analyse soll dann die unterschiedliche Forschungsproduktivität stehen, ehe abschließend auf den Fall unterschiedlicher Humankapitalausstattungen eingegangen wird. Verglichen werden jeweils wieder die Gleichgewichte in den Fällen Autarkie, Gütermarktintegration und vollständige Integration.

Damit aus der Integration ungleicher Volkswirtschaften ein stabiler gleichgewichtiger Wachstumspfad hervorgeht, müssen zwei Bedingungen erfüllt sein. Zum einen muss im Wachstumsgleichgewicht der Humankapitaleinsatz in der Forschung konstant bleiben, damit auch die Wachstumsrate konstant bleibt. Zum anderen darf sich auf einem gleichgewichtigen Wachstumspfad das internationale Verhältnis der in der Forschung verfügbaren Wissensbestände nicht mehr ändern. Denn würde sich das Verhältnis der in der Forschung verfügbaren Wissensbestände verändern, so würde ein Anreiz zur Humankapitalreallokation bestehen. Aufgrund dieser Bedingung muss in einem Wachstumsgleichgewicht immer

$$(2.3.3.1) \quad \frac{\dot{q}_{SL}}{q_{SL}} = \frac{\dot{A}_{R,SL}}{A_{R,SL}} - \frac{\dot{A}_{R,SL} + \dot{A}_{R,IL}}{A_{R,SL} + A_{R,IL}} = \frac{\theta_{SL} H_{A,SL} A_{R,A,SL}}{A_{R,SL}} - \frac{\theta_{I} H_{A,SL} A_{R,A,SL} + \theta_{IL} H_{A,IL} A_{R,A,IL}}{A_{R,SL} + A_{R,IL}} = 0$$

gelten.[2] Dabei steht q für den Anteil eines Landes an der globalen Wissensproduktion und A_A für den Wissensstock, der im Forschungssektor eines Landes eingesetzt werden kann. Gleichung 2.3.3.1 impliziert, dass auf dem gleichge-

---

[1] International unterschiedliche Präferenzen werden in dieser Arbeit aufgrund der Schwerpunktsetzung auf angebotsseitige Determinanten nicht behandelt. Sie werden bei Frenkel/Trauth (1997) untersucht.
[2] Vgl. Trauth (1997), S.112.

wichtigen Wachstumspfad jedes Land zu jedem Zeitpunkt einen konstanten Anteil an den globalen Erfindungen macht.[1]

2.3.3.2 Unterschiede in den akkumulierten Wissensbeständen

Zunächst wird betrachtet, wie sich komparative Nachteile aufgrund geringerer Wissensstände nach einer Integration auf den gleichgewichtigen Wachstumspfad und das Spezialisierungsmuster von SL auswirken. Die möglichen Effekte von Wissensdifferenzen werden in Anlehnung an Devereux und Lapham sowie Trauth zusammengefasst.[2] Das Land mit dem höheren Wissensstock sei das IL, das Land mit weniger akkumuliertem Wissen das SL. Unterschiedliche Wissensstände sind im Romer-Modell gleichbedeutend mit einer unterschiedlicher Vielfalt an Investitionsgütern. Sie können z.B. das Resultat unterschiedlicher Anfangszeitpunkte der Industrialisierung sein. Mit Ausnahme der Wissensbestände sollen alle anderen Parameter in beiden Ländern identisch sein.

International unterschiedliche Wissensbestände autarker Staaten finden ihren Ausdruck in internationalen Unterschieden in den Grenzproduktivitäten für Arbeit und Humankapital in der Güterproduktion und in der Forschung. Hieraus ergeben sich international unterschiedliche Löhne, ein unterschiedlicher Konsumgüteroutput und unterschiedliche PKE. Die Aufteilung des Humankapitals auf Forschung und Produktion ist in beiden Ländern gleich. Dies wird aus der Bestimmungsgleichung für den gleichgewichtigen Humankapitaleinsatz im Forschungssektor deutlich, in der A_R nicht enthalten ist:[3]

$$(2.3.3.2) \quad H_A = \frac{H - \rho v \theta^{-1}}{1 + \sigma v}.$$

Da die Forschungsproduktivität, die Humankapitalausstattung und -aufteilung gleich sind, sind aufgrund der Linearität der Wissensproduktionsfunktion die Raten der Wissensproduktion gleich und damit auch die Wachstumsraten beider Ökonomien.

Nach einer Gütermarktintegration nehmen die beiden Länder Handel mit Investitions- und Konsumgütern auf. Der Handel ruft den bereits bekannten Skaleneffekt in der Güterproduktion hervor. Allerdings ist er in diesem Fall asymmetrisch, da das SL mehr neue Investitionsgütervarianten aus dem IL importieren kann als umgekehrt. Aus der Gütermarktintegration ergeben sich im SL und im IL unterschiedliche Reallokationsprozesse. Im SL wandert Human-

---

[1] Die dieser Bedingung zugrunde liegenden Anpassungsprozesse werden nun bei der Darstellung des Falls unterschiedlicher Wissensstände näher erläutert.
[2] Vgl. Devereux/Lapham (1994) und Trauth (1997), S.130ff.
[3] Die gleiche Aufteilung des Humankapitals ergibt sich aus dem für ein Wachstumsgleichgewicht erforderlichen symmetrischen Effekt des Wissensstandes auf die Grenzproduktivität des Humankapitals in der Forschung und der Güterproduktion.

kapital in die Güterproduktion, da dort nun seine Entlohnung über der in der Forschung liegt, im IL wandert es dagegen in die Forschung, da es dort aufgrund des höheren Wissenstandes relativ produktiver ist. Infolge der Reallokation wächst der Wissensstock im IL von nun an mit einer höheren Rate als im SL. Hierdurch gewinnt das Humankapital in der Forschung des IL einen immer größeren Produktivitätsvorsprung gegenüber dem im SL, während es im IL und im SL in der Güterproduktion nach der Integration immer gleich produktiv ist. Der wachsende Unterschied beim Wissensstand im Forschungssektor treibt die Reallokation in beiden Ländern weiter an. Das IL baut seinen dynamischen komparativen Vorteil in der Forschung aus. Letztendlich ergibt sich eine vollständige Spezialisierung gemäß der komparativen Vorteile: Im neuen langfristigen Gleichgewicht produziert das SL nur noch Endprodukte, während das IL Endprodukte, Investitionsgüter und Blaupausen produziert.[1]

Devereux und Lapham haben als erste gezeigt, dass das symmetrische Wachstumsgleichgewicht von Rivera-Batiz/Romer instabil ist, wenn die Gütermarktintegration nicht von Wissensflüssen begleitet wird. Die Lösung von Rivera-Batiz/Romer mit zwei dauerhaft forschenden Ländern nach der Gütermarktintegration stellt einen *knife edge*-Fall mit q = 0,5 dar. Bereits minimale Abweichungen von einer symmetrischen Anfangs-Wissensverteilung werden im endogenen Wachstumsprozess offener Volkswirtschaften verstärkt und führen zu einer zunehmenden und am Ende vollständigen Spezialisierung des SL auf die Produktion.

Allerdings hat diese Spezialisierung einen positiven Effekt auf die weitere Entwicklung des SL. Denn anders als im Fall identischer Volkswirtschaften ist die weltweite Wachstumsrate nach der Gütermarktintegration höher als im Autarkie-Fall. Sie beträgt

(2.3.3.3) $g_t^{GI} = q_{IL,t} \theta H_{A,IL,t}^{GI}$ mit $H_{A,IL,t}^{GI} > H_{A,IL}^{A}$ und $\lim_{t \to \infty} s_{IL,t} = 1$[2]

und ist gestiegen, weil im neuen Gleichgewicht der auf das IL beschränkte Humankapitaleinsatz in der Forschung ($H_{A,IL,t}^{I}$) größer ist als zuvor die Einsatzmenge beider Länder in Autarkie.[3] Das SL zieht also aus seiner Spezialisierung auf die Produktion einen Vorteil.[4] Der Grund hierfür ist, dass sein Humankapital aus der Forschung in die durch zunehmende Investitionsgüterimporte immer

---

[1] Die unvollständige Spezialisierung des IL ergibt sich aus den abnehmenden Grenzerträgen des Humankapitals in der Güterproduktion. Wären neben Gütern auch Blaupausen international handelbar, so könnte das SL in der Investitionsgüterproduktion aktiv bleiben.
[2] Die genaue gleichgewichtige Wachstumsrate ist analytisch nicht zu bestimmen. Vgl. Trauth (1997), S.133.
[3] Die Annäherung an die in Gleichung 2.3.3.3 dargestellte maximale Wachstumsrate erfolgt asymptotisch, da der Anteil des der Forschung im IL zur Verfügung stehenden Wissens am Weltwissen asymptotisch gegen 1 geht.
[4] Das IL profitiert ebenfalls von der Gütermarktintegration.

produktiver werdende Verwendung in der Produktion wandert und dort – gemeinsam mit dem Faktor Arbeit – dauerhaft von der gestiegenen Innovationsrate im IL profitiert.

Im Gleichgewicht nach der Gütermarktintegration exportiert das IL zunehmend Endprodukte und importiert zunehmend Investitionsgüter. Infolge der vollständigen Spezialisierung findet kein internationaler Faktorpreisausgleich statt: Während der Arbeitslohn im SL über jenem des IL, liegt der Lohnsatz der Humankapitaleigner im SL unter dem im IL, da das IL weniger Humankapital in der Güterproduktion einsetzt. Der Zins ist als Ergebnis der höheren Wachstumsrate gestiegen und in beiden Ländern gleich.

Auch im Fall der vollständigen Integration können beide Länder alle Investitionsgütervarianten in der Güterproduktion einsetzen und hierdurch mehr Endprodukte produzieren. Aber darüber hinaus können in diesem Fall beide Forschungssektoren zur Entwicklung neuer Blaupausen auf den Wissensstock des Partnerlandes zurückgreifen. Da die Länder nach der Integration gleiche Werte für die Wachstumsdeterminanten H, θ, $A_{R,Y}$ und $A_{R,A}$ und damit keinen komparativen Vorteil mehr aufweisen, gibt es keinen auslösenden Mechanismus für eine Spezialisierung mehr.[1] Daher werden beide Länder im neuen Wachstumsgleichgewicht die gleiche Menge an Blaupausen produzieren.[2] Das langfristige Wachstum in beiden Ländern beschleunigt sich infolge der Integration. Es beträgt wie im Rivera-Batiz/Romer-Fall der Integration identischer Länder

$$g^{VI} = \frac{2\theta H - \rho v}{1 + \sigma v}.$$ [3]

Der Anstieg des PKE im SL ist größer als der im IL, da es relativ mehr neue Investitionsgüter einsetzten kann; es holt technologisch auf. Da die BIP beider Länder im langfristigen Gleichgewicht nach der Integration identisch sind, hat ein absoluter Konvergenzprozess stattgefunden.

Zwischen beiden Ländern kommt es wieder zu intraindustriellem Handel in Zwischengütern. Und da beide Länder im Gleichgewicht genau gleich viele neue Designs herstellen, ist nun auch die Entlohnung des Humankapitals in beiden Sektoren gleich, es kommt zum internationalen Faktorpreisausgleich.

Vergleicht man die drei Gleichgewichtszustände von Autarkie, Gütermarktintegration und vollständiger Integration aus Sicht des SL, so ergeben sich für den Fall der Integration bei internationale Wissensdifferenzen folgende Befunde:

---

[1] Mögliche Reallokationseffekte über den international asymmetrische Zugang zu Investitionsgütervarianten werden durch den asymmetrischen Zugang zu Wissen in der Forschung ausgeglichen.
[2] Das Wachstumsgleichgewicht bei vollständiger Integration ist wieder lokal stabil, da die Anteile beider Regionen an der Wissensproduktion dauerhaft bei q=0,5 liegen.
[3] Vgl. Frenkel/Hemmer (1999), S.283.

1. Eine Integration kann bereits bei kleinen Unterschieden im technologischen Entwicklungsstand für ein SL wachstumsratenerhöhend sein. Der Wachstumsrateneffekt ist im Fall der vollständigen Integration größer als im Fall der Gütermarktintegration.
2. Die Integration ruft einen einmaligen Niveaueffekt hervor, der im IL größer als im SL ausfällt. Im Fall der vollständigen Integration kommt es zur absoluten Konvergenz der Pro-Kopf-Produktion.
3. Die sektorale Struktur des SL nach der Integration wird entscheidend von der Existenz von Wissenspillover-Effekten zwischen den Forschungssektoren determiniert. Ist kein internationaler Wissensfluss möglich, so ist die Produktivität des Humankapitals im Forschungssektor des IL nach der Integration dauerhaft höher als jene im SL, und das SL wird sich zunehmend auf die Produktion von Endprodukten spezialisieren. Das IL baut seinen komparativen Vorteil in der Forschung dynamisch aus. Geht die Integration mit internationalen Wissensflüssen einher, so findet keine Spezialisierung statt.

Das SL profitiert in beiden Integrationsvarianten durch einen Niveaueffekt und einen Wachstumsrateneffekt von der Integration. Der Niveaueffekt kann als eine Kombination aus technologischem Aufholeffekt und einmaligen Skaleneffekt interpretiert werden.[1] Er fällt um so größer aus, je größer der technologische Unterschied zwischen dem SL und dem IL ist. Der Wachstumsrateneffekt ergibt sich aus einer eine Kombination aus einem nach der Integration dauerhaft möglichen Zugang zu neuen Investitionsgütern aus dem IL, einem Spezialisierungseffekt und einem Skaleneffekt.

2.3.3.3 Unterschiedliche Forschungsproduktivitäten[2]

Als zweites wird der „ricardianische" Fall zweier Länder mit unterschiedlichen Forschungsproduktivitäten (bei gleichen Produktivitäten in der Güterproduktion) betrachtet.[3] Alle anderen Parameter sollen erneut identisch sein. Aus Vereinfachungsgründen wird wieder angenommen, dass es keine Überschneidungen in den Wissensbeständen gibt. Zunächst werden die Autarkie-Gleich-

---

[1] Der technologische Aufholeffekt ergibt sich durch den Einsatz von im SL zuvor unbekannten Varianten aus dem IL, der Skaleneffekt aus dem Einsatz von im IL zuvor unbekannter Varianten aus dem SL. Bei redundanten Wissensständen ergibt sich allein ein technologischer Aufholeffekt im SL.

[2] Die Analyse der Integrationseffekte von Forschungsproduktivitätsdifferenzen erfolgt in Anlehnung an Frenkel/Trauth (1997) und Trauth (1997). Der hier diskutierte Fall ähnelt zudem der Analyse von Grossman/Helpman (1990). Allerdings beschränken sich Grossman/Helpman in ihrer Analyse der Integrationswirkungen bei Produktivitätsdifferenzen auf nur einen Produktionsfaktor: Arbeit. Darüber hinaus modellieren sie, dass jedes Land ein anderes Endprodukt produziert.

[3] Auf mögliche Determinanten der Forschungsproduktivität eines Landes wird in Abschnitt 2.4.4 vertiefend eingegangen.

gewichte beider Länder miteinander verglichen, ehe dann die Effekte der Gütermarktintegration und die der vollständigen Integration diskutiert werden.

Im Autarkiefall implizieren unterschiedliche Forschungsproduktivitäten bei identischen Wissensstocks, gleicher Humankapitalausstattung, gleicher Produktivität in der Güterproduktion und gleichen Zeitpräferenzraten der Haushalte unterschiedliche Wachstumsraten beider Länder bei unterschiedlichen PKE. Den positiven Zusammenhang zwischen Forschungsproduktivität und Wachstumsrate verdeutlicht die partielle Ableitung von Gleichung (2.2.2.13) nach der Forschungsproduktivität:

$$\frac{\partial g}{\partial \theta} = \frac{\psi H}{\sigma + \psi} > 0 \text{ mit } \psi = 1/v.$$

Die Autarkie-Wachstumsrate des IL liegt somit über jener des SL.[1] Zur Begründung sei an die Diskussion in Abschnitt 2.2.2.3 erinnert: Das IL setzt zum einen mehr Humankapital in der Forschung ein, und darüber hinaus ist das eingesetzte Humankapital auch produktiver.[2] Der Lohnsatz für Humankapital ist im SL niedriger, da seine Grenzproduktivität sowohl in der Forschung (geringere Forschungsproduktivität) als auch in der Güterproduktion (höherer Humankapitaleinsatz bei abnehmendem Grenzertrag) niedriger ist. Der Lohnsatz für Arbeit ist im SL höher.

Grafik 2.3.3.1 veranschaulicht die Gleichgewichte des SL und des IL bei Autarkie. Die unterschiedliche Forschungsproduktivität schlägt sich in der Lage der Technologiekurven nieder, wobei die Kurve des Landes mit geringerer Forschungsproduktivität unterhalb jener des Landes mit höherer Forschungsproduktivität verläuft. Beide Kurven verlaufen parallel, da beide Achsenabschnitte des IL genau um den gleichen Faktor nach rechts und oben verschoben sind. Die Präferenzkurve beider Länder ist identisch, da annahmengemäß keine Präferenzunterschiede bestehen.

Die Darstellung zeigt das kontrafaktisch erscheinende Ergebnis, dass neben der Wachstumsrate auch der Zinssatz im autarken SL unter jenem des autarken IL liegt. Hierzu muss angemerkt werden, dass Risikoerwägungen und Kapitalmarktunvollkommenheiten im Romer-Modell keine Rolle spielen.[3]

---

[1] Bei großen Unterschieden kann sich das SL sogar in einer Armutsfalle befunden haben.
[2] Die Pro-Kopf-Produktion des SL liegt dagegen aufgrund der *ceteris paribus*-Annahmen über jener des IL, da im SL von der gleichen verfügbaren Humankapitalmenge mehr Humankapital (und wegen des geringeren Zinssatzes auch mehr Sachkapital) in der Güterproduktion eingesetzt wird.
[3] Die Zinsen abzüglich des Risikoaufschlages können in SL durchaus niedriger liegen und somit den Anreiz zur Ersparnisbildung vermindern. Derartige Netto-Zinsdifferenzen können eine mögliche Antwort auf Lucas' Frage liefern, „warum Kapital nicht von reichen in arme Länder fließt." Vgl. Lucas (1990).

Grafik 2.3.3.1: Wachstumsgleichgewichte zweier autarker Länder mit unterschiedlichen Forschungsproduktivitäten

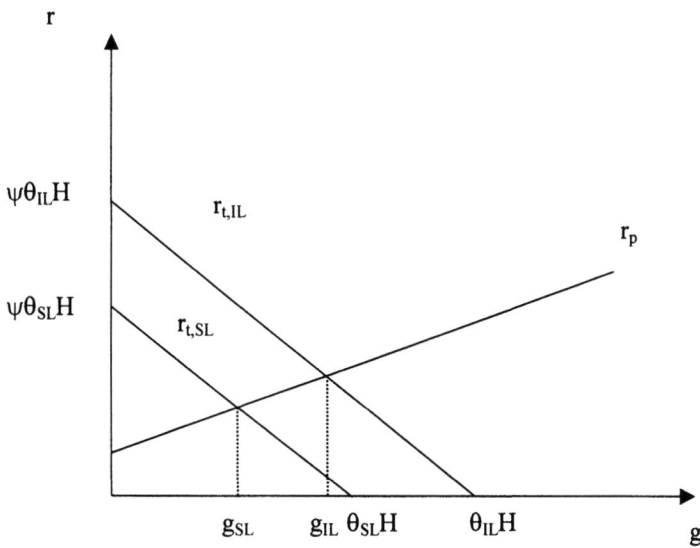

Quelle: eigene Darstellung

Die Gütermarktintegration verdoppelt bei vollkommen unterschiedlichen Zwischengüterportfolios in beiden Ländern die Anzahl der verfügbaren Zwischenproduktvarianten. Es kommt zu dem üblichen Niveaueffekt auf das PKE. Die Produktivität und die Entlohnung des Humankapitals in der Güterproduktion nehmen in beiden Ländern in gleichem Ausmaß zu.[1]

Da das SL auch nach der Integration in der Forschung weniger produktiv ist und weniger Humankapital in der Forschung einsetzt als das IL, wächst auch sein Wissensstock mit einer geringeren Rate als der des IL. Dieses unterschiedliche Wachstum der Wissensbestände führt dazu, dass die internationale Produktivitätsdifferenz des Humankapitals in der Forschung immer weiter zunimmt, während das Humankapital in der Güterproduktion in beiden Länder gleich produktiv bleibt. Fortlaufende Faktorwanderungen sind die Folge. Die Faktorwanderungen enden schließlich wie im Fall der Wissensbestandsdifferenzen in einer vollständigen Spezialisierung des SL auf die Güterproduktion. Denn durch die zunehmenden Importe neuer Zwischengütervarianten aus dem IL steigt im SL die Grenzproduktivität des Faktors Humankapital in der Güterproduktion irgendwann über die konstante Grenzproduktivität in der Forschung.[2]

---

[1] Vgl. Trauth (1997), S.154ff.
[2] Im IL wird der Produktionssektor schrumpfen, es wird sein Humankapital aufgrund der *decreasing returns* in der Güterproduktion aber stets in beiden Sektoren einsetzen.

Aber trotz der Spezialisierung des SL findet sich nach der Gütermarktintegration im SL die gleiche Output-Wachstumsrate wie im IL, da alle im IL entwickelten neuen Investitionsgütervarianten auch Eingang in die Güterproduktion des SL finden und dort den Output erhöhen. Dies gilt auch für den Fall, dass sich das SL in der Ausgangssituation in einer Armutsfalle befand – in diesem Fall kann durch Außenhandel im SL ein Wachstumsprozess ausgelöst werden. Die neue gemeinsame Wachstumsrate liegt über beiden Wachstumsraten in Autarkie. Die reine Gütermarktintegration hat – wie im Fall unterschiedlicher Wissensstände – infolge der vollständigen Spezialisierung des SL einen positiven Effekt auf die globale Wachstumsrate. Dies liegt daran, dass nun vom weltweiten Humankapitalbestand mehr in dem Land in der Forschung eingesetzt wird, wo es produktiver verwendet werden kann. Die gemeinsame Wachstumsrate erreicht dabei nicht sofort ihr *steady state*-Niveau, sondern nähert sich asymptotisch dem neuen Gleichgewichtswert an, da erst in unendlicher Zeit der Anteil des SL am Weltwissensstand gegen 0 geht.

In Grafik 2.3.3.2 (n. Seite) ergibt sich infolge der Gütermarktintegration, dass die neue gemeinsame Technologiekurve in einem konkaven Bogen vom Punkt $(\theta_{IL}H, 0)$ zum Punkt $(0, 2\psi\theta_{IL}H)$ verläuft, denn die angebotsseitige Gleichgewichtsbedingung lautet nun

$$(2.3.3.4) \quad r_t^{GI} = \frac{1}{v}\left[q\theta H - g^{GI} + (q\theta H)^{\frac{\alpha}{\alpha+\beta}}(q\theta H - g^{GI})^{\frac{\beta}{\alpha+\beta}} \right].[1]$$

Der Schnittpunkt dieser neuen Technologiekurve mit der Präferenzkurve bestimmt das neue langfristige Wachstumsgleichgewicht. Der Zins im neuen Gleichgewicht ist höher, als er zuvor im SL (und auch im IL) war. Im neuen Gleichgewicht finden sich internationale Lohnunterschiede für die Faktoren Humankapital und Arbeit.

Eine vollständige Integration von Ländern mit unterschiedlichen Forschungsproduktivitäten hat positive und über die Gütermarktintegration hinaus gehende Wachstumsrateneffekte, die in Grafik 2.3.3.2 veranschaulicht werden. Die neue, in diesem Fall wieder lineare Technologiekurve liegt rechts von den beiden Technologiekurven in Autarkie. Ihre algebraische Form lautet

$$(2.3.3.5) r_t^{VI} = \frac{(\theta_{SL} + \theta_{IL})H - g^{VI}}{v}.[2]$$

Aus Gleichung 2.3.3.4 ergeben sich sowohl der neue Abszissen- als auch der neue Ordinatenabschnitt aus der Addition der jeweiligen Abschnitte in Autarkie. Ihr Schnittpunkt mit der unveränderten Präferenzkurve zeigt ein höheres Wachstum bei höherem Zinssatz.

---

[1] Vgl. Trauth (1997), S.157.
[2] Vgl. Trauth (1997), S.159.

Grafik 2.3.3.2: Integrationseffekte bei unterschiedlichen Forschungsproduktivitäten

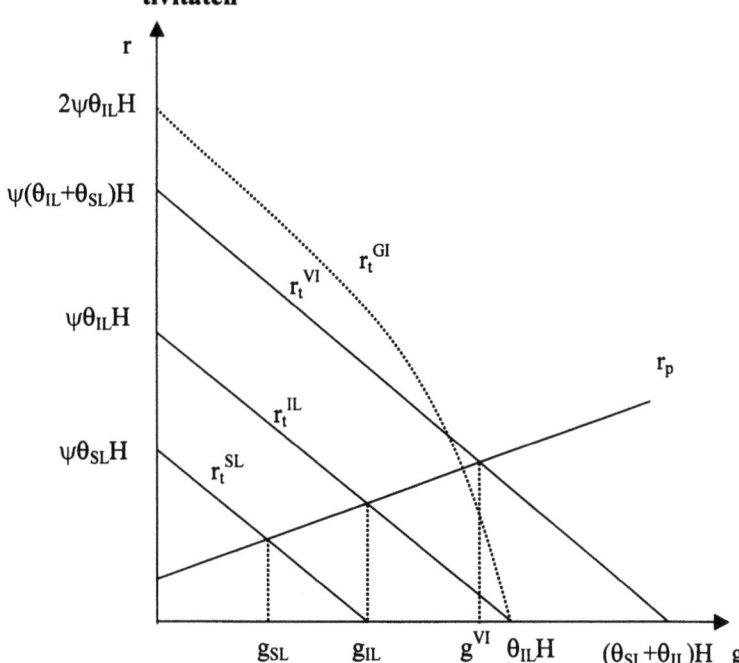

Quelle: eigene Darstellung nach Trauth (1997), S.155.

Im Rahmen einer vollständigen Integration ergeben sich erneut die bekannten Effekte der gestiegenen Investitionsgütervielfalt auf den Endproduktsektor: die Zahl der einsetzbaren Zwischengüterarten verdoppelt sich, und der Ertrag aus der Blaupausenproduktion nimmt ebenfalls zu. In Bezug auf ihre Reallokationswirkung gleichen sich beide Effekte aus, die PKE im SL und im IL steigen durch einen Skaleneffekt einmalig.

Darüber hinaus wirkt sich die vollständige Integration auch direkt auf die Forschungsaktivität im SL und im IL aus, da nun den Forschern in beiden Ländern mehr Wissen als Input zur Verfügung steht. Im Forschungssektor des SL steigt die Produktivität des Humankapitals (und damit seine Entlohnung) im Vergleich zum Autarkiefall an.[1] Auch jede zukünftige Innovation im IL erhöht die Produktivität des Humankapitals im SL. Der kumulative negative Effekt auf die relative Grenzproduktivität des Humankapitals im SL infolge asymmetrischer Wissenszuwächse in Forschung und Produktion besteht nun also nicht mehr. Da die Produktivitätsdifferenzen des Humankapitals zwischen den For-

---

[1] Da der Forschungsproduktivitätsparameter des SL weiterhin unter jenem des IL liegt, bleibt die Produktivität des Humankapitals im SL aber unter der im IL.

schungssektoren im SL und IL und damit auch die Anteile an der Wissensproduktion konstant bleiben; ist die sich ergebende gleichgewichtige Allokation stabil: Die Innovationsrate des SL liegt zwar dauerhaft unter der des IL, das Verhältnis der Innovationsraten bleibt aber konstant.

Die neue gemeinsame Wachstumsrate g^{VI} in beiden Ländern beträgt nach der vollständigen Integration

$$(2.3.3.6) \quad g^{VI} = \frac{(\theta_{SL} + \theta_{IL})H - \rho v}{1 + \sigma v}$$

und liegt über beiden Wachstumsraten in Autarkie und der Wachstumsrate im Fall der Gütermarktintegration (vgl. Grafik 2.3.3.2).[1] Das SL profitiert neben dem verbesserten Zugang zu Erfindungen aus dem IL und dem Spezialisierungseffekt von einem zusätzlichen Skaleneffekt in der Forschung.

Im neuen Gleichgewicht wird das IL mehr Humankapital in der Forschung, das SL mehr Humankapital in der Produktion einsetzen, es findet eine unvollständige Spezialisierung statt. Das Ausmaß der Spezialisierung lässt sich anhand der Gleichung

$$(2.3.3.7) \quad \frac{H_{Y,SL}}{H_{Y,IL}} = \left(\frac{\theta_{IL}}{\theta_{SL}}\right)^{\frac{\alpha + \beta}{\beta}}$$

bestimmen, d.h. je größer der Produktivitätsvorsprung des IL in der Forschung ist, desto mehr Humankapital des SL wird in der Güterproduktion und des desto weniger in der Forschung eingesetzt werden.[2] Es kann zu einer vollständigen Spezialisierung kommen, wenn die Unterschiede in den Forschungsproduktivitäten so groß sind, dass der gleichgewichtige Humankapitaleinsatz in der Produktion $H_{Y,SL}$ des SL seine Gesamt-Humankapitalausstattung H überschreitet.[3] In diesem Fall nähert sich die Wachstumsrate des SL nach der vollständigen Integration wieder asymptotisch der maximalen Wachstumsrate im Fall der Gütermarktintegration an.

Da das IL mehr Innovationen hervorbringt, ist es im neuen Wachstumsgleichgewicht Netto-Exporteur von Zwischengütern, während das SL Netto-Exporteur von Konsumgütern ist. Während des Wachstumsprozesses nehmen der intraindustrielle und der interindustrielle Handel zu. Im Fall der vollständigen Integration bei Forschungsproduktivitätsdifferenzen tritt kein internationaler Faktorpreisausgleich ein.[4] Der Lohnsatz für Humankapital im IL bleibt über dem im SL, da die Grenzproduktivität jeder Humankapitaleinheit in der Forschung (und damit auch in der Produktion) höher bleibt. Nach der Integration besteht somit

---
[1] Vgl. Frenkel/Hemmer (1999), S.288.
[2] Vgl. Trauth (1997), S.158.
[3] Vgl. Trauth (1997), S.160.
[4] Dies gilt sowohl für den Fall unvollständiger als auch für den Fall vollständiger Spezialisierung.

ein Anreiz zum *brain drain*. Der Lohn für Arbeit liegt im SL über dem im IL, aufgrund der geringeren Lohndifferenz kann der Anreiz zur Humankapitalbildung im SL sinken.

Vergleicht man aus dem Blickwinkel eines SL die drei Zustände Autarkie, Gütermarktintegration und vollständige Integration bei Unterschieden in der Forschungsproduktivität, so ergeben sich folgende Schlussfolgerungen:

1. Die langfristige Wachstumsrate im SL nimmt infolge der Integration zu.[1] Im Fall der vollständigen Integration liegt sie (bei moderaten Produktivitätsdifferenzen) am höchsten, im Fall der Gütermarktintegration liegt sie immer noch über der im Autarkiefall. Die Wachstumsraten beider Länder sind auf dem gleichgewichtigen Wachstumspfad nach der Integration immer gleich, der Zuwachs der Wachstumsrate des SL liegt somit über dem der Wachstumsrate des IL. Im SL kann durch Integration eine Wachstumsfalle überwunden werden.

2. Ein mögliches Ergebnis der Integration ist die vollständige Spezialisierung des SL auf die Güterproduktion, d.h. das Humankapital im SL wandert komplett aus dem Forschungssektor in den Produktionssektor. Dies ergibt sich im Fall der Gütermarktintegration zwangsläufig, im Fall der vollständigen Integration bei großen Differenzen in der Forschungsproduktivität. In diesen Fällen ist der Erwerb neuer Investitionsgüter aus dem IL der einzige verbliebene Wachstumsmotor des SL. Er treibt die Ökonomie des SL aber schneller an als die eigene Forschung zuvor. Bei geringen Forschungsproduktivitätsdifferenzen stellt sich eine unvollständige Spezialisierung ein.

3. Weder im Fall der Gütermarkt- noch im Fall der vollständigen Integration kommt es zum Faktorpreisausgleich. Das SL wird in jedem Fall zum Netto-Exporteur von Endprodukten.

Bei gemeinsam auftretenden komparativen Nachteilen des SL bei der Forschungsproduktivität und beim Wissensbestand dominiert im Fall der Gütermarktintegration der destabilisierende Effekt asymmetrischer Wissensbestände, im Fall der vollständigen Integration der komparative Vorteil aus den Produktivitätsdifferenzen die neue Gleichgewichtskombination aus Wachstumsrate und Spezialisierungsmuster.

In Autarkie finden sich die gleichen Unterschiede in den Wachstumsraten wie im Fall alleiniger Produktivitätsdifferenzen, da ein geringeres θ eine niedrigere Wachstumsrate im SL impliziert, während ein höheres A_R keinen Einfluss auf die Wachstumsrate hat.[2]

---

[1] Die Wachstumsrate des IL nimmt ebenfalls zu.
[2] Die Rangfolge der PKE-Niveaus hängt von den relativen A_R- und θ-Differenzen ab, da ein Land mit höherem θ weniger, ein Land mit höherem A dagegen mehr Endprodukte produziert.

Aus der Gütermarktintegration resultiert erneut eine vollständige Spezialisierung des SL. Ursächlich hierfür sind wieder die zunehmenden Differenzen in den Wissensbeständen, die den Forschungssektoren als Input zur Verfügung stehen. Die gleichgerichteten Produktivitätsdifferenzen wirken dem dynamischen komparativen Vorteil nicht entgegen. Das Niveau des Wachstumspfades und die Wachstumsrate des SL erhöhen sich trotz vollständiger Spezialisierung, da es von den Innovationen des IL und von der Spezialisierung des IL auf seinen komparativen Vorteil in der Forschung profitiert.

Im Fall der vollständigen Integration haben die Unterschiede in den Wissensbeständen keinen Einfluss auf das langfristige Wachstum mehr. Es ergibt sich zwar eine Spezialisierung des SL auf die Güterproduktion, da sein komparativer Vorteil bei dieser Aktivität liegt, die Spezialisierung ist aber nicht unbedingt vollständig. Eine vollständige Spezialisierung erfolgt nur bei großen Differenzen von θ. Die Wachstumsrate des SL steigt ebenfalls.[1]

2.3.3.4 Unterschiede in der Humankapitalausstattung[2]

Als letztes soll betrachtet werden, wie sich im Romer-Modell exogen gegebene unterschiedliche Humankapitalausstattungen auf das Wachstum und die Forschungsaktivität im SL vor und nach der Integration auswirken. Der komparative Vorteil des IL soll sich dabei allein aus der verfügbaren Humankapitalmenge ergeben, die Ausstattung mit Arbeit, alle Produktivitäten und Präferenzen sowie der Wissensstand sind in beiden Ländern gleich.

In Autarkie ist das Humankapitalangebot im IL größer. In Abschnitt 2.2.2.3 wurde gezeigt, dass zusätzliches Humankapital auf beide Verwendungen aufgeteilt werden wird. Denn da die Grenzproduktivität des Humankapitals in der Forschung konstant, in der Güterproduktion aber abnehmend ist, wird zusätzliches Humankapital zunächst einen Einsatz in der Forschung suchen. Aber da mit zunehmender Forschungsaktivität die langfristige Wachstumsrate ansteigt, muss bei identischen Präferenzen auch der Zinssatz steigen. Ein höherer Zins reduziert wiederum den Wert der Blaupausen, führt zu einem Rückgang des Lohnes in der Forschung und zu einer Abwanderung der Forscher in die Produktion. Wird in der Güterproduktion mehr Humankapital eingesetzt, dann erhöht sich die Grenzproduktivität aller anderen Faktoren und somit auch die Nachfrage nach Investitionsgütern. Auch dies erfordert einen höheren Zins, um für den entgangen Gegenwartskonsum zu kompensieren. Im Autarkie-Gleichgewicht wächst das IL aufgrund des größeren Humankapitaleinsatzes in

---

[1] In der bisherigen Analyse wurde davon ausgegangen, dass das Wissen zwischen den Forschungssektoren sofort diffundiert. Grosman/Helpman (1990) zeigen, dass (konstante) Diffusionslags an den entscheidenden Aussagen über die Wachstumsrate und die Spezialisierung nichts ändern.
[2] Für diesen teil der Analyse vgl. Rivera-Batiz/Xie (1993), Trauth (1997) und Frenkel/Hemmer (1998).

der Forschung schneller als das SL, erzielt mit einem höheren Kapitalstock ein höheres PKE, und weist einen höheren Zinssatz und einen geringeren Lohn für Humankapital auf.[1]

Der Fall der Gütermarktintegration wurde von Rivera-Batiz und Xie sowie Trauth untersucht. In beiden Ansätzen weisen beide Länder den inzwischen bekannten Skaleneffekt auf, der einmalig das PKE beider Länder erhöht.

Rivera-Batiz und Xie ermittelten für den Fall der Gütermarktintegration ein Wachstumsgleichgewicht, bei dem beide Länder aufgrund der Stabilitätsbedingung für ein symmetrisches Wachstumsgleichgewicht gleich große Forschungssektoren aufweisen.[2] Dies impliziert einen integrationsbedingt wachsenden Forschungssektor im SL und einen schrumpfenden Forschungssektor im IL, ein Ergebnis, das kontraintuitiv ist.[3]

Trauth stellt dagegen – im Widerspruch zu Rivera-Batiz/Xie – fest, dass der Ausgang des Anpassungsprozesses nicht eindeutig ist.[4] Die von Rivera-Batiz/Xie entwickelte Lösung mit gleich großen Forschungssektoren ist nur eine *knife edge* Lösung, eine vollständige Spezialisierung nach einer Gütermarktintegration ist wahrscheinlich. Denn es gibt unmittelbar nach der Integration einen „Wissensakkumulationseffekt", da das IL aufgrund des größeren Forschungssektors sofort einen Wissensvorsprung gewinnt. Durch den Wissensvorsprung können Humankapitalbewegungen ausgelöst werden, die im langfristigen Gleichgewicht zur vollständigen Spezialisierung des SL auf die Güterproduktion führen. Kommt es zur vollständigen Spezialisierung des SL auf die Güterproduktion, so ergibt sich ein Szenario, das dem im Fall asymmetrischer Wissensbestände vergleichbar ist. Die Wachstumsrate des Integrationsraums beträgt nun wieder

(2.3.3.8) $g_t^{GI} = q_t \theta H_{A,IL,t}^{GI}$ mit $H_{A,IL}^{GI} > H_{A,IL}^{A}$ und $\lim_{t \to \infty} q_t = 1$.[5]

und liegt über den Autarkiewachstumsraten von SL und IL.[6] Dies gilt auch für ein SL, dass sich in Autarkie in einer Armutsfalle befand. In Grafik 2.3.3.3 (nächste Seite) befindet das in t=∞ erreichte Gleichgewicht beim Schnittpunkt der konkaven r_t^{GI} - mit der r_p-Kurve.

---

[1] Auch in diesem Fall ist es möglich, dass sich das SL in der Autarkie in einer Armutsfalle befindet.
[2] Vgl. Rivera-Batiz/Xie (1993).
[3] In Grafik 2.3.3.3 auf der nächsten Seite ist das instabile Rivera-Batiz/Xie-Gleichgewicht durch die gepunktete Gerade zwischen den beiden durchgezogenen Autarkie-Geraden angedeutet.
[4] Vgl. Trauth (1997), S.143ff..
[5] Vgl. Trauth (1997), S.133.
[6] Auch im Fall der Rivera-Batiz/Xie-Lösung hätte das SL nach der Gütermarktintegration eine höhere Wachstumsrate als in Autarkie.

Infolge der vollständigen Integration tritt nun wieder zusätzlich der Wissensspillover-Effekt in die Forschung auf. Die Implikationen der Integration für Wachstum und Spezialisierung hängen, wie im Fall der Produktivitätsdifferenzen, erneut vom Ausmaß der Ungleichheit ab.

Zunächst erfolgt die Betrachtung *geringer Ausstattungsunterschiede*. Durch die Integration steht zwar den Forschern in beiden Ländern mehr Wissen zur Verfügung, der komparative Vorteil des IL in der humankapitalintensiven Forschung besteht aber dennoch weiter. Aufgrund der identischen Produktionsfunktion in den Endproduktsektoren beider Länder setzen sie infolge des mit der Integration einher gehenden Zinsausgleichs gleich viel Humankapital in der Endproduktproduktion ein. Folglich muss sich der Humankapitaleinsatz in beiden Forschungssektoren voneinander unterscheiden: Das IL spezialisiert sich auf die Forschung, das SL auf die Endproduktproduktion, und der Innovationsoutput ist im IL dauerhaft größer als im SL.

Grafik 2.3.3.3 Integrationseffekte bei unterschiedlichen Humankapitalausstattungen

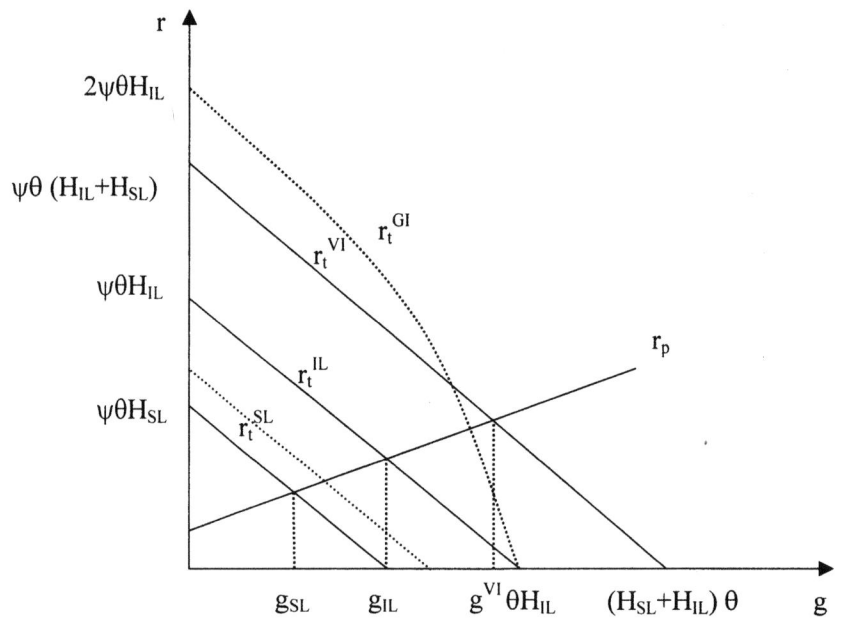

Quelle: eigene Darstellung nach Trauth (1997), S.144 und Frenkel/Hemmer (1999), S. 284.

Die Wachstumsraten im IL und im SL gleichen sich dennoch einander an, da das SL über Investitionsgüterimporte von den Innovationstätigkeit im IL profitiert. Die neue Wachstumsrate beträgt nach der vollständigen Integration in beiden Ländern

(2.3.3.9) $\quad g^{VI} = \dfrac{\theta(H_{EL} + H_{IL}) - \rho v}{1 + \sigma v}$

und liegt über den jeweiligen Autarkiewachstumsraten. In Grafik 2.3.3.3 stellt sich das Gleichgewicht am Schnittpunkt der neuen geraden r_t^{VI}-Kurve mit der r_p-Kurve ein.

Bei *großen Ausstattungsunterschieden* kann es erneut zu einer vollständigen Spezialisierung kommen. Dies ist der Fall, wenn im SL das Humankapital so knapp ist, das nach der Integration seine Entlohnung in der Güterproduktion über jener liegt, die in der Wissensproduktion zu erzielen wäre. Das SL würde dann nicht mehr forschen, es befände sich aufgrund der Investitionsgüterimporte aber wiederum auch nicht in einer Armutsfalle. Beide Länder wachsen mit der gleichen Rate, die von der Innovationsaktivität im IL determiniert wird. Es ergibt sich erneut ein konkaver Verlauf der Technologiekurve, und die Wachstumsrate liegt wieder höher als beide Autarkiewachstumsraten.

In beiden Spezialisierungsvarianten ist das SL Nettoexporteur von End-, das IL Nettoexporteur von Zwischenprodukten. Es gibt zunehmenden interindustriellen Handel. Im Fall mit vollständiger Spezialisierung gibt es keinen Faktorpreisausgleich mehr, der Humankapitallohnsatz im IL liegt über dem im SL.

Im Fall von Humankapitalausstattungsdifferenzen lassen sich also 5 Fälle unterscheiden, deren Implikationen in Tabelle 2.3.3.1 zusammengefasst sind.[1]

1. In allen vier Integrationsfällen profitiert das SL von der Integration, indem seine Wachstumsrate steigt. Es kann durch Integration eine Armutsfalle überwinden. Die Wachstumsrate bei vollständiger Integration ist größer (bei unvollständiger Spezialisierung) oder gleich groß wie im Fall der Gütermarktintegration.

2- In allen Fällen tritt ein einmaliger Niveaueffekt ein.

3- Das SL verringert in allen Fällen (bis auf den *knife edge*-Fall) seine Forschungsaktivitäten. Im allgemeinen Fall der Gütermarktintegration und bei extrem asymmetrischer Humankapitalausstattung gibt das SL die Forschung ganz auf.

4. In allen Fällen bis auf den *knife edge*-Fall wird das SL zum Netto-Exporteur von Endprodukten.

5. In den Fällen mit vollständiger Spezialisierung kommt es nicht mehr zum Faktorpreisausgleich. Nur im Fall der vollständigen Integration mit unvollständiger Spezialisierung sind die Löhne für Humankapital und Arbeit in beiden Ländern gleich.

---

[1] Zum Abschluss der Analyse von Humankapitaldifferenzen soll kurz auf einen weiteren interessanten Sonderfall hingewiesen werden. Rivera-Batiz und Xie zeigen an einem numerischen Beispiel, dass es als Ergebnis der vollständigen Integration auch zur Aufnahme von Forschungsaktivitäten im SL kommen kann. Vgl. Rivera-Batiz/Xie (1993), S.352f.

Tabelle 2.3.3.1: Integrationseffekte im SL bei Humankapitalausstattungsdifferenzen

Effekt auf	Autarkie	Gütermarktintegration		vollständige Integration	
		knife edge	allgemein	geringe Unterschiede	hohe Unterschiede
Wachstum	im IL über der im SL	gleich, im IL gesunken, im SL gestiegen	gleich, in beiden Ländern gestiegen	gleich, in beiden Ländern gestiegen	gleich, in beiden Ländern gestiegen
Speziali-sierung	Forschung und Produktion im IL > SL	im SL expandiert die Forschung	das SL spezialisiert sich vollständig auf die Produktion	unvollständige Spezialisierung des SL auf die Produktion	das SL spezialisiert sich vollständig auf die Produktion
Handel	-	das SL wird Nettoexporteur von Zwischenprodukten	das SL wird Nettoexporteur von Endprodukten	das SL wird Nettoexporteur von Endprodukten	das SL wird Nettoexporteur von Endprodukten
Faktorpreise	(langfristig im SL niedriger als im IL)	unvollständiger Faktorpreisausgleich, Humankapitallöhne im IL niedriger	kein Faktorpreisausgleich	vollständiger Faktorpreisausgleich	kein Faktorpreisausgleich

Quelle: eigene Darstellung

2.3.3.5 Zusammenfassung: Effekte der Weltmarktintegration von SL im Romer-Modell

In diesem Unterabschnitt werden die Wachstumsraten- und Spezialisierungseffekte der Weltmarktintegration eines SL im Romer-Modell noch einmal zusammengefasst.

Auf der Grundlage des Romer-Modells lassen sich als ein eindeutiges Ergebnis einer Integration positive Wachstumseffekte im SL ableiten. Denn in allen hier betrachteten Varianten profitiert das SL sowohl von einer Gütermarkt- als auch von einer vollständigen Integration. Seine langfristige Wachstumsrate nimmt im Vergleich zur Autarkiewachstumsrate zu. Die Wachstumsrate ist bei vollständiger Integration höher oder gleich hoch wie im Fall der Gütermarktintegration. Tabelle 2.3.3.2 fasst die verschiedenen Gleichgewichtswachstumsraten zusammen.

Tabelle 2.3.3.2: Wachstumsrateneffekte im SL im Rivera-Batiz/Romer-Modell[1]

	Wissensdifferenzen	Produktivitätsdifferenzen	Humankapitaldifferenzen
Autarkie	$g_{SL} = \dfrac{\theta H - v\rho}{\sigma v + 1} = g_{IL}$	$g_{SL} = \dfrac{\theta_{SL} H - v\rho}{\sigma v + 1} < g_{IL}$	$g_{SL} = \dfrac{\theta H_{SL} - v\rho}{\sigma v + 1} < g_{IL}$
Gütermarktintegration	$g = \theta H^{GI}_{A,IL}$ mit $H^{GI}_{A,IL} > H^{A}_{A,IL}$	$g = \theta_{IL} H^{GI}_{A,IL}$ mit $H^{GI}_{A,IL} > H^{A}_{A,IL}$	$g = \theta H^{GI}_{A,IL}$ mit $H^{GI}_{A,IL} > H^{A}_{A,IL}$
vollständige Integration	$g = \dfrac{2\theta H - \rho v}{1 + \sigma v}$	unvollständige Spezialisierung: $g = \dfrac{(\theta_{SL} + \theta_{IL})H - \rho v}{1 + \sigma v}$ vollständige Spezialisierung: s. Gütermarkt-Fall	unvollständige Spezialisierung: $g = \dfrac{\theta(H_{SL} + H_{IL}) - \rho v}{1 + \sigma v}$ vollständige Spezialisierung: s. Gütermarkt-Fall

Der Vorteil der Weltmarktintegration für SL resultiert im Romer-Modell aus der speziellen Funktion der Investitionsgüterimporte als Transmissionsmechanismus für das im Ausland erzeugte Wissen.

Ein typisches SL wird sowohl beim akkumulierten Wissenstand als auch bei der relativen Forschungsproduktivität und bei der Humankapitalausstattung einen komparativen Nachteil in der Forschung aufweisen. Daher verstärken sich die beobachtbaren Effekte der komparativen Nachteile. Darüber hinaus ist ein typisches SL eine im Vergleich zum Weltmarkt relativ kleine Volkswirtschaft. Bei simultanen komparativen Nachteilen können vier positive außenhandelsinduzierte Integrationseffekte erwartet werden:

- ein einmaliger Skaleneffekt oder ein einmaliger technologischer *catch up*-Effekt
- ein dauerhafter Zugangseffekt
- ein dauerhafter Spezialisierungseffekt
- ein dauerhafter Skaleneffekt.

Die einmaligen *Skalen*- oder *catch up*-Effekte sind einmalige Niveau-Effekte, der sich aus unterschiedlichen Wissensbeständen in der Ausgangslage ergibt. Der Skaleneffekt ergibt sich in beiden Ländern durch den Austausch unter-

---

[1] In allen Fällen der Tabelle wurden überschneidungsfreie Wissensbestände und effektive und international gültige geistige Eigentumsrechte unterstellt.

schiedlicher Investitionsgüterarten. Der *catch up*-Effekt ergibt sich im IL bei Wissensdifferenzen mit Überschneidungen in den Investitionsgütersortimenten und gleicht die Unterschiede im technologischen Niveau zwischen dem SL und dem IL aus. Der *dauerhafte Zugangseffekt* sorgt über den dauerhaften Zugang zu in Investitionsgüter inkorporiertem neuen Wissen aus dem IL für die dauerhafte Angleichung der Wachstumsraten von SL und IL. Der *Spezialisierungseffekt* trägt (in Kombination mit dem Zugangseffekt) über die infolge der Reallokation des Humankapitals erhöhte Innovationsrate im IL zum Wachstum im SL bei. Der Spezialisierungseffekt kann (bei vollständiger Integration und unvollständiger Spezialisierung) durch den *Skaleneffekt* ergänzt werden, der sich aus der weltweiten Vergrößerung des Forschungssektors infolge von Wissensspillovern ergibt.

Während die ersten beiden Effekte bei einem großen Abstand zwischen SL und IL im SL besonders groß ausfallen, fallen die letzten beiden Effekte um so geringer aus, je größer der Rückstand des SL im Vergleich zum Rest der Welt ist. Im Fall des „kleinen Landes" gäbe es keinen positiven *feedback*-Effekt auf die Innovationsaktivität des IL, die weltweite Wachstumsrate bliebe nach der Integration konstant. Die Wachstumsrate des SL würde sich aber auch im „kleinen Land-Fall" durch den „dauerhaften Zugangseffekt" dennoch erhöhen und an die weltweite Wachstumsrate angleichen.

Auf Basis des Romer-Modells wäre eine Liberalisierung oder Stimulierung von Investitionsgüterimporten statt merkantilistisch orientierter Importsubstitution oder Exportförderung die optimale Strategie einer wachstumsorientierten Außenhandelspolitik für SL. Gerade für relativ kleine Volkswirtschaften wäre die Partizipation an globalen Innovations- und Diffusionsprozessen von zentraler Bedeutung, um im Entwicklungsprozess nicht immer weiter zurückzufallen.

Die Auswirkungen der Integration auf den Forschungssektor (und damit auch die Investitionsgüterproduktion) im SL sind im Romer-Modell in ihrer Tendenz ebenfalls recht eindeutig. Tabelle 2.3.3.3 (nächste Seite) fasst die Spezialisierungseffekte im SL zusammen. Bestehen Differenzen in der Forschungsproduktivität, so kommt es zu einer Spezialisierung des SL auf die Güterproduktion. Ohne internationale Wissensspillover wird die Forschung im SL langfristig ganz eingestellt, gibt es internationale Wissensspillover, so schrumpft der Forschungssektor des SL ebenfalls, bleibt aber bei relativ geringen Produktivitätsdifferenzen bestehen. Das gleiche gilt für den Fall einer geringeren Humankapitalausstattung.[1] Nur im Fall unterschiedlicher Wissensstände kann es zu einem symmetrischen Wachstumsgleichgewicht kommen.

---

[1] Hierbei wird vom unwahrscheinlichen weil instabilen *knife edge*-Fall abstrahiert.

Tabelle 2.3.3.3: Spezialisierungseffekte im SL im Romer-Modell

	Wissens-differenzen	Produktivitäts-differenzen	Humankapital-differenzen
Autarkie	(gleiche Forschungssektorgröße in SL und IL)	(Forschungssektor im SL kleiner)	(Forschungssektor im SL kleiner)
Gütermarkt-integration	vollständige Spezialisierung ($H_A = 0$)	vollständige Spezialisierung ($H_A = 0$)	vollständige Spezialisierung ($H_A = 0$)
vollständige Integration	Symmetriefall, Forschungssektoren im SL und IL gleich groß, keine Spezialisierung	partielle Spezialisierung oder vollständige Spezialisierung (Forschungsaufnahme in kleinem SL möglich)	partielle Spezialisierung oder vollständige Spezialisierung (Forschungsaufnahme in kleinem SL möglich)

Die Spezialisierung resultiert stets aus der relativ schlechteren Produktivitätsposition des Humankapitaleinsatzes in der Forschung des SL.

Geht man nun wieder davon aus, dass ein typisches SL bei allen drei Parametern einen komparativen Nachteil aufweisen wird, so ist seine vollständige Spezialisierung auf die Konsumgüterproduktion sehr wahrscheinlich. Durch seine Weltmarktintegration kann das SL somit in technologische Abhängigkeit vom IL geraten. Nur bei gleichzeitig bestehenden relativ geringen Produktivitäts- und Humankapitalausstattungsdifferenzen und vollständigen Wissensspillovern in die Forschung kann sich eine partielle Spezialisierung einstellen.[1]

Mit der Öffnung geht im SL zusätzlich zur Kontraktion des Forschungssektors ein „De-Industrialisierungseffekt" einher, da der Anteil des Investitionsgütersektors an der gesamten Güterproduktion zurückgeht.[2] Bei vollständiger Spezialisierung wird auch die Investitionsgüterindustrie im SL vollständig verschwinden, da im Romer-Modell von Abschreibungen abstrahiert wurde. Bezieht man Abschreibungen in die Modellanalyse ein, so würden die Investitionsgüterhersteller des SL zumindest weiterhin den weltweiten Ersatzbedarf an ihren Investitionsgütern decken. In einem offenen Aghion/Howitt-Modell kann der Obsoleszenz-Effekt dazu führen, dass selbst bei Berücksichtigung von Abschreibun-

---

[1] Wenn es infolge der vollständigen Integration bei simultanen Ausstattungsdifferenzen nur zu einer unvollständigen Spezialisierung kommt, so wird die Produktivität des Humankapitals im Forschungssektor (und damit auch seine Entlohnung) im SL aufgrund des geringeren Forschungsproduktivitätsparameters und der linearen Wissensproduktionsfunktion dauerhaft unter der im IL liegen. Aber durch den verbesserten Zugang zu Wissen wächst die Wissensproduktion pro Forscher in beiden Ländern mit der weltweiten Wachstumsrate.

[2] Der Begriff der De-Industrialisierung bezieht sich hier allein auf die Investitionsgüterindustrie. Die Konsumgüterindustrie wächst infolge der Integration selbstverständlich weiter.

gen der Investitionsgütersektor des SL vollständig verschwindet, da die Investitionsgüter aus dem SL sukzessive durch bessere Substitute aus dem IL verdrängt werden.

Aufgrund dieser recht eindeutigen Implikationen der Integration für den Wachstumspfad und das Spezialisierungsmuster besteht im Romer-Modell für SL ein *trade off* zwischen dem Wachstumsziel und dem Ziel, den eigenen Forschungssektor zu entwickeln. Vor dem Hintergrund dieses Zielkonflikts muss sich die Wirtschaftspolitik (auf der Basis der sozialen Präferenzen der Wirtschaftssubjekte) für ein Ziel entscheiden, sofern es nicht komplementäre Instrumente zur Weltmarktintegration gibt, deren Einsatz die gemeinsame Realisierung beider Ziele erlaubt. Derartige Instrumente können z.B. an der Humankapitalausstattung oder an der Forschungsproduktivität ansetzen.

2.3.4 Nullwachstum durch Handel: das Grossman/Helpman-Modell

Grossman/Helpman haben ein alternatives endogenes Wachstumsmodell mit horizontalen Innovationen durch F&E entwickelt, bei dem es durch Handelsaufnahme zu einer vollständigen Spezialisierung des SL auf die Produktion eines traditionellen Gutes und einem Ende des Wachstums kommen kann.[1] In der Ausgangslage gibt es in jedem Land wieder drei Sektoren. Allerdings gibt es diesmal neben dem Forschungssektor einen „Hochtechnologiesektor", der ein differenziertes Konsumgut, und einen „Niedrigtechnologiesektor", der ein homogenes traditionelles Konsumgut produziert. Beide Produktionssektoren produzieren somit Güter für die Endnachfrage, und es gibt keine Vorleistungsbeziehungen zwischen den beiden Produktarten. Der entscheidende Unterschied dieses Modells im Vergleich zum Romer-Modell ist somit, dass bei der Herstellung des homogenen „traditionellen" Gutes keine Investitionsgüter als Input eingesetzt werden können.

Im Grossman/Helpman-Modell gibt es nur zwei Produktionsfaktoren: Arbeit (L) und Wissen (A).[2] Der Forschungssektor produziert aus Arbeit und vorhandenem Wissen Designs für neue differenzierte Konsumgüter und neues Wissen. Der Hochtechnologiesektor setzt Arbeit ein, um die differenzierten Konsumgüter zu produzieren. Der Niedrigtechnologiesektor setzt bei der Produktion des homogenen Gutes ebenfalls nur Arbeit ein. Die Absorption setzt sich aus der Nachfrage nach dem homogenen Konsumgut und dem Bündel an differenzierten Konsumgütern zusammen. Der Aufteilungsparameter κ ist konstant, es findet im Laufe des Wachstumsprozesses keine Substitution von traditionellen durch differenzierte Güter statt. Die Modellstruktur wird in Grafik 2.3.4.1 veranschaulicht. Sie gilt für beide Länder.

---

[1] Vgl. Grossman/Helpman (1991, Kap. 7 und 8) sowie Maurer (1998).
[2] Komplexere Modellstrukturen mit Sach- und Humankapital in Analogie zum Romer-Modell sind problemlos möglich, zur Ableitung der zentralen Aussagen soll sich aber auf die einfachste Struktur beschränkt werden.

Grafik 2.3.4.1: Die Struktur des Grossman/Helpman-Modells

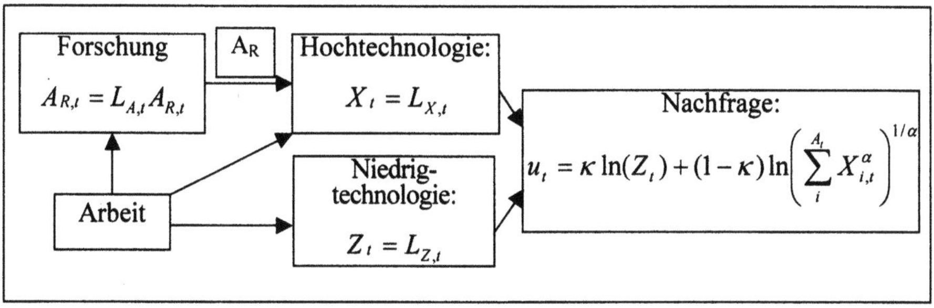

```
┌─────────────────────────────────────────────────────────────────────────┐
│  ┌──────────────┐  A_R  ┌──────────────────┐                            │
│  │  Forschung   │─────► │ Hochtechnologie: │                            │
│  │ A_{R,t}=L_{A,t}A_{R,t} │      │ X_t = L_{X,t}    │──► ┌─────────────────────────────┐ │
│  └──────────────┘       └──────────────────┘    │ Nachfrage:                  │ │
│         ▲    │          ┌──────────────────┐    │                             │ │
│  ┌──────┴──┐ │          │  Niedrig-        │    │ u_t = κ ln(Z_t)+(1-κ)ln(Σ X^α_{i,t})^{1/α} │ │
│  │ Arbeit  │─┼────────► │  technologie:    │──► │                             │ │
│  └─────────┘ │          │  Z_t = L_{Z,t}   │    └─────────────────────────────┘ │
│              │          └──────────────────┘                                     │
└─────────────────────────────────────────────────────────────────────────┘
```

$$A_{R,t} = L_{A,t} A_{R,t}$$
$$X_t = L_{X,t}$$
$$Z_t = L_{Z,t}$$
$$u_t = \kappa \ln(Z_t) + (1-\kappa)\ln\left(\sum_i X_{i,t}^\alpha\right)^{1/\alpha}$$

Quelle: Maurer (1998), S.56.

Das SL soll über einen geringeren Wissenstand AR (und damit über ein geringeres Angebot an differenzierten Konsumgütern) verfügen als das IL. Die Ausstattung beider Länder mit Arbeit sei gleich, ebenso die Produktivitätsparameter in allen drei Sektoren und die Struktur der Nachfrage nach homogenen und differenzierten Gütern. Im Rahmen des Modells können wieder drei Fälle unterschieden werden: Autarkie, Gütermarktintegration (ohne internationale Wissensspillover zwischen den Forschungssektoren) und vollständige Integration (mit internationalen Wissensspillovern).

In Autarkie wächst das IL schneller als das SL. Denn da seine Arbeit in der Forschung aufgrund des höheren Wissensstocks produktiver ist, setzt es mehr Arbeit in der Forschung und weniger Arbeit in der Produktion des traditionellen Gutes ein als das SL. Der Lohnsatz und das PKE liegt im IL wegen des höheren Wissenstandes über dem im SL.

Kommt es zur Aufnahme von Handel (ohne Wissensspillover zwischen den Forschungssektoren), so wirkt sich der Wissensvorsprung des IL auf das Wachstum im IL und SL und damit auf die Welteinkommensverteilung aus. Da die Arbeit in der Forschung des IL einen Produktivitätsvorsprung besitzt, wird es nach der Integration zur Wanderung von Arbeit in diesen Sektor kommen. Demgegenüber spezialisiert sich das SL aufgrund seines komparativen Vorteils auf die Produktion des traditionellen Gutes. Und da sich der Produktivitätsvorsprung des IL in der Forschung durch die höhere Wissensakkumulation kumulativ verstärkt, bleibt auch der Anreiz zur Faktorreallokation immer weiter bestehen. Wenn alle Arbeit aus der Forschung des SL in den Niedrigtechnologiesektor abgewandert ist, wächst es infolge der Integration gar nicht mehr.

Im Falle der vollständigen Integration kommt es dagegen zu keiner Spezialisierung, da der Produktivitätsvorsprung im Forschungssektor des IL durch die Wissensspillover nivelliert wird. Beide Länder setzen nun mehr Arbeit in der Forschung ein, und die weltweite Wachstumsrate steigt dauerhaft an.

Die Anpassungsprozesse ähneln somit weitgehend denen des Romer-Modells mit Unterschieden in den Wissensbeständen (Abschnitt 2.3.3.2). Die Implikationen für das Wirtschaftswachstum unterscheiden sich allerdings erheblich. Denn im Grossman/Helpman-Modell stellt sich die Gütermarktintegration als „worst case szenario" dar. Das SL wird nicht nur seine Forschungstätigkeit ganz aufgeben, sondern dabei auch sein Output-Wachstum vollständig einstellen. Allerdings können die Einwohner des SL trotz des Rückgangs in der Wachstumsrate einen Vorteil aus der Integration ziehen, da nun die Anlage ihrer Ersparnis auf Kapitalmarkt des IL möglich ist. Darüber hinaus ergibt sich ein weiterer Nutzenzuwachs im SL aus der Möglichkeit, nach der Weltmarktintegration mehr differenzierte Konsumgüter konsumieren zu können und die Präferenz für Vielfalt befriedigt werden kann.

Diese einfache Darstellung des Grossman/Helpman-Modells kann natürlich nicht nur auf Wissensvorsprünge des IL, sondern auch auf komparative Vorteile durch Produktivitätsvorsprünge bei der Wissensgenerierung oder – im Fall einer Erweiterung um andere Produktionsfaktoren – eine bessere Ausstattung mit Humankapital übertragen werden. Entscheidend ist in allen Fällen, dass es in diesem Modellrahmen bei vollständiger Spezialisierung des SL auf den Niedrigtechnologiesektor zu Nullwachstum kommen und die Integration somit wachstumsmindernd wirken kann.1

Abschließend soll anhand des Grossman/Helpman-Modells kurz über die Rolle natürlicher Ressourcen im Wachstumsprozess von SL nachgedacht werden.2 Die reichliche Ausstattung mit natürlichen Ressourcen werden von einigen Vertretern der neuen Wachstumstheorie als langfristiges Wachstumshindernis betrachtet.3 Der Grossman/Helpman-Fall kann dahingehend modifiziert werden, dass im Niedrigtechnologiesektor Arbeit zum Abbau natürlicher Ressourcen eingesetzt wird. In diesem Fall bedarf es zum worst case-Szenario keiner anfänglichen Unterschiede in den Wissensbeständen mehr. Ist das SL relativ reich an natürlichen Ressourcen, so erfolgt wiederum eine Spezialisierung auf den Niedrigtechnologiesektor. Und da der Niedrigtechnologiesektor annahmegemäß keine Investitionsgüter aus dem IL einsetzt, setzt das Wachstum im SL am Ende des Reallokationsvorgangs aus. Die Nachfragestruktur nach natürlichen Ressourcen kann den negativen Effekt noch verstärken, wenn der Anteil des homogenen Konsumgutes am Gesamtkonsum im Verlauf Wachstumsprozess sinkt.

---

[1] Anders als im Romer-Modell reduziert eine partielle Spezialisierung (z.B. bei geringen Produktivitätsdifferenzen und Wissens-Spillovern) nicht die Wachstumsrate des SL, da die Forscher des SL nun vom Wissen aus der Forschung des IL profitieren und somit produktiver werden.

[2] Diese Erweiterung ist natürlich auch im Rahmen des Romer-Modells möglich. Dort würden Investitionsgüterimporte den Abbau natürlicher Ressourcen immer weiter ausweiten.

[3] Vgl. Grossman/Helpman (1991), Matsuyama (1991) oder Sachs (1995).

Die relativ reichliche Ausstattung mit natürlichen Ressourcen erfordert möglicherweise schwierige Entscheidungen über den gewünschten Entwicklungspfad eines Landes. Bei einer Spezialisierung auf natürliche Ressourcen können kurzfristige Einkommensvorteile durch eine Außenhandelsliberalisierung mit langfristigen Nachteilen verbunden sein.

2.4 Diskussion der Integrationseffekte bei F&E-basiertem Wachstum

2.4.1 Implikationen für Wachstum und F&E in Schwellenländern

2.4.1.1 Wachstum und Konvergenz durch eine Politik der Weltmarktintegration?

Die Zusammenfassung der Ergebnisse des Romer-Modells in Abschnitt 2.3.3.5 ermöglicht eine pauschale Schlussfolgerung über Entwicklungsstrategien. Ist die Welt in ähnlicher Weise wie das Romer-Modell aufgebaut, so ist für ein SL die vollständige Öffnung seiner Märkte eine erfolgversprechende Strategie für wirtschaftliches Wachstum. Dieses eindeutige und positive Ergebnis der Integration für ein SL ergibt sich zwingend aus der Struktur des Romer-Modells: Alle Innovationen, die im IL gemacht werden, können über den Investitionsgüterhandel auch in der Güterproduktion im SL eingesetzt werden und erhöhen dort die Produktivität der anderen eingesetzten Produktionsfaktoren.

Allerdings zeigen Grossman/Helpman mit ihrem Modell struktureller Hysterese ebenso wie verschiedene andere Autoren, dass SL durch internationalen Handel auch verlieren, ja sogar in eine Nullwachstumsfalle geraten können.[1] Dieser Fall kann eintreten, wenn

– weder die neuen Zwischengüter des einen Landes in der Endproduktproduktion des anderen eingesetzt werden

– noch internationale Wissensspillover zwischen den Forschungssektoren auftreten.

Sind diese beiden Bedingungen erfüllt, so gibt es nur auf ein Land begrenzte Spillover-Effekte. Infolge der Aufnahme des internationalen Handels und der Spezialisierung des SL treten die lokalen Spillover-Effekte dann möglicherweise nur noch im IL auf. Zwar kann das SL auch in dieser Situation vom Außenhandel profitieren. Werden vom IL differenzierte Konsumgüter produziert, so ist über den Tausch neuer Varianten gegen das traditionelle Gut ein Nutzenzuwachs im SL möglich. Zudem stehen bei funktionsfähigen internationalen Kapitalmärkten den Sparern im SL verbesserte Anlagemöglichkeiten im IL zu Verfügung. Die langfristigen Konsummöglichkeiten im SL können sich also verbessern, seine Produktionsmenge wächst aber nicht mehr.

---

[1] Vgl. z.B. Young (1991), Matsuyama (1991), Stokey (1991), Feenstra (1995).

Im Analyserahmen der F&E-basierten EWT ist die Existenz und Funktionsweise internationaler Wissensspillovereffekte also essentiell für die Beantwortung der Frage, ob ein SL nach seiner Integration in den Weltmarkt wachsen wird oder nicht.[1] Wie vollständig derartige internationale Wissensspillover tatsächlich sind, ist umstritten. Die Beantwortung der Frage hängt u.a. davon ab, wie viele der Innovationen aus dem IL tatsächlich in der Produktion des SL eingesetzt werden. Auf einige empirische Befunde zu dieser Frage gehe ich im Abschnitt 2.4.3 kurz ein.

Welche Konvergenzeigenschaften weisen die F&E-basierten EWM auf? Autarke SL wuchsen in nahezu allen Fällen des Romer-Modells langsamer als autarke IL.[2] Nach der Integration glichen sich bei allen hier diskutierten Ausstattungsunterschieden die Wachstumsraten in SL und IL an, so dass das Romer-Modell als Ergebnis des Öffnung die internationale Konvergenz der Wachstumsraten aufweist. Geschlossene Volkswirtschaften divergieren, offene Volkswirtschaften konvergieren somit. Diese Konvergenz ist das Ergebnis der außenhandelsinduzierten internationalen Wissensspillover.[3] Im langfristigen Gleichgewicht ähnelt das Romer-Modell für offene Volkswirtschaften dem Solow-Modell mit der Eigenschaft bedingter Konvergenz aus Abschnitt 2.1.

Im Verlauf des temporären Anpassungsprozesses nach der Integration kommt es im Romer-Modell aufgrund des technologischen *catch up*-Effektes zu einer Angleichung der technologischen Niveaus und damit auch zur Angleichung der Pro-Kopf-Produktion. In dieser Phase übertrifft das Wachstum des SL sogar das des IL.[4] Dieser öffnungsinduzierte technologische *catch up*-Prozess lässt sich im Rahmen des Solow-Modells nicht abbilden.

Im Hysterese-Fall von Grossman/Helpman verstärkt die Integration dagegen die bereits in Autarkie bestehende Tendenz zur Divergenz der Pro-Kopf-Produktion.

---

[1] Nicht nur das Grossman/Helpman-Modell, sondern auch ein zweites Beispiel belegt die Sensitivität der Ergebnisse der F&E-basierten EWT in Bezug auf die Modellspezifikation. Wenn die Spezifikation des Forschungssektor dergestalt geändert wird, das auch Kapital im Forschungsprozess eingesetzt wird (Beispiel: *lab equipment-Spezifikation*), ändern sich die Ergebnisse der Analyse grundlegend. Denn dann führt die Gütermarktintegration selbst im symmetrischen Fall zu dauerhaft höherem Wachstum, während internationale Wissensflüsse keinen zusätzlichen Wachstumseffekt mehr hervorrufen.
[2] Die einzige Ausnahme war der Fall mit unterschiedlichen Wissensbeständen.
[3] Ein Modell technologischer Konvergenz ohne Güterhandel haben Barro/Sala-i-Martin (1997) entwickelt. In ihm wird die Konvergenz durch imitative F&E im SL ausgelöst.
[4] Allerdings kommt es aufgrund der *terms of trade*-Effekte infolge der monopolistischen Preissetzung der Investitionsgüterhersteller nicht zu einer Angleichung der PKE.

2.4.1.2 Der *trade off* zwischen Wachstum und Forschung

In jedem der untersuchten Fälle kommt es im SL zu einem Rückzug aus der Forschung und zu einer teilweisen oder vollständigen Spezialisierung auf die Güterproduktion. Diese Aussage gilt sowohl für das Romer- als auch für das Grossman/Helpman-Modell. Im Romer-Modell ist die Spezialisierung das Ergebnis der Änderung der relativen Preise zwischen dem Erwerb neuer Technologie aus dem Ausland durch Investitionsgüterimporte und der eigenen Innovationstätigkeit. Im Grossman/Helpman-Modell läuft der Mechanismus über die Konsumgüterimporte und die eigene Innovation. Das Ausmaß der Spezialisierung variierte je nach der Art und Höhe der Ausstattungsunterschiede und der Existenz von Wissenspillovern in die Forschung[1] In beiden Modellen konnte aus der Integration eine vollkommene technologische Abhängigkeit des SL resultieren. Allerdings ging die Spezialisierung im Romer-Modell mit einer Erhöhung des Wachstums einher; während sie im Grossman/Helpman-Modell aus einer vollständigen Spezialisierung Nullwachstum resultierte (Tabelle 2.4.1.1):[2]

Tabelle 2.4.1.1: Wachstums- und Spezialisierungseffekte in Schwellenländern

	Romer	Grossman/Helpman
Güterproduktion	– positiver Niveaueffekt – positiver Wachstumsrateneffekt (Übergang von der Divergenz zur Konvergenz)	– positiver Niveaueffekt[3] – negativer Wachstumsrateneffekt (Verschärfung der Divergenz)
Forschung	– teilweise bis vollständige Spezialisierung	– teilweise bis vollständige Spezialisierung

Im Romer-Modell ergibt sich somit ein *trade off* zwischen höherem Wirtschaftswachstum und eigener Forschung, im Grossman/Helpman-Modell nicht. In einer Romer-Welt trifft eine Gesellschaft mit einer Entscheidung über sein Außenhandelsregime auch eine Entscheidung über den *trade off* zwischen Wachstum und technologischer Abhängigkeit einerseits und einer eigenen For-

---

[1] Vgl. Tabelle 2.3.3.3.
[2] Diese Hypothesen gelten auch für den Fall einer Zollsenkung, der im nächsten Abschnitt diskutiert wird.
[3] Der positive Niveaueffekt ergibt sich aus der Wanderung von Arbeit aus der Forschung in die Güterproduktion.

schung andererseits. In einer Grossman/Helpman-Welt können durch Protektion beide Ziele in Einklang gebracht werden.[1]

2.4.1.3 Graduelle Handelsliberalisierung, Wachstum und Spezialisierung

Die bisherige Diskussion bezog sich nur auf pauschale Außenhandelsregime, der gezielte Einsatz der Handelspolitik wurde vernachlässigt.. Welche Effekte von Zöllen ergeben sich in der EWT? Je nach Modellwahl- und -spezifikation kann ein Zoll unterschiedliche Effekte hervorrufen. Die folgenden beispielhaften Ausführungen beziehen sich auf die Einführung eines Zolles auf Investitionsgüter in einem „typischen" SL, das Referenzregime ist zunächst die vollständige Integration im offenen Romer-Modell mit simultanen Ausstattungsdifferenzen und unvollständiger Spezialisierung.

Ein pauschaler Wertzoll des SL auf alle importierten Investitionsgüter führt zu unterschiedlichen Einsatzmengen in- und ausländische Investitionsgüter ($x > m$). Hieraus resultiert

– ein negativer Niveaueffekt in der Güterproduktion

– eine Reallokation des Humankapitals in die Forschung (und damit ein positiver Einkommenseffekt, der aber den negativen Niveaueffekt nicht kompensieren kann)[2]

– über *feedback*-Effekte auf die Innovationsanreize im IL ein negativer Wachstumsrateneffekt.

Dem negativen *feedback*-Effekt liegt der folgende Mechanismus zugrunde: Durch den Zoll geht die Absatzmenge für jedes neue Investitionsgut und damit der Anreiz zur Innovation im IL zurück, und Humankapital wandert dort aus der Forschung in die Produktion. Und da die inländische Innovationstätigkeit in einem vollständig integrierten SL nicht mehr für seine langfristige Wachstumsrate bestimmt, sinkt mit dem Rückgang der Innovationsrate im IL auch die Wachstumsrate des SL.[3] Durch den Einsatz eines Zolls im SL wird im Romer-Modell bei vollständiger Integration also die Ausweitung der Forschungsaktivitäten mit einer Niveau- und Wachstumseinbuße erkauft.

---

[1] Auf weitere mögliche Gründe für einen Erhalt des Forschungssektors von SL und auf Maßnahmen, den *trade off* im Romer-Modell zwischen Wachstum und Forschung zu mildern oder gar zu umgehen, gehe ich in Abschnitt 2.4.4 ein.

[2] Im SL resultiert der Zoll in einer Einkommensumverteilung zuungunsten des Faktors Arbeit und zugunsten des Faktors Humankapital, da die Grenzproduktivität der Arbeiter in der Konsumgüterproduktion zurückgeht, während die Humankapitalbesitzer nun von der höheren im Inland verbleibenden Monopolrente profitieren. Langfristig verlieren aber beide Faktoren aufgrund der negativen Wachstumsrateneffekte.

[3] Je kleiner das SL ist, desto geringer ist der *feedback*-Effekt. Zur Wirkung von Zöllen in der EWT vgl. auch Grossman/Helpman (1990).

Im Fall der Gütermarktintegration ist der Einsatz eines Zolls als Instrument zur Forschungsförderung bei relativ großen Ausstattungsdifferenzen langfristig wirkungslos, da der kumulative Effekt der Differenzen in der Wissensakkumulation auf Dauer nicht umgekehrt werden kann. Die Einführung eines Zolls geht aber weiterhin mit einem negativen Niveaueffekt einher. Bei geringen Ausstattungsdifferenzen kann der Einsatz eines Zolles allerdings zu einer vollständigen Umkehrung des Spezialisierungsmusters führen, wenn die vom Zoll ausgelöste Reallokation des Humankapitals im In- und Ausland zu einer höheren Wissensproduktion und damit zu einer schnelleren Wissensakkumulation im SL führen.[1] Aufgrund der geringeren Forschungsproduktivität im SL liegt die weltweite Wachstumsrate nun unter der bei Freihandel.

Im Grossman/Helpman-Modell mit Wissenspillovern kann durch einen Zoll des IL auf den Import differenzierter Konsumgüter die inländische Forschung und damit das Wachstum der inländischen Produktion auf Kosten einer Nutzeneinbuße gesichert werden. Im Grossman/Helpman-Modell ohne Wissensspillover bleibt ein Zoll langfristig wirkungslos. Bei geringen Ausstattungsdifferenzen kann er allerdings erneut als Instrument zur Umkehrung der komparativen Vorteile eingesetzt werden.[2]

Betrachtet man nun an Stelle der Einführung eines Zolles den Fall einer Zollsenkung in einem SL, dann ergeben sich etwas abgeschwächte, aber ähnliche Implikationen wie in den betrachteten Fällen der Weltmarktintegration (vgl. Tabelle 2.4.1.1). Der Abbau eines Zolles ist im Romer-Modell mit einem positiven Niveau-, einem – vermutlich geringen – positiven Wachstumsrateneffekt und einem Spezialisierungseffekt verbunden. Denn das SL wird nach der Zollsenkung mehr Einheiten von jeder Investitionsgütervariante des IL importieren und weniger von jedem inländischen Investitionsgut einsetzen, was aufgrund der abnehmenden Grenzerträge zu einem höheren Outputniveau führt. Zugleich wächst durch den vergrößerten Markt für Investitionsgüterexporte aus dem IL dort der Anreiz zur Innovation, womit die globale Wachstumsrate (geringfügig) zunimmt. Schließlich wird der Forschungssektor im SL schrumpfen, da das Humankapital in der Güterproduktion im Vergleich zur Forschung relativ produktiver wird.

Im Grossman/Helpman-Modell dagegen kann das SL unter Umständen durch einen Zollabbau zwar ein höheres Güterproduktionsniveau, aber zugleich eine Wachstumseinbuße erleiden und sich aus der Forschung zurückziehen.

---

[1] Diese Situation entspricht jener der „strategische Handelspolitik". Sie kann zu komplexen strategischen Spielen mit Subventionswettbewerb und Vergeltung führen.
[2] Die Verfolgung einer strategischen Handelspolitik erscheint für „typisches" relativ kleines SL mit hohen technologischen Abstand eine wenig erfolgversprechende Strategie zu sein.

2.4.2 Internationale Wissensdiffusion – einige Erweiterungen

Die Annahmen über die internationalen Beziehungen sind sowohl im 2-Länder-Romer als auch im Grossman/Helpman-Modell sehr einfach. Es gibt jeweils nur drei Faktoren und drei Sektoren, nur wenig interindustrielle Verflechtungen, und nicht-handelbare Güter, Abschreibungen, verzögerte Anpassungsprozesse sowie Rigiditäten auf Märkten bleiben unberücksichtigt. Aus Platzgründen können sie an dieser Stelle nicht ausführlicher diskutiert werden. Aber einige Aspekte internationaler Beziehungen, die bisher nicht berücksichtigt wurden, die aber gerade für endogene Wachstumsprozesse von offenen SL eine besondere Relevanz haben können, sollen kurz betrachtet werden. Diese Aspekte sind

– alternative internationale Transaktionen, über die Wissen international diffundiert

– an Transaktionen gebundene internationale Wissensdiffusion in die Forschung

– verzögerte oder konditionierte internationale Wissensdiffusion

– besondere Aspekte des Humankapitals

– Verschuldung, Wechselkurseffekte und Protektion im IL.

2.4.2.1 Alternative Kanäle der internationalen Wissensdiffusion

Die zwei Transmissionsmechanismen, durch die im Romer-Modell ein SL von der Innovationstätigkeit im IL profitieren kann, sind der Import differenzierter Investitionsgüter oder direkte internationale Wissensspillover in die Forschung.[1] In Grafik 2.3.1.1 wurden andere Transmissionskanäle dargestellt, über die neue Technologien und neues Wissen in die Produktion oder in die Forschung des SL transferiert werden: Dienstleistungs- und Blaupausenhandel, Kooperationen, Imitation oder FDI.[2]

Ein mit den Spillovern durch Investitionsgüterimporte vergleichbarer Effekt kann auch der Import von neuartigen Dienstleistungen mit sich bringen. Dieser Prozess gewinnt gerade im Rahmen der zunehmenden Tertiarisierung der Wirt-

---

[1] Im Fall der Integration im Aghion/Howitt-Modell würde ein derartiger Effekt über den Import qualitativ besserer Investitionsgüter induziert werden. Im Grossman/Helpman-Modell kann das SL nur über die Wissensspillover in die Forschung profitieren. Die folgende Diskussion bezieht aus Platzgründen allein auf das Romer-Modell.

[2] Auch FDI von Unternehmen aus SL in Form einer Beteiligung an Laboren im IL sind ein Kanal, Zugang zu neuen Technologien aus dem IL zu erhalten.

schaft und des zunehmenden internationalen Dienstleistungshandels an Bedeutung.[1]

Darüber hinaus findet auch der direkte Transfer nicht-inkorporierter Technologie durch Blaupausenhandel im Romer-Modell keine Berücksichtigung: Eine neue Blaupause wurde immer nur von inländischen Investitionsgüterherstellern erworben. *De facto* stellt der direkte Blaupausenerwerb im Ausland aber einen alternativen Kanal für internationale Wissenspillover-Effekte dar. Auch die Effekte des Erwerbs nicht-inkorporierter Technologie sind denen des Investitionsgüterimports weitgehend vergleichbar, sie werden zu einer Angleichung der Wachstumsraten von SL und IL beitragen. Allerdings kann infolge des Blaupausenimports aus dem IL der Investitionsgütersektor des SL nun auch im dem Fall erhalten bleiben, dass sich das SL vollständig aus der Forschung zurückzieht.[2]

Unter bestimmten Bedingungen kann ein Unternehmen aus einem IL ein Kooperationsabkommen (z.B. in Form eines *joint venture*) mit einem Partnerunternehmen aus einem SL eingehen, bei dem das Unternehmen aus dem IL seinen Kooperationspartner aus dem SL mit einer Lizenz zur Produktion seines Gutes ausstattet.[3] Der Vorteil der Kooperation ist, dass bei ihr i. d. R. neben kodifiziertem auch tazites Wissen transferiert wird. Auch diese Maßnahme stellt einen alternativen Kanal zum Wissenstransfer dar, über den die Wachstumsrate im SL zunehmen kann.

Im Modell von Romer kommt es zu keinen Produktionsstandortverlagerungen, internationale Produktlebenszyklen durch Imitation oder FDI bleiben unberücksichtigt.[4] Doch nicht nur durch den Einsatz importierter Güter, Dienstleistungen oder den Erwerb von Blaupausen und Lizenzen, sondern auch durch die Verlagerung der Produktion ausgereifter Güter in das SL wird Wissen international transferiert. Diese Standortverlagerung kann entweder (bei unvollständigen internationalen geistigen Eigentumsrechten) das Ergebnis gezielter imitativer F&E von Unternehmen aus den SL oder (bei wirksamen internationalem Schutz geistigen Eigentums) gezielter Investitionen von Unternehmen aus den IL sein, wobei letztere ihre Lizenz aufgrund von Faktorkostendifferenzen oder Absatz-

---

[1] Die pauschale Interpretation von Dienstleistungen als nicht-handelbare Güter entspricht nicht mehr der Realität der postindustriellen Ökonomie. Der technische Fortschritt im Bereich der Telekommunikation hat viele Dienstleistungen direkt handelbar gemacht, und auch der an Personen gebundene Dienstleistungshandel hat durch sinkende Transportkosten an Bedeutung gewonnen. Diesen Tendenzen im Weltdienstleistungshandel wurden 1994 im Rahmen des GATS in der Welthandelsordnung berücksichtigt.
[2] Umgekehrt könnte sich das IL in diesem Fall vollständig auf die Forschung spezialisieren.
[3] Mögliche Gründe für diesen Schritt sind Faktorpreisdifferenzen oder Handelsbarrieren.
[4] Die erste Analyse internationaler Produktlebenszyklen stammt von Vernon (1966).

marktspezifika zur Produktion im SL nutzen.[1] Wie wirkt sich die Erweiterung um Imitation oder FDI auf die Hypothesen über die Effekte eine Aufnahme von Außenhandel aus?

Im Fall der Imitation durch das SL ist der Wachstumsrateneffekt und der Niveaueffekt der Integration auf das SL möglicherweise geringer, da es (a) mit der Imitation bereits vor der Integration eine höhere Wachstumsrate realisieren konnte als ohne Imitation und (b) das SL und das IL einen hohen Grad an Überschneidungen in ihren Wissensbeständen und Investitionsgütersets aufweisen werden. Im Fall von FDI kann die Liberalisierung des Außenhandels zu einer Substitution von sogenanntem tariff jumping-FDI durch Investitionsgüterimporte führen. Auch in diesem Fall wäre der Wachstumseffekt der Integration geringer, als wenn zuvor kein FDI stattgefunden hätte. Andererseits können durch eine Integration von SL und IL feedback-Effekte von Imitation und FDI auf die Produktion im IL die globale Wachstumsrate erhöhen, wenn durch die Produktionsausweitung und den Export der SL im IL Ressourcen für die Forschung freigesetzt werden.[2] Bei kleinen SL fällt ein derartige Effekt vermutlich wieder gering aus.

Die Liberalisierung des Außenhandels stellt also bei weitem nicht den einzigen Weg dar, Technologien aus dem Ausland zu erwerben. Eine wissensbasierte Wachstumsstrategie könnte alternativ auf die anderen Transmissionskanäle zurückgreifen.[3] Zudem ist tendenziell zu vermuten, dass die Effekte einer Handelsliberalisierung auf die TFP, das Wachstum oder das Innovationsverhalten geringer als erwartet ausfallen, wenn im SL zuvor auf andere Transmissionsmechanismen zurückgegriffen werden konnte. Aber Investitionsgüterimporte, Dienstleistungsimporte, direkter Technologietransfer, Kooperationen, Imitation, FDI, oder wissenschaftlicher Austausch stellen nicht nur substitutive, sondern auch komplementäre Kanäle zum internationalen Wissenstransfer dar, über ihre interdependenten Beziehungen lassen sich keine pauschalen Aussagen machen.

2.4.2.2 Indirekte Wissensspillover

Im Romer-Modell werden nur a) direkte Wissenspillover durch Investitionsgütereinsatz in der Produktion und b) direkte Wissenspillover in die Forschung berücksichtigt.[4] Von indirekten Wissenspillovern in den allgemeinen Wissens-

---

[1] Im Fall von FDI findet – anders als im Fall der Imitation – kein Transfer der Monopolrente in das SL statt. Allerdings erhöht sich das PKE im SL durch die gestiegene Nachfrage nach Produktionsfaktoren. Zu den verschiedenen Motiven für FDI hat Dunning ein ekklektisches Paradigma entwickelt. Vgl. Dunning (1988).
[2] Für ein EWM mit diesem Ergebnis der Imitationstätigkeit vgl. Grossman/Helpman (1991b).
[3] Sowohl die asiatischen als auch die lateinamerikanischen NICs haben in ihrem Industrialisierungsprozess mit unterschiedlichem Erfolg auf alle Kanäle zurückgegriffen.
[4] Keller bezeichnet die erste Form als passive, die zweite Form als aktive Wissensspillover. Vgl. Keller (2001).

stock des Forschungssektors wird vollständig abstrahiert, das Wissen diffundiert entweder „von selbst" oder „gar nicht".[1] Der internationale Wissenstransfer in die Forschung ist aber oft an Transaktionen gebunden.

Indirekte Wissenspillover in den Forschungssektor über die Nutzung importierter Produkte können z. B. über *learning by using-* oder *reverse engineering-* Prozesse induziert werden.[2] Dieser Mechanismus erfordert eine enge Verbindung zwischen dem Produktions- und dem Forschungssektor. Indirekte Wissenspillover können aber auch mit FDI oder Kooperationen einher gehen. Führt ein multinationales Unternehmen durch FDI neue Anlagen, Verfahren oder Organisationstechniken in einem SL ein, so erhöht sich der Wissensstand im SL. Dieses mit der konkreten Nutzung verbundene oder allgemeine Wissen kann durch Mitarbeiterfluktuation oder Zulieferkooperationen in andere Segmente der Wirtschaft und in die Forschung des SL diffundieren. Insbesondere wenn Technologie eine tazite Komponente besitzt, ist der indirekte Technologietransfer durch FDI erfolgversprechender als der Import von Investitionsgütern.[3] Im Rahmen von Kooperationen werden Unternehmen im SL oft mit Informationen über den Absatzmarkt versorgt und über Schulungen mit dem Produktions-Know-How vertraut gemacht. Diffundiert dieses Wissen, dann kann auch dieses Instrument den Wissensstock im Forschungssektor des SL erhöhen.

Die Existenz indirekte Wissenspillover ist ein zusätzlicher wichtiger Grund für eine Weltmarktintegration von SL. Denn wenn Handel, FDI oder Kooperationen eine wichtige Voraussetzung für den Wissenstransfer sind, dann ist die Weltmarktintegration nicht nur eine elementare Voraussetzung für das Wachstum, sondern auch für effiziente Forschungsaktivitäten von SL.[4] Eine Weltmarktintegration kann sich somit möglicherweise forschungsfördernd auswirken. Zu diesem Zweck sollte sie sich auf alle Arten internationaler Kooperationen beziehen.

2.4.2.3 Diffusions*lags* und Absorptionsvoraussetzungen

Der Einsatz der importierten Investitionsgüter in der Endprodukt-Produktion erfolgte im Romer-Modell reibungslos. Fixe Implementierungskosten oder Erfahrungskurveneffekte blieben unberücksichtigt, Diffusions*lags* und die Absorptionsfähigkeit der einheimischen Wirtschaft für neue Technologien

---

[1] Der Fall der vollständigen Integration kann prinzipiell auch dergestalt interpretiert werden, dass die Wissenspillover in die Forschung über den Investitionsgüterimport ablaufen.
[2] Diesen Fall indirekter Wissenspillover untersucht Connolly (1998) empirisch.
[3] Allerdings ist die empirische Bedeutung derartiger Spillover-Effekte umstritten. Vgl. z.B. Blomström/Kokko (1998) und Aitken/Harrison (1992).
[4] Wenn allerdings relativ spilloverarme Importe relativ spilloverreiche FDI substituieren würden, könnte sich aus der Außenhandelsliberalisierung ein negativer Effekt auf die Wissensakkumulation im SL ergeben.

blieben unspezifiziert. Und auch die direkten Wissensspillover zwischen den Forschungssektoren breiteten sich in beiden EWM sofort und kostenfrei aus. Auch diese Annahme erscheint realitätsfern. Ein derartiger Wissenstransfer erfordert Medien, Netzwerke und Infrastrukturen zum Wissensaustausch zwischen Forschern, der internationale Wissensfluss zwischen Forschern wird ebenfalls von Transaktionskosten begleitet sein und Verzögerungen aufweisen.[1]

Grossman und Helpman betrachten in einer Variante des 2-Länder-Romer-Modells „mechanische" *lags* in der Wissensdiffusion zwischen Forschungssektoren, finden aber keine grundlegenden Effekte auf die langfristige Wachstumsrate im SL.[2] Keller hat in Anlehnung an Vorarbeiten von Nelson und Phelps ein endogenes Wachstumsmodell mit Außenhandel entwickelt, bei dem die Technologiediffusion von der Absorptionsfähigkeit eines Landes und diese von seiner Humankapitalausstattung bestimmt wird.[3] In seinem Model begrenzt letztendlich die Rate der inländische Humankapitalbildung das langfristige Wachstum im EL. Auch ein eigener Forschungssektor kann eine grundsätzliche Voraussetzung zur Absorption fremder Technologien sein. Dies wurde auf nationaler Ebene von Cohen und Levinthal gezeigt, gilt aber auch auf internationale Ebene.[4] In diesem Fall ist die F&E nicht mehr innovativer, sondern adoptiver Natur. Mit zunehmender Wissensbasierung und Komplexität neuer Technologien gewinnt derartige adoptive F&E an Bedeutung.

Diffusions*lags* und begrenzte Absorptionsfähigkeiten im SL können unvollständige Wissenspillover zu Folge haben und hierdurch zur Erklärung von Differenzen in den TFP-Niveaus zwischen IL und SL beitragen. Sie führen dazu, dass die Effekte einer Integration erst verzögert einsetzten. Internationaler Handel kann dazu beitragen, die *lags* zu verkürzen. Ungünstige Absorptionsvoraussetzungen können die positiven Integrationseffekte im SL abschwächen. So kann z.B. der Anstieg der Wachstumsrate durch einen zu geringen Humankapitalstock limitiert bleiben.

---

[1] Die aktuelle Diskussion um die Möglichkeiten des Internet, auch in der internationalen Entwicklungszusammenarbeit, hat zu neuen Strategien zur Stimulierung derartiger Wissensspillover geführt, die sich allerdings noch am Anfang ihrer Entwicklung befinden.

[2] Vgl. Grossman/Helpman (1990), S.239ff.

[3] Vgl. Keller (1996) und Nelson/Phelps (1966). Neben der Absorptionsfähigkeit ist die Absorptionswilligkeit ein zweiter Aspekt der Diffusionsrate. Politökonomisch motivierte Analysen (vgl. Parente/Prescott (1994), Clark/Feenstra (forthcoming) zeigen, wie Interessengruppen im politischen Prozess darauf hinwirken können, dass durch Protektion der Import und Einsatz neuer Güter (und damit auch die Wissensdiffusion) verhindert wird und so ihre Renten gesichert werden können.

[4] Vgl. Cohen/Levinthal (1989) und Jovanovic (1995).

2.4.2.4 Besonderheiten des Humankapitals

Das Humankapitalangebot ist im Romer-Modell fix, preisunelastisch, homogen und international immobil. Die Lockerung dieser Annahmen kann die Integrationseffekte modifizieren.[1] So können infolge integrationsinduzierter Lohnanpassungen für Humankapital im SL die Anreize zur Humankapitalbildung verändert werden. Eine vollständige Integration kann über den absoluten Anstieg der Löhne für Humankapital im SL den Anreiz zur Investition in Bildung erhöhen. Auf der anderen Seite kann aufgrund der geringeren Lohndifferenz zwischen Arbeit und Humankapital im SL der Anreiz zur Humankapitalbildung im Vergleich zur Autarkiesituation aber auch sinken.[2] Dies kann sich negativ auf das Niveau des Wachstumspfades oder bei zusätzlichen externen Effekten der Humankapitalakkumulation sogar auf die langfristige Wachstumsrate auswirken.[3]

Das Humankapital im IL und im SL wurde auch im 2-Länder-Romer-Modell als ein homogener Faktor modelliert. Beim Wechsel zwischen Forschung und Produktion kann es bei Inhomogenität des Humankapitals zu komplexeren Reallokationsprozessen infolge einer Integration kommen. In diesem Fall erhöht sich die Wahrscheinlichkeit, dass der Forschungssektor im SL erhalten bleiben kann.

Nach der Integration können auf dem gleichgewichtigen Wachstumspfad internationale Lohndifferenzen bestehen und ein Anreiz zur Wanderung des Faktors Humankapital aus dem SL in das IL entstehen. Die Migration des Humankapitals aus dem SL in das IL (*brain drain*) trägt im Romer-Modell zu einer Erhöhung der weltweiten Wachstumsrate bei, da es nun in seine produktivste Verwendung wandern kann. Hiervon könnte auch das SL über mehr neue Investitionsgütervarianten oder ein höheres weltweites Wissen profitieren. Allerdings hängt diese Schlussfolgerung erneut davon ab, dass das Wissen international diffundieren kann. Findet wie im Grossman/Helpman-Modell keine internationale Wissensdiffusion statt, oder wird das Humankapital im SL zur Technologieabsorption benötigt, so kann das SL durch die Abwanderung auch verlieren.

2.4.2.5 Auslandsverschuldung, Wechselkurspolitik und Protektion im Industrieland

Da die Analyse ein Vergleich von Gleichgewichtszuständen war, galt für jeden Zeitpunkt der Handelsbilanzausgleich. Diese Annahme ist im Fall symmetrischer Länder unproblematisch. Im Fall ungleicher Länder kann es vorübergehend zu temporären Ungleichgewichtssituationen kommen, in denen der

---

[1] Im Grossman/Helpman-Modell wurde von Humankapital abstrahiert. In einer Erweiterung des Modells um Humankapital ergeben sich ähnliche Effekte wie im Romer-Modell.
[2] Dieser Fall tritt bei einer Gütermarktintegration oder einer vollständigen Integration mit vollständiger Spezialisierung ein.
[3] Vgl. Stokey (1991).

Investitionsgüterimport des SL durch Kapitalimporte finanziert und durch zukünftige Konsumgüterexporte zurückgezahlt wird.

Geld und damit auch Wechselkurse spielen in keinem der hier vorgestellten EWM eine Rolle. Durch die Wechselkurspolitik verursachte Abweichungen von einem „neutralen" Wechselkurs können Niveau- oder Wachstumsrateneffekte hervorrufen. Eine Überbewertung der einheimischen Währung erleichtert dem SL Investitionsgüterimporte und kann möglicherweise vorübergehend den Aufholprozess oder das Wachstum beschleunigen.[1] Andererseits verteuert ein überbewerteter Wechselkurs aber auch die Exporte, so dass sich „das kurze Ende" der Handelsbilanz wachstumsvermindernd auswirken kann, wenn keine Kapitalimporte möglich sind.[2] Aber auch die positiven Effekte einer Politik aus Überbewertung und Kapitalimporten sind nur kurzfristig denkbar. In langfristiger Perspektive führt der für gleichgewichtiges Wachstum notwendige Handelsbilanzausgleich dazu, dass die reale Überbewertung nicht aufrecht zu erhalten ist.

Auch die Protektion im Ausland kann die Konsumgüterexporte des SL und damit (bei Handelsbilanzausgleich) zugleich die Investitionsgüterimporte des SL behindern. Auch hier ist im Romer-Modell bei „gradueller Protektion" des IL nur ein geringer Wachstumsrateneffekt zu erwarten, bei vollständiger Abschottung der Konsumgütermärkte des IL (oder bei einer unilateralen Liberalisierung des SL) kann der Wachstumseffekt der Integration im IL aber auch ganz ausbleiben.[3]

2.4.3 Empirische Befunde zu Weltmarktintegration, Wachstum und Innovation

Die Hypothesen aus der EWT zu den Effekten der Weltmarktintegration auf das Wachstum wurden direkt anhand der Beziehung zwischen der Offenheit und dem Wachstum bzw. der Beziehung zwischen den Importen und der TFP sowie indirekt anhand den Konvergenzeigenschaften der Welteinkommensverteilung untersucht.[4]

Sachs und Warner kamen mit Hilfe eines von ihnen entwickelten Offenheitsindikators zu dem Befund, das die „Offenheit" eines Landes in einer positiven

---

[1] Ein wahrscheinlicheres Ergebnis eines überbewerten Wechselkurses in einem kleinen SL ist ein Niveaueffekt durch eine Überinvestition in ausländische Investitionsgüter, da sich nur die gleichgewichtige Einsatzmenge für jede Investitionsgütervariante erhöhen wird.
[2] Für eine detailliertere Untersuchung von Wechselkurseffekten wäre eine Modellierung der Ursachen einer realen Überbewertung (z.B. Kapitalzuflüsse, Wechselkurspolitik) nötig.
[3] Mit seiner Protektion stärkt das IL allerdings den Forschungssektor des SL. Im Grossman/Helpman-Modell kann die Protektion des IL dazu führen, dass der Rückgang der Wachstumsrate vermindert wird.
[4] Untersuchungen zur direkten Beziehung zwischen der Weltmarktintegration von SL und ihrem Innovationsverhalten sind mir nicht bekannt.

Beziehung zu seiner Wachstumsrate steht.[1] Edwards untersucht den Zusammenhang zwischen verschiedenen Offenheitsindikatoren und der TFP von Ländern und findet ebenfalls einen positiven Zusammenhang.[2] Levine und Renelt erzielten im Rahmen ihrer Sensitivitätanalyse das Ergebnis, dass die Offenheit zwar nicht direkt das Wachstum, aber die Investitionstätigkeit eines Landes und damit wiederum indirekt seine Wachstumsrate positiv beeinflusst.[3] Allerdings gibt es auch Zweifel an der Eindeutigkeit der Untersuchungen. Insbesondere die Messung der Offenheit eines Landes und die Robustheit der Ergebnisse bereiten Probleme. Rodriguez und Rodrik weisen z.B. darauf hin, dass die o.a. und andere Untersuchungen weniger die handelspolitische Offenheit eines Landes als vielmehr die makroökonomische Stabilität (über die Schwarzmarktprämie des Wechselkurses) oder die geographische Lage (über staatliche Exportagenturen in Afrika) untersuchen.[4] Auch die Richtung des Kausalzusammenhangs „Offenheit-Wachstum" gilt weiterhin als ungeklärt.

Die globale Verteilung der Investitionsgüterproduktion ist sehr schief, der Anteil des Maschinen- und Anlagenbaus am BIP liegt in den IL deutlich über dem in den Entwicklungsländern.[5] Um von neuen in Investitionsgüter inkorporierten Ideen profitieren zu können, sind die Entwicklungsländer *de facto* auf Investitionsgüterimporte aus den IL angewiesen: der Anteil importierter Maschinen und Anlagen an der inländischen Absorption liegt über dem der IL.[6] Das beobachtbare Spezialisierungsmuster entspricht also dem aus dem Romer-Modell zu erwartenden. Zhang und Zou haben für die Gruppe der Entwicklungsländer untersucht, ob die Wachstumsrate der Entwicklungsländer mit zunehmenden Technologieimporten oder mit zunehmenden eigenen F&E-Aktivitäten zunimmt. Während sie für Investitionsgüterimporte einen positiven Zusammenhang mit der Wachstumsrate fanden, wies die inländische F&E der Entwicklungsländer keinen Zusammenhang auf.[7]

Die Existenz und das Ausmaß internationaler Wissensspillovereffekte war von entscheidender Bedeutung für die Beantwortung der Frage, ob ein Entwicklungsland nach der Integration in den Weltmarkt schneller wachsen kann oder nicht. Empirische Untersuchungen zur Existenz derartiger internationaler Wissenspillover zwischen IL sowie zwischen IL und Entwicklungsländern kommen tendenziell zu positiven Befunden. So konnten Coe und Helpman (für die

---
[1] Vgl. Sachs/Warner (1995).
[2] Vgl. Edwards (1998).
[3] Vgl. Levine/Renelt (1992).
[4] Vgl. Rodriguez/Rodrik (1999).
[5] Diese Beobachtung steht in Einklang mit den in den IL höheren Anteil der F&E-Ausgaben am BIP. Vgl. Abschnitt 2.2.4.4.
[6] Zu diesen Beobachtungen vgl. Eaton/Kortum (2001). Eaton/Kortum zeigen zudem, dass zwar nicht der absolute, aber der relative Preis für Investitionsgüter in SL höher als in IL ist, was eine geringere Investitionstätigkeit von SL erklären kann.
[7] Vgl. Zhang/Zou (1995).

OECD-Staaten) sowie Coe, Helpman und Hoffmaister (für ein Sample aus Entwicklungsländern) mit ihren Untersuchungen zu güterhandelsinduzierten F&E-Spillover-Effekten zeigen, dass die Importe in Verbindung mit den F&E-Ausgaben der Handelspartner einen Beitrag zur Erklärung internationaler TFP-Differenzen leisten.[1] Der Beitrag des ausländischen „F&E-Kapitalstocks" eines Landes zu seiner TFP war für nahezu alle Länder größer als jener des inländischen F&E-Kapitalstocks. Maurer findet in einer ähnlich aufgebauten Studie einen besonders engen Zusammenhang zwischen Investitionsgüterimporten und der TFP von OECD-Ländern.[2] Keller bestätigt ihre Befunde weitgehend in verschiedenen weiteren Untersuchungen.[3] Aber auch dieser Befund ist nicht eindeutig: Monte-Carlo-Tests zeigten, dass auch zufällige Außenhandelsstrukturen zum Befund positiver handelsinduzierter F&E-Spillover kommen.[4]

Auf die genaue Natur der Spillover (direkt oder indirekt) gehen diese Untersuchungen nicht ein, ebenso wenig auf die Substitution inländischer F&E durch ausländische F&E. Conolly zeigt anhand von Patentdaten, dass Technologieimporte die inländische Imitations- und Innovationstätigkeit stimulieren können[5] Auch für positive Wirkungen anderer Kanäle des Wissenstransfers (FDI, Patentierungen) konnten in empirischen Untersuchungen Hinweise gefunden werden.[6]

Auf empirische Studien zur bedingten Konvergenz oder absoluten Divergenz der PKE wurde bereits an zwei Stellen eingegangen.[7] Neuere Untersuchungen von Dowrick und De Long sowie Jones kommt zu dem Schluss, dass sich beide Aussagen nicht unbedingt ausschließen und die Beobachtungen möglicherweise mit den Hypothesen aus dem Romer-Modell zu vereinbaren sind.[8] Demnach kommt es zwischen offenen Volkswirtschaften zur Konvergenz, während die Gruppe der offenen und die der geschlossenen Volkswirtschaften voneinander divergieren. Globale Divergenz bestimmt dann das Gesamtbild.

Empirische Studien zur direkten Beziehung zwischen der Öffnung oder der Offenheit und dem Ausmaß der Innovationsaktivität von Ländern sind mir weder für IL noch für SL bekannt. Auf Unternehmensebene finden Scherer und Huh einen schwachen negativen Zusammenhang zwischen Importen von Hoch-

---

[1] Vgl. Coe/Helpman (1995) für Spillover zwischen den OECD-Ländern sowie Coe/Helpman/Hofmaister (1997) für Spillover zwischen IL und SL.
[2] Vgl. Maurer (1998).
[3] Einen exzellenten Überblick zum Stand der internationalen F&E-Spillover-Diskussion gibt Keller (2001).
[4] Vgl. Keller (1998) und Lichtenberg/van Pottelsberghe de la Potterie (1996).
[5] Zur Unterscheidung von direkten und indirekten Spillovereffekte in empirischen Untersuchungen vgl. Connolly (1998).
[6] Vgl. Blomström/Kokko (1998) und Eaton/Kortum (1996).
[7] Vgl. Anschnitt 2.1.2.3 und Abschnitt 2.2.4.4.
[8] Vgl. Dowrick/De Long (forthcoming) und Jones (forthcoming).

technologiegütern und den F&E-Ausgaben von US-Unternehmen. Zimmermann findet dagegen einen signifikanten positiven Zusammenhang zwischen Importen und den Produktinnovationen exportierender Unternehmen.[1] Allerdings basieren beide Untersuchungen auf Wettbewerbs- und nicht auf Spezialisierungseffekten.

Die im vierten Kapitel folgende empirische Untersuchung der Effekte der Weltmarktintegration auf das Innovationsverhalten von Unternehmen in Argentinien stellt die erste Untersuchung ihrer Art für Entwicklungsländer dar.

2.4.4 Gründe, Ansatzpunkte und Instrumente für die Forschungspolitik von Schwellenländern

2.4.4.1 Gründe für eine Forschungspolitik in Schwellenländern

Im Romer-Modell ist für SL die Außenhandelsliberalisierung und damit die Spezialisierung auf die Güterproduktion die beste Strategie für Wachstum und Entwicklung. Aber anhand der Diskussion des Romer-Modells in Abschnitt 2.2 ist auch deutlich geworden, dass Wissen ein besonderes Gut, Innovation ein besonderer Prozess und Forschung eine besondere Aktivität ist, die für die Entwicklung eines Landes von großer Bedeutung sein können. Es folgen nun verschiedene Gründe, aufgrund derer es für die Wirtschaftspolitik in SL zu rechtfertigen ist, einen eigenen Forschungssektor zu fördern. Diese lassen sich z.T. direkt aus der Diskussion der EWT ableiten, z.T. stammen sie aus Erweiterungen der EWT, andere sind empirisch motiviert oder beruhen auf nicht-ökonomischen Argumenten.

1. In der realen Welt sind rein lokale Wissensspillover von großer Bedeutung

Dominieren in der Welt lokale Wissensspillovereffekte (z.B. durch sektoral begrenztes *learning by doing*) die internationalen Wissenspillovereffekte (z.B. durch Güterhandel), so wäre dies ein Grund zur Protektion oder zu gezielten Forschungsförderung im Land mit komparativen Nachteilen in der Forschung. Z. B. könnte ein SL bei Gültigkeit des pessimistischen Grossman/Helpman-Szenarios statt mit Protektion auch mit forschungspolitischen Instrumenten der negativen Spezialisierungstendenz entgegenwirken. Dies könnte gerade für ressourcenreiche Länder geboten sein, die bei der Ressourcennutzung nur eingeschränkt auf Investitionsgüter aus SL zurückgreifen können.

Die Ergebnisse empirischer Studien deuten darauf hin, dass in der Realität lokale (es gibt große internationale TFP-Differenzen und starke Agglomerationstendenzen) und unvollständige internationale Spillovereffekte (es gibt messbare handelsinduzierte F&E-Spillover) nebeneinander existieren. Der Aufbau der eigenen Forschungskompetenz bei gleichzeitiger Offenheit kann also

---

[1] Vgl. Scherer/Huh (1992) und Zimmermann (1987).

eigenen Forschungskompetenz bei gleichzeitiger Offenheit kann also eine erfolgversprechende Strategie sein, beide Effekte zur Entwicklung zu nutzen.

2. Konvergenz der Pro-Kopf-Einkommen

Im Romer-Modell konvergiert zwar infolge der Weltmarktintegration die Pro-Kopf-Produktion im SL und im IL, aber aufgrund dem mit den Investitionsgüterimporten einher gehenden Transfer von Monopolrenten aus dem SL in das IL gleichen sich die Pro-Kopf-Einkommen und der Pro-Kopf-Konsum nicht an. Will das SL auch diese Lücke schließen, so muss es auf seinen komparativen Nachteil in der Forschung einwirken. Hierzu können z.B. forschungspolitische Maßnahmen herangezogen werden, die an der Forschungsproduktivität ansetzten.

3. Der Zugang zu importierter neuer Technologie durch eigene F&E

Im Rahmen der Diskussion über die Absorptionsvoraussetzungen wurde deutlich, das schon für den Einsatz neuer Technologien im SL bereits Forschungs- und Entwicklungsaktivitäten, z.B. zum Aufbau taziten Wissens, erforderlich sein können. In diesem Fall gibt es eine komplementäre Beziehung zwischen der Nutzung neuer Technologien in der Produktion und der F&E. Diese Beziehung gewinnt mit zunehmendem Wissensgehalt und Komplexität von neuen Technologien an Bedeutung. Die Bedeutung von F&E für die Absorptionskapazität konnte in mikroökonomischen Untersuchungen aus IL belegt werden.[1] Unter diesen Umständen wäre die Kombination von Weltmarktintegration und Forschungsförderung die beste Entwicklungsstrategie; Offenheit ohne Forschung würde die Wachstumschancen ebenso vermindern wie Forschung ohne Offenheit. Allerdings können in diesem Szenario auch im privaten Bereich bereits ausreichende Anreize bestehen, adoptive F&E zu betreiben. Der Staat sollte nur dann eingreifen, wenn die adoptive F&E mit inländischen Spillovern in andere Sektoren oder in die Forschung einher geht.

4. Effekte der Forschung auf die Humankapitalbildung

Eigene Forschungsaktivitäten können die Humankapitalbildung im SL positiv beeinflussen. Einerseits können Bildungsinhalte und die Bildungsqualität durch die lokale Forschungsaktivität verbessert werden, wodurch die Forschung produktiv wirken kann. Gerade an Hochschulen gehen Forschung und Humankapitalbildung Hand in Hand.

Andererseits ist ein indirekter Effekt der Forschung auf die Humankapitalbildung über die Lohnsätze möglich: Die Spezialisierung des SL auf die Produk-

---

[1] Vgl. Cohen/Levinthal (1989). In den asiatischen NICs scheinen dagegen zumindest in der frühen Entwicklungsphase eher informelle Lernprozesse bei der Technologieabsorption eine Rolle gespielt zu haben.

tion kann zu einem Druck auf die Löhne für Humankapital führen und die Anreize zur Humankapitalallokation reduzieren. Existieren externe Effekte beim Humankapitaleinsatz in der Produktion oder in der Forschung, so kann dies neben negative Niveau- auch negative Wachstumseffekte induzieren. Allerdings sind in diesem Fall direkt an der Humankapitalbildung ansetzende Maßnahmen erfolgversprechender als eine indirekte Förderung der Humankapitabildung über die Forschungsförderung.

5. Protektion im IL

Das SL kann aufgrund protektionistischer Maßnahmen der IL für traditionelle Güter, in denen sie einen komparativen Nachteil haben, daran gehindert werden, in ausreichendem Maße Devisen für den Import von Investitionsgütern aus den IL zu erwirtschaften. In diesem Fall könnte die Förderung der eigenen Forschung als Substitut für Investitionsgüterimporte eingesetzt werden. Die beste Lösung wäre allerdings handelspolitischer Druck auf die IL zum Abbau der Handelsbarrieren.

6. SL weisen Besonderheiten auf und benötigen angepasste Technologien

Aufgrund der geografischen und kulturellen Entfernung zwischen den SL und IL und aufgrund der geringen Einkommen der SL ist tendenziell nicht davon auszugehen, dass die Unternehmen der IL ihre Forschungsaktivitäten an den spezifischen Bedürfnissen der SL ausrichten. Das spezifische Klima, Flora und Fauna der SL erfordern in diesem Fall eigene F&E-Aktivitäten. zur Optimierung der Nutzung der spezifischen Ressourcen. Auch andere SL-spezifische Rahmenbedingungen (z.B. die Faktorausstattung, relativ geringe Betriebsgrößen bei *nontradables*, die Nachfrage) können eine Anpassung der Technologien aus den IL an die Situation des SL erforderlich. Ist z.B. das IL relativ sach- oder humankapitalreich, so wäre anzunehmen, dass seine Innovationen zu arbeitssparendem technischer Fortschritt führen. Derartige Innovationen wären für ein reichlich mit Arbeit ausgestattetes SL nicht optimal. Zur Adaptation der neuen Technologien aus den IL an die lokalen Gegebenheiten ist dann eigene F&E erforderlich.[1]

7. Spillovereffekte der Forschung in andere Bereiche der Gesellschaft

Eigene Forschung und Entwicklung kann einen wichtigen eigenständigen Beitrag zur Entwicklung eines Landes leisten, da in der Forschung allgemein Problemlösungskompetenzen erworben werden. Zudem ist Forschung spätestens in der modernen Wissensgesellschaft zur Grundlage für Innovationen geworden, und erfolgreiche Innovatoren fördern direkt (durch ihr Wirken) und indirekt (als Vorbild) eine Kultur der Eigeninitiative. Forschung und Innovation

---

[1] Zur Diskussion angepasster Technologien im Rahmen der EWT siehe Basu/Weil (1996) und Acemoglu/Zilibotti (2001).

sind somit eng mit Unternehmertum verbunden, und Unternehmertum ist gut für Entwicklung.

8. Forschende Länder sind reicher als nicht-forschende Länder[1]

Das PKE der Länder ist eng mit dem Anteil der F&E-Ausgaben am BIP korreliert. Es scheint also einen positiven Zusammenhang zwischen der F&E-Intensität und dem PKE zu geben, der sich auch über die EWT nicht eindeutig erklären lässt. Die Kausalitätsrichtung ist allerdings unklar. Dennoch kann diese empirische Beobachtung mit Vorsicht als ein Indiz für einen möglichen einkommenserhöhenden Effekt erfolgreicher F&E-Anstrengungen interpretiert werden.

9. Der komparative Vorteil der IL ist auch das Ergebnis von Technologiepolitik

Wohl kein heutiges IL wäre auf seinem Entwicklungsstand, wenn es sich zu allen Zeiten nur auf seinen statischen komparativen Vorteil verlassen hätte, anstatt durch wirtschaftspolitische Maßnahmen aktiv auf Industrialisierung, Bildung und F&E-Kompetenz einzuwirken. Die heute führenden Ökonomien USA (A. Hamilton), Japan (MITI) und Deutschland (F. List) entwickelten ihre heutigen komparativen Vorteile auch durch industriepolitische Maßnahmen (inklusive Protektion) und gezielte staatliche Forschungs- und Bildungsanstrengungen, anstatt allein auf Zwischengüterimporte zu vertrauen. Und auch die heutigen Zukunftsindustrien der Informations- Telekommunikations- oder Biotechnologie sind auch durch öffentliche Programme erheblich stimuliert worden. Allerdings ist die Umsetzung derartiger Programme Informationsproblemen unterworfen und möglicherweise mit negativen Anreizeffekten verbunden. Den meisten SL fehlt die Erfahrung mit derartigen Programmen.

10. Nichtökonomische Gründe: Sicherheit und Kultur

Auch Sicherheitserwägungen (Verteidigung, Schutz vor protektionistischen Maßnahmen auf einer politischen Bühne mit asymmetrischer Machtverteilung) werden zur Rechtfertigung eigener F&E angeführt. Schließlich lässt sich ein Recht auf eigene Forschung auch als „kulturelles Element einer Gesellschaft" reklamieren.

Bei den hier aufgeführten Gründen bleibt zu bedenken, dass sie nicht als Argumente gegen eine Weltmarktintegration *per se*, sondern nur als Argumente für eine eigene und möglichst effiziente Forschungspolitik angeführt werden können. Wenn in einem Land ein effizientes Forschungs- und Innovationsmanagement aufgrund institutioneller Defizite nicht möglich ist, so sollte im Zweifel lieber auf die Forschungsförderung als auf die Importe innovativer Investitionsgüter aus den IL verzichtet werden. Denn die Analyse auf Basis der EWT hat gezeigt, dass der Wohlfahrts- und Wachstumsverlust durch Protektion gerade in SL kaum durch eigene F&E ausgeglichen werden kann. Die südostasiatischen

---

[1] Vgl. Abschnitt 2.2.4.3.

Staaten sind ein gutes Beispiel für die Verknüpfung von Weltmarktorientierung und dem Aufbau von heimischer Forschungskompetenz.[1] Die WTO hat die Argumente für die Forschungsförderung in ihrem Regelwerk berücksichtigt, in dem sie bestimmte Maßnahmen der Innovationsförderung explizit erlaubt. Auch die Weltbank und die IDB finanzieren und fördern Programme zum Aufbau von Forschungskompetenz in SL.

2.4.4.2 Ansatzpunkte der Forschungspolitik in offenen Schwellenländern

Da einige Gründe für eine Förderung der Forschungskapazität in SL bestehen, bleibt die Frage offen, wie die Forschung in SL wirtschaftspolitisch gefördert werden kann, ohne die Wachstumsperspektiven zu vermindern.[2] Zunächst wird die Effizienz finanzpolitischer Maßnahmen zur Forschungs- und Wachstumsförderung in offenen SL betrachtet. Es folgt ein Blick auf die institutionellen Rahmenbedingungen, ehe auf Maßnahmen eingegangen wird, die direkt an den Ursachen des komparativen Nachteils ansetzen. (Zugang zu Wissen, bildungspolitische Maßnahmen, Maßnahmen zur Erhöhung der Forschungsproduktivität).

1. Horizontale Subventionen für die Forschung[3]

Für die Analyse einer Subventionspolitik wird der Referenzfall des offenen Romer-Modells mit vollständiger Integration, Forschungsproduktivitätsdifferenzen und unvollständiger Spezialisierung herangezogen. In einer geschlossenen Romer-Ökonomie waren horizontale F&E-Subventionen ein geeignetes Instrument, den wohlfahrtsoptimalen Wachstumspfad zu erreichen. Auch im Fall eines offenen SL können F&E-Subventionen den Spezialisierungsgrad des SL verringern und u.U. sogar das weltweite Wachstum erhöhen.

Trauth zeigt, dass im Fall von Forschungsproduktivitätsdifferenzen eine F&E-Subvention auf den Humankapitaleinsatz in der Forschung dann eine relativ große Wirkung erzielt, wenn sie von einem SL mit relativ großem Rückstand in der Forschungsproduktivität eingesetzt wird.[4] Der positive Gesamteffekt setzt sich aus folgenden Teileffekten zusammen: Die F&E-Subvention erhöht den Humankapitaleinsatz des SL in der Forschung. Einerseits reduziert dieser Effekt

---

[1] Es gibt allerdings durchaus Spielräume für eine intelligente Ausgestaltung der Weltmarktintegration eines SL. Gerade die erfolgreiche Politik der asiatischen Tiger-Ökonomien zeigt, dass ein geschickt gemanagter *policy mix* aus vorübergehender Protektion und Förderung einzelner Industrien zum Aufbau technologischer Kompetenz beitragen kann.

[2] Auf protektionistische Maßnahmen soll vor dem Hintergrund der Ergebnisse aus der Analyse auf Basis des Romer-Modells nicht eingegangen werden. Auch auf eine strategische Forschungspolitik (in Äquivalenz zur strategischen Handelspolitik) zur Umkehrung der komparativen Position soll hier nicht eingegangen werden, da dieser Fall für SL nicht realisierbar erscheint.

[3] Vgl. Trauth (1997), S.192ff.

[4] Vgl. Trauth, S.194.

die durchschnittliche weltweite Forschungsproduktivität, da nun relativ mehr Forscher im Land mit der geringeren Forschungsproduktivität arbeiten werden. Andererseits erhöht sich aber die weltweite Gesamtzahl der Forscher. Und dieser Zuwachs ist bei hohen Produktivitätsdifferenzen am höchsten, da dann die Grenzrate der Transformation zwischen Güterproduktion und Forschung am kleinsten ist. Trauth zeigt, dass der Nettoeffekt aus negativem Durchschnittsproduktivitätseffekt und positiven Allokationseffekt positiv ist. Diese Analyse gilt natürlich nur für den Fall der vollständigen Integration.

Im Fall der Gütermarktintegration sind F&E-Subventionen des SL langfristig ineffektiv. Eine Erhöhung der Forschungsproduktivität oder eine Verbesserung der Wissensflüsse sind in diesem Fall geeignetere Instrumente der Forschungspolitik.

2. Institutionelle Rahmenbedingungen: Internationale geistige Eigentumsrechte[1]

International gültige und durchgesetzte geistige Eigentumsrechte können für ein SL eine Voraussetzung sein, von den Vorteilen der Weltmarktintegration zu profitieren, da ihr Fehlen Unternehmen aus dem IL dazu veranlassen kann, auf die Aufnahme von Exporten in das SL (oder auch auf FDI) zu verzichten. Gehen bessere Standards zum internationalen Schutz geistiger Eigentumsrechte mit der Einführung einer effektiven Patentgesetzgebung im Inland einher, so kann dies zudem auch im SL ein entscheidender Anreiz zur Aufnahme innovativer F&E sein. Andererseits erzwingt der bessere Schutz geistigen Eigentums im SL den Übergang von einer primär auf Imitation ausgerichteten zu einer im engeren Sinne innovativen F&E, wodurch „imitative" Forschungskompetenz im SL verloren gehen kann.

3. Verbesserte Rahmenbedingungen auf den Faktormärkten

Geht der komparative Nachteil des SL in der Forschung mit Marktunvollkommenheiten auf dem Arbeitsmarkt oder dem Finanzmarkt einher, so können forschungspolitische Instrumente nur dann effektiv wirken, wenn auch die Marktunvollkommenheiten auf den Faktormärkten verringert werden. Derartige Marktunvollkommenheiten, die die Aktivität des Forschungssektors beeinträchtigen, können z.B. institutionelle Regelungen, die den Wechsel von Mitarbeitern innerhalb der Forschung bzw. zwischen der Produktion und der Forschung erschweren, oder Informationsasymmetrien, die die Versorgung mit Krediten oder Risikokapital behindern, sein.

---

[1] In Anlehnung an Abschnitt 2.2.2.4 könnte auch eine zu restriktive Wettbewerbspolitik ein Innovationshindernis sein.

4. Förderung von internationalen Wissenstransfers in die Forschung

SL wurden u.a. durch einen relativ geringen Wissensstock definiert. Durch die Aufnahme von Güterhandel wird für die Produzenten des SL der Zugang zum Wissen des IL verbessert und damit die Möglichkeit zum technologischen *catch up* eröffnet. Aber der Fall der vollständigen Integration ist für ein SL in Hinblick auf das Wachstumsziel der reinen Gütermarktintegration gleich zu setzen oder vorzuziehen, und gerade auf sein langfristiges Spezialisierungsmuster und damit auf das Niveau der Forschungsaktivitäten hatte sein Zugang zu ausländischem Wissen den entscheidenden Einfluss.[1] Die Verbesserung des Zugangs zu ausländischen Wissen ist somit ein wichtiger Ansatzpunkt für die Forschungspolitik von SL. Sie kann dazu dienen, das Wachstumsziel und den Erhalt eines eigenen Forschungssektors in Einklang zu bringen. Zudem ist sie eine notwendige Voraussetzung für die Effektivität der anderen forschungspolitischen Instrumente. Ansatzpunkte zur Erleichterung und Förderung internationaler Wissensflüsse zwischen Forschungssektoren sind in der Absorptionsfähigkeit der Forscher (z.B. Sprachkenntnisse) und im institutionellen und infrastrukturellen Bereich (z.B. internationale Forschungskooperation, Zugang zum Internet, Transportinfrastruktur u.v.m.) zu suchen.

Sind indirekte Wissensspillover ein wichtiges Element in der internationalen Wissensdiffusion, so ist die Förderung von Handel, FDI, Kooperationen usw. nicht nur für die Wachstums-, sondern auch für die Forschungspolitik ein wichtiges Instrument. Der Wissenstransfer durch Handel muss dann durch Strukturen für eine effektive Wissensdiffusion von der Produktion in die Forschung ergänzt werden.

5. Bildungspolitische Maßnahmen

Im Romer-Modell führt in geschlossenen Ländern eine Erhöhung des Humankapitalstocks zu einer Erhöhung des PKE-Niveaus und der langfristigen Wachstumsrate. In offenen SL fällt der positive Wachstumsrateneffekt der Humankapitalakkumulation erheblich geringer aus.[2] Aber in offenen SL werden sich Bildungsinvestitionen weiterhin positiv auf das PKE-Niveau und auf den Umfang der Forschungsaktivität auswirken, da sie relativ humankapitalintensiv ist. Maßnahmen zur Erhöhung des Humankapitalstocks sind also eine weiteres mögliches Instrument zur Förderung der Forschung.

Ein anderer möglicher Wirkungskanal von der Humankapitalbildung zur Forschungsförderung läuft über die Fähigkeit zur Technologieabsorption und indirekte Wissensspillover. Ein höherer Bildungsstand im SL kann dazu beitragen, Wissen aus dem IL schneller zu absorbieren und der Forschung zugäng-

---

[1] Je kleiner das Land ist, desto geringer wird der Unterschied in der Wachstumsrate allerdings sein.

[2] Im Fall des kleinen Landes wird kein Wachstumsrateneffekt mehr zu beobachten sein.

lich zu machen. In diesem Fall können sich Bildungsinvestitionen nicht nur auf die Forschung, sondern auch auf das Wachstum positiv auswirken.

Allerdings bringen bildungspolitische Maßnahmen mit dem Ziel der Forschungsförderung erhebliche Sickerverluste mit sich, da ein Teil des Humankapitals in der Produktion arbeiten wird. Und wenn die Möglichkeit der Migration besteht, so wird ein Teil des neuen Humankapitals aufgrund der besseren Verdienstmöglichkeiten vermutlich in das IL abwandern. Diese Sickerverluste werden bei einer geringen Effizienz des Forschungssektors besonders groß ausfallen.

2.4.4.3 Die Forschungsproduktivität als Ansatzpunkt der Forschungspolitik

Im Rahmen der F&E-basierten EWT bestimmt die relative Forschungsproduktivität über die langfristige Entwicklung eines Landes. Im Falle geschlossener Volkswirtschaften wächst jedes Land mit seiner individuellen Rate, die u.a. durch seine exogen gegebene individuelle Forschungsproduktivität (θ im Romer-Modell, λ im Aghion/Howitt-Modell) determiniert wird. In einem offenen SL vom Romer-Typ verliert die inländische Forschungsproduktivität des SL zwar ihre Bedeutung für die langfristige Wachstumsrate.[1] Aber die relative Forschungsproduktivität bestimmt weiterhin die Wirtschaftsstruktur und das PKE-Niveau des SL. In einem offenen SL vom Grossman/Helpman-Typ führt die relativ geringere Forschungsproduktivität zur Spezialisierung auf die Produktion des traditionellen Gutes. Im Extremfall stellt es sein Wachstum ein, nur bei einer hinreichend großer Forschungsproduktivität und internationalen Wissensspillovern wird es nach der Integration weiterhin wachsen.

Da sich real existierende Schwellenländer nicht genau einem Wachstumsmodell zuordnen lassen, ist ihre Forschungsproduktivität trotz der Substitutionspotentiale durch Nutzung ausländischer Erfindungen eine wichtige Determinante für ihr endogenes Wachstumspotential, und Maßnahmen zur Steigerung der Forschungsproduktivität können ihre langfristigen Entwicklungsperspektiven verbessern.

2.4.4.3.1 Determinanten der Forschungsproduktivität

Im Analyserahmen der EWT bleibt offen, woran Maßnahmen zur Erhöhung der Forschungsproduktivität ansetzen können. Sie lässt sich z. B: im Rahmen des Romer-Modell nach Umformung der Wissensproduktionsfunktion zu

$$\theta = \frac{\dot{A}_R}{A_R H_A}$$

---

[1] Sie wird statt dessen durch den Einsatz importierter Investitionsgütern bestimmt. *Using ideas* tritt dann an die Stelle von *producing ideas*. Vgl. Romer (1993).

berechnen, allerdings nicht näher erklären.[1] Die Forschungsproduktivität bestimmt als exogene Größe nur, wie effizient die Forscher in ihren Laboren vorhandenes Wissen in Innovationen und neues Wissen und umwandeln.[2] Mögliche Determinanten der Forschungsproduktivität eines Landes müssen entweder Einflussgrößen auf die Fähigkeit zur Wissensgenerierung oder auf die Wissensdiffusion innerhalb des Forschungssektors sein.[3]

Akkumulierte Lernerfahrungen der einzelnen Forscher und Labore sind eine erste mögliche Determinante der Forschungsproduktivität.[4] Wer bereits erfolgreich geforscht hat, weiß in der Zukunft besser, welche Forschungsprozesse erfolgversprechend sind. Diese Erfahrung stellt z.T. personengebundenes oder in eine Organisation eingebundenes tazites Wissen dar. Diese individuelle Forschungserfahrung kann nicht als ein Teil des allgemeinen Humankapitals betrachtet werden, da sie in der Produktion nicht produktiv zu verwerten ist. Bei dieser Interpretation wäre die Forschungsproduktivität des Forschungssektors eines Landes eine aggregierte Größe über alle Einzelerfahrungen.

Auch Institutionen und Organisationsformen werden die Effizienz des Forschungssektors eines Landes entscheidend beeinflussen. Dabei spielen neben den formellen auch informelle Institutionen eine Rolle. Das Patentrecht als eine spezielle formelle Institution zum Schutz und zur Offenlegung des Wissens wurde bereits in der Analyse der F&E-basierten EWT berücksichtigt. Aber auch andere Institutionen werden den Zugang der Forscher zu Wissen und die effiziente Transformation von vorhandenem in neues Wissen beeinflussen. So sind aufgrund der besonderen Eigenschaft des Gutes Wissen neben Märkten auch andere Institutionen wichtig für den Diffusionsprozess: z. B. Kooperationen oder Unternehmensnetzwerke. Auch die Organisation der Forschung und die Anreiz- und Kontrollsysteme in den Laboren werden die Produktivität des Forschungssektors beeinflussen. Beteiligungen an den Erträgen aus den Forschungsergebnisse durch *stock options* sind ein möglicher Leistungsanreiz.

Weitere mögliche Determinanten der Forschungsproduktivität sind die Marktstruktur, die Wettbewerbsintensität sowie die Existenz von Skaleneffekten in der Forschung. In der EWT wurde angenommen, dass freier Zugang zum For-

---

[1] Eine Annäherung an die Forschungsproduktivität ist die Anahl der neuen Patente pro Forscher und bestehender Patente.
[2] Die bisher einzigen empirischen Untersuchungen zur Schätzung der Wissensproduktionsfunktion stammen von Stern/Porter/Furman (2000) und Porter/Stern (2001). Auf Basis des Romer-Modells suchen sie im Rahmen einer Länderquerschnittstudie für die OECD-Staaten Gesetzmäßigkeiten zur Erklärung internationaler Unterschiede bei der Patentierung. Die Forschungsproduktivität eines Landes nähern sie dabei mit Parametern an, die sie aus dem NIS-Ansatz ableiten, der in Kapitel 3 vorgestellt wird.
[3] Im Romer-Modell wurde von öffentlichen Forschungseinrichtungen abstrahiert. Daher sollen zunächst nur Determinanten im private Teil des Forschungssektors erörtert werden. Auf den öffentlichen Teil wird in Kapitel 3 ausführlicher eingegangen.
[4] In der Wirtschaftstheorie wird dieser Prozess als *learning to learn* bezeichnet.

schungssektor möglich ist, und es gab keine Betriebsgrößenvorteile. Beispiele belegen aber, dass ein derartiger freier Zugang in der Spitzenforschung kaum der Realität entspricht und daher Monopolrenten für Forscher möglich sind.[1] Zudem weisen viele Innovationsprojekte Unteilbarkeiten auf, so dass sie nur von großen Einheiten durchgeführt werden können.

Sowohl für Forschungs- und Entwicklungsarbeiten als auch zur Übertragung von kodifiziertem und tazitem Wissens sind außer effektiven Institutionen auch materielle Infrastrukturen (Forschungslabore, Informationstechnologien) erforderlich. Diese ließen sich im Rahmen der EWT prinizipiell über den Kapitaleinsatz in der Forschung erfassen und somit von der Forschungsproduktivität separieren. Allerdings weisen derartige Infrastrukturen auch Eigenschaften öffentlicher Güter auf, die sie von normalem Kapital unterscheiden.

Schließlich kann auch die räumliche Struktur der Forschungsaktivitäten eines Landes seine Forschungsproduktivität beeinflussen. In der neueren Innovationsforschung wird der Vorteil der geographische Konzentration von Forschungsaktivitäten betont.[2] In der EWT wurde bei der Wissensdfiffusion von Transaktionskosten aufgrund von Entfernungen abstrahiert. Aber insbesondere tazites Wissen wird sich nur durch regelmäßigen persönlichen Kontakt transferieren lassen, wodurch Transaktionskosten an Bedeutung gewinnen.

2.4.4.3.2 Maßnahmen zur Erhöhung der Forschungsproduktivität

Dieser knappe *ad hoc*-Überblick gibt erste Hinweise auf forschungspolitische Ansatzpunkte zur Erhöhung der Forschungsproduktivität in den privaten Laboren.

Auf die individuelle Forschungserfahrung der Labore wird die Politik nur in geringem Maße und indirekt einwirken können. Derartige Erfahrungsgewinne können möglicherweise als ein Argument für protektionistische Maßnahmen ins Feld geführt werden. Allerdings können sich auch intensivierte internationale Kontakte infolge einer Weltmarktintegration mit Forschungskooperationen positiv auf die Forschungserfahrung auswirken.

Die informellen Institutionen eines Landes lassen sich nur langsam und indirekt beeinflussen. Dagegen bestehen erhebliche Einflussmöglichkeiten des Staates auf die formellen Institutionen des Forschungssektors wie das Patentrecht. Darüber hinaus werden die privaten Akteure des Forschungssektors Arrangements (Kooperationsformen, relationelle Verträge, Mitarbeiterbeteiligung) entwickelt haben, die die gemeinsame Bewältigung von komplexen Innovationsprojekten erleichtern oder die Motivation der Forscher erhöhen.[3] Derartige

---

[1] Vgl. Al-Ubaydli/Kealey (2000).
[2] Vgl. Audretsch/Feldman (1996).
[3] Vgl. Weder/Grubel (1993).

kooperative Arrangements und arbeitsrechtlichen Bestimmungen müssen auf ihren gesamtwirtschaftlichen Nutzen überprüft und ihr Rahmen gesetzlich geregelt werden. Auch die Wettbewerbspolitik muss so flexibel ausgerichtet werden, dass sie die positiven Anreize des Wettbewerbs und die Vorteile der Konzentration der Forschungsaktivität im Einzelfall untereinander abwägen kann.

Auch die Investitionen in die materielle Infrastruktur des Forschungssektors sind ein Teil des Instrumentariums des Staates zur Erhöhung der Forschungsproduktivität. Einen Teil der Infrastruktur wird der Staat direkt bereitstellen müssen, darüber hinaus kann er private Investitionen über Abschreibungsregeln oder direkte Subventionen unterstützen. Sind lokal begrenzte Externalitäten in der Wissensproduktion von Bedeutung, so könnte die Förderung von lokalen Kompetenzzentren als Instrument eingesetzt werden.

Auf der Basis der EWT wurden im Abschnitt 2.4.4.2 zahlreiche Ansatzpunkte für eine wissensorientiertern Wachstums- und Forschungspolitik identifiziert. Hierzu gehören die Außenhandelsliberalisierung und Maßnahmen zur Erleichterung internationaler wissenschaftlicher Kooperation einerseits und finanzpolitische Instrumente, das Patentrecht, effiziente Finanz- und Arbeitsmärkte und das Bildungssystem andererseits. Diese Ansatzpunkte wurden im Abschnitt 2.4.4.3 mit Hilfe möglicher Determinanten der Produktivität des Forschungssektors der EWT um weitere wirtschaftspolitische Maßnahmen im Bereich der Institutionen und Infrastrukturen ergänzt. Dennoch wurde mit den privaten Laboren nur ein Teil des Forschungssektors in die Analyse einbezogen, und der öffentliche Teil des Forschungssektors wurde vernachlässigt. Darüber hinaus wurde durch das neoklassische Innovationsverständnis der EWT nur ein recht schlichtes Bild der Innovation gezeichnet.

Aufgrund der Komplexität von Innovationsprozessen soll für die Analyse der Integrationseffekte auf die Fähigkeit eines Landes zur Innovation und für eine Vervollständigung des Maßnahmenbündels einer wissensbasierten Entwicklungspolitik offener SL nun der Analyserahmen der EWT verlassen werden. Statt dessen wird ab jetzt ein alternativer Ansatz herangezogen, der die Determinanten der Forschungsproduktivität eines Landes „systemisch" zu erfassen versucht: der Ansatz der nationalen Innovationssysteme (NIS).

2.4.5 Zusammenfassung der Ergebnisse

1. Durch die Weltmarktintegration wird der Zugang zu ausländischem Wissen erleichtert. Dies wird sich positiv auf das Wachstum eines SL auswirken. Nur wenn mit der Weltmarktintegration keine internationalen Wissensspillover verbunden sind, kann sich die Weltmarktintegration auch negativ auf das Produktionswachstum im SL auswirken.
2. Durch die Weltmarktintegration werden Reallokationseffekte ausgelöst. Diese Reallokationseffekte reduzieren die Innovationsaktivität im SL.

Wenn der Forschungssektor im SL nach der Integration bestehen bleibt, nimmt die Produktivität seiner Forscher zu.

3. Im Romer-Modell besteht für SL ein Zielkonflikt zwischen dem Wachstum und der Entwicklung von inländischer Forschungskompetenz.

4. Die einfachen Modellwelten von Romer und Grossman/Helpman lassen sich plausibel erweitern (z.B. um Imitation, FDI, indirekte Wissensspillover, die Absorptionsfähigkeit eines Landes, Migration u.a.m.) und dadurch in ihren Implikationen relativieren.

5. Empirische Ergebnisse zum Zusammenhang zwischen der Offenheit und dem Wachstum kommen tendenziell zu positiven Ergebnissen. Andere Untersuchungen zeigen, dass der Güterhandel von internationalen Wissensspillover-Effekten begleitet wird.

6. Die Forschungsförderung in offenen SL lässt sich durch verschiedene theoretische und empirische Argumente rechtfertigen.

7. Finanzpolitische Maßnahmen zur Wachstumserhöhung und Forschungsförderung können auch in offenen SL wirksam bleiben. Allerdings ist ihr Effizienz gering.

8. Der Schutz des geistigen Eigentums ist eine wichtige Voraussetzung private innovative F&E im SL. Auch andere Maßnahmen (Finanzmarkt, Bildung) können zur Forschungsförderung eingesetzt werden.

9. Die Förderung der internationalen Wissensdiffusion ist ein wichtiger Ansatzpunkt der Forschungsförderung. Ohne sie bleiben die anderen Maßnahmen langfristig ineffektiv.

10. Die Forschungsproduktivität wird durch akkumulierte Erfahrungen, Infrastrukturen, Institutionen u.a.m. determiniert und kann durch forschungspolitische Maßnahmen beeinflusst werden.

3 Systemische Innovation als Quelle wirtschaftlicher Entwicklung

3.1 Konzeptionelle Grundlagen des Innovationssystem-Ansatzes

3.1.1 Einführung

Die F&E-basierte endogene Wachstumstheorie ist nur ein Baustein der Innovationsforschung. Sie modelliert explizit den makroökonomischen Zusammenhang von der Innovation zum Wachstum. Ihre neoklassischen Annahmen zum mikroökonomischen Inovationsverhalten sind dabei recht einfach, viele – z. B. mesoökonomische – Aspekte von Innovations- und Diffusionsprozessen bleiben unberücksichtigt. Andere Forschungsansätze haben sich um eine adäquate Erfassung dieser anderen Aspekte bemüht (Grafik 3.1.1.1):

Grafik 3.1.1.1: Ein Überblick über innovationstheoretische Forschungsansätze[1]

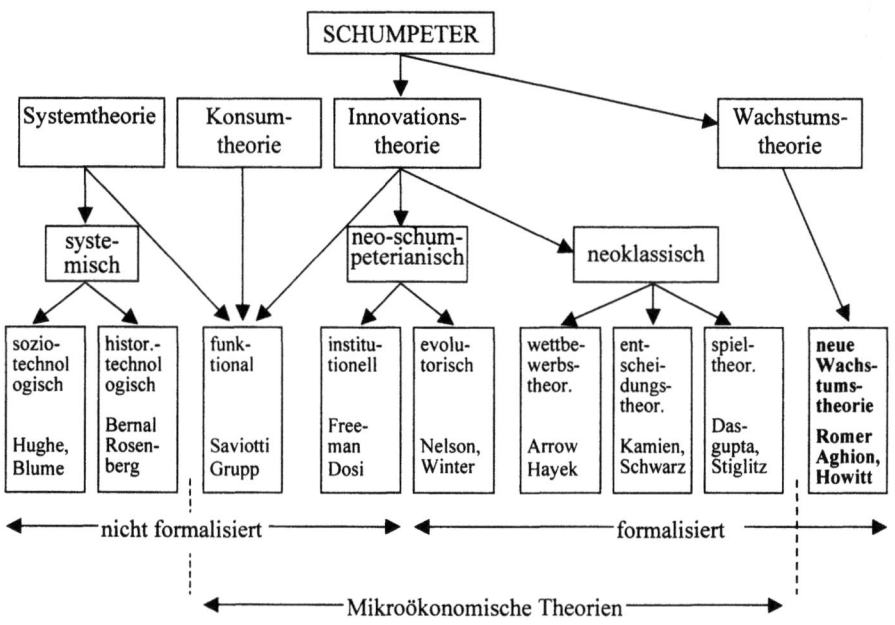

Quelle: Grupp (1998), S.50.

---

[1] Der NIS-Ansatz umfasst systemische, neo-schumpeterianische und neoklassische Elemente und ist somit nicht einer Richtung der Innovationsforschung alleine zuzuordnen.

Um zumindest einige der in Grafik 3.1.1.1 dargestellten Innovationstheorien in der Analyse der Effekte einer Weltmarktintegration auf das Innovationsverhalten in einem Land zu berücksichtigen, bedarf es eines zusätzlichen Analyserahmens. Dieser Analyserahmen muss zusätzliche Determinanten der Innovationseffizienz eines Landes identifizieren können und Ansatzpunkte für die Beantwortung der Fragen liefern, ob es infolge einer außenwirtschaftlichen Öffnung zu einer Stärkung oder zu einer Schwächung der Innovationsfähigkeit eines SL kommt (Leitfrage 3), und wie diese Innovationsfähigkeit in einem offenen SL gestärkt werden kann (Leitfrage 4). Der hierfür in dieser Arbeit verwendete Analyserahmen ist der „Ansatz der Nationalen Innovationssysteme". Sein Konzept und seine Politikimplikationen sollen nun etwas näher erläutert werden.

Der Ansatz der Nationalen Innovationssysteme (NIS) ist aus deskriptiven Studien über die international bestehenden Unterschiede bei institutionellen Arrangements für Wissensgenerierung und -diffusion hervorgegangen.[1] Ebenso wie die EWT ist er ein makroökonomischer Ansatz. Sein Ziel ist die Herleitung wirtschaftspolitischer Empfehlungen auf Basis der systemischen Erfassung der Komplexität von Innovationsprozessen unter expliziter Berücksichtigung meso- und mikroökonomischer Strukturen.[2] Der NIS-Ansatz ist dabei kein homogener und in sich geschlossener Forschungsansatz. Das Konzept des „nationalen Innovationssystems" ist unterschiedlichen Abgrenzungen und Inhalten unterworfen. Dies hat seiner Popularität und seiner Bedeutung für die Innovationsforschung und -politik in den 90er Jahren jedoch nicht geschadet.

Edquist hat ein Grundgerüst von Gemeinsamkeiten der verschiedenen NIS-Ansätze zusammengestellt.[3] Diesem Grundgerüst zufolge berücksichtigt der NIS-Ansatz bei der Untersuchung von Innovationen neben Such- (Forschungs-) auch Lernprozesse, die Lernprozesse umfassen dabei verschiedene Varianten des *learning*: – *by doing*, – *by using*, – *by interacting*. Innovationen umfassen dabei nicht nur technische Produkt- und Prozessinnovationen, sondern auch organisatorische Neuerungen. Die Perspektive der NIS-Ansatzes ist historisch und dynamisch, da Innovationsprozesse zeitlich ausgedehnt ablaufen. Während des Innovationsprozesses spielen *feedback*-Mechanismen eine wichtige Rolle, so dass er nichtlineare Prozesse und multiple Gleichgewichte impliziert. Da alle Such- und Lernprozesse unter Ungewissheit ablaufen, erkennen die Vertreter des NIS-Ansatzes den evolutorischen Charakter der Innovation an und lehnen den neoklassischen Begriff der „Optimalität" ab. Dies gilt für einzelne Innovationen und für ein NIS als Ganzes: Es kann erfolgreicher als ein anderes sein, aber nicht optimal. Institutionen spielen im NIS-Ansatz bei der Entstehung und

---

[1] Vgl. z.B. Rosenberg (1982), Freeman (1987), Nelson (1993).
[2] Vgl. OECD (1999).
[3] Edquist fasst die NIS-Ansätze von Lundvall (1992), Nelson (1993) sowie den Ansatz „technologischer Systeme" nach Carlsson/Stankiewicz (1995) zusammen. Vgl. Edquist (1997), Kap. 1.

Verbreitung von Innovationen eine zentrale Rolle.[1] Der NIS-Ansatz hat einen holistischen Anspuch, da mit ihm alle wichtigen Determinanten der Innovation erfasst werden sollen. Dieser Anspruch bedeutet zugleich, dass sowohl die konzeptionellen und geografischen Grenzen eines NIS als auch die Methode des NIS-Ansatzes vage sind.

Bevor das Innovationsverständnis des NIS-Ansatzes ausführlich erörtert wird, seien fünf Gründe aufgeführt, warum der NIS-Ansatz die zweite Säule der Analyse der Auswirkungen der Öffnung auf den argentinischen Forschungssektor bildet:

1. Er ist das zur Zeit vermutlich beste Instrument, sich der zu erklärenden *black box* der „Innnovationseffizienz" eines Landes anzunähern, denn er berücksichtigt explizit die Komplexität der diesen Aktivitäten zugrundeliegenden Prozesse und Strukturen.[2]

2. Mit seiner Hilfe kann ein umfassendes Maßnahmenbündel wissensbasierter wachstumspolitischer Reformen erarbeitet werden. Eine Beschränkung auf die im Rahmen der EWT diskutierten wirtschaftspolitischen Instrumente zur Einleitung einer wissensbasierten wachstums- und entwicklungsfördernden Wirtschaftspolitik greift möglicherweise zu kurz.

3. Er ist das wissenschaftliche Paradigma, das gegenwärtig in der Innovationsforschung und der Politik zur Innovationsförderung dominiert.[3]

4. Der NIS-Ansatz ist neuerdings in zunehmendem Maße auch zur wissenschaftlichen Analyse von Innovationspotentialen in SL und zur Neuausrichtung ihrer Forschungs- und Technologiepolitik herangezogen geworden.[4] Auch zu Argentinien gibt es bereits NIS-Studien, auf denen aufgebaut werden kann.[5]

5. Die Reformen der argentinischen Forschungs- und Technologiepolitik erfolgten ausdrücklich auf Basis des NIS-Ansatzes, so dass er zur Bewertung der Konsistenz von Reformmaßnahmen und Reformzielen herangezogen werden sollte.[6]

Um den Begriff des „Nationalen Innovationssystems" (NIS) operationalisierbar zu machen, wird in diesem Kapitel zuerst ein Überblick über die dem NIS-

---

[1] Dabei wird der Institutionenbegriff in den verschiedenen Ansätzen unterschiedlich interpretiert.
[2] Dabei geht der Blick beim NIS-Ansatz über den Forschungssektor der EWT hinaus, er bezieht die Produktion, die Nachfrage und den öffentlichen Sektor explizit in seine Analyse mit ein.
[3] Die OECD und die IDB verwenden den NIS-Ansatz als Grundlage ihrer Politikempfehlungen.
[4] Vgl. z.B. Gu (1999) und Melo (2001).
[5] Vgl. z.B. Chudnovsky/Niosi/Bercovich (2000), Correa (1998) und Bisang/Malet (1998).
[6] Vgl. GACTEC (1997, 1998, 1999).

Ansatz zugrundeliegenden Vorstellungen vom Innovationsprozess (3.1.2) gegeben. Danach erfolgt eine Definition eines „Nationalen Innovationssystems", seine Grenzen werden diskutiert und sein idealtypischer Aufbau vorgestellt (3.1.3). Daraufhin werden Politikempfehlungen des NIS-Ansatzes zusammengefasst (3.1.4), ehe eine Gegenüberstellung von „NIS"-Ansatzes und EWT folgt (3.1.5).

Anschließend wird der NIS-Ansatz auf die Situation von Entwicklungs- und Schwellenländern übertragen (3.2.1), die möglichen Effekte einer außenwirtschaftlichen Öffnung auf ein Innovationssystem erörtert (3.2.2) und mögliche Reaktionen für die Wirtschaftspolitik von offenen SL abgeleitet (3.2.3). Das dritte Kapitel schließt mit einer Zusammenfassung der Hypothesen und Empfehlungen (3.3).

3.1.2 Das Verständnis des NIS-Ansatzes von Innovation und technischem Wandel

Im NIS-Ansatz bildet – wie in der EWT – die Interpretation der modernen Welt als einer „wissensbasierten Gesellschaft" das Fundament der Analyse.[1] Die zunehmende Bedeutung des Faktors Wissen (in Form von Ideen, Technologien und Humankapital) für Innovationen, technologischen Wandel und wirtschaftliches Wachstum führte zu einem gestiegenen wissenschaftlichen Interesse an den Determinanten der Entstehung, Ausbreitung und Nutzung von Wissen. Die Kritik der Vertreter des Innovationssystem-Ansatzes an der EWT entzündet sich somit nicht an ihrem Weltbild, sondern an speziellen Annahmen, die in der „neoklassischen" EWT aus Vereinfachungsgründen über Innovationsprozesse getroffen werden.[2] Das alternative Verständnis des NIS-Ansatzes von Innovationsprozessen lässt sich gut anhand der vereinfachender Annahmen der EWT darstellen:

1. Wissen ist nur teilweise ein öffentliches Gut und entsteht durch Suchen und Lernen

Im Romer-Modell war alles Wissen kodifiziertes Wissen, dass (a) als allgemeines Wissen in der Forschung zur Verfügung stand und (b) in Form von Blaupausen an die Produzenten weitergegeben werden konnte. Es war zu geringen Grenzkosten zu vervielfältigen und konnte unbegrenzt eingesetzt werden. Dieses kodifizierte Wissen entstand in gezielten privaten Suchprozessen, die F&E genannt wurden. Damit werden jeweils eine sehr wichtige Komponente des Wissens und der Wissensentstehung erfasst, aber jeweils eine andere Komponente des Wissens und der Wissensentstehung bleiben berücksichtigt.

---

[1] Vgl. OECD (1999), S.15.
[2] Im Rahmen des OECD-Projektes zu NIS wird die EWT explizit als eine Quelle des NIS-Ansatzes genannt.

Die Wissensforschung unterscheidet zwischen „explizitem" bzw. „kodifiziertem" Wissen und „tazitem" Wissen, und die Innovationsforschung zwischen „Suchen" und „Lernen".[1] Während kodifiziertes Wissen durch Kommunikation zu vermitteln ist, ist tazites Wissen ein implizites Grundverständnis von der Umwelt, dass sich nur eingeschränkt artikulieren lässt.

Tazites Wissen entsteht durch Erfahrungsgewinn aus persönlichen Lernprozessen. Z. B. muss der effiziente Umgang mit Ausrüstungen (*learning by using*) oder Arbeitskollegen und Geschäftspartnern (*learning by interacting*) durch eigene Erfahrungen gewonnen oder durch enge Anleitung vermittelt werden und stellt insofern tazites Wissen dar. Tazites Wissen kann in der Regel nur über persönlichen Kontakt transferiert werden. Seine Diffusion ist somit – aufgrund höherer Transaktionskosten – mit unvollständigen Wissensspillovern verbunden.[2] Es stellt in einer Welt schnell sinkender Transaktionskosten für kodifiziertes Wissen den entscheidenden Wettbewerbsvorteil dar, da Unternehmen gerade auf ihm einen Produktivitätsvorsprung gegenüber der Konkurrenz begründen können.[3]

Auch innerhalb des Forschungssektors ist Wissen nur teilweise ein öffentliches Gut. Al-Ubaydli und Kealey betonen, dass gerade in der Welt der Wissenschaft neues Wissen nicht allgemein zugänglich und nutzbar ist, sondern zunächst nur von speziellen Clubs verstanden und genutzt werden kann.[4] Die Erträge des neuen Wissens sind somit z.T. privat appropriierbar, erst mit der Zeit geht das neue Wissen in den allgemeinen Wissensstock des Forschungssektors ein. Daher können Forscher eine private ökonomische Nutzung neuen Wissens durchaus realisieren, und die Bedeutung des Staates bei der Setzung von Anreizen zur Wissensgenerierung wird geringer. Andererseits kann unter diesen Umständen die Wissensdiffusion für den Staat zum Ansatzpunkt forschungspolitischer Maßnahmen für die effektive Verbreitung und Nutzung des neuen Wissens werden.[5]

---

[1] Vgl. zur Unterscheidung zwischen explizitem und implizitem bzw. tazitem Wissen Polanyi (1959) und zur Unterscheidung zwischen Suchen und Lernen Edquist (1998).

[2] Obwohl auch tazites Wissen in seinen Träger inkorporiert ist, unterscheidet es sich von Humankapital, da es mit spezifischen Aktivitäten verbunden ist und an andere Personen weitergegeben werden kann. Es ist ein partiell öffentliches Gut.

[3] Mit den in Abschnitt 2.1 skizzierten *learning-by-doing*-basierten Wachstumsmodellen (vgl. Young, 1991, 1993a) lassen sich Effekte der Akkumulation und Diffusion taziten Wissens auf das langfristige Wachstum abbilden. Die Ergebnisse der *learning-by-doing*-Modelle ähneln denen des Grossman/Helpman-Modells, da die internationale Wissensdiffusion explizit ausgeschlossen wird. Ihre Modellstrukturen sind sehr einfach, die Kanäle der Diffusion erfassen auch sie nicht näher. Zudem vernachlässigen sie ihrerseits die kodifizierte Komponente des Wissens.

[4] Vgl. Al-Ubaydli/Kealey (2000).

[5] Vgl. David/Foray (1995).

Der NIS-Ansatz versucht, beide Ausprägungen des Wissens und beiden Formen des Wissenserwerbs in seine Analyse zu integrieren. Die Berücksichtigung taziter Wissenselemente und die nur eingeschränkte Ausbreitung des Wissens im Forschungssektor erfordert für die Analyse und Stärkung der Innovationseffizienz eines Landes eine detailliertere Spezifikation der Kanäle und Prozesse der Wissensdiffusion.

2. Innovation erfordert Wissensgenerierung und Wissensdiffusion

Die EWT betont die Bedeutung der Wissensgenerierung durch F&E für das Wachstum und vernachlässigt dabei die Diffusion von Wissen. Zwar werden auch in der EWT Annahmen zur Wissensdiffusion getroffen, aber das Wissen diffundiert entweder reibungslos, vollständig und kostenfrei (innerhalb des Forschungssektors, von der Forschung in die Produktion, international) oder überhaupt nicht. Auf einige Aspekte der Wissensdiffusion (indirekte Wissensdiffusion in die Forschung, Diffusions*lags* bei der internationalen Ausbreitung) und Voraussetzungen für die Wissensabsorption (Humankapital, F&E) wurde im Rahmen der Diskussion von Modellerweiterungen kurz eingegangen.

Im NIS-Ansatz steht die Wissensdiffusion gleichberechtigt neben der Wissensproduktion. Gerade die Diffusion taziten Wissens ist mit erheblichen Transaktionskosten verbunden, der persönliche Kontakt beim Wissenstransfer erfordert die Überbrückung von Entfernung. Daher spielt die räumliche Dimension bei der Diffusion taziten Wissens eine wichtige Rolle. Da tazites Wissen an Mitarbeiter gebunden ist, ist die Mobilität der Arbeitskräfte eine weitere wichtige Voraussetzung für die Wissensdiffusion. Auf sie kann durch gesetzliche Regelungen und Infrastrukturen eingewirkt werden.

Aber auch wenn die Ausbreitung kodifizierten Wissens mit geringeren Transaktionskosten verbunden ist als die Ausbreitung taziten Wissens, erfordert auch sie Infrastrukturen und die Kenntnis des Codes, es zu verstehen.[1] Die moderne Informationstechnologie hat die Möglichkeiten einer globalen Diffusion kodifizierten Wissens erheblich verbessert.

Transaktionskosten bei der Wissensdiffusion und ihre Einflussgrößen Geografie, Infrastrukturen und Institutionen sind also wichtige Determinanten der Effizienz eines Innovationssystems.[2]

---

[1] Dieser Code stellt wiederum tazites Wissen dar.
[2] Der Zugang zu und die Ausbreitung des Wissens ist nicht nur eine wichtige Determinante der Effizienz, sondern auch der sozialer Gerechtigkeit einer Gesellschaft. Die Distributionsfähigkeit eines Innovationssystems entscheidet über die Partizipation an Modernisierungsprozessen. Vgl. David/Foray (1995). Im Kontext der EL wurde diese Frage im Rahmen der Diskussion einer entstehenden digital divide zwischen IL und EL erörtert.

3. Innovation ist ein Prozess unter Ungewissheit

Nicht nur der Diffusionsprozess ist in der EWT sehr vereinfacht modelliert worden, auch der in ihrem Zentrum stehende Wissensproduktionsprozess selbst wird sehr simpel dargestellt. Im Romer-Modell ist der Innovationserfolg sicher und berechenbar, bei Aghion/Howitt unterliegt der Innovationserfolg einem stochastischen Prozess mit Risiko, aber prinzipiell berechenbarer Eintrittswahrscheinlichkeit. Diese Annahmen können für inkrementelle Innovationen, z.B. auf einer Trajektorie, plausibel sein.[1] Aber die Ungewissheit über den langfristigen Ertrag als ein zentrales Charakteristikum vieler Innovationen ist ein sicherer Befund der historischen Innovationsforschung.

Derartige Ungewissheit bestehen über das tatsächliche Ergebnis oder die tatsächliche Nachfrage für ein unbekanntes Produkt. Aber auch das Verhalten anderer Unternehmen, z.b. deren Entwicklung von komplementärer Innovationen, Imitationen oder Verbesserungen, verursacht Unsicherheiten.[2] Eine vollständige Informationslage, wie sie eine vollständig rationale Investition erfordern würde, ist gerade in der F&E nicht gegeben. Das Innovationskalkül muss also nach anderen Prinzipien als andere Investitionen ablaufen. Und wenn institutionelle Regeln die Informationslage verbessern, das Innovationsrisiko streuen oder zusätzliche Risiken verringern können, so wird dies zu einer Effizienzsteigerung von Innovationsprozessen und zu einem Anstieg der Forschungsaktivität führen können. Der NIS-Ansatz versucht, die Ungewissheit zu berücksichtigen, indem er derartige Institutionen, z.B. auf den Finanzmärkten, in die Analyse integriert.

4. Innovationen entstehen in einem interdependenten Prozess

Innovationen basieren auf der Kombination von Informationen. Diese Informationen kommen zum Teil – wie in der EWT berücksichtigt – als kodifiziertes Wissen aus dem Forschungssektor. Allerdings erfasst die EWT die Innovation allein als einen „linearen Prozess" von der Invention und Innovation zur Diffusion und Produktion. Dieses „lineare" Verständnis vom Innovationsprozess entspricht nicht mehr dem aktuellen Paradigma, dass die Komplexität moderner Innovationsprozesse betont.

Denn an modernen Innovationsprozessen sind viele Stufen einer Wertschöpfungskette beteiligt. Hierzu gehören neben der F&E-Abteilung z.B. auch die Produktion und die Vermarktung, aus denen Informationen über die Machbar-

---

[1] Die Innovationsforschung unterscheidet inkrementelle Innovationen, radikale Innovationen, Wechsel in technischen Systemen und Wechsel in techno-ökonomischen Paradigmen. Vgl. Freeman (1987), S.60.
[2] Gerade das Aghion/Howit-Modell betont allein die Substitutionalität von Innovationen. Zu einem EWM, in dem die Komplementarität explizit berücksichtigt wird, vgl. Young (1993b).

keit und die Kundenwünsche in die Entwicklung eingehen.¹ Dies hat zwei Implikationen: zum einen werden durch die Messung von F&E die tatsächliche Innovationsanstrengungen unterschätzt, und zum anderen gibt es *feedback*-Mexchanismen zwischen den einzelnen Wertschöpfungsstufen. Die *feedback*-Prozesse bei der Innovation laufen einerseits innerhalb der Unternehmensgrenzen, andererseits zwischen dem Unternehmen und Dritten ab. Man spricht bei derartigen Innovationsprozessen für komplexe Technologien auch von *simultaneous engineering*, an dem verschiedene Abteilungen und Partner beteiligt sind. Mikroökonomische Untersuchungen belegen, dass insbesondere solche Unternehmen erfolgreiche Innovatoren waren, bei denen die Wissensflüsse zwischen den Abteilungen effizient organisiert waren.² Ähnliches dürfte auch für die Außenbeziehungen der Unternehmen gelten. Die Einbindung in ein Netzwerk bzw. einen *Cluster* mit effizienten Wissensflüssen kann ihre Innovationsfähigkeit erhöhen.³ In modernen Ökonomien hat die Zahl der an einer Innovation beteiligten Akteure zugenommen, Innovationsprozesse sind komplexer geworden.⁴ Damit hat auch die Fähigkeit zur Operation in Netzwerken an Bedeutung gewonnen.

Aus der hier skizzierten Interdependenz zwischen der F&E, der Produktion, dem Absatz etc. können multiple Gleichgewichte entstehen. Derartige multiple Gleichgewichte können wiederum Pfadabhängigkeiten zur Folge haben.

5. Verschiedene Institutionen sind an Innovationsprozessen beteiligt

Der interdependente Charakter von Innovationsprozessen schlägt sich nicht nur innerhalb von Unternehmen, sondern auch in den „sozialen" Beziehungen der Unternehmen nieder. Firmen innovieren in der Regel nicht isoliert. In der EWT dominieren Unternehmen und Märkte (oder freier Zugang) das Innovationsgeschehen. Der Staat spielt, abgesehen von der Bereitstellung des Patentrechts oder des Einsatzes von Subventionen, keine entscheidende Rolle bei der Entstehung von Innovationen.⁵

In der realen Welt hat eine Vielzahl von Institutionen Rückwirkungen auf das Innovationsverhalten. Dem trägt der NIS-Ansatz Rechnung. Er berücksichtigt neben Unternehmen und Märkten auch den Staat und seine Agenten und über die traditionelle Dichotomie „Markt-Hierarchie" hinausgehende Institutionen. Zu den in der NIS-Analyse betrachteten Institutionen gehören zum einen die Unternehmen mit ihren speziellen Kompetenzen und Anreiz- und Kontrollmechanismen. Seit der Entwicklung der ersten privaten F&E-Abteilungen im 19.

---

[1] Vgl. Lundvall (1988).
[2] Vgl. Cohen (1995).
[3] Zum Konzept der *Cluster* vgl. Porter (1990).
[4] Vgl. Nelson/Rosenberg (1993).
[5] In einigen Wachstumsmodellen wird der Staat als Anbieter von Wissen aus der Grundlagenforschung in die Analyse integriert. Vgl. Shell (1966) und Arnold (1997).

Jahrhundert sind sie zum Kern moderner Innovationssysteme aufgestiegen, und in ihren Organisationsstrukturen ist tazites Wissen eingebunden. Allerdings betrachtet der NIS-Ansatz die Unternehmen – anders als die EWT – nicht mehr als homogene Akteure.

Der unternehmerische Wettbewerb auf Märkten wird im NIS-Ansatz als wichtige Determinante der Innovationsneigung von Unternehmen berücksichtigt, auch wenn die empirischen Untersuchungen diesbezüglich zu keinen eindeutigen Ergebnissen kommen.[1]

Aber gerade bei Prozessen der Wissensgenerierung und -diffusion spielen nicht nur private Unternehmen, sondern auch die öffentlichen Forschungsinstitute, die Universitäten und die forschungspolitischen Akteure eine wichtige Rolle: Der Forschungssektor setzt sich aus einem privaten und einem öffentlichen Segment zusammen. Ein Beitrag der öffentlichen Institute und Universitäten zum Innovationsprozess ist die Grundlagenforschung mit ihren Erkenntnissen, ein anderer ist gut ausgebildetes und spezialisiertes Humankapital. Diese in historischen Studien herausgearbeitete wichtige Rolle der öffentlicher Institutionen und ihrer Beziehungen zum Privatsektor für den Innovationsprozess hat entscheidend zur Entstehung des NIS-Ansatzes beigetragen.

Schließlich treten neben den Unternehmen, dem Markt und dem Staat weitere institutionelle Arrangements (Kooperationen, Netzwerke) auf, über die Wissen diffundiert und die die Einbeziehung von Institutionen für eine adäquate Analyse der Effizienz von Innovationsprozessen dringend erforderlich machen.

6. Wirtschaftliche Entwicklung verläuft in der Regel nicht gleichgewichtig

Die Hervorhebung der Rolle des Wissens im Wachstumsprozess der EWT wird zwar als ein Fortschritt innerhalb des Ideengebäudes der Neoklassik akzeptiert. Evolutorische Ökonomen kritisieren aber grundsätzlich den Gleichgewichtsansatz der EWT. Gerade Innovationsprozesse, so argumentieren sie, werden durch wirtschaftliche Ungleichgewichte ausgelöst. Engpässe erhöhen entweder Monopolrenten und induzieren hierdurch Anstrengungen oder sie lösen kreative Prozesse aus.

Zudem gibt es in der EWT im Laufe der wirtschaftlichen Entwicklung (bzw. genauer: des wirtschaftlichen Wachstums) keinen Strukturwandel, es findet allein ein scaling up einer stets gleichen Ökonomie statt.[2] Wichtige Elemente von „Entwicklung" wie Ungleichgewichte, ein sektoraler Strukturwandel oder ein Wandel in den eingesetzten Technologien, Verhaltensweisen und anderen Institutionen bleiben ausgeblendet. Der NIS-Ansatz betont dagegen die Ko-

---

[1] Vgl. Cohen (1995).
[2] Im Rahmen der EWT gibt es mittlerweile auch komplexere Modelle mit Entwicklungsstufen, vgl. z. B. Sörensen (1999) oder Chui/Levine(Pearlman (2001), in denen sich die Struktur der Wirtschaft und das Verhalten der Akteure im Entwicklungsprozess wandelt.

Evolution von Technologien und Institutionen im Entwicklungsprozess eines Landes.

7. Es gibt sektorale Spezialisierung durch Akkumulation sektorspezifischen Wissens

Welche Rolle hat die Innovation und Wissensakkumulation für die sektorale Struktur eines Landes? Im Romer-Modell der EWT wird der Prozess der Wissensakkumulation als ein unbegrenzter kumulativer Prozess modelliert. Allerdings wurde dabei nur allgemeines Wissen akkumuliert, von sektorspezifischem Wissen wurde abstrahiert.

In der Realität ist neues Wissen aber nicht nur allgemeines, sondern vor allem sektorspezifisches Wissen. Und da, wie unter den Punkten 4 und 2 angesprochen, die Wissensakkumulation (a) in einem interdependenten Prozess erfolgt und (b) die Wissensdiffusion mit Transaktionskosten verbunden ist, können sich lokal begrenzte Gebiete mit sektoraler Spezialisierung auf Basis akkumulierter Wissensvorsprünge, sogenannte *Cluster*, herausbilden. Aus statischen komparativen Vorteilen können dynamische komparative Vorteile erwachsen. Die diesem Spezialisierungsprozess zugrunde liegenden komparativen Vorteile können ursprünglich sehr gering gewesen und durch die Wissensakkumulation verstärkt worden sein. Die lokalen Institutionen können diesen Prozess positiv beeinflussen.

8. Es gibt Unterschiede im Innovationsverhalten von Industrien

In den vorgestellten EWM gibt es nur drei Sektoren, von der Meso-Ebene, d.h. von der realen Vielfalt der industriellen Struktur und ihren Verflechtungen, wurde abstrahiert. Die Innovationsforschung der 70er und 80er Jahre stellte aber gerade die Bedeutung industriespezifischer Verhaltensmuster für die Erklärung des Innovationsverhaltens heraus. Denn während mikroökonomisch fundierte empirische Analysen des Innovationsverhaltens von Unternehmen auf Basis der Schumpeter-Hypothesen (Unternehmensgröße, Wettbewerbssituation) zu keinen eindeutigen Ergebnissen kam, erklären Besonderheiten von Industrien und Technologien die Unterschiede im Innovationsverhalten recht gut.[1] Aus diesen Untersuchungen sind verschiedene Taxonomien hervorgegangen, die bekannteste ist die von Pavitt, der Industrien je nach Quelle und Art des Wissenserwerbs in *supplier-dominated, scale-intensive, specialized suppliers* oder *science-based* gruppiert.[2]

Der unter Punkt 7 skizzierte Prozess der Entstehung von Industriestrukturen, bei dem auf der Basis natürlicher komparativer Vorteile gewachsene Muster durch

---

[1] Zu einem Überblick über mikroökonomische Innovationsstudien vgl. Cohen (1995), S.196ff.
[2] Vgl. Pavitt (1994).

Wissensakkumulation verstärkt werden, gewinnt somit eine wichtige Rolle bei der Erklärung des Innovationsverhaltens in einem Innovationssystem.[1] Die Innovation bedingt die Spezialisierung, und die Spezialisierung bedingt das Innovationsverhalten.

3.1.3 Nationale Innovationssysteme: Definition, Abgrenzung und Aufbau

3.1.3.1 Zur Definition und Abgrenzung von nationalen Innovationssystemen

Die ersten modernen Studien zu nationalen Innovationssystemen stammen von Freeman, Lundvall und Nelson.[2] Freeman hat den Begriff in einer empirischen Untersuchung zur japanischen Innovationssystem in die wissenschaftliche Literatur eingeführt. Während Lundvall mit seinem Ansatz das Ziel einer funktionale Abgrenzung von Innovationssystemen verfolgt hat, hat Nelson eine komparative Studie zu 15 verschiedenen nationalen Innovationssystemen herausgegeben. Sein Vorgehen ist rein empirisch und zielt auf die nationalen Besonderheiten von Innovationsprozessen ab. Dabei verwendet er kein enge funktionale Abgrenzung des NIS-Begriffes. Sein Ziel war, Anhaltspunkte für einen Vergleich der NIS verschiedener Länder zu erhalten. Edquist hat die unterschiedlichen Ansätze zu einem gemeinsamen Ansatz zusammengefügt.[3] Als erster Schritt zur Erläuterung des NIS-Begriffes sei auf zwei Definitionen verwiesen. Lundvall definiert ein (nationales) IS als[4]

„(...) all parts and aspects of the economic structure and the institutional set-up affecting learning as well as searching and exploring – the production system, the marketing system and the system of finance present themselves as subsystems in which learning takes place."

Eine etwas andere Definition stammt von Metcalfe:[5]

„(NIS are the ...) set of distinct institutions which jointly and individually contribute to the development and diffusion of new technologies and which provide the framework within which governments form and implement policies to influence the innovation process. As such it is a system of interconnected institutions to create, store and transfer the knowledge, skills and artefacts which define new technologies."

---

[1] Im Rahmen des Romer-Modells konnten derartige Verhaltensunterschiede nur im groben Raster der Spezialisierung auf Forschung und Investitionsgüterproduktion einerseits und Konsumgüterproduktion andererseits abgebildet werden.
[2] Vgl. Freeman (1987), Lundvall (1992) und Nelson (1993). Die Idee des Innovationssystems lässt sich bis zu List zurückverfolgen.
[3] Vgl. Edquist (1997).
[4] Vgl. Lundvall (1992), S. 12.
[5] Vgl. Metcalfe (1995), S. 462f.

Lundvall betont entsprechend seines Innovationsverständnisses die Bedeutung von kollektivem Lernen und Suchen für die Abgrenzung eines Innovationssystems. Metcalfe stellt demgegenüber die Relevanz von Institutionen für die Entwicklung und Diffusion von Technologien und das Ziel der Ableitung einer für Innovationsprozesse relevanten Politik in der NIS-Analyse heraus. In Anlehnung an Nelson und Rosenberg soll der NIS-Begriff anhand seiner Komponenten „national", „Innovation" und „System" erläutert werden.[1]

a) Die geografischen Grenzen von Innovationssystemen

Zunächst soll die Frage nach der geografischen Dimension von „Innovationssystemen" gestellt werden. Nelson hat in seiner komparativen Studie unterschiedlicher Innovationssysteme die Nation als Referenzgröße verwandt, da viele informelle und formelle Institutionen (z.B. die Forschungspolitik, das Patentrecht, das Bildungssystem) eines Innovationssystems auf der nationalstaatlichen Ebene geregelt sind.[2] Dabei besteht ein nationales Innovationssystem in der Regel aus mehreren Sub-Innovationssystemen. Sie entsprechen den *Clustern* im Sinne Porters.[3]

Der nationalen Reichweite eines Innovationssystems wurde bald die regionale oder lokale Dimension gegenübergestellt, denn Industrieunternehmen innovieren regional konzentriert, d.h. *Cluster* umfassen oft nur begrenzte Regionen eine Staates. Zum Gegenstand anderer Untersuchungen ist die lokale Ebene von Innovationssystemen geworden. Die lokale Zusammenballung spezifischer Kompetenzen deutet auf die Bedeutung lokaler Besonderheiten für Innovationssysteme bestimmter neuer Hochtechnologie-Industrien hin, z.B. die Nähe zu Universitäten und Forschungszentren.[4]

Auf der anderer Seite der Skala stellt die zunehmende Internationalisierung von wirtschaftlichen und wissenschaftlichen Beziehungen die nationale Dimension zunehmend in Frage. Wirtschafts- und Wissenschaftssysteme und damit auch Innovationssysteme besitzen zusehends eine internationale, im Extremfall sogar eine globale Dimension. Multinationale Unternehmen schließen zunehmend internationale Forschungsallianzen oder zerlegen ihre Prozesse an verschiedene Standorte (wobei sie ihre F&E in globalen Kompetenzzentren bündeln), und multilaterale Organisationen (z.B. WTO, WIPO) gestalten internationale Institutionen oder sorgen für ihre Umsetzung. Nationale Innovationssysteme sind somit, wenn sie in ihrem Fundament auch nationale Spezifika aufweisen, in der Regel und in zunehmendem Maße offene Systeme.

---

[1] Vgl. Nelson/Rosenberg (1993), S,4f.
[2] Vgl. Nelson (1993).
[3] Porter gilt als ein weiterer Vorgänger des NIS-Ansatzes. Zum *Cluster*-Konzept vgl. Porter (1990):
[4] Vgl. Saxenian (1984) zum *Silicon Valley* und zur *Route 128*.

Jede dieser geographischen Abgrenzungen von Innovationssystemen kann je nach Fragestellung mehr oder weniger Sinn machen. In Anbetracht des Ziels einer Fallstudie über Argentinien bezieht sich diese Arbeit in Anlehnung an Nelson auf die nationale Dimension von Innovationssystemen. Dabei wird aber stets im Blick behalten, dass gerade für nationale Innovationsysteme von SL aufgrund der Abhängigkeit von ausländischen Technologien die internationale Einbindung wichtig ist und vermutlich auch innerhalb des nationalen Systems Argentiniens verschiedene lokale und sektorale Subinnovationssysteme bestehen werden.

b) Der Innovationsbegriff

Der NIS-Ansatz bezieht sich explizit nur auf die für Innovationsprozesse relevanten Organisationen, Institutionen und Beziehungen einer Gesellschaft, der Innovationsbegriff stellt somit das entscheidende Kriterium für die Auswahl der Elemente dar. Der Innovationsbegriff wird dabei allerdings unterschiedlich abgegrenzt. Nelsons Innovationsbegriff beschränkt sich – nicht anders als in den EW-Modellen des vorhergehenden Kapitels – auf technische Innovationen im Sinne von neuen Produkten oder neuen Produktionsprozessen, die sich erfolgreich am Markt durchsetzen konnten.[1] Andere Autoren verwenden einen weiteren Innovationsbegriff und beziehen organisatorische und institutionelle Neuerungen explizit in die Analyse ein.[2] Die Innovationen müssen nicht neu für die Welt als Ganzes sein; es ist ausreichend, wenn sie für das betrachtete Subsystem neu sind. Die relevante Innovationstätigkeit in einem NIS umfasst Such- und Lernprozesse.

Der NIS-Ansatzes zeichnet sich durch seine spezielle Interpretation des Innovationsprozesses aus. Innovation findet – anders als in der Neoklassik oder Evolutorik – nicht isoliert in einem Unternehmen durch Einsatz von F&E statt. Im Zentrum des NIS-Ansatzes steht statt dessen das Verständnis von Innovation als Ergebnis eines kollektiven Lernprozesses verschiedener Akteure, Innovationen sind in die „sozialen" Beziehungen eines Unternehmen eingebunden.

Auch in der Fallstudie über Argentinien sollen neben den F&E-Anstrengungen der Unternehmen auch andere Aspekte von Innovationsprozessen betrachtet werden.

c) Der Systembegriff

Der Systembegriff hat die zentrale Bedeutung bei der Abgrenzung des NIS-Ansatzes von anderen Innovationstheorien. Ein System kann ein Komplex von Elementen interpretiert werden, die sich untereinander bedingen und beschränken und einer gemeinsamen Funktion dienen.[3] Ein „Innovations"-System um-

---

[1] Vgl. Nelson/Rosenberg (1993.
[2] Vgl. Lundvall (1992).
[3] Vgl. Fleck (1992) nach Edquist (1998).

fasst somit als Elemente alle relevanten Organisationen, Beziehungen, Strukturen und Institutionen, die für die Innovationsprozesse eines Landes relevant sind. Die funktionale Grenze des Innovationssystems wird dabei in keiner Definition scharf gezogen, die als innovationsrelevant erachteten Elemente unterscheiden sich von Fall zu Fall.[1] Wichtig am „systemischen" Innovationsverständnis ist, dass durch ihn das weiter oben skizzierte „lineare" Innovationsverständnis überwunden werden kann, da er explizit alle relevanten Akteure und die zwischen ihnen bestehenden Beziehungen in seiner Analyse zu berücksichtigen sucht.

Die statische Perspektive wird durch die Analyse der dynamischen Entwicklung von Innovationssystemen ergänzt. Technologische und institutionelle Pfadabhängigkeiten und Ko-Evolution sind Bestandteil des NIS-Verständnisses von Innovation und technischem Wandel. Dabei besteht unter den Vertretern des Ansatzes keine Einigkeit über die Entstehungs- und Entwicklungsprozesse von Innovationssystemen. Während einige Autoren die geplante und zielgerichtete Installierung durch politische Entscheidungsträger betonen,[2] beschreiben andere den Entstehungsprozess eines Innovationssystems als eher dezentral und evolutorisch.[3] Edquist löst in seiner Übersicht die Frage pragmatisch in dem Sinne, dass eine entweder/oder-Positionierung nicht sinnvoll ist und in der Vergangenheit beide Prozesse bei der Entwicklung von NIS eine Rolle gespielt haben.[4]

Für die Untersuchung des argentinische NIS folgt nun eine pragmatische Abgrenzung eines Innovationssystems. Die dynamische Perspektive und die Frage nach den Gestaltungsmöglichkeiten der Wirtschaftspolitik werden im Rahmen der Diskussion des argentinischen NIS wieder aufgegriffen.

3.1.3.2 Die Aufbau eines nationalen Innovationssystems

Ein NIS ist ein also System aus verschiedenen, miteinander verbundenen Elementen eines Landes, deren Aktionen und Interaktionen Innovationen hervorbringen. Welche Elemente ein NIS bilden, ist offen und kann *ex ante* nicht festgelegt werden. Aber andere NIS-Studien bieten Erfahrungswerte, welche Elemente eines NIS für eine Analyse berücksichtigt werden sollten.[5] Drei Arten von Elementen, die in alle Untersuchungen Eingang fanden, sind:

a) die Rahmenbedingungen (Industriestruktur, Institutionen) eines Landes,

b) die in Innovationsprozesse involvierten Akteure (i. S. v. Organisationen) und

---

[1] Sie kann wohl auch nicht scharf gezogen werden, wenn alle länderspezifische Aspekte eines Innovationssystems erfasst und nicht bereits von vorne herein ausgeschlossen werden sollen.
[2] Vgl. Carlsson/Stankiewicz (1995).
[3] Vg. Nelson/Rosenberg (1993).
[4] Vgl. Edquist (1997), S.13/14.
[5] Vgl. z.B. Nelson (1993) und OECD (1999).

c) die Beziehungen zwischen den Akteuren.¹

Vor dem landesspezifischen Hintergrund des Spezialisierungsmusters und der Institutionen agieren die relevanten Akteure (private und staatliche Organisationen) des NIS. Sind die Akteure identifiziert, können ihre Beziehungen untereinander und die zwischen ihnen ablaufenden Transaktionen, insbesondere die Wissensflüsse, analysiert werden.

Das auf Basis der landesspezifischen Ressourcenausstattung historisch gewachsene Spezialisierungsmuster einer Volkswirtschaft wirkt sich über die unterschiedlichen Innovationsmuster in verschiedenen Branchen auf die Funktionsweise eines Innovationssystems aus. So lassen sich Branchen mit hoher (z.B. Informationstechnologien, pharmazeutische Industrie) und geringer (z.B. Bauwirtschaft, Nahrungsmittelindustrie) F&E-Intensität identifizieren.² Ist ein Land auf innovationsintensive Branchen spezialisiert, so wird es folglich eine höhere durchschnittliche F&E-Aktivität aufweisen. Über diesen naheliegenden Unterschied hinaus gibt es auch andere Unterschiede im branchenspezifischen Innovationsverhalten. Einige Branchen innovieren selbst, während der technische Fortschritt in anderen auf den Fremdbezug von Innovationen basiert und wieder andere Innovationen für Dritte entwickeln. Auch die Nähe einzelner Industrien zum Wissenschaftssystem variiert.³

Die Akteure sind von Branche zu Branche sehr unterschiedlich. Während in Branchen wie dem Automobilbau große Firmen dominieren, die in Kooperation mit ihren Zulieferern Innovationen entwickeln, war der Umbruch in der IT-Branche durch relativ kleine Innovatoren geprägt, und im Maschinenbau spielten mittelständische Unternehmen eine wichtige Rolle.

Auch die Strategien zum Schutz des privaten Ertrages aus der Innovation unterscheiden sich nach Branche und Technologie. Unternehmen der chemischen oder der pharmazeutischen Industrie neigen dazu, ihre Produkte durch Patente schützen, während Softwarehersteller oder Halbleiterproduzenten eher zur Geheimhaltung oder zu beschleunigten Innovationssequenzen neigen und wieder andere Unternehmen in Marken investieren.⁴

Die Institutionen eines Landes sind ein zweites wichtiges Charakteristikum eines nationalen Innovationssystems. Sie können informell oder formell sein. Die

---

[1] Auf ein weiteres in den Rahmenbedingungen angesiedeltes Charakteristikum, das makroökonomische Umfeld, gehe ich weiter unten im Kontext der EL näher ein. Es spielt in der originären NIS-Literatur keine Rolle, da sie für die relativ stabilen IL entwickelt wurden.
[2] Zur F&E-Intensität von Industrien vgl. OECD (1997b).
[3] Vgl. Pavitt (1984).
[4] Diese Auflistung von Beispielen gibt einen Hinweis auf mögliche Effekte der Industriestruktur auf das NIS eines Landes. Ein umfassender und systematischer Überblick über die Industriespezifika des Innovationsverhaltens kann hier nicht gegeben werden.

Institutionen eines Landes bestimmen das Innovationsverhalten der Akteure des Systems entscheidend mit.[1]

Informelle Institutionen wie gesellschaftliche Normen und Werte sind die erste Gruppe innovationsrelevanter Institutionen. Die gesellschaftliche Anerkennung von Unternehmertum einerseits und die Bereitschaft zur Kooperation andererseits stellen zwei wichtige Elemente innovationsförderlicher informeller Institutionen dar. Die Innovationskultur von Unternehmen und Nationen ist historisch gewachsen und nur schwer modifizierbar.

Zu den formellen Institutionen eines Innovationssystems zählen als besonders naheliegendes Beispiel erneut die Regelungen zum Schutz geistigen Eigentums. Zahlreiche theoretische und empirische mikroökonomische Untersuchungen haben sich mit den Wirkungen spezieller patentrechtlicher Bestimmungen befasst. Während der ökonomische Sinn der grundsätzlichen Ausgestaltung (temporärer Schutz, Offenlegung) bestätigt werden konnte, gibt es zu den Details (Patentlaufzeit, Patentbreite) keine eindeutigen Ergebnisse.[2] Auch die institutionellen Regelungen zur Existenzgründung, auf den Produktmärkten (z.B. technische Standards), auf dem Arbeitsmarkt oder des Bildungssystems bestimmen die Funktionsweise des NIS eines Landes mit.[3]

Aufgrund von Trägheiten in der institutionellen Entwicklung ist die Vergangenheit eines Landes eine wichtige Determinante seines NIS. Z. B. wird ein Land mit einer Kultur des *rent seeking* nur langsam zu einer Innovationskultur übergehen können.

Auch wenn es keine eindeutige Grenzziehung bei der Erfassung der relevanten Akteure eines NIS gibt, werden einige Organisationen als besonders innovationsrelevant eingestuft und bilden den Kern eines Innovationssystems. Dies sind an erster Stelle die Unternehmen. Sie stehen im Zentrum eines jeden Innovationssystems.[4] Dabei wird nicht nur ihre F&E-Abteilung, sondern ihre Struktur insgesamt betrachtet. Die zweite Säule eines NIS sind wissenschaftliche Organisationen wie Universitäten und öffentliche Forschungsinstitute, die dritten wichtige Akteure eine NIS sind staatliche (und regionale) Behörden (*agencies*), die die Forschungspolitik gestalten. Schließlich werden oft (private oder staatliche) innovationsunterstützende Akteure als vierte Gruppe in die NIS-Analyse einbezogen.

---

[1] Im Zuge der Globalisierung ist eine zunehmende internationale Harmonisierung der formellen Institutionen (z.B. Patentrecht, technische Normen) zu beobachten, so dass die Bedeutung nationaler Institutionen zur Charakterisierung von NIS möglicherweise abnehmen.
[2] Für einen Überblick über neuere theoretische Untersuchungen zur Wirkung von Patenten vgl. Gallini/Scotchmer (2001).
[3] Eine ausführliche Erörterung alle Institutionen sprengt den Rahmen dieser Arbeit.
[4] Vgl. Melo (2001), S.8.

Zwischen den einzelnen Akteuren gibt es ein komplexes Geflecht aus kompetitiven und kooperativen Beziehungen, die das dritte Element eines NIS ausmachen.

Auf die eben genannten vier Gruppen von Akteuren und auf ihre Beziehungen untereinander wird im nächsten Abschnitt etwas ausführlicher eingegangen.[1] Grafik 3.1.3.1 gibt einen Überblick über die wichtigsten Elemente eines Innovationssystems:

Grafik 3.1.3.1: Schematischer Aufbau eines NIS

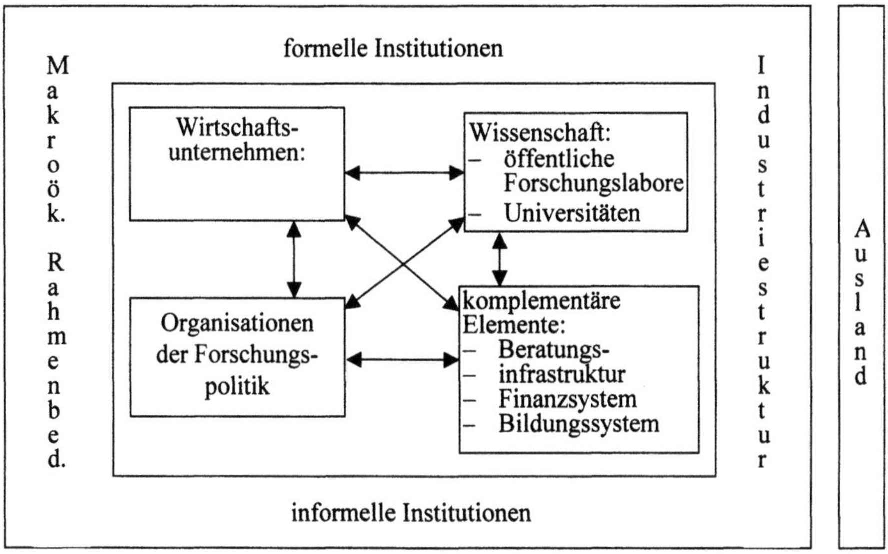

```
┌─────────────────────────────────────────────────────────┐  ┌───┐
│                  formelle Institutionen                  │  │ I │
│ M  ┌──────────────────────────────────────────────────┐ │  │ n │
│ a  │                                                  │ │  │ d │
│ k  │  ┌──────────────┐      ┌──────────────────┐     │ │  │ u │
│ r  │  │Wirtschafts-  │◄────►│Wissenschaft:     │     │ │  │ s │
│ o  │  │unternehmen:  │      │- öffentliche     │     │ │  │ t │
│ ö  │  │              │      │  Forschungslabore│     │ │  │ r │  ┌───┐
│ k. │  │              │      │- Universitäten   │     │ │  │ i │  │ A │
│    │  └──────────────┘      └──────────────────┘     │ │  │ e │  │ u │
│ R  │         ▲  ▲              ▲                      │ │  │ s │  │ s │
│ a  │         │  │              │                      │ │  │ t │  │ l │
│ h  │         ▼  ▼              ▼                      │ │  │ r │  │ a │
│ m  │  ┌──────────────┐      ┌──────────────────┐     │ │  │ u │  │ n │
│ e  │  │Organisationen│◄────►│komplementäre     │     │ │  │ k │  │ d │
│ n  │  │der Forschungs│      │Elemente:         │     │ │  │ t │  └───┘
│ b  │  │politik       │      │- Beratungs-      │     │ │  │ u │
│ e  │  │              │      │  infrastruktur   │     │ │  │ r │
│ d. │  │              │      │- Finanzsystem    │     │ │  │   │
│    │  │              │      │- Bildungssystem  │     │ │  │   │
│    │  └──────────────┘      └──────────────────┘     │ │  │   │
│    └──────────────────────────────────────────────────┘ │  │   │
│                 informelle Institutionen                 │  │   │
└─────────────────────────────────────────────────────────┘  └───┘
```

Quelle: eigene Darstellung.

3.1.3.3 Die wichtigsten Akteure eines NIS und ihrer Beziehungen[2]

Die Organisation von Innovationsprozessen innerhalb von Unternehmen ist die disaggregierteste Analyseebene des NIS-Ansatzes. Die Innovation in Unternehmen kann formell oder informell organisiert sein, und die Organisation der

---

[1] Der umfassende „Bausatz" von Elementen für ein NIS macht für die praktische Umsetzung eine hierarchische Gliederung und gegebenenfalls eine Selektion erforderlich. Im Mittelpunkt eines jeden marktwirtschaftlich organisierten NIS stehen die Unternehmen. Sie führen die neuen Produkte oder Verfahren letztendlich ein, und sie müssen den Test der Auslese durch den Markt bestehen. Die öffentlichen Organisationen des Wissenschaftssystems und die Forschungspolitik stellen die anderen beiden fundamentalen Bausteine eines Innovationssystems dar. Die anderen Elemente können je nach Relevanz für den betrachteten Fall in die Analyse einbezogen werden.

[2] Ein vollständiger Überblick über den Stand der Forschung kann hier nicht gegeben werden, aber einige Ansatzpunkte sollen an Beispielen verdeutlicht werden.

Wissensflüsse zwischen den Abteilungen kann den Innovationserfolg der Unternehmung beeinflussen.

Die Evolutorik geht davon aus, dass die Fähigkeit zu Innovationen von Unternehmen zu Unternehmen variiert, und dass ein Unternehmen nicht vollständig informiert über seine Innovationsstrategie entscheidet. Erfahrungen aus der Vergangenheit spiegeln sich in der Innovationsstrategie wider, die technologische Strategie eines Unternehmens ist somit pfadabhängig.

Auch industrieökonomische Untersuchungen zum Innovationsverhalten liefern vage Ansatzpunkte zur Erklärung von Innovationsprozessen. So können verschiedene Unternehmensspezifika Unterschiede in der Innovativität von Firmen erklären. Eine gängige Unterscheidung bei der Bestimmung des Innovationsverhaltens ist die Größe des Unternehmens. Allerdings konnte weder ein sicherer Zusammenhang zwischen der Unternehmensgröße und den F&E-Ausgaben (tendenziell positiv) noch zwischen der Unternehmensgröße und dem Forschungsoutput (tendenziell negativ) festgestellt werden.[1]

Eng verbunden mit der Größe eines Unternehmens ist seine Rechtsform. Aktiengesellschaften können, z.B. über die Steuergesetzgebung oder die Anreiz- und Kontrollstruktur, anderen Innovationsanreizen ausgesetzt sein als Personengesellschaften oder Familienbetriebe. Ein weiteres Unterscheidungskriterium ist, ob ein Konzern multinational agiert. Multinationalen Konzernen stehen mehr Optionen zur Organisation der Innovation zur Verfügung.

Die Unterscheidung nach der Branchenzugehörigkeit ist die vielleicht wichtigste Determinante der Innovativität eines Unternehmens. Auf sie wurde bereits im Kontext der sektoralen Struktur von Innovationen eingegangen.

Das Wissenschaftssystem von Ländern unterscheidet sich z.T. erheblich. Während z.B. in einigen Ländern (USA) Universitäten eine zentrale Rolle im Innovationssystem spielen, sind in anderen Ländern (Deutschland) öffentliche Forschungsinstitute wichtig.

Die Organisation der Forschung innerhalb von Universitäten oder Instituten unterliegt anderen Prinzipien als in den Unternehmen. Die wissenschaftlichen Akteure sind nicht direkt dem Anreiz- und Selektionsmechanismus des Marktes ausgesetzt. Daher sind andere Allokations-, Anreiz-, Kontroll- und Sanktionsmechanismen erforderlich, um einen effizienten Einsatz der Ressourcen im Sinne einer effizienten Wissensproduktion zu gewährleisten. Ausschreibungen unter Wettbewerbsbedingungen und Evaluierungsverfahren stellen zwei zur Effizienzsteigerung eingesetzte Instrumente des Wissenschaftsmanagements dar. Auch verbesserte Möglichkeiten zur privaten Verwertung von Forschungsergebnissen werden zur Anreizverbesserung neuerdings eingesetzt. Die Mes-

---

[1] Vgl. Cohen (1995).

sung des wissenschaftlichen Erfolges ist schwierig und erfolgt i.d.R. auf der Basis von Publikationen und *peer review*-Prozessen.

Die Akteure der Forschungs- und Technologiepolitik sind ein weiteres Element eines NIS. Die Organisation, die Zielsetzung und das Instrumentarium der Forschungspolitik wirken auf die Funktionsweise des Innovationssystems entscheidend ein.

Die Ausgestaltung der Forschungspolitik obliegt der Regierung. Die Kompetenz kann bei einem speziellen Ministerium liegen oder auf die Zuständigkeitsbereiche verschiedener Ministerien verteilt sein, sie kann bei der Zentralregierung oder bei föderalen Körperschaften liegen. Die Forschungspolitik bestimmt über den institutionellen Rahmen und die Prioritäten (z.B. Verteidigungsprojekte, Umweltschutz) der technologischen Entwicklung eines Landes.[1]

Die Ziele der Forschungspolitik variieren von Land zu Land z.T. erheblich. So kann die Priorität z.B. bei der Förderung des Wirtschaftswachstums liegen, es können aber auch andere Ziele (Umweltschutz, Verteidigung, Gesundheit, nationales Prestige) dominieren. Während z.B. die USA und Großbritannien im internationalen Vergleich hohe F&E-Ausgaben für Verteidigungszwecke aufweisen, haben in Japan und Deutschland Rüstungsprojekte nur eine relativ geringe Bedeutung.

Die Forschungspolitik greift direkt über die Mittelvergabe an die Universitäten, Forschungsinstitute oder Unternehmen in die Allokation der F&E-Ausgaben ein. Weiterhin kann die Regierung auch mit ihrer Nachfrage die technologische Entwicklung steuern.

Sie wirkt aber nicht nur direkt, sondern auch über die Gestaltung institutioneller Rahmenbedingungen auf Wissenschaft und Innovation ein. Naheliegend ist der Einfluss über das Patentrecht oder umweltrechtliche Bestimmungen, aber auch arbeitsrechtliche Bestimmungen, das Wettbewerbsrecht, das Unternehmensgründungsrecht oder das Steuerrecht wirken auf das Innovationsverhalten ein. Dabei kommt es häufig zu Zielkonflikten zwischen der Förderung der Innovation und anderen Zielen.

Die konkrete Umsetzung der Forschungspolitik ist Lernprozessen und Paradigmen unterworfen. Die Bevorzugung horizontaler oder selektiver Instrumente, das Ansetzen an dem Angebot oder der Nachfrage nach Wissen und Technologie oder die zentrale oder föderale Organisation sind nur drei Dimensionen der zu treffenden Entscheidungen.

Als vierte Gruppe innovationsrelevanter Akteure wurde ein heterogenes Amalgam unterschiedlicher Organisationen identifiziert. Sie sollen unter dem Begriff „komplementäre Elemente" eines Innovationssystems zusammengefasst werden.

---

[1] Auf die politökonomischen Prozesse bei der Festlegung der Ziele und Instrumente soll an dieser Stelle nicht weiter eingegangen werden.

Zum einen sind in den letzten Dekaden in vielen Ländern (zuerst in den USA und Großbritannien) speziell auf die Innovationsförderung ausgerichtete Finanzmarktinstitutionen und -instrumente (*venture capital*) entstanden.

Das Bildungssystem liefert in jedem Land einen weiteren wichtigen Beitrag zur Funktionsweise eines NIS, in dem es qualifizierte und spezialisierte Arbeitskräfte heranbildet, die Innovationsaktivitäten durchführen und/oder in der Lage sind, neue Technologien schnell zu absorbieren und umzusetzen.

Darüber hinaus nehmen Unternehmensberatungen und Kammern (z.B. Deutschland) eine wichtige Rolle bei der Wissensdiffusion ein. Insbesondere an der Verbreitung organisatorischen Wissens sind sie beteiligt.

In den NIS-Studien stellt die Analyse der Beziehungen zwischen den Akteuren aufgrund der Bedeutung der Wissensdiffusion für Innovationsprozesse das dritte Element eines NIS dar.[1] Alle Verbindungen zwischen den oben genannten Akteuren können für die Effizienz eines NIS eine Rolle spielen (Grafik 3.1.3.2.).[2]

Grafik 3.1.3.2: Kanäle für Wissensflüsse zwischen den Elementen eines NIS

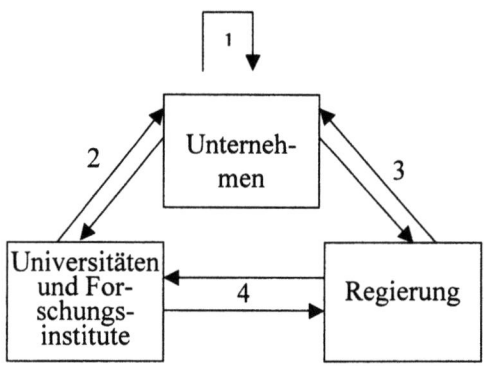

Quelle: eigene Darstellung.

Einige Beziehungen von besonderer Relevanz sollen kurz mit Beispielen illustriert werden:

1. Netzwerke, Allianzen und Kooperationen, Zulieferer- und Absatzbeziehungen stellen innovationsrelevante Beziehungen zwischen Unternehmen dar. Auch der Arbeitsmarkt und seine Institutionen sind für die Funktionsfähigkeit ei-

---

[1] Vgl. OECD (1997a, 1999).
[2] Die Darstellung beschränkt sich aus Platzgründen auf die drei wichtigsten Element eines NIS.

nes NIS wichtig, da er ein Transmissionsmechanismus für Wissensflüsse ist. Der Wechsel von Mitarbeitern zwischen Unternehmen wird von taziten Wissensflüssen begleitet, die Innovationen erleichtern können.

2. Ein naheliegendes Beispiel für die Beziehungen zwischen Wirtschaft und Wissenschaft ist die Vergabe von F&E-Mitteln durch Unternehmen an Universitäten und Labore. Zudem steht die Wirtschaft als Lieferant von Ausrüstungen in engem Kontakt mit der Wissenschaft. Die Wissensflüsse von der Wissenschaft in die Wirtschaft laufen allerdings selten direkt ab, da das Wissen der Labore in der Regel nicht der Nachfrage der Unternehmen entspricht. Untersuchungen zeigen, dass Unternehmen primär bestimmte technische Dienstleistungen von Forschungslaboren in Anspruch nehmen. Aber auch die Rekrutierung von wissenschaftlichem Personal durch Unternehmen oder die Möglichkeit zur Ausgründung durch Forscher beeinflusst die Funktionsweise moderner Innovationssysteme erheblich.[1]

3. Direkte Beziehungen zwischen den Organen der Forschungspolitik und der Wirtschaft bestehen z.B. bei der Vergabe von F&E-Fördermitteln, bei staatlichen Forschungsprogrammen oder bei öffentlichen Ausschreibungen. Darüber hinaus stellt die Regierung Infrastrukturen bereit, die von den Unternehmen genutzt werden. In die entgegengesetzte Richtung wirken *Lobbying* und Mitwirkung an Gremien.

4. Ein Aspekt der Beziehung zwischen Politik und Wissenschaft ist die Vergabe von Forschungsgeldern über Wettbewerbe oder die staatliche Finanzierung von Grundlagenforschung. Darüber legt die Regierung inhaltliche Schwerpunkte der Forschungstätigkeit fest. Die Wissenschaft ihrerseits entsendet im Fall partizipativer Prozesse Vertreter in Beiräte und andere Gremien oder direkt in die Politik.

Diese komprimierte Auflistung für Innovationsprozesse relevanter Strukturen, Anreizsysteme, Prozesse und bilateraler Verbindungen macht den ganzheitlichen und interdisziplinären Anspruch des NIS-Ansatzes noch einmal deutlich.

Der NIS-Ansatz betont, dass alle hier aufgezählten Rahmenbedingungen (Industriestruktur, Institutionen), Akteure und Verbindungen für die Effizienz der Innovationsprozesse eines Landes von Bedeutung sein können. Die relativen Stärken und Defizite von NIS unterscheiden sich von Land zu Land erheblich.

Der NIS-Ansatz betont neben der Rolle der Unternehmen als dem Kern des Innovationssystems auch die wichtige Rolle der Politik bei der Unterstützung der Unternehmen. Einige Politikempfehlungen auf Basis des NIS-Ansatzes sollen nun zusammengefasst werden.

---

[1] Vgl. Meyer-Stamer (1997).

3.1.4 Politikempfehlungen auf Basis des NIS-Ansatzes[1]

Welche Empfehlungen liefert der NIS-Ansatz vor dem Hintergrund der Leitfragen 3 und 4 dieser Arbeit in Hinblick auf die politischen Möglichkeiten zur Steigerung der Innovationseffizienz eines Landes mit seinem spezifischen NIS? Die Bedeutung der Forschungs- und Technologiepolitik (FT-Politik) des Staates als ein Element eines effizienten Innovationssystems wird in der NIS-Analyse immer wieder herausgestellt. Das langfristige Ziel der staatlichen FT-Politik ist im NIS-Ansatz die Stärkung der Innovationskapazität der Unternehmen sein. Als Ansatzpunkte der FT-Politik für dieses Ziel sind im Kontext der NIS-Analyse die folgenden Hebel identifiziert worden: die Industriestruktur, die formellen und informellen Institutionen, die Kompetenzen und Anreize der Unternehmen, die Kompetenzen und Anreize der öffentlichen Forschungseinrichtungen, die eigene Fähigkeit zur Artikulierung und Umsetzung von Forschungspolitik und die Diffusion von Wissensflüssen.

Auf das Spezialisierungsmuster könnte die Regierung durch sektorale Förderprogramme und Protektion einwirken. Gerade die Betonung sektoral begrenzter kumulativer Prozesse bei der Entwicklung von wissensintensiven Industrien kann zur Rechtfertigung von Protektion auf Basis des infant industry-Arguments herangezogen werden. In den Abschnitten 2.3 und 2.4 wurde aber betont, dass eine derartige Strategie mit hohen Kosten und Informationsproblemen verbunden ist. Indirekte Ansatzpunkte zur Förderung wissensintensiver Branchen sind daher zu bevorzugen. F&E-Subventionen oder die Ausbildung von spezialisiertem Humankapital sind zwei Möglichkeiten, bestimmte Technologien oder Branchen zu fördern. Dabei besteht die Gefahr von windfall gains oder der Abwanderung der qualifizierten Arbeitskräfte, wenn die Beschäftigungsmöglichkeiten im Inland gering bleiben. Die Förderung sollte am besten so ausgestaltet sein, dass sie neue wissensintensive Technologien mit den traditionellen komparativen und kompetitiven Vorteilen kombiniert.

Die Kompetenzen der Unternehmen, ihrer Forschungsabteilungen und ihrer Forscher sind ein weitere Determinante der Innovationsfähigkeit eines Landes. Auf diese Kompetenzen, auf die Anreizsysteme und auf die Wissensflüsse in Unternehmen kann der Staat in einer Marktwirtschaft nur indirekt Einfluss nehmen. Er kann zur Ausbildung qualifizierter Manager und Ingenieure beitragen und den Einsatz neuer Entlohnungs- und Arbeitsorganisationssysteme unterstützen. Zudem kann er eine Beratungsinfrastruktur bereit stellen, wenn das private Angebot unzureichend ist.

Im Bereich der öffentlichen wissenschaftlichen Einrichtungen ist der Staat dagegen gefordert, direkt einzugreifen und effiziente Anreizmechanismen zu entwickeln und einzuführen. Stärker leistungsbezogene Anreize und effektive Kontrollmechanismen sind zwei Instrumente der Forschungspolitik. Die Er-

---

[1] Dieser Abschnitt basiert weitgehend auf OECD (1999).

leichterung der privaten Nutzung von Wissen durch die Möglichkeit der Patentierung oder von Ausgründungen durch Forscher sind zwei weitere Ansatzpunkte. Da in der Wissenschaft der Selektionsmechanismus des Marktes fehlt, müssen die neuen Anreize selbst einer Kontrolle und einem permanenten Verbesserungsprozess unterzogen werden.

Und auch die formellen Institutionen unterstehen dem direkten Einfluss der FT-Politik. Hier muss der Staat z.B. schnell und flexibel auf neue technologische Entwicklungen reagieren und die Einführung neue technische Standards ermöglichen.

Ein zentraler Ansatzpunkt des NIS-Ansatzes ist die Wissensdiffusion zwischen Unternehmen bzw. zwischen Unternehmen und öffentlichen Forschungseinrichtungen. Die Entwicklung von Clustern und damit die Ausnutzung von Vorteilen der lokalen Konzentration kann von der Wirtschaftspolitik möglicherweise durch materielle Infrastrukturen und Dienstleistungseinrichtungen gefördert werden. Die Vorteile geografischer Nähe können auch durch die gezielte Vergabe öffentlicher Forschungsmittel an lokale Kompetenzzentren ausgenutzt werden.[1] Und die Kooperation der Wissenschaft mit der Wirtschaft kann durch die Gründung von Technologietransfereinrichtungen stimuliert werden. Allerdings weisen alle drei genannten Ansatzpunkte zur Förderung der Wissensdiffusion in der Praxis erhebliche Schwierigkeiten auf. Die Förderung von taziten Wissensflüssen durch eine stärkere Mitarbeiterfluktuation zwischen der Wissenschaft und der Wirtschaft durch Anreize und flexible arbeitsrechtliche Bestimmungen sind ein weiteres Instrument, dass von NIS-Ansatz propagiert wird.[2]

Aufgrund der expliziten Berücksichtigung der Ungewissheit von Innovationsprozessen im NIS-Ansatz lassen sich innovationspolitische Maßnahmen auf den Finanzmärkten begründen. Die Forschungspolitik kann durch die Entwicklung, Förderung oder eigene Bereitstellung neuer risikovermindernder Finanzmarktinstrumente (venture capital) den Zugang von innovativen Unternehmen zu Kapital verbessern. Die Finanzinstitutionen übernehmen dabei nicht nur eine Finanzierungs-, sondern auch eine Informations-, Beratungs- und Koordinierungsfunktion. Auch spezielle Existenzgründungsprogramme können, wenn sie dementsprechend ausgestaltet werden, der Innovationsförderung dienen.

Um das Ziel der Stärkung der Innovationsfähigkeit umsetzen zu können, müssen die staatlichen Akteure zuallererst selbst in die Lage versetzt werden, Strategien zu formulieren, Maßnahmen aufeinander abzustimmen uns umzusetzen. Neben der internen Reorganisation sind der regelmäßige Austausch mit den Unternehmen und der Wissenschaft und die Schaffung neuer Instrumente zur Kooperation mit dem Privatsektor (public-private-partnerships) Instrumente zur Verbesserung der Strategiefähigkeit.

---

[1] Diesen Weg hat z.B. Deutschland im Rahmen des BioRegio-Programms beschritten.
[2] Vgl. OECD (1999), S.65.

Ohne adäquate informelle Institutionen werden alle Ansätze allerdings ineffektiv bleiben. Die Entwicklung informeller Institutionen im Sinne einer Innovationskultur kann durch innovationsförderliche Rahmenbedingungen (Stabilität, Wettbewerb) zumindest erleichtert werden.[1]

3.1.5 Synthese: Eine Gegenüberstellung von EWT und NIS-Ansatz

Die Modelle der F&E-basierten EWT berücksichtigen einen eigenständigen Forschungssektor, der neues Wissen und Innovationen hervorbringt und hierdurch das langfristige Wachstum induziert. Die Vertreter des NIS-Ansatzes stellen dagegen ein umfassendes Innovationssystem in den Mittelpunkt ihrer Analyse von Innovation und technischem Fortschritt. Worin unterscheiden sich die beiden Konzepte? In Tabelle 3.1.5.1 sind einige zentrale Unterschiede des Innovationsverständnisses von EWT und NIS-Ansatz zusammengefasst.

Tabelle 3.1.5.1: Gegenüberstellung des Innovationskonzeptes von EWT und NIS

Aspekt	F&E-basierte EWT	NIS-Ansatz
„Ort" der Innovation	Forschungssektor	Innovationssystem
Innovator	privates Forschungslabor	Unternehmen
Innovationsverständnis	neoklassisch	systemisch, oft evolutorisch
Innovationskalkül	gewinnmaximierend, rational bei vollständiger Information, bei Aghion/ Howitt bei kalkulierbarem Risiko	beschränkt rational und durch Ungewissheit geprägt
Innovationsprozess	linear (Invention, Innovation, Diffusion)	Such- und Lernprozess mehrerer Akteure mit Interdependenzen und *feedback*-Mechanismen
Determinanten des Innovationsverhaltens der Innovatoren	– θ, H_A (w_{HA}), A – erwarteter Gewinn (Nachfragemenge, Appropriierbarkeit), Zinssatz	s. mittlere Spalte, darüber hinaus – F&E-Kompetenz – Produktions- und Vermarktungskompetenz – interne Anreize – institutionelle Rahmenbedingungen – Nähe zur Wissenschaft – Einbindung in Produktionsnetzwerke – Art der Technologie

Fortsetzung Tabelle 3.1.5.1: siehe nächste Seite

---

[1] Vgl. OECD (1999), S.64.

Fortsetzung Tabelle 3.1.5.1

Aspekt	F&E-basierte EWT	NIS-Ansatz
Rolle industriespezifischer Besonderheiten	Innovation ist ein homogener Prozess, Wissen ist „Allgemeinwissen"	Innovation ist ein industriespezifischer Prozess, Wissen ist ein industriespezifischer Faktor
Rolle der Wissenschaft für die Innovation	der „allgemeine" Wissensstock A bestimmt die Höhe des Forschungsoutputs mit, es gibt kein industriespezifisches Wissen, nur in Erweiterungen wird öffentlich finanzierte Grundlagenforschung berücksichtigt	moderne Innovation ist zunehmend wissens- und wissenschaftsbasiert, es gibt industrielle Unterschiede bei der Bedeutung der Wissenschaft, öffentliche Institute der Wissenschaft interagieren im Innovationsprozess mit den Unternehmen
Rolle der Entfernung für die Innovation	nur bei Unterscheidung Inland/Ausland (u.U. begrenzte Spillover)	es gibt Transaktionskosten der Wissensdiffusion, daher sind lokale Wissensspillover wichtig
Rolle des Staates	setzt die Rahmenbedingungen, ansonsten s. nächste Zeile	aktiver Akteur der Forschungs-, Technologie- und Bildungspolitik
Innovationspolitische Eingriffe	– Schutz geistiger Eigentumsrechte – Tolerierung von unvollkommener Konkurrenz – F&E-Subventionen – Bereitstellung qualifizierten Humankapitals – Bereitstellung von Kapital – Förderung der internationalen Wissensdiffusion – evtl. Grundlagenforschung	s. mittlere Spalte, darüber hinaus – Anreize zur Effizienzsteigerung in der öffentlichen Forschung – Erhöhung der Diffusionskapazität (z.B. Technologietransfer, Kompetenzzentren, Clusterbildung, Nachfrageorientierung der Forschung) – Finanzierung (venture capital) bei Ungewissheit – bessere Koordinierung der Aktivitäten – Einsatz der öffentlichen Nachfrage
Grundlage für die Rechtfertigung der Eingriffe	Marktversagen auf Wissens- (und Bildungs-)märkten: begrenzte Appropriierbarkeit	s. mittlere Spalte, darüber hinaus „systemische Fehler" auf Wissensmärkten
Rolle des Auslands	Absatzmarkt, Wissensquelle, beeinflusst das Spezialisierungsmuster	s. mittlere Spalte, aber weniger explizit berücksichtigt
Erklärungsziel	Wachstum (durch Innovation)	Innovation (durch Wissensproduktion und -diffusion)

Quelle: eigene Darstellung.

In den Modellen der F&E-basierten EWT findet die Produktion neuen Wissens allein durch Aktivitäten innerhalb eines Forschungssektors statt. Dieses Wissen kann umgehend ökonomisch genutzt werden. Die Akteure im Forschungssektor sind ausschließlich gewinnorientierte Forscher in privaten Laboren (oder F&E-Abteilungen von Unternehmen). Das Innovationsverständnis der EWT ist linear und neoklassisch. Die Innovation durchdringt die Ökonomie geradlinig von der Forschung über die Zwischengüterproduktion bis zur produktiver gewordenen Endproduktherstellung (oder zur gestiegenen Endproduktvielfalt).[1] Sie ist dabei das Ergebnis des rationalen Kalküls der vollständig informierten Forscher, die vorhandenes Wissen neu kombinieren und ihre neue Idee vermarkten.

Dagegen lässt sich im NIS die Innovation nicht klar von der Grundlagenforschung (upstream) oder der Produktion und Nachfrage (downstream) trennen. Die einzelnen Prozesse sind interdependent. Die Komplexität moderner Innovationen resultiert in Ungewissheit und beschränkter Rationalität der einzelnen Akteure. Der Selektionsprozess des Wettbewerbs entscheidet letztendlich über die Qualität einer Innovation.

Natürlich gibt es auch in der EWT Rückwirkungen der Produktion auf das Innovationsverhalten, das Wachstum wäre sonst nicht endogen: Die Blaupausenpreise werden von der Größe des Absatzmarktes bestimmt. Und die Konkurrenz zwischen dem Forschungssektor und der Güterproduktion um Humankapital determiniert letztendlich das Gleichgewicht. Aber weder die Zwischengutherstellter noch die Konsumenten beeinflussen die „Richtung" der Innovationsprozesses. Wissen fließt nicht zurück aus dem Absatz oder der Produktion in die Innovation.[2]

Was bestimmt das Innovationsverhalten von Laboren und Unternehmen unter den „neoklassischen" Annahmen der EWT? Zur Beantwortung der Frage ist eine Betrachtung des Blaupausenmarktes hilfreich. Von der Nachfrageseite bestimmen die Gewinnerwartungen der Zwischengutherstellter den Blaupausenpreis und somit die Bereitschaft zur Investition in F&E. Diese hängen von der Größe des Absatzmarkt und der Nachfrageelastizität, dem Schutz geistiger Eigentumsrechte, dem Zugang zu Humankapital und dem Zugang zu Kredit ab. Für das Blaupausenangebot sind die Kompetenz der Forscher, der Umfang des vorhandenen Wissens und erneut der Zugang zu Humankapital die Determinanten. Forschungskompetenz ist in der EWT universell. Technologische Besonderheiten einzelner Branchen spielten keine Rolle, die Diffusion verlief

---

[1] In einzelnen Modellen ist der Innovation noch die staatlich finanzierte Grundlagenforschung vorangestellt.

[2] Im Rahmen bestimmter Modellerweiterungen findet der Wissenserwerb ausschließlich oder in Kombination mit F&E durch *learning-by-doing* im Produktionssektor statt. Aber eine explizite Berücksichtigung des Rückflusses dieses Wissens in den Forschungssektor erfolgt auch im Rahmen dieser Ansätze nicht.

reibungslos und institutionenfrei. Die Güter- und Faktormärkte waren stets geräumt.[1]

Im NIS-Ansatz beeinflussen die soeben genannten Faktoren ebenfalls die Innovativität der Akteure, aber es kommen andere Determinanten hinzu. Zum einen bestimmen neben den individuellen Forschungs- auch die Produktions- und Marketingkompetenzen der Unternehmen (oder seiner Partner) den individuellen Innovationserfolg. Darüber hinaus ist die Wissensbasis im NIS-Ansatz nicht mehr universell, sondern industriespezifisch. Die Erzeugung des spezifischen Wissens erfordert auch öffentliche Forschung und in öffentlichen Instituten gebildetes spezialisiertes Humankapital, und die Diffusion des spezifischen Wissens erfordert spezifische institutionelle Arrangements. Die Qualität und Intensität der Verbindungen zwischen Wissenschaft und Unternehmen (und der Unternehmen untereinander) determiniert die Rate der Wissensdiffusion und damit auch den Innovationserfolg. Auch die Existenz spezialisierter Institutionen (Finanzmarkt, Bildung) kann für Wissensflüsse und den Innovationserfolg wichtig sein. Und da bei der Diffusion von tazitem Wissen Transaktionskosten von Bedeutung sind, gewinnt im NIS-Ansatz die Innovation eine geografische Komponente. Technologische Kompetenz tritt geografisch konzentriert auf, und der lokale Kontext ist in vielen Branchen wichtig für den Innovationserfolg.

Auch in Bezug auf die Rolle der Wirtschaftspolitik sind die aus der EWT abgeleiteten Maßnahmen eine Teilmenge der Maßnahmen des NIS-Ansatzes. In der EWT orientiert sich die innovationsorientierte Wirtschaftspolitik am neoklassischen Konzept des Marktversagens auf Wissensmärkten, die durch die begrenzte private Appropriierbarkeit des Wissens hervorgerufen wird. Adäquate institutionelle Rahmenbedingungen (Patentschutz) sind ein Ansatzpunkt, Marktversagen zu reduzieren, horizontale F&E-Subventionen ein anderer, Grundlagenforschung ein Dritter. Darüber hinaus muss bei Marktversagen auf den Faktormärkten (Arbeit und Humankapital, Kapital) ihre Funktionsweise verbessert werden.

Die Diffusion des Wissens innerhalb des Forschungssektors wurde in der EWT als gegeben hingenommen.[2] Der NIS-Ansatz betrachtet dagegen explizit Institutionen als Determinanten dieser Wissensflüsse und kommt damit zu zusätzlichen Ansatzpunkten der Innovationspolitik. Institutionelle Arrangements zum Wissens- und Technologietransfer, die Förderung lokaler Technologiepole und

---

[1] In Modellerweiterungen (lab equipment-Spezifikation) wurde der Zugang zu Investitionsgütern i.S.v. speziellen Forschungsgütern berücksichtigt. Die Wettbewerbssituation ist bei Aghion/Howitt eine Determinante des Innovationsverhaltens. Im Kontext einer offenen Volkswirtschaft ist die relative Produktivitätsposition im Vergleich zum Ausland von Bedeutung für das F&E-Kalkül.

[2] Auf die Wissensdiffusion als mögliche Determinanten der Forschungsproduktivität wurde in Abschnitt 2.4.4.3 kurz eingegangen.

die stärkere Ausrichtung des wissenschaftlichen Angebots der öffentlichen Institute an der Nachfrage des produktiven Sektors sind einige mögliche Ansatzpunkte, die sich aus der NIS-Perspektive ergeben. Darüber hinaus ermöglicht der NIS-Ansatz die Ableitung von Empfehlungen über Anreizsysteme in der öffentlichen Forschung.

Die Wirkungen internationaler Beziehungen in der EWT wurde bereits ausführlich diskutiert und dabei wurde auf Marktgrößen-, Wissenspillover-, Reallokations- und Spezialisierungseffekte der Integration hingewiesen. Der Fokus des NIS-Ansatzes ist nicht international. Internationale Wissensflüsse, das Innovationsverhalten multinationaler Konzerne oder Nachfrageeffekte werden nur in einzelnen Aufsätzen ansatzweise berücksichtigt.

In der EWT ist das Wachstum die zu erklärende Größe. Es wird letztendlich durch gezielte Innovationen erklärt. Der NIS-Ansatz untersucht dagegen möglichst realitätsnah internationale Unterschiede im Innovationsverhalten. Letztendlich sind die Auswirkungen der Innovation auf das Wirtschaftswachstum für seine Vertreter von untergeordneter Bedeutung. Hinter der Notwendigkeit der Innovationserklärung steht implizit die Annahme, dass erfolgreiche Innovationen irgendwann in Wachstum resultieren werden. Insofern sind die Erkenntnisse der NIS interessante Inputs für die endogene Wachstumstheorie.

EWT und NIS weisen somit sowohl Gemeinsamkeiten als auch Unterschiede auf. Die Annahmen über Innovationsprozesse unterscheiden sich deutlich. Die Erkenntnisse aus der EWT werden von den NIS-Vertretern dabei nicht verworfen, sie sind ihnen nur nicht differenziert genug und vernachlässigen nach ihrer Ansicht wichtige Aspekte des Innovationsprozesses und damit wichtige Ansatzpunkte der Wirtschaftspolitik. Zur ersten und zweiten Leitfrage (Offenheit und Wachstum bzw. Umfang der Innovationsaktivitäten) liefert der NIS-Ansatz m. E. nur wenig neue Erkenntnisse. Vor dem Hintergrund der dritten und vierten Leitfrage der Arbeit (Innovationsfähigkeit, Politikempfehlungen) aber ist der NIS-Ansatzes eine gute Ergänzung zur EWT. Seine mikro- und mesoökonomische Struktur ist vielseitiger, verschiedene Motivationen können berücksichtigt werden, und es können Prozesse in die Analyse integriert werden, die nicht über Märkte ablaufen. Gerade bei der Wissensdiffusion dürften derartige Prozesse eine wichtige Rolle spielen. Darüber hinaus bezieht er Institutionen in die Analyse ein, so dass er die Rolle des Staates besser erfasst.

3.2 Effekte einer Weltmarktintegration auf die NIS von Schwellenländern

3.2.1 Innovation und Innovationssysteme in Schwellenländern

3.2.1.1 Innovation und technischer Fortschritt in Schwellenländern

Sowohl die EWT als auch der Ansatz der NIS wurden ursprünglich für die spezielle Situation in den Industrieländern entwickelt. In den Industrieländern ist technischer Fortschritt durch private Innovation der Motor des Wirtschaftswachstums, und in ihnen werden die Innovationsprozesse immer wissensbasierter.[1] In diesem Abschnitt wird erörtert, mit welchen Einschränkungen die Erkenntnisse des NIS-Ansatzes auch auf die Situation der Schwellenländer übertragen werden können.

Gezielte Innovationstätigkeit im engeren Sinne findet in SL kaum, und wenn dann weitgehend informell statt. Private F&E ist kaum verbreitet, der Anteil der öffentlichen F&E an der ohnehin geringen gesamten F&E ist überdurchschnittlich hoch.[2] Da Forschung, Entwicklung und Innovationen in SL rar sind, sind auch die Institutionen des SL nicht auf die Unterstützung der Innovation ausgerichtet, und die bestehenden innovationsunterstützenden Institutionen sind nur schwach entwickelt.[3] Die Forschung zum technischen Wandel in den SL betont daher die Rolle der internationalen Technologie- und Wissensdiffusion für ihre Entwicklung.[4] Technische Neuerungen kommen nahezu ausnahmslos aus dem Ausland und werden absorbiert und gegebenenfalls adaptiert. Allerdings erfordern der Technologietransfer und die Technologieabsorption gezielte Anstrengungen von Seiten des SL.[5]

Der mit der Absorption und Adaptation einer gehende Prozess des technologischen *catch ups* wurde insbesondere anhand der erfolgreichen südostasiatischen Schwellenländer untersucht. Dabei wurden verschiedene mögliche Erfolgsursachen identifiziert (selektive Industriepolitik, Exportorientierung, Anreizmechanismen zur Simulation von Wettbewerb, hohe Sparquoten und Bildungsanstrengungen), aber weder über die Bedeutung der Technologie noch über die Bedeutung des Staates für den Aufholprozess besteht zum heutigen Zeitpunkt Einigung.[6] Ein konkreter Befund zu den südostasiatischen *newly industrialized countries* (NICs) der ersten Generation (Korea, Taiwan) ist, dass ihre Unternehmen bereits früh die Fähigkeit zu dynamischen Lernprozessen entwickelten, dass sie aber erst relativ spät damit begannen, ihre formalen F&E-Anstrengungen auszuweiten. Mit zunehmendem Entwicklungsstand haben sie aber zu der Ländergruppe mit der höchsten F&E-Intensität aufgeschlossen. Auch wenn die Erfahrungen der asiatischen NICs nicht unbedingt zu verallgemeinern sind, scheint F&E also – anders als in den IL – nicht unbedingt ein Motor für die wirtschaftliche Entwicklung von SL zu sein, aber der Aufbau von F&E-Kompetenz ist ein komplementärer Prozess zur wirtschaftlichen Entwicklung.

Der positiven Erfahrung der asiatischen NICs wird oft die negative Erfahrung der lateinamerikanischen NICs gegenübergestellt. Diese Länder zielten mit ihrer

---

[1] Vgl. OECD (1999), S.15ff.
[2] Vgl. Anhang A1.
[3] Der NIS-Ansatz betont, dass Innovation und Institutionenentwicklung sich wechselseitig bedingende Prozesse sind.
[4] Vgl. für einen Überblick zum technologischen Wandel in SL Evenson/Westphal (1995).
[5] Vgl. z.B. Bell/Pavitt (1993).
[6] Zur Kontroverse vgl. u.a. Weltbank (1993), Young (1995) oder Nelson/Pack (1997).

Form der Importsubstitution darauf ab, den Import von Technologien durch Imitation dieser Technologien zu substituieren. Hierzu setzen sie auf ein kompliziertes Geflecht von Anreizen und Beschränkungen, das in seiner Summe den Transfer von Technologien und den Aufbau technologischer Kompetenzen eher behinderte als stimulierte. Unter dem Regime der Importsubstitution waren die Anreize dergestalt verzerrt, dass die unternehmerischen Strategien eher an der Sicherung von Renten und an den lokalen Gegebenheiten als auf einer Verbesserung der Qualität bzw. Produktivität und der Orientierung an der weltweiten *best practice* ausgerichtet waren.[1] In den lateinamerikanischen Ländern wurde der Aufbau einer eigenen innovationsorientierten F&E-Kompetenz weitgehend verzichtet. Die Importsubstitutionspolitik erreichte somit das Gegenteil ihres eigentlichen Ziels: Die technologische Lücke weitete sich, anstatt geschlossen zu werden.[2]

Die SL-orientierte Innovationsforschung steht vor dem Hintergrund der gegenteiligen Erfahrungen aus Asien und Lateinamerika vor der Herausforderung, Wege zu identifizieren, wie Unternehmen in Entwicklungs- und Schwellenländern ohne die Abschottung von den IL Innovationsprozesse erlernen und Innovationskompetenz aufbauen können.

Während die Entwicklungsländer – mit wenigen Ausnahmen wie z.B. China oder Indien – noch weit vom Aufbau eigener F&E- und Innovationskapazitäten entfernt sind, und sich ihre Wirtschaftspolitik mit anderen Prioritäten konfrontiert sieht, stellt sich für die Schwellenländer die Frage nach dem Aufbau eigener Innovationskompetenz mit größerer Dringlichkeit, damit sie den Übergang von ressourcen- und imitations- zu innovationsbasiertem (endogenen) Wachstum einleiten können.[3]

Den Schwellenländern können die für die IL entwickelten Determinanten des Innovationsverhaltens aus der EWT und dem NIS-Ansatz Ansatzpunkte liefern, wo eine Politik zur Förderung der privaten Innovationstätigkeit ansetzen kann. Daher sollen die besonderen Herausforderungen der Innovationssysteme von Schwellenländern nun auf der Basis des NIS-Ansatzes charakterisiert werden, ehe mögliche Effekte einer Weltmarktintegration auf die NIS von SL betrachtet und Politikempfehlungen für den Aufbau der Innovationskompetenz in offenen NICs abgeleitet werden.

---

[1] Vgl Meyer-Stamer (1997), S.37f.
[2] Diese Darstellung des Industrialisierungsprozesses in Lateinamerika ist etwas verkürzt. In der ersten Phase der Importsubstitution kam es durchaus zur Expansion der Industrieproduktion und zu Produktivitätssteigerungen. Aber mit zunehmender Dauer der Importsubstitution erwiesen sich die Anreize als kontraproduktiv, und der Modernisierungsimpuls ging hinter den hohen Protektionswällen verloren.
[3] Für eine derartige Taxonomie von Wachstumsprozessen vgl. Sachs (2000).

3.2.1.2 Nationale Innovationssysteme in Schwellenländern

In den letzten Jahren sind in wachsender Zahl Untersuchungen zu den NIS von SL entstanden.[1] Diese ersten Studien geben Hinweise auf die Besonderheiten der NIS von SL: sie weisen zahlreiche Defizite gegenüber den NIS der IL auf, die die Entwicklung von einheimischer Innovationskompetenz behindern.[2] Melo konstatiert, dass die SL über Innovationssysteme verfügen, die sich in „quantitativer" Hinsicht und in „qualitativer" Hinsicht von denen der IL unterscheiden. Über einige Defizite und Besonderheiten wird nun ein Überblick gegeben, um die Diagnose eines Landes zu erleichtern.[3] Die ersten drei Aspekte sind quantitativer Natur lehnen sich eng an die Charakterisierung der SL im Rahmen der EWT an. Die weiteren Aspekte sind qualitativer Natur und eher von der NIS-Analyse motiviert. Der Überblick ist sicherlich weder vollständig, noch gilt jeder Punkt für jedes Land in gleichem Maße. Im Einzelfall werden sich die Gewichte zwischen den einzelnen Defiziten von Land zu Land unterscheiden.

1. SL sind latecomer mit relativ geringer Wissensbasis

Der Wissenstand der SL ist im Vergleich zu en IL relativ gering.[4] Der geringe Wissenstand der SL liegt in den historischen Wurzeln der NIS von SL begründet, deren Ursprünge in einer Zeit liegen, als die IL bereits etablierte NIS aufwiesen und einen Wissens- und Technologievorsprung gegenüber den SL besaßen. Die NIS in SL sind somit in ihrer Wirkungsweise beeinträchtigt, da sie nicht an der internationalen Wissensgrenze operieren. Da Wissen kumulativ ist, reduzieren die Wissensrückstände die Fähigkeit zur *new to the world*-Innovation. Nur im Fall technologischer Revolutionen eröffnen sich möglicherweise sogenannte *windows of opportunities*.

Die relative geringe Wissensbasis lässt sich in Hinblick auf den gesamten Wissensstock als auch auf sektorspezifisches Wissen diagnostizieren. Das Spezialisierungsmuster der SL basiert auf wenig wissensintensiven Branchen, und in den einzelnen Branchen sind die SL weniger produktiv als die IL.

2. Die in der Forschung einsetzbaren Humankapitalressourcen sind gering

Die meisten SL weisen relativ geringe Humankapitalausstattungen auf.[5] Zwar konnte die Lücke im Bereich der Primar- und Sekundarschulbildung in vielen

---

[1] Vgl. Nelson (1993), der explizit einige Schwellenländer berücksichtigt, sowie OECD (1999) und Melo (2001).
[2] Die direkte Übertragbarkeit der speziellen Erfahrungen einzelner Länder auf andere SL dürfte in vielen Fällen allerdings problematisch sein.
[3] Die Auflistung erfolgt in Anlehnung an Melo (2001), wurde aber um einige Punkte ergänzt.
[4] Das geringe Wissen findet seinen quantitativen Widerhall in den relativ geringen TFP der SL.
[5] Vgl. Weltbank (1999), S.200f.

Ländern in den letzten Jahren verringert werden,[1] aber im Bereich der Hochschulbildung gibt es weiterhin Defizite in quantitativer und qualitativer Hinsicht. Das Niveau der Ausbildung ist gering, und die fachliche Zusammensetzung der Hochschulabsolventen in vielen SL ist zudem nicht zum Ausbau der Innovationskompetenz geeignet.

3. Die messbaren F&E-Anstrengungen sind gering

Die gängigen Innovations- und F&E-Indikatoren für SL sind sehr niedrig, die internationale Verteilung der F&E-Ausgaben ist noch schiefer als die Einkommensverteilung.[2] Dies gilt für verschiedene Inputindikatoren (F&E/BIP, priv. F&E/BIP, Zahl der Forscher/Einwohner) ebenso wie für Outputindikatoren (Patente, Publikation, Hochtechnologieexporte). Die SL und ihre Unternehmen haben somit bisher keine messbare „Innovationskultur" aufbauen können.

Zwar bilden diese Indikatoren, wie der NIS-Ansatz betont, nur einen Teil der Innovationsaktivitäten ab, aber für andere Größen und Prozesse gibt es bisher keine internationalen Statistiken. Es ist davon auszugehen, dass die SL auch bei informeller F&E und bei anderen mit der Innovation verknüpften Lernaktivitäten eine schlechtere *Performance* als die IL aufweisen.

4. In SL sind andere Prozesse als formale F&E für „lokale" Innovationen wichtig

„*New to the world*"-Innovationen kommen kaum aus SL, und wissensbasierte Branchen sind im Spezialisierungsmuster der SL kaum vertreten. Technologischer Wandel findet dort auf anderem Wege statt. Eine Erweiterung der engen Konzepte „Innovation" und „F&E" ist für eine Analyse der NIS von SL daher notwendig. Der zusätzliche Erfassungsbedarf für den tatsächlichen Technologieerwerb der SL umfasst z B. Diffusions-, Lern-, Imitations-, Adoptions- und Adaptationsprozesse. Er erfordert allerdings (a) eine bessere Theorie über derartige Prozesse und (b) praktikablere Messkonzepte, als sie gegenwärtig zur Verfügung stehen. Hier besteht weiterer Forschungsbedarf.

5. Der öffentliche Teil des Forschungssystems trägt kaum zum Aufbau von Innovationskompetenz bei

Zwar ist in vielen SL der Anteil der öffentlichen Ausgaben für F&E an den gesamten Ausgaben für F&E höher als in den IL. Aber ihr absolutes Niveau ist dennoch gering, und die ohnehin geringen Ausgaben sind nicht darauf ausgerichtet, den produktiven Sektor zu stärken. Die Ausgaben fließen eher in Prestigeprojekte oder verhelfen Eliten zu privaten Renten, als dass sie die lokal verfügbare Wissensbasis der heimischen Unternehmen stärken.

---

[1] Vgl. Pritchett (1966).
[2] Vgl. Anhang A1.

6. Wissen fließt in SL nur eingeschränkt, da die institutionellen und materiellen Infrastrukturen fehlen

Das unterentwickelte Rechtssystem, traditionelle informelle Institutionen und schlechte Infrastrukturen führen dazu, dass das Wissen zwischen den Akteuren des NIS nur eingeschränkt fließt.[1] So werden z. B. Unternehmenskooperationen durch fehlende Rechtssicherheit oder simultane Produktentwicklungen durch eine schlechte Telekommunikationsinfrastruktur behindert. Auch die öffentlichen Universitäten und Institute sind aufgrund der geringen Ressourcenausstattung, der geringen Kompetenz und der Ausrichtung ihrer Forschungsaktivitäten kein interessanter Partner für Entwicklungsprojekte.

7. Die Bedeutung des Auslandes als Wissensquelle ist in den SL größer als in den IL

Der NIS-Ansatz hat eine ausgeprägt nationale Perspektive. Dabei hat selbst für die meisten IL das Ausland eine große Bedeutung für die eigenen Innovation.[2] Auch in Deutschland werden z. B. die meisten Schlüsselinnovationen aus dem Ausland übernommen und weiterentwickelt, es ist ein sogenannter *early adopter*.

In SL ist aufgrund ihrer geringen heimischen Innovationskapazität die relative Bedeutung ausländischer Wissens- und Technologiequellen noch größer.[3] Da sich vor Ort z.B. keine funktionsfähigen lokalen Zuliefernetzwerke oder keine guten eigenen Universitäten finden lassen, werden die technologischen Strategien durch Verbindungen zu ausländischen Lieferanten bestimmt. Ein guter Zugang zu ausländischen Wissensquellen ist für den Aufbau und die Funktionsfähigkeit der NIS von SL daher von elementarer Bedeutung, und die Institutionen und Infrastrukturen des SL sollten diesem Umstand Rechnung tragen: die NIS von SL müssen offene Systeme sein, um effizient zu sein. Sind die Institutionen und Infrastrukturen inadäquat, so lässt ein SL seine *catch up*-Potentiale ungenutzt.

8. Die heimische Nachfrage ist wenig anspruchsvoll

Nicht nur in Hinblick auf die Technologie- und Wissensbeschaffung ist das Ausland für die Entwicklung der NIS von SL wichtig. Auch die Nachfrage in den SL ist wenig innovationsstimulierend. Aufgrund geringer Einkommen steht die Befriedigung der Grundbedürfnisse oft im Vordergrund, die Produktqualität stellt kein wichtiges Kriterium bei der Konsumentscheidung dar. Die anspruchslose Heimatnachfrage kann eine Restriktion für Innovationsprozesse, z.B. für qualitative Verbesserungen von Produkten, sein. Die Strategie des exportgetriebenen Wachstums in den asiatischen NICs hat versucht, derartige Restriktionen zu umgehen, in dem man sich an der Nachfrage auf den Exportmärkten orien-

---

[1] Vgl. Melo (201), S.32.
[2] Vgl. z.B. Coe/Helpman (1995).
[3] Vgl. Coe/Helpman/Hoffmaister (1997) oder Eaton/Kortum (2001).

tierte. Ihr erfolgreiches Beispiel zeigt, dass die inländische Nachfrage ein Hindernis sein kann, aber in außenorientierten SL kein Hindernis sein muss.

9. Die makroökonomischen und politischen Rahmenbedingungen und die informellen Institutionen behindern die Innovativität der Unternehmen

Makroökonomische und politische Instabilität sind Faktoren außerhalb des eigentlichen NIS, die in SL einen wichtigen Beitrag zur geringen Effzienz der Innovationssysteme leisten. Sie wirken sich negativ auf das mit Ungewissheit behaftete und eher langfristig orientierte Innovationsverhalten der Unternehmen aus. Gerade die Erfahrung der lateinamerikanischen Staaten zeigt, das regelmäßig wiederkehrende oder nachhaltige Krisen den Aufbau einer eigenen Innovationskultur behindern können und strukturelle Reformen des Innovationssystems in den Hintergrund drängen. Auch Protektion und *rent seeking* reduzieren die Bereitschaft zur Innovation. Andere Strategien als Innovationsstrategien rücken in den Vordergrund.[1] Derartige Verhaltensmuster sind nur schwer zu verändern.

10. Experimente mit Entwicklungsparadigmen induzierten Pfadabhängigkeiten und führten zu (aus heutiger Sicht) ineffizienten Institutionen

Im Laufe ihrer Geschichte haben viele SL mit unterschiedlichen Entwicklungsparadigmen experimentiert. Insbesondere in Lateinamerika hat die Importsubstitution zu einem institutionellen *setting* geführt, der von dem der IL deutlich abweicht: die importsubstituierende Ökonomie ist durch relative Abgeschlossenheit vom Weltmarkt, dem politisch gelenkten Aufbau von ausgewählten Schlüsselindustrien und der gesteuerten Ansiedlung von MNU charakterisiert. Die Produktion erfolgte vertikal integriert, die Adoption ausländischer Technologien wurde durch lokale *engineering departments* vorgenommen. Dieses *setting* war insgesamt wenig innovationsfreundlich.

Ein Paradigmenwechsel wie jener am Ende der 80er und zu Beginn der 90er Jahre, der für viele SL den Übergang von der Importsubstitution zur Integration in die globalisierte Weltwirtschaft mit sich brachte, löst einen Anpassungsbedarf bei den Unternehmen eines NIS aus. Damit dieser Anpassungsbedarf in eine positive Entwicklung mündet, ist eine konsequente strategische Neuausrichtung des ganzen NIS inklusive seiner öffentliche Elemente und seiner Institutionen erforderlich.

3.2.2 Mögliche Auswirkungen einer Weltmarktintegration auf die Innovationssysteme von Schwellenländern

In diesem Abschnitt sollen mögliche Antworten auf die dritte Leitfrage gefunden werden, wie eine Weltmarktintegration das NIS eines SL und damit seine Fähigkeit zur Innovation verändert. Die Ausführungen des zweiten Kapitels

---

[1] Vgl. Meyer-Stamer (1997), S.37f.

haben bereits deutlich gemacht, dass der Regimewechsel von einer binnenorientierten zu einer außenorientierten Entwicklung Rückwirkungen auf ein nationales Innovationssystem haben wird. Dabei wurde bisher nur die quantitative Entwicklung des Forschungssektors betrachtet. In diesem Abschnitt sollen nun die qualitativen Ausprägungen eines NIS in die Analyse einbezogen werden. Da ein SL in der Ausgangslage nur ein relativ unterentwickeltes NIS hat, stellt sich die Frage, ob die weitere Entwicklung des NIS durch die Liberalisierung eher behindert oder stimuliert werden wird. Jedes Land ist ein natürlich Einzelfall, aber einige allgemeine Effekte einer Liberalisierung lassen sich möglicherweise finden. Die Effekte lassen sich in drei Gruppen unterteilen:

a) direkte Effekte auf Basis der EWT

b) direkte Effekte auf Basis des NIS-Ansatzes

c) mögliche indirek te Effekte über das Wirtschaftswachstum

a) direkte Effekte der Öffnung nach der EWT

Die ersten Ansatzpunkte für allgemeine Effekte einer Öffnung auf das Innovationsverhalten lassen sich auf Basis der EWT identifizieren. Dort führte die Öffnung eines SL zum einen Spezialisierungsdruck gemäß der komparativen Vorteile, ausgelöst durch die geänderten relativen Preise zwischen der inländischen Innovation (bzw. Imitation) und dem Investitionsgüterimport.[1]

1. Infolge der Spezialisierung ist ein Rückgang des F&E-Volumens im SL zu erwarten. Innovation ist nun zu teuer, Imitation (bei Schutz geistigen Eigentums) nicht mehr möglich. Im Extremfall wird die inländische private F&E ganz eingestellt. Allerdings ist dieser Prozess nicht zwangsläufig. Die Kontraktion kann z.B. begrenzt bleiben, wenn Forscher nicht äquivalent in der Produktion eingesetzt werden können. Zudem kann F&E als Input für die Absorption von moderner Technologie erforderlich sein, so dass mit zunehmenden Importen von modernen Investitionsgütern auch die Nachfrage nach F&E steigt.

2. Auf der anderen Seite besteht nach der Öffnung ein verbesserter Zugang zu ausländischer Technologie. Der Einsatz importierter Güter oder Technologien hat einen direkten Produktivitätseffekt in der Produktion. Und zusätzliches mit dem Einsatz der Importprodukte in der Produktion verbundenes Lernen kann auch einen positiven Effekt auf die heimische Wissensakkumulation haben, die Voraussetzung hierfür ist eine ausreichende Absorptionsfähigkeit.

3. Mit der ausländischen Technologie wird darüber hinaus auch Wissen importiert, dass über inländische Wissensflüsse von der Produktion in den Forschungssektor gelangen kann. Die Voraussetzung hierfür ist, dass der Kon-

---

[1] Vgl. hierzu auch Katz (1999).

takt zwischen der Produktion und der Forschung eng genug ist. Darüber hinaus können internationale Wissensspillover durch eine Weltmarktintegration nicht nur durch indirekte Kanäle, sondern auch durch direkte Kanäle intensiviert werden. Dies ist z. B. dann der Fall, wenn die inländischen Forscher nach der Integration in globale Netzwerke eingebunden werden. Indirekte und direkte internationale Wissensspillover erhöhen die Produktivität der Forscher. Im optimistischsten Szenario induziert der Zugang zu ausländischem Wissen sogar inländische Innovationsprozesse.

b) Direkte Effekte auf die Funktionsweise des Innovationssystems

Aus der Perspektive des NIS-Ansatzes sind eine Reihe weiterer negativer und positiver Effekt der Weltmarktintegration auf die Funktionsfähigkeit des NIS von SL denkbar. Gegenstand von Effekten können die Industriestruktur, das Verhalten und die Strategien der Unternehmen, das Verhalten und die Strategien der öffentlichen Institutionen, die Infrastruktur, die innovationsunterstützenden Institutionen des Beratungs-, Bildungs- und Finanzsystems, die inländischen und die internationalen Wissensflüsse sowie die institutionellen Rahmenbedingungen sein.

aa) Negative direkte Effekte der Weltmarktintegration auf die Funktionsweise des NIS

1. Das von der Weltmarktintegration induzierte neue Spezialisierungsmuster kann auf Branchen beruhen, in denen keine dynamischen komparativen Vorteile durch Wissensakkumulation – sei es durch F&E oder durch inkorporiertes Wissen – aufzubauen sind. Hierdurch wird das Potential für eine wissensbasierte Entwicklung vermindert.

2. Im Rahmen der Übernahme von inländischen durch ausländische Unternehmen kann es zur Schließung inländischer F&E-Abteilungen kommen, da sie innerhalb des neuen Unternehmensverbundes relativ ineffizient forschen.

3. Das in der Vergangenheit erworbene tazite Wissen des SL wird im Rahmen des Spezialisierungsprozesses entwertet und muss abgeschrieben werden. Der aggregierte Wissensstock des Landes verringert sich, und die imitative Forschungskompetenz wird wertlos. Entwertung und Arbeitslosigkeit können zur Emigration des spezialisierten Humankapitals führen.[1] Langfristig reduziert die Spezialisierung aufgrund geringer Beschäftigungsmöglichkeiten möglicherweise die Bereitschaft zur Investition in Bildung.

4. Die mikroökonomischen Anpassungsprozesse, von denen die EWT abstrahiert, können einen *exit* von Unternehmen induzieren, die eine Knotenfunk-

---

[1] Die Spezifität des Humankapital kann somit sowohl positiv als auch negativ auf die Forschungsaktivität wirken. Sie kann eine Reallokation zu ungunsten der Forschung verhindern oder zu Arbeitslosigkeit und Emigration führen.

tion in lokalen Produktionsnetzwerken oder *Clustern* inne hatten. Die Funktionsweise der Produktionsnetzwerke kann dadurch negativ beeinflusst werden, und es kommt zu negativen externen Effekte auf andere Unternehmen. Allerdings wird die Auslese die relativ schwachen Unternehmen treffen, für deren Produkte Substitute aus dem Ausland bestehen.

bb) Positive direkte Effekte der Weltmarktintegration auf die Funktionsweise des NIS

1. Die steigenden Investitionsgüterimporte können sich über Veränderungen in der Produktionsweise der Wirtschaft positiv auf die Nachfrage nach neuem Wissen und spezialisiertem Humankapital aus dem Forschungssektor auswirken. In diesem Fall stehen importierte Technologie und lokale Wissensgenerierung in einer komplementären Beziehung zueinander.

2. Die bessere Qualität der Importgüter kann eine stärkere Qualitätsorientierung der inländischen Unternehmen induzieren und damit die inländische Innovationskultur stärken. Ein derartiges Qualitätsbewußtsein kann auch durch eine zunehmende Exportorientierung ausgelöst werden.

3. Im Rahmen des NIS-Ansatzes sind mikroökonomische Wettbewerbseffekte auf das Innovationsverhalten der Unternehmen möglich. Sie können zum Abbau von X-Ineffizienz führen oder den Übergang von *rent seeking* zu Innovationsstrategien zur Folge haben. Derartige Wettbewerbseffekte wurden unter dem Begriff *imports as market discipline*-Hypothese in die Industrieökonomik eingeführt.[1]

4. Neben Wettbewerbseffekten sind auch Lerneffekte der Integration auf das Innovationsverhalten denkbar, bei denen die Unternehmen im SL von ihren internationalen Partnern Hinweise zur Reorganisation und Effizienzsteigerung ihre Forschungsaktivitäten bekommen.

5. Auch im öffentlichen Teil des NIS kann sich aufgrund der verstärkten Konkurrenz von Technologieimporten der Wettbewerb um knappe Ressourcen intensivieren. In diesem Fall werden sich die Forschungsinstitutionen um eine Effizienzsteigerung bemühen müssen, der Druck zur strategischen Neuausrichtung und Kompetenzsteigerung wächst.

6. Darüber hinaus entsteht durch die Weltmarktintegration Druck auf die Regierung zur Übernahme internationaler Standards bei institutionellen Regelungen, z.B. dem Patentrecht oder Qualitätsstandards.

7. Die Weltmarktintegration kann den Zugang von Unternehmensberatungen und anderen Service-Unternehmen erleichtern und hierdurch nicht-inkorpo-

---

[1] Vgl. z. B. Levinsohn (1993).

rierte Wissenstransfers forcieren und die institutionelle Infrastruktur im SL verbessern.

8. Der Zugang zu Kredit und die Institutionen des Finanzsektors können durch FDI im Finanzsektor (z.B. Investment-Fonds, *venture capital*-Gesellschaften) verbessert werden.

9. Der zunehmende Warenaustausch nach der Weltmarktintegration kann einen Ausbau der Verkehrs- und Telekommunikationsinfrastrukturen induzieren und damit auch internationale Wissensflüsse erleichtern.

c) Indirekte Effekte einer Weltmarktintegration über das Wirtschaftswachstum

Im Szenario des Romer-Modells führt die Integration zu steigenden Wachstumsraten. Wenn es infolge der Liberalisierung tatsächlich zu höherem Wirtschaftswachstum kommt, können sich weitere, indirekte Effekte der Weltmarktintegration auf die Effizienz des NIS ergeben.

1. Das Wachstum kann zur makroökonomischen Stabilisierung beitragen und damit ein innovationsfreundlicheres Umfeld schaffen. Die makroökonomische Stabilisierung verändert die Ergebnisse des Risikokalküls der Unternehmen. Gerade unsichere und langfristige Innovationsprojekte werden im Vergleich zu rein defensiven Existenzsicherungsstrategien, Spekulationen oder *rent seeking* rentabler.

2. In der politischen Sphäre kann nach erfolgreicher Stabilisierung die Aufmerksamkeit der Politik zunehmend auf strukturelle Defizite und eine Stärkung der institutionellen Rahmenbedingungen gelenkt werden.

3. Das importgetriebene Wachstum infolge einer Öffnung schafft neue Ressourcen, die in der öffentlichen und privaten F&E eingesetzt werden können.

4. Das wachsende PKE schafft eine anspruchsvollere Inlandsnachfrage, die zu Qualitätsverbesserungen anregt.

Wie die Bilanz der positiven und negativen Effekte einer Weltmarktintegration auf die Fähigkeit eines SL zur Innovation im Einzelfall aussieht, kann an dieser Stelle nicht prognostiziert werden. Dem negativen Spezialisierungseffekt aus der EWT stehen aber zahlreiche mögliche positive Effekte gegenüber, die ihn zumindest teilweise kompensieren können. Wie die Forschungspolitik dazu beitragen kann, die positiven Effekte zu verstärken, wird nun in Anlehnung an die Diskussionen der Abschnitte 2.4.4.2/3 sowie 3.1.4 diskutiert.

3.2.3 Empfehlungen für eine wachstumsorientierte Innovationspolitik in offenen Schwellenländern

Die handels- und forschungspolitischen Empfehlungen aus der EWT- und der NIS-Analyse können grundsätzlich auf die Situation der SL übertragen werden.[1] Allerdings muss in Anbetracht der speziellen Situation der SL beachtet werden, dass das Ausland seine wichtige Rolle als dominierende Technologiequelle behalten wird, dass die Effektivität der einzelnen Maßnahmen der Forschungspolitik aufgrund der insgesamt schlechteren Voraussetzungen vermutlich geringer als in IL ist, und dass die staatlichen Kapazitäten für eine konsistente Forschungspolitik nur schwach entwickelt sind, so dass die Umsetzung der Forschungspolitik selbst restringiert ist und einem permanenten Evaluierungsprozess unterworfen sein sollte. Die Empfehlungen werden in die Bereitstellung von Produktionsfaktoren, in Instrumente zu Förderung der Innovation in Unternehmen, in sektorale Schwerpunkte, in die Verbesserung der Rahmenbedingungen des NIS und in Maßnahmen zur Stärkung der forschungspolitischen Kompetenz unterteilt.

a) Bereitstellung von Produktionsfaktoren

Die erste Priorität für die Forschungspolitik für den Aufbau des NIS haben in den meisten SL und NICs der Zugang zu ausländischem Wissen und die Bildung von Humankapital.

Der Zugang zu ausländischem Wissen muss durch die Aufrechterhaltung der Weltmarktintegration gewährleistet bleiben. Die Weltmarktintegration sollte sich dabei nicht nur auf Güter, sondern auch auf den Handel mit Dienstleistungen, Technologien oder auf FDI beziehen. Der internationale Wissenstransfer sollte durch die Förderung der öffentlichen Forschungskooperation und die Verbesserung der inländischen Wissensdiffusion zwischen Produktion und Forschung erleichtert werden.

Die Verbreiterung der Humankapitalbasis ist die zweite Grundvoraussetzung für den Aufbau von Innovationskompetenz im SL. Dabei sollten sich die Bildungsanstrengungen auf die Schul- und auf die berufliche Bildung beziehen. Zur Verbesserung der Qualität des Bildungsangebotes sollte sich an internationalen *best practices* orientieren. Wenn die Qualität der inländischen Bildungsinstitutionen zu gering ist, sollte auch das ausländische Bildungsangebot zur Verbesserung des Humankapitalangebotes herangezogen werden. Öffentliche Bildungsinvestitionen sind nicht zuletzt deswegen in offenen SL besonders wichtig, da den reduzierten privaten Anreizen zur Bildung infolge der Spezialisierung entgegengewirkt werden muss.

---

[1] Das hier präsentierte Maßnahmenbündel lehnt sich eng an die Empfehlungen von Lall zum Aufbau von Innovationskompetenzen in SL an. Lall unterscheidet explizit Maßnahmen, die sich auf Anreize, Kompetenzen, Wissen, Kapital, technische Dienstleistungen und Technologiepolitik beziehen. Vgl. Lall (1992).

b) Förderung der Innovationsbereitschaft und -fähigkeit der Unternehmen

Im Zentrum des inländischen Wissensakkumulationsprozesses stehen die Innovationsaktivitäten der Unternehmen. In offenen NICs mit einer ausreichenden Humankapitalausstattung sollte der Staat damit beginnen, die privaten Innovationsaktivitäten zu stimulieren. Das Innovationsverhalten der Unternehmen kann der Staat direkt und indirekt beeinflussen.

Direkt kann der Staat über finanzielle Instrumente oder institutionelle Rahmenbedingungen die Innovationsbereitschaft fördern. Finanzielle Anreize kann er durch den Einsatz finanzpolitische Instrumente wie z.B. Abschreibungsmöglichkeiten oder subventionierte F&E-Kredite setzen. Im institutionellen Bereich sind der funktionsfähige Wettbewerb und das Patentrecht i. w. S. die wichtigsten Anreizsysteme zur Innovationsförderung. Da die effiziente Ausgestaltung der Instrumente (*windfall gains* bei finanziellen Förderprogrammen, der *trade off* zwischen Schutz und Offenlegung beim Patentrecht) kompliziert ist, sollte bei der Umsetzung der Instrumente auf internationale Expertise zurückgegriffen werden.

Indirekt kann der Staat den Zugang der Unternehmen zu den Produktionsfaktoren Wissen, Humankapital und Sachkapital verbessern:

Die Bedeutung des Zugangs zu ausländischem Wissen wurde bereits betont. Aber auch der Zugang zu inländischem Wissen muss verbessert werden, um eigene Kompetenzen zu entwickeln. Das Vertragsrecht und die Rechtssprechung müssen so ausgestaltet sein, dass sie die Aufnahme von Unternehmenskooperationen gewährleisten. Darüber hinaus muss das Wissens- und Dienstleistungsangebot der öffentlichen Forschungseinrichtungen verbessert werden. Hierzu muss auch, aber nicht nur, der Umfang der öffentlichen Forschungsausgaben gesteigert werden. Vor allem muss die Effizienz der Forschung durch den Einsatz neuer Anreiz- und Kontrollsysteme aus den IL erhöht werden. Darüber hinaus müssen die Schwerpunkte der Forschungsförderung stärker an der inländischen Nachfrage nach Wissen ausgerichtet werden, und der Wissenstransfer der öffentlichen Institute muss institutionalisiert werden. Angewandte Forschung sollte in SL gegenüber der Grundlagenforschung bevorzugt werden, sofern ein *crowding out* privater Aktivitäten vermieden werden kann. Die gezielte Förderung lokal begrenzter Kompetenzzentren sollte keine Priorität haben, wenn die lokale Wissensbasis nicht groß genug ist und die institutionellen Rahmenbedingungen für effiziente Wissensflüsse nicht gegeben sind. Allerdings kann auch aus Kostengründen die lokale Konzentration durch den von Infrastrukturausgaben gefördert werden.

Auch auf die Verbesserung des Bildungsangebots wurde weiter oben bereits eingegangen. Über die dort skizzierten Maßnahmen hinaus muss die Mobilität des Humankapitals und des damit verbundenen taziten Wissens erleichtert werden.

Da die Finanzmärkte in SL insbesondere bei der Versorgung von KMU und jungen Unternehmern mit Kapital nicht die Leistungsfähigkeit der Finanzmärkte von IL besitzen, muss der Staat finanzielle Programme zur Innovationsförderung bereitstellen und die Rahmenbedingungen des Finanzmarktes so anpassen, dass Risikokapital aus dem Ausland zufließen kann. Die Erfahrung aus IL zeigt, dass der Staat dabei Verdrängungseffekte gering halten muss, die Programme sollten so ausgerichtet sein, dass Erfahrungsgewinn der Innovationsförderung bei privaten Banken möglich ist.

Um die Innovationskultur der Unternehmen zu stärken, muss schließlich die Verbreitung *Management-Know How* über Innovationsprozesse gefördert werden. Hierzu kann der Staat in Ergänzung zu oder in Kooperation mit Unternehmensberatung und Kammern und Verbänden Service-Institutionen etablieren.

c) Sektorale Schwerpunktsetzung[1]

Die gezielte Förderung sektoraler Forschungs- und Technologieschwerpunkte ist ein umstrittenes Element des forschungspolitischen Instrumentariums. In SL könnten die Gefahren eines für eine wissensbasierte Entwicklung ungünstiges Spezialisierung sektorale Maßnahmen geboten erscheinen lassen. Allerdings sind sektorale Schwerpunkte im Rahmen der NIS-Ansatzes in den Bereichen zu setzen, in denen ein Land bereits einen kompetitiven Vorteil hat. In SL bedeutet dieses i. d. R. eine Fokussierung auf ressourcennahe Bereiche. Wenn eine sektorale Politik betrieben werden soll, so sollte sie also auf den Ausbau von Kompetenzen in den Branchen setzen, die in technologischer Hinsicht „nahe" an der natürlichen Ressourcenbasis sind. Danach könnte sukzessive die Entwicklung von Industrien, die durch *backward-* oder *forward-linkages* zu den natürlichen Ressourcen verbunden sind, erwogen werden. Darüber hinaus sollte der Aufbau einer Mindestausstattung an Kompetenzen in sogenannten *general purpose*-Technologien, ebenfalls in Verbindung mit den bestehenden Vorteilen erwogen werden.

d) Rahmenbedingungen des NIS

Die absolute Mindestanforderung an den Staat ist es allerdings, bestehende Hindernisse zur Innovation ausräumen. Zu den zu beseitigenden Hindernissen gehören insbesondere makroökonomische oder politische Instabilität, Institutionen, die zu Korruption und *rent seeking* beitragen sowie ein gesellschaftliches Klima, das unternehmerisches Handeln bestraft.

---

[1] Andere selektive Schwerpunkte können von der Forschungspolitik in geografischer Hinsicht (Kompetenzzentren, s.o.) oder in Hinblick auf die Natur der staatlich geförderten Forschungsaktivitäten (z.B. Entwicklungskompetenz statt Grundlagenforschung) gesetzt werden.

e) Forschungspolitische Kompetenz

Um die Entwicklung des NIS zu fördern, muss aufgrund des systemischen Charakters von Innovationsprozessen an vielen Hebeln zugleich angesetzt werden. Isolierte Maßnahmen werden ineffektiv bleiben, wenn andere Engpässe bestehen bleiben. Daher ist eine umfassende Strategie zur Entwicklung des NIS und damit zwangsläufig eine Stärkung der forschungspolitischen Kompetenz für den Ausbau eines NIS erforderlich. Für den Einzelfall muss eine dezidierte Analyse der individuellen Engpässe erfolgen, um forschungspolitische Prioritäten ableiten zu können.

Die bisherige Analyse bezog sich allein auf die Möglichkeiten und Instrumente der Forschungspolitik in offenen NICs. In Abschnitt 3.2.2 wurde kurz darauf hingewiesen, dass die Forschungspolitik die Unternehmen beim Übergang von einer geschlossenen zu einer offenen Ökonomie unterstützen sollte. Denn mit einem von der Wirtschaftspolitik eingeleiteten Paradigmenwechsel und seinen Anpassungsprozessen müssen komplementäre forschungs- und technologiepolitischen Maßnahmen einher gehen, um die gesamte Struktur des Innovationssystems an das neue Paradigma anzupassen.

Die Minimalanforderung an die Forschungspolitik ist, dass die alten, für das System der Importsubstitution entwickelten Institutionen neu ausgerichtet werden. Zusätzliche Maßnahmen zur strategischen Beratung der Unternehmen, zur Stärkung der Absorptionsfähigkeit bezüglich des Wissens aus dem Ausland, zur Stärkung der lokalen Wissensflüsse und zur Verbesserung des Zugangs zu Kredit zur Finanzierung der betrieblichen Restrukturierung sind in einer sich öffnenden VW ebenfalls erforderlich, um den Anpassungsprozess zu erleichtern.

Die Erforschung der NIS von SL steht erst am Anfang ihrer Entwicklung. Die Effekte des „Schocks" einer außenwirtschaftlichen Öffnung auf das NIS eines SL sind noch nicht erforscht worden, hier besteht Forschungsbedarf. Eine derartige Untersuchung ist nur an einer Fallstudie möglich. Mit einer derartigen Fallstudie können mögliche Liberalisierungseffekte identifiziert werden, die möglicherweise auch auf andere Länder übertragbar sind.

Die EWT und der NIS-Ansatz liefern wichtige Ideen als Input für die Analyse der möglichen Wirkungen einer Öffnung in SL. Daher sollten EWT und NIS nicht als Konkurrenz zueinander begriffen werden. Die EWT ist ein Baustein des NIS-Ansatzes. Die Welt der NIS ist facettenreicher und komplexer, aber auch realitätsnäher. Im nächsten Abschnitt werden nun die Ergebnisse der theoretischen Erörterung (in Form von Hypothesen als Antworten auf die vier Leitfragen) zusammengefasst sowie die empirische Überprüfung der Hypothesen im Rahmen einer Fallstudie erläutert werden.

3.3 Zusammenfassung der Hypothesen

Ausgehend von der Annahme, dass die Wissensakkumulation von entscheidender Bedeutung für Wachstums- und Entwicklungsprozesse ist, wurden dieser Arbeit vier Leitfragen vorangestellt und in den letzten beiden Kapiteln theoretisch fundierte Ansatzpunkte (EWT, NIS) für ihre Beantwortung hergeleitet.

Die vier Fragen waren:

1. Wie beeinflusst die Weltmarktintegration das Wachstum von SL?
2. Wie beeinflusst die Weltmarktintegration den Umfang der Forschungsaktivitäten in SL?
3. Wie beeinflusst die Weltmarktintegration in SL die Fähigkeit zur Innovation?
4. Wie kann die Wirtschaftspolitik in offenen SL innovationsfördernd eingesetzt werden?

Die aus der theoretischen Analyse abgeleiteten Hypothesen zur Beantwortung der Fragen sollen nun abschließend zusammengefasst und auf den Fall Argentinien übertragen werden. Die Formulierung der Hypothesen orientiert sich dabei an Argentinien als einem Schwellenland, das

- relativ klein ist (d.h. es löst durch seine Integration geringe feedback-Effekte aus),
- sich gegenüber dem Weltmarkt deutlich öffnet,
- einen Wissensrückstand gegenüber den führenden IL besitzt,
- eine relativ geringe Forschungsproduktivität hat,
- und über eine relativ geringe Humankapitalausstattung verfügt.[1]

Frage 1: Wie beeinflusst die Weltmarktintegration das Wachstum von SL?

Die Aussagen der F&E-basierten EWM zu den Effekten einer Weltmarktintegration auf das Wachstum von SL sind nicht eindeutig:

Im Romer-Modell (und im Aghion/Howitt-Modell) erhöht die Weltmarktintegration die langfristige Wachstumsrate im SL. Der entscheidende Mechanismus hierfür sind Wissensspillover durch Investitionsgüterimporte. Auf dem Anpassungspfad kommt es zu einem technologisch determinierten *catch up*-Prozess.

---

[1] Diese Diagnose wird im Rahmen der empirischen Untersuchung durch einige Daten fundiert. Diese Charakterisierung kann durch die Annahme relativen Reichtums an natürlichen Ressourcen ergänzt werden.

Im Grossman/Helpman-Modell (und in *learning-by-doing*-basierten Wachstumsmodellen) reduziert die Weltmarktintegration das Wachstum aufgrund von Spezialisierungseffekten, Investitionsgüterimporte spielen im Modell keine Rolle.

Die Aussagen lassen sich etwas relativieren.

a) Der Einsatz ausländischer Investitionsgüter und damit das Ausmaß der güterhandels-induzierten Wissensspillover kann von der Absorptionsfähigkeit eines Landes, diese wiederum von seiner Humankapitalausstattung oder seiner F&E abhängen. Daher kann die langfristige Wachstumsrate des SL nach der Integration durch diese Determinanten limitiert werden.

b) Güterhandel ist nicht der einzige Transmissionsmechanismus für Technologie. Internationale Wissensspillover durch Importe können vor der Integration durch imitative F&E, den Erwerb von Lizenzen oder FDI übertragen worden sein. Der „Nettozuwachs" der Wachstumsrate durch die Liberalisierung des Güterhandels fällt dann geringer aus.

c) Das Importpotential des SL hängt langfristig von seiner Fähigkeit zum Export ab. Ungünstige Nachfragekonstellationen, protektionistische Maßnahmen der IL oder eine „falsche" Wechselkurspolitik können den Export homogener Güter und damit den Import von Investitionsgütern und das Wachstum des SL verringern.

Diese Einschränkungen reduzieren die Potentiale des importinduzierten Wachstums. Sie stellen allerdings keine Argumente dar, dass sich ein Land den Zugang zu ausländischem Wissen durch Protektion erschweren sollte.

Je näher die Realität am Grossman/Helpman-Modell liegt, desto mehr Bedeutung gewinnen die Auswirkungen der Weltmarktintegration auf den Umfang (Frage 2) und die Effizienz (Frage 3) des Forschungssektors für den zukünftigen Wachstumspfad.

Frage 2: Wie beeinflusst die Weltmarktintegration den Umfang der Forschungsaktivitäten in SL?

Sowohl im Romer- als auch im Grossman/Helpman-Modell kommt es zu einem Rückgang der inländischen Forschungsaktivität. Der Rückgang wird durch die relative Preisänderung zwischen im Inland entwickelter und aus dem Ausland importierter Technologie infolge der Liberalisierung induziert. Der Import von Investitionsgütern (oder differenzierten Konsumgütern) ersetzt die eigene Entwicklung von Investitionsgütern (oder differenzierten) Konsumgütern. Es kommt zu einer Reallokation des Humankapitals aus der Forschung in die Produktion. Das Ausmaß des Rückgangs hängt von der relativen Produktivitätsposition des SL, von seiner relativen Humankapitalausstattung und von der Fähigkeit seines Forschungssektors zur Absorption ausländischen Wissens ab.

Auch diese Aussagen lassen sich relativieren:

a) Humankapital kann in dem Sinne inhomogen sein, dass es nicht unterschiedslos in der Produktion oder Forschung eingesetzt werden kann.

b) Ein Teil der F&E kann durch Anstrengungen zur Absorption und Adaptation der Investitionsgüterimporte an die lokalen Bedingungen der Endproduktproduktion erhalten bleiben. Die Beziehung zwischen Importen und Forschung kann dann neben substitutiven auch komplementäre Elemente aufweisen.

c) Indirekte Wissensspillover durch den Güterhandel können die Wissenslücke zwischen dem Forschungssektor des SL und des IL verringern.

Die Modifikationen a) bis c) können den Reallokationsdruck und damit das Ausmaß der Kontraktion des Forschungssektors vorübergehend mindern. Ob diese Mechanismen allerdings den langfristigen Spezialisierungsdruck durch den dynamischen komparativen Vorteil des IL in der Wissensakkumulation ausgleichen können, bleibt offen. Allerdings ist auch eine Beschleunigung der Kontraktion möglich, wenn Modifikation d) eintritt:

d) Geht die Weltmarktintegration mit der Integration der Märkte für Humankapital einher, so kann es aufgrund von internationalen Lohndifferenzen zum *brain drain* und damit zu einer beschleunigten und verstärkten Kontraktion des Forschungssektors kommen.

Frage 3: Wie beeinflusst die Weltmarktintegration die „Fähigkeit" zur Innovation in SL?

Im Rahmen der EWT sind die Auswirkungen der Weltmarktintegration auf die Produktivität des Forscher wiederum nicht eindeutig. Einerseits kann der Forschungssektor infolge der Spezialisierung ganz aufgegeben werden. Andererseits können Wissensspillovereffekte aus dem Ausland in den Forschungssektor des SL die Produktivität der im Forschungssektor verbleibenden Forscher erhöhen. Diese Wissensspillover können direkt oder indirekt durch den Güterhandel ausgelöst werden.

Im Rahmen der NIS-Analyse wurden zahlreiche zusätzliche Effekte hergeleitet. Die Forschungsproduktivität der Unternehmen erhöhen können z. B. :

– der Wechsel des technologischen Paradigmas infolge der besseren Technologie

– Wettbewerbseffekte durch den Abbau von X-Ineffizienz

– Lerneffekte durch internationale Kontakte

– der Markteintritt spezieller Dienstleister (Unternehmensberatungen, Kapitalmarktinstitutionen)

– der Zugang zu Märkten mit anspruchsvoller Nachfrage

Auch die Forschungspolitik kann nach der Weltmarktintegration verstärktem Druck ausgesetzt sein, den öffentlichen Teil des Wissenschaftssystem sowie seine Verbindungen zu den privaten Elementen und zum Ausland zu stärken und effizienter zu gestalten und die inländischen institutionellen Rahmenbedingungen zu verbessern.

Wenn es infolge der Weltmarktintegration zu mehr Stabilität und zu erhöhtem Wirtschaftswachstum kommt, kann dies ebenfalls die Innovationsanstrengungen und die Innovationseffizienz der Unternehmen verbessern.

Frage 4: Wie kann die Wirtschaftspolitik in offenen SL innovations- und wachstumsfördernd eingreifen?

- Aus der EWT geschlossener Volkswirtschaften ließen sich zahlreiche Ansatzpunkte für eine wissensbasierte Wachstumspolitik identifizieren. Sie lassen sich in horizontale finanzpolitische Instrumente, Bildungsinvestitionen, Verbesserungen der institutionellen Rahmenbedingungen, und Maßnahmen zur Erleichterung internationaler Wissensspillover und Maßnahmen zur Erhöhung der Forschungsproduktivität unterteilen.

- Die Effektivität des Einsatzes forschungspolitischer Instrumente für die Erhöhung der langfristige Wachstumsrate wurde im Fall der offenen Entwicklungsländer etwas relativiert. Ihre Wachstumswirkungen sind in einer Romer-Ökonomie nur noch gering, sie bleiben in einer Grossman/Helpman-Ökonomie bedeutend.

- Horizontale Subventionen für F&E lassen sich in einem offenen SL aber einsetzten, um das einheimische Forschungspotential zu erhalten oder zu entwickeln. Auch der Schutz des geistigen Eigentums, bestreitbare Märkte, das Bildungssystem oder der Finanzsektor sind weiterhin wichtige Rahmenbedingungen für einen funktionsfähigen Forschungssektor, ohne die Innovationsprozesse in offenen SL nicht entstehen werden.

- Die Verbesserung der internationale Wissensdiffusion in die Forschung stellt einen wichtigen Ansatzpunkt für die Forschungspolitik von SL dar, ohne den die inländische Forschungskapazität auf Dauer nicht erhalten werden kann. Mögliche Instrumente sind Kooperationen, Wissenschaftleraustausch, die Förderung von FDI und Maßnahmen zur Erleichterung indirekter Wissensspillover und zur Verbesserung der Absorptionsfähigkeit.

- Die für Innovationsprozesse relevanten Akteure und Diffusionskanäle ließen sich durch die NIS-Analyse näher spezifizieren, die Bedeutung der institutionellen Rahmenbedingungen für die Wissensdiffusion verdeutlichen. Aus dem NIS-Ansatz kamen zu den o. a. Instrumenten u. a. folgende Instrumente hinzu. Die stärkere Orientierung des Wissensangebotes der öffentlichen Institutionen an der Nachfrage, die Förderung der Kooperation und der Mitarbeitermobilität zwischen öffentlichen Instituten und Unternehmen, die

Schaffung lokaler Kompetenzzentren und selektive Programme in Bereichen mit potentiellen Stärken.

- Alle genannten Maßnahmen können die Fähigkeit zur eigenen Forschung, Entwicklung und Innovation stärken. Ob die innovationsfördernden Maßnahmen im Kontext eines offenen SL auch wachstumsratenerhöhend wirken, ist weniger eindeutig. Die Offenheit gegenüber Investitionsgüterimporten ist der wichtigste Garant für einen wissensbasierten Wachstumsprozess in SL.

4 Auswirkungen der Weltmarktintegration auf das Wachstum, das Innovationsverhalten und das Innovationssystem in Argentinien

4.1 Die Evolution des argentinischen NIS bis 1990 und der Prozess der Weltmarktintegration

4.1.1 Einführung

Die nun folgende empirische Untersuchung untersucht die soeben zusammengefassten Hypothesen über die Auswirkungen der Weltmarktintegration auf das Wirtschaftswachstum und das Innovationsverhalten von Schwellenländern am Beispiel der Weltmarktintegration Argentiniens um 1990. Die Analyse erfolgt in zwei Schritten:

– Im ersten Schritt wird auf der Basis aggregierter Indikatoren die makroökonomische Entwicklung Argentiniens nach 1990 und die quantitative Entwicklung seines Forschungssektors dargestellt (Leitfragen 1 und 2).

– Im zweiten Schritt wird vor dem Hintergrund des historisch gewachsenen argentinischen Innovationssystems betrachtet, wie sich die technologischen Strategien der Unternehmen nach 1990 verändert haben und wie die Forschungs- und Technologiepolitik auf die veränderten Rahmenbedingungen und die aus ihnen resultierenden Anpassungsprozesse reagierte (Leitfragen 3 und 4).

Die beiden Analyseschritte sollen nun etwas näher erläutert werden. Zunächst wird die historische Entwicklung des argentinischen NIS und sein Charakter am Anfang der 90er Jahre skizziert. Daran anschließend wird der Prozess der Außenhandelsliberalisierung dargestellt (Abschnitte 4.1.2 und 4.1.3). Da die Liberalisierung nicht isoliert von anderen wirtschaftspolitischen Maßnahmen erfolgte, werden weitere Reformelemente kurz skizziert.

Nach der Darstellung der „Ausgangslage" und der „Störung" erfolgt ein Überblick über die Entwicklung der wichtigsten makroökonomischen Größen (4.2.1) nach 1990. Diese sind

– die Entwicklung der Produktion,
– die Akkumulationsraten der fundamentalen Produktionsfaktoren und
– die Importe (mit dem Schwerpunkt Investitionsgüterimporte) und Exporte.

Daran anschließen erfolgt eine Analyse der Entwicklung quantitativer Innovationsindikatoren (4.2.2). Als Indikator für die Höhe von Innovationsanstrengungen und -output werden

– Ausgaben für Innovation und F&E,
– das in der Forschung eingesetzte Humankapital,

- die Zahl der Patente und
- die Zahl der Publikationen verwendet.

Beide Prozesse werden in Hinblick auf ihre Übereinstimmung mit den Hypothesen zu den Fragen 1 und 2 überprüft. Anhand der Beobachtungen können Schlussfolgerungen über die relative Relevanz, Stärken und Schwächen der verschiedenen Modelle der EWT gezogen werden. Eine dezidierte ökonometrische Untersuchung der Beziehungen „Offenheit-Wachstum" und „Offenheit-Innovationsaktivität" ist aufgrund der Volatilität der Politik, der Simultaneität verschiedener politischer Maßnahmen, der Datenlage und des kurzen Untersuchungszeitraums nicht möglich.

In Abschnitt 4.3 rückt die Innovationsfähigkeit des argentinischen NIS in den Fokus der Analyse.

- Der erste Blick gilt der Entwicklung der Wirtschafts- und Industriestruktur nach der Weltmarktintegration.

- Danach werden anhand einer Befragung zum Innovationsverhalten aus dem Jahr 1997 Veränderungen im Innovationsverhalten der argentinischen Unternehmen aufgezeigt.

- Es folgt eine komprimierte Darstellung der Entwicklung der institutionellen Rahmenbedingungen und der komplementären Elemente des argentinischen NIS.

- Komplettiert wird diese Analyse durch einen ausführliche Überblick über die forschungs- und technologiepolitischen Reformen nach 1996.

Ein erstes Ziel ist die systematische Aufbereitung der komplexen Anpassungsprozesse auf der Mikro-, Meso-, und Makroebene eines NIS infolge einer Außenhandelsliberalisierung, um Ansatzpunkte für weitere, detailliertere Untersuchungen zu identifizieren.

Ein zweites Ziel der ausführlichen Darstellung des argentinischen NIS ist die Identifikation möglicher Ansatzpunkte der argentinischen Forschungspolitik für weitergehende wirtschaftspolitische Reformen zur Einleitung eines endogenen wissensbasierten Wachstumspfades.

Ein vollständiges „systemisches" Vorgehen bei der Analyse des Wandels im argentinischen Innovationssystem ist nicht möglich, da die Datenlage – z. B. zu den Wissensflüssen zwischen den Elementen – noch unzureichend ist. Dennoch werden bereits im reduzierten Analyserahmen einige interessante Aspekte der Fallstudie „Argentinien 1990–1999" zu finden sein, die als wertvolle Erfahrungen in die Ausgestaltung zukünftiger Liberalisierungsprozesse einfließen können.

4.1.2 Die historische Entwicklung des argentinischen Innovationssystems

4.1.2.1 Die Evolution des argentinischen NIS im 20. Jahrhundert

Die folgende Darstellung der Entwicklung des argentinischen NIS bis 1990 wird in vier Abschnitte unterteilt. Sie wird dabei abwechselnd die Entwicklungen im produktiven und öffentlichen Bereich nachzeichnen.[1]

a) bis 1930

Der Beginn der Entwicklung des argentinischen Innovationssystems wird auf den Beginn der Industrialisierung des Landes und damit auf die 30er Jahre terminiert. Vor den 30er Jahren basierte die argentinische Wirtschaft nahezu ausschließlich auf Agrarexporten, insbesondere von Getreide und Rindfleisch. Sie verzeichnete seit dem Ende des 19. Jahrhunderts – nicht zuletzt als Ergebnis sinkender Transportkosten – ein dynamisches Wachstum und einen starken Zustrom von Immigranten aus Europa. Der für die inländische Produktion erforderliche Bedarf an Investitionsgütern (z.B. Eisenbahnen, Ausrüstungen für die Fleischverarbeitung, Mühlen) wurde vollständig importiert. Im technischen Service und in der Wartung entstanden jedoch in den 20er Jahren erste technologische Kompetenzen im Inland.

Die Wurzeln des argentinischen Wissenschaftssystems lassen sich in das 19. Jahrhundert zurückverfolgen. Bereits im 19. Jahrhundert waren als erste wissenschaftliche Einrichtungen die nationalen Akademien der Medizin (1822) und der Wissenschaften (1874) sowie das Nationale Astronomische Observatorium (1875) gegründet worden.[2] Auch die Gründung vieler argentinischer Universitäten fällt in diese Zeit.[3] Erste Ansätze universitärer Forschung finden sich in Buenos Aires, Cordoba, Mendoza und La Plata.

b) 1930 – 1960

Etwa mit dem Ausbruch der Weltwirtschaftskrise (1929), und forciert durch Versorgungsengpässe während des zweiten Weltkrieges, setzte in Argentinien die Phase der importsubstituierenden Industrialisierung ein.[4] Den Veränderungen auf den wichtigsten Export- und Importmärkten folgte eine Neuausrichtung in der argentinischen Entwicklungsstrategie. In den frühen 30er Jahren wurden Devisenkontrollen und Zölle eingeführt, und die Import- und Exportquoten gingen deutlich zurück. Die im Verlauf der exportorientierten Entwicklung erworbenen ersten technologischen Kompetenzen waren der Ausgangspunkt für den Aufbau einer eigenen metallverarbeitenden Industrie. Aber auch darüber hinaus setzte in den 30er und frühen 40er Jahren eine umfassende Industrialisie-

---

[1] Die Darstellung der Evolution des argentinischen NIS folgt, sofern nicht anders angegeben, Katz/Bercovich (1993).
[2] Vgl. Dellacha (1998).
[3] Vgl. Correa (1998).
[4] Vgl. Katz/Bercovich (1993), S.454.

rung ein: neben der Metallverarbeitung etablierten sich u.a. eine einheimische Textil-, chemische und Elektroindustrie.[1] Die industrielle Expansion wurde durch ein System aus Zöllen und Subventionen staatlich unterstützt. Der einzige Abnehmer der einheimischen industriellen Erzeugnisse war der rasch expandierende Binnenmarkt. Das technologische Niveau der Industrieproduktion blieb hinter der internationalen *best practice* weit zurück. Aufgrund der permanenten Devisenknappheit wurde der Export der traditionellen Exportgüter – vornehmlich Agrarprodukte – staatlich gesteuert, und die Erträge wurden vom Staat in den Aufbau der Industrie umgeleitet. Erst gegen Ende dieses Zeitraums setzte ein Umdenken über die Bedeutung ausländischer Technologien für den inländischen Industrialisierungsprozess ein, und erste Maßnahmen zur Ansiedlung ausländischer Unternehmen in Argentinien wurden eingeleitet, die in den späten 50er Jahren in einem FDI-Boom mündeten.

In diese Epoche fiel auch der systematische Ausbau des Wissenschaftssystems. In den 40er Jahren wurden zwei wichtige Institute der medizinischen Forschung gegründet, die nicht zuletzt durch den dort wirkenden Nobelpreisträger Bernardo Houssay Prominenz erlangten. Ebenfalls in den 40er Jahren entstanden die Forschungsabteilung des staatlichen Petroleumunternehmens YPF und das Institut für Boden und Pflanzenkunde.[2] Aber erst in den 50er Jahren setzte die Forschungspolitik nach dem Vorbild der Industriestaaten auf die Gründung spezialisierter Forschungsinstitutionen. Und auch die Unterstützung der technologischen Strategien der Importsubstitution durch forschungspolitische Institutionen begann in Argentinien erst in den 50er Jahren.

Tabelle 4.1.2.1: Gründungsdaten der argentinischen Forschungsinstitute

Institution (OCT)	Aufgabenbereich	Gründungsjahr
CNEA	Nuklearforschung	1950
INTA	Forschung für den Agrarsektor	1956
INTI	Forschung für die industrielle Entwicklung	1957
CONICET	Koordinierung der universitären Forschung	1958
CONAE	Weltraumforschung	1960
SEGEMAR	Geologie, Bergbau, Ozeanographie	1963

Quelle: Dellacha (1998).

---

[1] Zu den Gründungsdaten großer argentinischer Unternehmen vgl. Anhang A2.
[2] Vgl. Chudnovsky/Niosi/Bercovich (2000), S.224.

Tabelle 4.1.2.1 gibt einen Überblick über die Gründungsdaten der öffentlichen argentinischen Forschungsinstitutionen (OCT). Vergleicht man die Entstehungsdaten der argentinischen Forschungsinstitute mit jenen vergleichbarer Institutionen aus anderen Innovationssystemen, so wird deutlich, dass letztere Argentinien in der Entwicklung um ein halbes (z.B. Kanada) bis ein ganzes Jahrhundert (z.B. Deutschland) voraus waren.[1] Während die Entstehung des Nuklearforschungsinstituts CNEA noch vornehmlich verteidigungspolitisch motiviert war, zielten die Gründungen von INTA und INTI auf den Aufbau und die Entwicklung der technologischen Kompetenz der Wirtschaft. Konnte das INTA nach dem Einbruch in der Agrarproduktion zwischen 1938 und 1959 durch die Entwicklung und Verbreitung neuer Saatgut-Sorten wieder steigende Erträge in der argentinischen Landwirtschaft als Erfolg verbuchen, so blieb die Verknüpfung der Industrie mit dem Wissenschaftssystem gering. Dies lag vor allem an der Schwäche des INTI, technologiepolitische Strategien zu entwickeln. Der CONICET wurde zur wichtigsten Institution für die Grundlagenforschung in Argentinien und expandierte rasch. Seine dezentrale Struktur erschwerte die Koordination und die Schwerpunktsetzung bei den Forschungsausgaben.

c) 1960 – 1975

Die zweite Phase der importsubstituierenden Industrialisierung in Argentinien wird von zwei Entwicklungen dominiert: die zunehmende Bedeutung multinationaler Unternehmen in der argentinischen Wirtschaft und das erfolgreiche Eintreten der ersten argentinischen Technologieanbieter in ausländische, insbesondere lateinamerikanische Exportmärkte.[2]

Zwischen 1957 und 1961 siedelten sich um die 200 multinationale Unternehmen (MNU) in Argentinien an. Eine zentrale Rolle spielten die MNU beim Aufbau der argentinischen Automobilindustrie, die in den frühen 60er Jahren schnell expandierte. Die Niederlassungen in Argentinien waren im weltweiten Vergleich klein, und das Fehlen von lokalen Zuliefernetzwerken führte zu einem hohen Grad an vertikaler Integration. Die Anpassung an die spezifischen lokalen Produktionsbedingungen erforderte den Aufbau eigener Entwicklungsabteilungen. Die Ankunft der MNU wurde von hohen Zuwachsraten der Industrieproduktion (8% p. a.), der Industriebeschäftigung (2% p. a.) und der Arbeitsproduktivität (6% p. a.) begleitet. Ihre Präsenz wirkt sich auch auf die Funktionsweise des Innovationssystems aus, Qualitätssicherung und *subcontracting* wurden eingeführt, und sie trugen zur Ausbildung einheimischer Ingenieure bei. Allerdings lag der Ausbildungsschwerpunkt auf der Adoption und Adaptation von fremden Technologien. Katz führte 1974 eine erste Untersuchung zum F&E-Verhalten der 200 größten argentinischen Industrieunternehmen durch und ermittelte einen Gesamtbetrag von ca. 20 mio US-$, der in adaptive F&E und in Ingenieursaktivitäten investiert worden war. Etwa die Hälfte der befrag-

---

[1] Zum Vergleich mit Kanada siehe Chudnovsky/Niosi/Bercovich (2000).
[2] Vgl. Katz/Bercovich (1993), S. 455ff.

ten Unternehmen verfügte über eigene, allerdings relativ kleine, F&E-Abteilungen. Diese Investitionen schlugen sich messbar in einem Anstieg der Arbeitsproduktivität nieder. Gegen Ende der sechziger Jahre begann der Export argentinischer Industrieerzeugnisse zuzunehmen. Sie verfünfzehnfachten sich zwischen 1959 und 1975 auf 1,5 Mrd. US-$, und der Export umfasste nun auch Maschinen, Ausrüstungen, Kraftfahrzeuge und komplette Industrieanlagen. Die Exportfähigkeit der Industrie wurde durch gezielte Exportfördermaßnahmen gesteigert. Auch die MNU nutzten Argentinien zunehmend als Exportbasis in Drittländer. Aber trotz dieser positiv klingenden Entwicklung stieß das binnenorientierte Entwicklungsmodell zunehmend an Grenzen. Der Exportsektor war immer noch sehr klein, und die Binnennachfrage nach langlebigen Konsumgütern und Automobilen näherte sich der Sättigung. Auch die Skalen, die Effizienz und die Exportbereitschaft der einheimischen Industrie waren gering. Das Entwicklungsmodell wurde von Devisenknappheit begleitet und führte zu makroökonomischer Instabilität und politischen Spannungen. Gegen Ende dieser Phase erfolgte eine Schwerpunktverlagerung der Industrialisierungsstrategie hin zu rohstoffverarbeitenden Industrien. Kapitalintensive Sektoren wie die Petrochemie, die Aluminiumerzeugung oder die Holzverarbeitung wurden mit Hilfe steuerlicher Anreize aufgebaut. In diesen Branchen etablierten sich vor allem Konzerne in argentinischem Besitz.

In den 60er und 70er Jahren durchliefen die öffentlichen Forschungsinstitute eine Phase schneller Expansion und Konsolidierung.[1] Der Ausbau des CNEA wurde aus politischen Gründen vom Militär unterstützt und forciert. Seine Zielsetzung wechselte in den 60er Jahren von der militärischen zur zivilen Nutzung der Kernenergie. Das INTA förderte in dieser Zeit erfolgreich den Einsatz neue Produktionsverfahren, die Verbreitung neuer Sorten und die Mechanisierung in der Landwirtschaft. Der Agraroutput und die Agrarexporte nahmen von 1960 bis heute kontinuierlich zu. Auch der CONICET expandierte: Umfasste er im Jahr 1971 noch 490 Mitarbeiter, so stieg diese Zahl bis 1988 auf 7500 an. Der Großteil der Expansion fand zwischen 1966 und 1976 statt. Mit der Förderung des CONICET versuchten die Militärregierungen, die Position der Universitäten zu schwächen. Seine Mittel flossen allerdings eher in die Grundlagen- als in die angewandte Forschung, der technologische Ertrag seiner Arbeit für den produktiven Sektor blieb gering. Die Universitäten wurden nicht zuletzt aus politischen Gründen von den autoritären Machthabern der 60er und 70er Jahre vernachlässigt, und es kam zu einem *brain drain* vieler universitärer Forscher. Erste Berechnungen zeigen, dass die argentinischen Ausgaben für ACT[2] im Jahr 1960 0,32% des BIP und 1968 nur noch 0,28% des BIP betrugen.[3]

---

[1] Vgl. Katz/Bercovich (1993), S.466.
[2] ACT steht für *Actividades de Ciencia y Tecnologia* und stellt einen lange Zeit in Argentinien verwendeten Indikator für die technologischen Anstrengungen dar. Er umfasst ein breiteres Konzept als F&E. Zur Definition vgl. Abschnitt 4.2.2.
[3] Vgl. Chudnovsky/Niosi/Bercovich (2000), S.224.

d) 1975 – 1990

Mitte der 70er Jahre führten interne und externe Ursachen zu einer bis heute andauernden, grundlegenden Restrukturierung des argentinischen Innovationssystems.[1] Nach dem Militärputsch im Jahr 1976 wurde die soziale Repression von einem orthodox orientierten Wirtschaftsprogramm begleitet. Erste Liberalisierungsversuche fanden ihren Ausdruck in einem massiven Abbau von Zöllen (von durchschnittlich 95 auf 55%), in einer realen Aufwertung des Peso und in der Deregulierung des Finanzsektors. Die gezielte Förderung der kapitalintensiven rohstoffverarbeitenden Industrien aus den frühen 70er Jahren wurde beibehalten. Die Änderungen in den Rahmenbedingungen brachten zwangsläufig Anpassungen in der Industrieproduktion und -struktur und den Institutionen des Innovationssystems mit sich. Der Anteil der Industrieproduktion am BIP fiel seit 1975 von 33 auf 23% (1990). Insbesondere die Metallverarbeitung, die Automobil- und die Investitionsgüterindustrie verloren an Gewicht, während die von der Industriepolitik weiterhin geförderten inländischen Hersteller von Stahl, Aluminium, petrochemischen Produkten und pflanzlichen Ölen expandierten und zunehmend auch erfolgreich exportierten. Dieser Prozess wurde von einem teilwesen Rückzug der MNU aus Argentinien begleitet, während gleichzeitig Fusionen, Konkurse und Betriebsschließungen zu einem Anstieg in der Anbieterkonzentration führten. Die Bedeutung einer kleinen Gruppe von Konglomeraten in inländischem Besitz wuchs an. Begleitet wurde die „hausgemachte" Entwicklung vom Verlust der erst in der Dekade zuvor erschlossenen Exportmärkte des Maschinen- und Anlagenbaus infolge der weltweit einsetzenden IT-Revolution, auf die die argentinischen Produzenten zu langsam reagierten. Diese Exporte wurden zunehmend durch Exporte verarbeiteter Rohstoffe ersetzt. Da der relativ beschäftigungsintensive metallverarbeitende Bereich schrumpfte und der relativ kapitalintensive rohstoffverarbeitende Bereich expandierte, sank die Zahl der Industriebeschäftigten. Die lateinamerikanische Schuldenkrise in den 80er Jahren, die zu einer vorübergehenden Rückkehr zu protektionistischen Maßnahmen führte, prägte die letzte Restrukturierungsphase des Innovationssystems vor dem Beginn der 90er Jahre. Makroökonomische Instabilität, Devisenknappheit und Kapitalflucht führten in den 80er Jahren zu einem Rückgang der Investitionsbereitschaft, der Investitionsgüterimporte und der ausländischen Direktinvestitionen. Die gestiegene Unsicherheit wirkte sich auch negativ auf langfristig orientierte Investitionsprojekte wie z.B. die Entwicklung neuer Designs aus. Schließlich waren durch die Überbewertung der argentinischen Währung ausländische Technologien relativ zu eigenen Entwicklungsaktivitäten billiger geworden. Aus diesen Kostenerwägungen wurden die F&E-Abteilungen der metallverarbeitenden Industrie verkleinert oder geschlossen, während die rohstoffverarbeitenden Industrien keine größeren eigenen F&E-Investitionen tätigten, sondern ihre Anlagen weitgehend schlüs-

---

[1] Vgl. Katz/Bercovich (1993), S.458.

selfertig aus dem Ausland bezogen. Der Nettoeffekt war ein absoluter Rückgang der inländischen privaten F&E-Anstrengungen.

Die Krisen der späten 70er und der 80er Jahre ließen auch den Wissenschaftssektor nicht unberührt, seine Entwicklung stagnierte bestenfalls. Die argentinischen Ausgaben für ACT erreichten 1980 mit 0,45% des BIP ihren historischen Höchststand und sanken in den 1980er Jahren deutlich ab, bis sie 1990 nur noch 0,33% des BIP betrugen. Der CONICET orientierte sich nun etwas stärker am ökonomischen Nutzen seiner Forschung; er eröffnete 1985 ein Technologietransferbüro und unterstützte Forschungskooperationen von Wirtschaft und Wissenschaft. Erste sektorale Schwerpunkte derartiger Kooperationen waren die Chemie und die Biotechnologie. Kooperationspartner auf Seiten der Wirtschaft waren zumeist kleinere und mittlere Unternehmen (KMU). Trotz der Krise expandierte die landwirtschaftliche Produktion in den 80er Jahren weiter, wozu das INTA weiterhin seinen Teil beitrug. Von besonderer Bedeutung war die Förderung der Entwicklung der Produktion von Ölsaaten (insbesondere Soja). Die CNEA war seit den 60er Jahren am Aufbau der ersten zwei argentinischen Atomreaktoren (Atucha) beteiligt, in den 80er Jahren wurden weitergehende Kooperationen mit einem deutschen Unternehmen eingegangen, die nun auch einen umfassenden Technologietransfer für die eigene Entwicklung nukleartechnischer Anlagen vorsahen. Die CNEA war nicht nur an der Entwicklung technologischer Kompetenz, sondern auch am Transfer seines Know Hows in die private Industrie (durch *subcontracting* und ein eigenes Unternehmen für Ingenieursdienstleistungen mit 500 Beschäftigten) beteiligt. Gegen Ende dieser Periode verlor die CNEA durch Kürzungsmaßnahmen an relativer Bedeutung.

Dieser historische Abriss gibt einen kurzen Überblick über Entstehung und Entwicklung der Struktur des argentinischen Innovationssystems bis zum Beginn des „neoliberalen" Reformprogramms der Menem-Regierung ab 1990. Der Aufbau des Innovationssystems setzte im internationalen Vergleich erst relativ spät ein und verlief danach wenig gezielt und geradlinig. Seine Ausrichtung und die inhaltliche Schwerpunktsetzung war oft von machtpolitischen Interessen geleitet, seine Entwicklung von makroökonomischer und politischer Instabilität behindert. Im internationalen Vergleich war die wissenschaftliche und technologische Kompetenz sowohl der Unternehmen als auch der öffentlichen Forschungsinstitute gering geblieben. Es war evident, dass die neuen Rahmenbedingungen nach 1990 auch das argentinische NIS verändern würden: Zunehmender Wettbewerb aus dem Ausland einerseits und neugewonnene Stabilität andererseits würden sich in den technologischen Strategien und dem Innovationsverhalten niederschlagen. Bevor diese Anpassungen dargestellt werden, soll eine Bestandsaufnahme der Situation um 1990 erfolgen.

4.1.2.2 Eine kurze Charakterisierung des NIS am Anfang der 90er Jahre

Im Jahr 1990 (1989) betrugen die gesamten argentinischen Ausgaben für ACT 647,1 Mio. $ (610,7 Mio. $).[1] Ihr Anteil am BIP betrug damit 0,33%. Der Anteil der F&E durch private Unternehmen machte etwas weniger als ein Viertel der Gesamtausgaben aus. Die Zahl der Patentzulassungen belief sich in Argentinien auf 759, davon gingen mit 249 weniger als ein Drittel an Inländer.

In Tabelle 4.1.2.2 wird das argentinische Innovationssystem des Jahres 1990 anhand verschiedener quantitativer Indikatoren mit dem anderer IL und NICs verglichen. Der Vergleich verdeutlicht, dass Argentiniens Innovationssystem zum Zeitpunkt des wirtschaftspolitischen Paradigmenwechsels im Hinblick auf den Umfang seiner Forschungsanstrengungen weit hinter dem der IL und dem der Rep. Korea, aber z.T. auch hinter dem der lateinamerikanische Nachbarstaaten Brasilien und Chile zurücklag. Es gab nur einen geringen Teil seines BIP für Innovationsaktivitäten aus, der Anteil des privaten Sektors war relativ gering, der Anteil der Forscher am Erwerbspersonenpotential ebenfalls, und ebenso sein Patent- und Publikationsoutput. Auf die einzelnen quantitativen Innovationsindikatoren wird in Abschnitt 4.2.2 ausführlicher eingegangen.

Tabelle 4.1.2.2: Indikatoren des argentinischen NIS im internationalen Vergleich

Land	F&E/BIP (ACT/BIP) in %	Anteil der privaten F&E (ACT) in %	Forscher/ 1.000 Erwerbstätige	zugel. Patente (davon an Inländer)	Patentanträge/ 100.000 Einwohner	Publikationen[1]/ 100.000 Einwohner
Argentinien	(0,33)	(21,6)	$1,4^2$	759 (249)	2,9	7,2
USA	2,62	54,8	7,6	90.364 (47.390)	36,3	99,7
Kanada	1,45	40,2	8,2	14.196 (1.109)	9,2	111,8
Australien	1,36	41,1	8,00		38,0	
Spanien	0,85	47,4	4,34		5,9	27,6
Brasilien	0,58 (1,23)	22,3	$0,67^3$	3.355 (464)	4,7	2,7
Chile	0,51	15,7	1,2	641 (101)	1,2	9,3
Korea	$1,4^4$	70^5	$4,8^3$			

[1] Publikationen im Science Citation Index (SCI)
[2] Daten für 1993.
[3] Daten für 1995.
[4] Daten für 1989.
[5] Daten für 1999.

Quellen: Ricyt (2001), OECD (1995), OECD (1999), MCE (1997).

---

[1] Vgl. Secyt (1999), S.26. Diese und die in diesem Abschnitt folgenden quantitativen Angaben beziehen sich auf argentinische Pesos zu konstanten Preisen von 1998.

a) Unternehmenssektor

Die Bedeutung der metallverarbeitenden und der Elektroindustrie hatte seit den 70er Jahren wieder abgenommen. Im Jahr 1990 dominierten die ressourcennahen Sektoren die Industrieproduktion, so z.B. die Ölmühlen, die petrochemische Industrie oder die Stahlerzeugung. Nicht zuletzt infolge der Wirtschaftskrise und einer dadurch bedingten sehr geringen Binnennachfrage wies die Industrie für 1990 einen Exportüberschuss von 6 Mrd. US-$ aus.

Im Jahr 1990 lassen sich noch vier Gruppen von Unternehmen unterscheiden: Staatsunternehmen, große Konglomerate in inländischem Privatbesitz (NHU), ausländische multinationale Konzerne (MNU) und klein- und mittelständische Betriebe (KMU).[1] Die Unternehmen in staatlichem Besitz (z.B. *Aerolineas Argentinas*, *YPF* oder *ENTEL*) gingen in der ersten Hälfte der 90er Jahre im Rahmen des umfassenden Privatisierungsprogramms in den Gruppen der inländischen Konglomerate oder der multinationalen Konzerne auf. Die NHU waren 1990 insbesondere in jenen kapitalintensiven rohstoffverarbeitenden Sektoren aktiv, die durch gezielte staatliche Förderprogramme aufgebaut worden waren. Ihr Überleben – und teilweise ihre Expansion – war in den 80er Jahren durch die Nähe zum Staat gesichert und gewährleistet worden. Die noch in Argentinien verbliebenen MNU konzentrierten sich auf die Branchen Automobilbau, Chemie und die Verarbeitung von Agrarerzeugnissen. Die Niederlassungen der multinationalen Unternehmen wiesen so gut wie keine eigenständige F&E-Aktivitäten auf. Sie bezogen ihre Technologien (Managementwissen, Produktionsprozesse, Kapitalgüter) aus ihren Herkunftsländern bzw. internationalen Forschungszentren. Für das Jahr 1991 wurde eine empirische Untersuchung zum Verhalten der MNU in Argentinien durchgeführt, nach der von 39 befragten MNU 9 Unternehmen überhaupt keine F&E in Argentinien betrieben, während 24 zwischen 0 und 2% und nur 6 MNU über 2% ihrer Umsätze in F&E investierten. Die argentinischen Niederlassungen wiesen im globalen Vergleich aller ausländischen Niederlassungen sehr geringe F&E-Intensitäten auf.[2] Der Großteil der Industriebetriebe waren KMU in Familienbesitz, deren Innovationsneigung sehr gering war.

Die gesamten Ausgaben der privaten Unternehmen für ACT betrugen 1990 (1989) 139,9 Mio. $ (110,0 Mio. $). Diese Summe entspricht einem Anteil von 21,6% der gesamten Ausgaben für ACT. Davon investierten die damals noch staatlichen Unternehmen (insbesondere die Mineralölgesellschaft *YPF*) circa 50 Mio. US-$ in ACT. Die Innovationsaktivitäten der Unternehmen waren – noch in der Tradition der Importsubstitution – primär adaptiver Natur und fielen mehrheitlich nicht unter die internationalen Kriterien zur Abgrenzung von F&E. Neue Technologien kamen primär aus dem Ausland. Aber selbst der Zufluss

---

[1] Vgl. Bisang et al. (1996).
[2] Vgl. Kosacoff (2000), S. 87.

ausländischer Technologien war aus wirtschaftspolitischen Gründen (Importsubstitution) lange Zeit gering gewesen und in den 80er Jahren aus makroökonomischen Gründen (Wirtschaftskrise) auf historische Tiefststände gesunken. Die Investitionsgüterimporte betrugen im Jahr 1990 nur 801,5 mio $, damit war ihr Anteil am BIP im internationalen Vergleich sehr gering.[1]

b) Wissenschaftssektor

Der öffentliche Teil des Forschungssystems basierte zu Beginn der Dekade weiterhin auf den bereits erwähnten öffentlichen Forschungsinstituten (OCT), den Universitäten, und den staatlichen Unternehmen (die aber bereits im Unternehmenssektor erfasst wurden). Während die öffentlichen Forschungsinstitute im Jahr 1990 Forschungsausgaben in Höhe von 328,4 Mio. $ tätigten, standen den Universitäten 165,9 Mio. $ zur Verfügung.

Die sechs größten Forschungsinstitute absorbierten 1988 nahezu 80% der öffentlichen Forschungsausgaben, wobei der CONICET mit ca. 39,5% den größte Anteil erhielt, gefolgt vom INTA und der CNEA.[2] Der CONICET wies zu Beginn der Dekade zwar die höchste Aktivität aller Forschungsinstitute auf, aber seine Aktivitäten waren breit gestreut, die Qualität seiner Forschung sehr heterogen und seine Verbindungen zur Wirtschaft waren gering. Er hatte gleichzeitig umfassende Kompetenz bei der Vergabe der Mittel und bei der Durchführung der Projekte. Die CNEA beschäftigte 1989 ca. 6.000 Mitarbeiter, davon 1.600 Forscher. Im Bereich des Aufbaus und des Transfers von industriellem Know How war es die wohl erfolgreichste öffentliche Forschungsinstitution. Es verfügte einerseits über intensive Auslandskontakte und war andererseits auch im Inland in ein Netzwerk privater Unternehmen eingebunden. Das INTA beschäftigte zu Beginn der Dekade ca. 5.000 Mitarbeiter, davon 1.900 Ingenieure und Techniker. Es hat im Verlaufe seiner Existenz zahlreiche erfolgreiche F&E-Projekte durchgeführt und sich zu Beginn der Dekade verstärkt auf die Entwicklung der Biotechnologie konzentriert. Das INTI war im Vergleich zur Größe seiner Klientel, der Industrie, unterfinanziert und primär in Routinetätigkeiten aktiv.

Die Forschung an den Universitäten trug auch 1990 nur wenig zur technologischen Entwicklung des Landes bei, sie diente nahezu ausschließlich der Grundlagenforschung. Es wurde geschätzt, dass nur ein Viertel der Professoren an Forschungsprojekten beteiligt war.[3] Die größte Universität, die *Universidad de Buenos Aires* (UBA) mit 110.000 Studenten, eröffnete in den 80er Jahren zuerst ein Technologietransferbüro und gegen Ende der 80er Jahre ein Technologietransferunternehmen, das UBATEC, um die Kooperation mit der Wirtschaft zu fördern.

---

[1] Zum internationalen Vergleich vgl. Abschnitt 4.2.1.
[2] Zu dieser und den folgenden Angaben vgl. Katz/Bercovich (1993), S.465ff.
[3] Vgl. Katz (1992), S.469.

c) Formelle Rahmenbedingungen und komplementäre Elemente

Das argentinische Patentrecht orientierte sich weitgehend an den Normen der Pariser Konvention. Eine wichtige Ausnahme von den internationalen Standards, durch ein Gesetz aus dem 19. Jahrhundert geregelt, galt für pharmazeutische Produkte, die in Argentinien nicht patentierbar waren. Aufgrund dieser Ausnahmeregelung sah sich die argentinische Regierung am Ende der 80er Jahre starkem außenpolitischem Druck der USA ausgesetzt.[1]

Das argentinische Bildungssystem wies zu Beginn der Dekade im lateinamerikanischen Vergleich recht gute quantitative Indikatoren auf.[2] Negativ waren die im Schul- und Hochschulbereich hohen Abbrecherquoten zu werten. Trotz hoher Studentenzahlen verließen nur wenig Absolventen die Hochschulen, und unter ihnen waren Naturwissenschaftler und Ingenieure unterrepräsentiert.

Die argentinischen Märkte für Eigen- und Fremdkapital waren unterentwickelt. Die Finanzierung größerer langfristiger orientierter Investitionen war, vielleicht mit Ausnahme einiger NHU, ohne staatliches Engagement nicht möglich. Besonders die KMU verfügten über keinen Zugang zu Kredit. Der private Fremdkapitalmarkt war im Rahmen der importsubstituierenden Industrialisierung unbedeutend gewesen und wurde – nach seiner 1976 einsetzenden Liberalisierung – in den 80er Jahren zusätzlich von der Schuldenkrise beeinträchtigt; der Eigenkapitalmarkt war 1990 bedeutungslos.

d) Zusammenfassung

Sowohl der historische Rückblick als auch die Situationsbeschreibung für das Ende der 80er Jahre indizieren, dass das argentinische NIS zu Beginn der Dekade nur gering entwickelt war. Die quantitativen und qualitativen Befunde zum argentinischen NIS lassen sich dabei zu folgender Diagnose des argentinischen NIS zusammenfassen:[3]

1. Der Forschungs- und Innovationsoutput war im internationalen Vergleich gering.

2. Der Forschungsinput war im internationalen Vergleich ebenfalls gering.

3. Die Effizienz bei der Verwendung der geringen Forschungsinputs war ebenfalls niedrig.

4. Die Innovationsbereitschaft und -kompetenz der privaten Unternehmen war niedrig.

---

[1] Vgl. FIEL (1990).
[2] Vgl. Tabelle 4.2.1.2.
[3] Die Aufzählung folgt weitgehend Melo (2001), der für die lateinamerikanischen Innovationssysteme als Ganzes am Ende der 90er Jahre zu einer ähnlichen Diagnose kommt.

5. Die Wirtschaftsstruktur basierte auf nur wenig innovativen Branchen, die inländischen Betriebe in wissensintensiven Branchen forschten nur wenig.

6. Wenn Unternehmen eigene F&E-Abteilungen betrieben, waren die F&E-Aktivitäten auf Adoption und Adaptation ausgerichtet.

7. Es gab kaum Kooperation zwischen dem Produktions- und dem Forschungssektor.

8. Die Forschungseinrichtungen waren unterfinanziert, und ihre Aktivitäten waren nicht an den Bedürfnissen des produktiven Sektors orientiert.

9. Die technologische Abhängigkeit vom Ausland war hoch, zugleich war aber das Volumen des Technologieerwerbs aus dem Ausland nur gering.

10. Der Finanzmarkt war unterentwickelt und nicht in der Lage, innovative Projekte zu finanzieren.

11. Es fehlte ein forschungs- und technologiepolitisches Konzept der Regierung, allgemein und speziell für den Umbruch nach 1990.

Das hier skizzierte, unterentwickelte argentinische NIS wurde zwischen 1988 und 1995 gegenüber dem Weltmarkt geöffnet. Zu welchen Anpassungsprozessen es unter den neuen Rahmenbedingungen kam, wird Gegenstand der Analyse der folgenden Abschnitte sein.

4.1.3 Die Liberalisierung des Außenhandels nach 1988

4.1.3.1 Erste Phase: Liberalisierung und Regionalisierung von 1988 bis 1995

Nach der zwar kurzfristig erfolgreichen, langfristig aber gescheiterten Strategie der importsubstituierenden Industrialisierung, dem misslungenen Liberalisierungsversuch nach 1976 und der erneuten Zunahme der Protektion in den 80er Jahren kam es gegen Ende der 80er Jahre zu einer grundlegenden Neuausrichtung in der argentinischen Außenwirtschaftspolitik. Die ersten Schritte des Wandels zu einer offenen Volkswirtschaft waren im Jahr 1988 unter Präsident Alfonsin eingeleitet worden. Nach dem Regierungswechsel zu Präsident Menem wurde die außenwirtschaftliche Öffnung weiter forciert.[1] Die ersten Liberalisierungsmaßnahmen fielen in die Zeit einer tiefen Wirtschaftskrise, die in der Hyperinflation der Jahre 1989/90 ihren Höhepunkt hatte. Es lassen sich drei Teilprozesse unterscheiden, mit denen sich Argentinien gegenüber dem Ausland öffnete: (a) die unilaterale Liberalisierung, (b) die Liberalisierung im Rahmen des Abschlusses der Uruguay-Runde und (c) die regionale Integration im Rahmen der Gründung des Mercosur. Hinzu kamen Maßnahmen der Wechselkurs-

---

[1] Für eine ausführliche Darstellung der Außenhandelsliberalisierung nach 1988 vgl. Pols (1999) und GATT (1992).

politik und der Deregulierung der Binnenmärkte, die den Öffnungsprozess begleiteten und auf ihn zurückwirkten. Denn erst nach der erfolgreichen Stabilisierung durch die Einführung eines *Currency Boards* konnte die Liberalisierungspolitik ihre volle Wirkung entfalten.[1]

a) Unilaterale Liberalisierung 1988 – 1992

Im Jahr 1988 begann Argentiniens Regierung unter Präsident Alfonsin und Wirtschaftsminister Machinea die ersten unilateralen Liberalisierungsschritte. Wurden die ersten Maßnahmen noch auf Druck von Weltbank und IWF eingeleitet, so gewann die Öffnung, nicht zuletzt aufgrund der folgenden positiven wirtschaftlichen Entwicklung, eine Eigendynamik.

Tabelle 4.1.3.1: Indikatoren zur argentinischen Handelspolitik von 1988 bis 1994

Zeitpunkt	Durchschnittlicher Zollsatz	Dispersion der Zollsätze	Maximaler Zollsatz	Minimaler Zollsatz	Häufigster Zollsatz	Zolllinien mit spezifischen Zöllen	Zolllinien mit Abschöpfungen	Zolllinien mit nicht-tarifären Handelsbarrieren
Okt. 88	28,9	13,9	40	0	40	119	845	1056
Okt. 89	22,3	12,9	40	0	37	129	807	122
Okt. 90	17,3	5,4	24	5	24	324	0	25
Nov. 91	11,7	7,7	35	0	0	0	0	0
Nov. 92	10,2	5,1	20	0	15	0	0	0
Apr. 94	9,1	5,7	20	0	15	294	7	48

Quelle: Pols (1999), S.44.

Tabelle 4.1.3.1 gibt einen Überblick über die Entwicklung wichtiger außenhandelspolitischer Indikatoren zwischen 1988 und 1994. Der durchschnittliche Zollsatz ist zwischen 1988 und 1994 kontinuierlich von 28,9% auf 9,1% gesunken. Der deutlichste Rückgang ist mit ca. 6 Prozentpunkten pro Jahr zwischen 1988 und 1991 zu verzeichnen. Auch die Streuung der Zollsätze und der maximale Zollsatz weisen einen deutlichen Abwärtstrend auf.[2] Und auch anhand der Entwicklung des häufigsten Zollsatzes sowie der Zahl der Zolllinien mit besonderen Bestimmungen ist ein klarer Trend einer außenwirtschaftlichen Öffnung zu erkennen. Auch Exportbeschränkungen für traditionelle Exporte wurden, mit

---

[1] Zur konkreten Ausgestaltung und den kurzfristigen Effekten der sogenannten „Wechselkursankerpolitik" vgl. Wohlmann (1998).
[2] Bis zur Einführung des gemeinsamen Außenzolls (CET) des Mercosur im Jahr 1995 hatte Argentinien einen achtstufigen Zolltarif, und Exporterstattungen wurden entsprechend einem *mirror-scheme* gewährt.

der Ausnahme von Exportsteuern auf Ölsaaten sowie Häute und Leder, abgeschafft. Weiter bestehende nichttarifäre Handelshemmnisse betrafen vor allem Textilien, Metalle, Transportausrüstungen und Papier.[1] Anhand der Tabelle 4.1.3.1 wird allerdings auch deutlich, dass es bereits im Jahr 1994 – zunächst aufgrund von Übergangsmaßnahmen – zu einer leichten Umkehr der Liberalisierungstendenz und auch wieder zu einem Anstieg bei den nichttarifären Handelshemmnissen gekommen ist.

b) Abschluss der Uruguay-Runde 1994

Seit dem Jahr 1968 ist Argentinien Unterzeichnerstaat des GATT. Im Jahr 1988 begann eine umfassende neue Welthandelsrunde, die sogenannte Uruguay-Runde. Argentinien nahm an ihr sowohl einzeln als auch als Mitglied der sog. Cairns-Gruppe teil, zu der sich einige bedeutende Agrarexporteure zusammengeschlossen haben, deren gemeinsames Ziel die Öffnung der Weltagrarmärkte ist. Beim Abschluss der Uruguay-Runde im Jahr 1994 wurden zur Ergänzung des GATT neue Abkommen beschlossen: das GATS zum Dienstleistungshandel und das TRIPS über den Schutz handelsbezogener geistiger Eigentumsrechte. Die 3 Abkommen werden durch die zum Abschluss der Uruguay-Runde neu gegründeten WTO beaufsichtigt, deren Mitglied Argentinien seit dem 1. Januar 1995 ist.

Ende 1994 wurden in Argentinien mit dem Gesetz No. 24.425 die neuen Regelungen im Rahmen der Uruguay-Runde umgesetzt. In für Argentinien wichtigen Exportsektoren wie dem Agrarhandel konnten in der Uruguay-Runde keine entscheidenden Liberalisierungsfortschritte erzielt werden.[2] Und da Argentinien seine Wirtschaft bereits vor 1995 unilateral liberalisiert hatte, brachte der Abschluss der Uruguay-Runde keinen zusätzlichen Liberalisierungsimpuls für den Güterimport.

Allerdings hat sich Argentinien im Rahmen des GATS-Abkommens zu einer weitgehenden Öffnung seiner Dienstleistungsmärkte bereit erklärt. In 208 von 620 möglichen Bereichen hat es sich zur Liberalisierung verpflichtet. Insgesamt blieben 136 Bereiche für ausländische Anbieter ohne jedwede Beschränkungen in Hinblick auf Marktzugang oder Inländerbehandlung. Wichtige Sektoren mit Liberalisierungsverpflichtungen waren z.B. Unternehmensdienstleistungen, Kommunikationsdienstleistungen, Finanzdienstleistungen oder Tourismus. Am Informationstechnologieabkommen hat sich Argentinien dagegen nicht beteiligt.

Im Rahmen des Abschlusses der Uruguay-Runde hat Argentinien auch das TRIPS-Abkommen unterzeichnet, das Mindeststandards über den Schutz geistiger Eigentumsrechte festlegt.[3] Da die Rechtslage in Argentinien in einigen

---

[1] Zur Liberalisierung des Außenhandels zwischen 1992 und 1999 vgl. Berlinski (1999) und WTO (1999).
[2] Vgl. Senti (2000).
[3] Vgl. Correa (2000).

Bereichen (insbesondere bei pharmazeutischen Produkten und bei Software) unterhalb der Standards des TRIPS lag, wurden Reformen erforderlich. Die konkrete Umsetzung der Reform des Systems geistiger Eigentumsrechte war umstritten und führte zu Konflikten mit den USA auf der einen Seite und zwischen dem Kongress und der Regierung auf der anderen Seite.[1]

c) Mercosur

Nach ersten bilateralen Abkommen mit Brasilien in den 80er Jahren (PICAB) wurde im März 1991 mit dem *Vertrag von Asuncion* der *Mercado Comun del Sur* (Mercosur) als „gemeinsamer Markt" der Staaten Argentinien, Brasilien, Paraguay und Uruguay gegründet. Das dreistufige Ziel des Mercosur war (a) die Schaffung einer Freihandelszone mit 100%-iger Zollpräferenz bis zum Ende des Jahres 1994, (b) die Abschaffung nichttarifärer Handelshemmnisse sowie die zügige Einrichtung einer Zollunion bis zum Jahr 1995 und (c) die zügige, aber nicht näher terminierte Einrichtung eines gemeinsamen Marktes. Der Mercosur verstand sich – anders als frühere Integrationsprojekte in Lateinamerika – als ein Projekt des „offenen Regionalismus", der einen regionalen Integrationsraum ohne Abschottung gegenüber dem Rest der Welt schaffen sollte. Zur Verwaltung und Weiterentwicklung des Mercosur wurde, anders als z.B. in der EU, keine suprastaatliche Ebene eingerichtet; Beschlüsse zur Vertiefung der Integration resultieren allein aus direkten Verhandlungen zwischen den Regierungen. Im Jahr 1994 wurde durch das Protokoll von *Ouro Preto* die Einleitung der zweite Stufe der Integration beschlossen und dem Mercosur ein wichtiger neuer Impuls gegeben. Mit dem Protokoll von *Ouro Preto* wurde der Termin zur Einführung der Zollunion fristgerecht eingehalten. Zu den Vertragsvereinbarungen gehörten die Regelungen über den gemeinsamen Außenzoll (*common external tariff*, CET) des Mercosur nach 1995 sowie spezifische Übergangsregelungen. Die benachbarten Staaten Chile (1996) und Bolivien (1997) schlossen mit dem Mercosur Freihandelsabkommen, traten jedoch nicht der Zollunion bei.[2]

Die Errichtung der Freihandelszone wurde nach 1991 zügig umgesetzt. Am Anfang des Jahres 1995 waren zum Zeitpunkt der Einführung des CET bereits 90% der Zolllinien zwischen den Mitgliedsstaaten abgeschafft und 85% der Zolllinien nach außen harmonisiert worden.[3] Im Jahr 1998 betrug der durchschnittliche Außenzoll des Mercosur 13,5%; der für das Ende der Übergangsperiode im Jahr 2006 anvisierte durchschnittliche gemeinsame Außenzoll beträgt 11%. Vergleicht mit diese Werte mit denen aus Tabelle 4.1.3.1, so wird deutlich, dass die Zollunion für Argentinien eine leichte Zunahme der Protektion gegenüber Drittstaaten mit sich brachte. Darüber hinaus nahm mit der Einführung des CET auch die *tariff escalation* und damit die Verzerrungswirkung

---

[1] Vgl. hierzu auch Abschnitt 4.3.4.
[2] Vgl. zur Entstehung des Mercosur WTO (1999), S. 29ff.
[3] Vgl. Preuße (2001), S. 914.

der argentinischen Zollstruktur wieder zu, die Zölle für verarbeitete Waren liegen über denen für Halbzeuge und Rohmaterialien.[1] Im Jahr 1997 betrug der durchschnittliche nominale Zollsatz (inklusive Statistiksteuer) 14,9%, während der durchschnittlich effektive Zollsatz 17,4% betrug. Konsumgüter wie z.B. Nahrungsmittel und Textilien wiesen die höchste effektive Protektion auf.

Der Mercosur ist bis heute nur eine unvollständige Freihandelszone bzw. Zollunion geblieben. Denn um eine Einigung über den CET erzielen zu können, beschlossen die Mercosur-Staaten Ausnahmeregelungen für Importe aus Drittländern. Aus dem CET ausgenommen blieben u.a. Investitionsgüter (bis 2001) und IT-Ausrüstungen (bis 2006). Die Ausnahmeregelungen betrafen Produktgruppen, die insgesamt 45% der Importe aus Drittländern ausmachten.[2] Andere Regelungen, die bereits seit 1991 bestanden, und die nach Einführung der Zollunion auch weiterhin den freien Handel zwischen den Mercosur-Staaten beschränkten, betrafen die Märkte für Zucker,[3] Textilien und Kraftfahrzeuge. Insbesondere das Regime des *managed trade* für Kraftfahrzeuge, das die intraindustrielle Spezialisierung innerhalb der Region fördern sollte, umfasste ein komplexes Regelwerk aus Ursprungslandregeln, einem Ausgleich der intraregionalen Export- und Importmengen, Regeln für Komponenten, einen Außenzoll von 35% u.a.m.[4]

Auch nach 1995 gab es noch vereinzelte Schritte zu einer Liberalisierung des Intra-Mercosur-Handels. So wurde im Jahr 1997 ein zusätzliches Abkommen zur Liberalisierung der intraregionalen Dienstleistungsmärkte beschlossen, dass nach einer zehnjährigen Übergangsfrist eine vollständige Liberalisierung vorsieht.

4.1.3.2 Zweite Phase: Konsolidierung und Stagnation nach 1995

Die Phase nach der Einführung des CET im Jahr 1995 charakterisieren sowohl Berlinski als auch Preuße als eine Phase, in der in Argentinien und dem Mercosur der Liberalisierungsimpuls verloren ging und es zu einer Verlangsamung bis hin zu einer Umkehr der Öffnungstendenz kam. Ursächlich hierfür war die Verschlechterung der globalen Rahmenbedingungen (Mexiko-, Asien- und Russland-Krise) und ihre Auswirkungen auf die wirtschaftliche Entwicklung in den Mercosur-Staaten. Es können gemeinsame und individuelle sowie nach außen und nach innen gerichtete protektionistische Maßnahmen der Mercosur-Staaten unterschieden werden.

---

[1] Die höchsten nominalen Zollsätze betreffen Industrieprodukte wie z.B. Textilien und Papier. Zur sektoralen Struktur der Zollsätze des CET vgl. Berlinski (2000), S.1206.
[2] Vgl. Berlinski (2000), S.1201.
[3] Wegen Brasiliens Alkohol-Zucker-Programm fürchtete die argentinische Regierung Wettbewerbsnachteile.
[4] Vgl. Preuße (2001), S.919.

Ein gemeinsamer Schritt der Mercosur-Staaten war im Jahr 1997 die (vorübergehende) Anhebung des CET um 3 Prozentpunkte. Zu unilateralen Schritten griff zuerst die brasilianische Regierung, indem sie 1995 und 1996 einseitig die Zollsätze für einige Konsumgüter gegenüber Drittländern auf bis zu 70% anhob. Der freie Handel zwischen den Mercosur-Staaten wurde durch neue nichttarifäre Handelshemmnisse ebenfalls wieder eingeschränkt. Brasilien führte 1998 zunächst Maßnahmen zur Vorab-Lizensierung von Milch-, pharmazeutischen, chemischen u.a. Produkten ein, ehe später der verpflichtende Nachweis von Qualitätszertifikaten für weitere Industrieerzeugnisse folgte.[1]

In Argentinien folgte die unilaterale Erhöhung der Statistiksteuer. Weitere Aktivitäten zum Schutz heimischer Produzenten beinhalteten den zunehmenden Einsatz von Antidumping-Maßnahmen gegenüber Brasilien und Drittstaaten, neue Exportsteuern und die Einführung neuer administrativer Regeln zur Importkontrolle im März 1999, die *de facto* die Importe verteuerten. Neue Impulse zur Vertiefung der Integration hin zum gemeinsamen Markt blieben nach 1997 aus. Die Verhandlungen über die Neuregelungen der speziellen Regime (z.B. für Zucker und Kraftfahrzeuge) am Ende der Dekade führten zu Handelsstreitigkeiten zwischen den Mitgliedsstaaten.

4.1.3.3 Wechselnde Bestimmungen für Investitionsgüterimporte

In der EWT spielt der Zugang zu ausländischen Investitionsgütern eine besonders wichtige Rolle. In Argentinien verlief die handelspolitische Behandlung von Investitionsgüterimporten in den 90er Jahren sehr wechselhaft: Die Politik förderte die inländischen Investitionsgüterhersteller durch wechselnde Kombinationen aus Subventionen für heimische Produzenten und Importzölle.

Noch im Jahr 1988 wurden Investitionsgüterimporte stark durch nichttarifäre Handelshemmnisse beschränkt. Aber bis zum Jahr 1992 wurden alle quantitativen Beschränkungen für Investitionsgüterimporte abgeschafft. Die verbliebenen nominalen Zollsätze sanken bis zum April 1991 auf durchschnittlich 15,4% für nichtelektrische Maschinen bzw. 10,1% für elektrische Maschinen und Apparate, ehe sie bis zum November 1991 wieder leicht anstiegen.[2] Im Jahr 1993 wurden eine 15%ige Subventionierung der inländischen Investitionsgüterproduktion und der zollfreie Import neuartiger Investitionsgüter ohne inländische Produktion eingeführt.[3] Im Jahr 1994 wurde die Zollfreiheit auf alle Investitions- und Zwischengüter ausgeweitet, für die es keine inländische Produktion gab.

Da der CET des Mercosur eine befristete Ausnahmeregelung für Investitionsgüter vorsah, blieb die Regelung der Investitionsgüterimporte im Gestaltungs-

---

[1] Vgl. Preusse (2001), S. 918.
[2] Vgl. GATT (1992), S. 147 und S.178ff..
[3] Der Zoll auf Investitionsgüter mit inländischer Konkurrenz betrug weiterhin 15%.

bereich der nationalen Regierungen. In Argentinien wurden die Regelungen von 1994 zunächst beibehalten. Aber nach der Mexiko-Krise wurden schon 1995 eine Reduktion der Subvention auf 10% bei gleichzeitiger Einführung eines Zolles von 10% für die meisten der bis dahin zollfreien Investitionsgüter beschlossen. Im Jahr 1996 wurden die Subvention und der zollfreie Import von Investitionsgütern (*duty free allowance*) dann endgültig wieder abgeschafft. Die neuen Bestimmungen sahen statt dessen vor, dass der Zoll auf Investitionsgüterimporte – entsprechend den Regelungen des CET – bis zum Jahr 2001 auf 14% angehoben wird. Im Jahr 1997 betrug der durchschnittliche nominale Zollsatz auf Investitionsgüter 12% (bei einer Dispersion von 50%), der durchschnittliche effektive Zollsatz lag bei 9%.[1]

Am Ende der 80er Jahre und in den frühen 90er Jahren kam es also zu einer deutlichen Erleichterung des Markzugangs für ausländische Investitionsgüterproduzenten. Allerdings geben die seit 1994 eingeführten Regelungen wegen ihrer Unstetigkeit und der Tendenz zur Erhöhung der Protektion Anlass zur Sorge. Die gestiegenen Zölle auf Investitionsgüterimporte sind aus Sicht der EWT besonders kritisch zu beurteilen, da sie den Erwerb neuen inkorporierten Wissens aus dem Ausland behindern.

4.1.3.4 Reformkontext, Zusammenfassung und Bewertung der Liberalisierung

Der wirtschaftspolitische Paradigmenwechsel unter Präsident Menem fand auch in anderen Reformelementen seinen Ausdruck, die Auswirkungen auf den Prozess der Außenhandelsliberalisierung mit sich brachten. Hierzu gehören die Wechselkurspolitik, die Aufhebung von Beschränkungen für FDI sowie der Rückzug des Staates aus der Produktion.

Das Ziel der Wechselkurspolitik war die Stabilisierung des Geldwertes nach der Hyperinflation von 1989. Zu diesem Zweck wurde mit dem Konvertibilitätsplan ein *Currency Board*-System eingerichtet, das per Gesetz die volle Konvertibilität des argentinischen Peso zum US-Dollar im Verhältnis 1:1 garantierte. Der Wechselkursanker verfehlte seine Stabilisierungswirkung nicht, die Inflation ging von 1.344% (1990) auf 17,5% (1992) zurück und erreichte bereits Mitte der 90er Jahre Werte unter 1%. Auf der anderen Seite kam es in den ersten zwei Jahren des neuen Wechselkursregimes zu einer realen Aufwertung des argentinischen Peso infolge des verzögerten „Abbremsens" der Inflation.[2] Der überbewertete Wechselkurs blieb in den Folgejahren bestehen und führte zu einem langjährigen Leistungsbilanzdefizit, das durch Kapitalzuflüsse ausgeglichen werden konnte. Als Mitte der 90er Jahre Brasilien als wichtigster Handels-

---

[1] Vgl. Berlinski (2000), S.1210.
[2] Zu den Angaben über die Inflation und den realen Wechselkurs vgl. WTO (1999), S.2 und S.9.

partner ebenfalls seinen Wechselkurs stabilisierte, sank der reale Außenwert des Peso infolge der Aufwertung des Real wieder etwas, und Argentiniens Handelsbilanz wurde kurzzeitig positiv. Aber als nach der Asien- und Russland-Krise der brasilianische Real unter Druck geriet und zu Beginn des Jahres 1999 schließlich abgewertet wurde, glitt auch die argentinische Wirtschaft in eine Rezession und schließlich in eine tiefe Depression.

Die außenwirtschaftliche Liberalisierung wurde außerdem von der Öffnung der Wirtschaft für ausländische Direktinvestitionen und der Deregulierung der Binnenmärkte durch Privatisierungen sowie die Freigabe administrierter Preise begleitet. Infolge des Dekretes 2.284 aus dem Jahr 1991 kam es zum Verkauf ehemals staatlicher Unternehmen im Bereich Finanzen, Energie (*YPF*, Elektrizität), Wasser, Telekommunikation, Transport und Verkehr. Mit den Privatisierungen kam es zum Zustrom von ausländischem Kapital in Form von FDI.[1] Der Kapitalzufluss alimentierte zunächst das Wachstum und linderte die Folgen des überbewerteten Wechselkurses. In den privatisierten Unternehmen kam es zu umfassenden Modernisierungs- und Rationalisierungsinvestitionen mit dem entsprechenden Investitionsgüterbedarf. Ihre Produktivität stieg deutlich an. Das Privatisierungstempo und die damit verbundenen Kapitalzuflüsse aus dem Ausland ließen in der zweiten Hälfte der 90er Jahre langsam nach. Der Paradigmenwechsel in der argentinischen Wirtschaftspolitik setzte sich somit aus einer Öffnung nach außen, einer Deregulierung nach innen und einer erfolgreichen Stabilisierung zusammen.

Trotz vorangegangener Liberalisierungsschritte können die Wirtschaftsreformen unter Menem tatsächlich als ein grundlegender Paradigmenwechsel der argentinischen Wirtschaftspolitik interpretiert werden. Zwar kann die außenwirtschaftliche Öffnung bei einer ausschließlichen Betrachtung der handelspolitischen Indikatoren – gerade im Bereich der Investitionsgüter – als bedeutend, aber eher als eine graduelle Liberalisierung aufgefasst werden. Da aber im Vergleich zu vorhergehenden Liberalisierungsversuchen auch die positiven (und später auch negativen) Effekte der Stabilisierung auf den Außenhandel zur Geltung kamen, soll die Liberalisierung ab nun pauschal als Weltmarktintegration im Sinne der Analyse der EWT aufgefasst werden. Und wie im folgenden Abschnitt gezeigt werden wird, wirkte sich die unilaterale Öffnung und die Gründung des Mercosur tatsächlich deutlich auf den Umfang und die Struktur des argentinischen Außenhandels aus.

Eine präzise analytische Trennung der makroökonomischen Effekte der Handelsliberalisierung von den Effekten der anderen Reformmaßnahmen ist nicht möglich. Und auch die Volatilität der handelspolitischen Maßnahmen, gerade bei den Investitionsgütern, lässt eine exakte Quantifizierung der Produktivitäts-

---

[1] Vgl. Tabelle 4.3.3.8.

und Wachstumseffekte der Marktöffnung nicht zu.[1] Daher können die Effekte der Weltmarktintegration auf das Wachstum und das Innovationsverhalten nur grob anhand der allgemeinen Entwicklungstendenzen der Wirtschaft abgeschätzt werden. Wie sich das im Jahr 1990 nur schwach entwickelte argentinische Innovationssystem nach der Weltmarktintegration und dem damit verbundenen Anpassungsdruck wandelte, wird dann im Anschluss an die quantitative Analyse diskutiert werden.

4.2 Die Effekte der Weltmarktintegration auf den Wachstumspfad und den Umfang der Innovationsaktivitäten

4.2.1 Die Entwicklung der Produktion und des Außenhandels von 1990 bis 1999

In diesem Abschnitt wird vor dem Hintergrund der Hypothesen aus der EWT der Verlauf der makroökonomischen Entwicklung Argentiniens nach der Weltmarktintegration dargestellt. Zunächst erfolgt ein Blick auf das Wirtschaftswachstum und die Akkumulation der Produktionsfaktoren. Danach folgt eine Analyse der Importe und Exporte. Die Entwicklung wird, nach einem Zusammenfassung der Änderungen in der Innovationsaktivität, in Abschnitt 4.2.3 durch eine Diskussion und Interpretation aus Sicht der EWT flankiert.

4.2.1.1 Wirtschaftswachstum, Faktorakkumulation und Faktorproduktivität

Die erste zentrale Größe dieser Untersuchung ist das wirtschaftliche Wachstum. Nach der EWT auf Basis des Romer-Modells müsste es nach einer Öffnung vorübergehend zu einem deutlichen Anstieg der Wachstumsrate zur Erreichung des neuen Pfades und langfristig zu einer Angleichung an die Wachstumsrate der großen IL kommen. Das Wachstum müsste mit einem Anstieg der TFP einher gehen. Dagegen müsste es nach der EWT auf Basis des Grossman/Helpman-Modells zu einer Verlangsamung des Wachstums kommen.

Nach dem verlorenen Jahrzehnt der 80er Jahre konnte Argentinien in den 90er Jahren wieder beträchtliche Zuwachsraten seines Bruttoinlandsproduktes (BIP) erzielen. Tabelle 4.2.1.1 zeigt den schnellen Anstieg des realen BIPs und der Pro-Kopf-Einkommen. Das BIP stieg im Verlauf der Dekade deutlich um über

---

[1] Die Gründung des Mercosur mit seinen handelsschaffenden und -umlenkenden Effekten und seinen Ausnahmeregelungen erschwert die Analyse der Wachstumswirkungen der Liberalisierungspolitik zusätzlich. Einerseits brachte der Mercosur für Argentinien die Integration mit dem größten regionalen Absatzmarkt, der die regionale Ausnutzung von Skaleneffekten ermöglicht und über ein breites Angebot an Investitionsgütern verfügt. Andererseits können durch den CET und insbesondere durch die Ausnahmeregelungen des CET innovative Investitionsgüter aus den IL behindert und durch Investitionsgüter aus dem Mercosur substituiert werden.

die Hälfte an, die durchschnittliche Wachstumsrate betrug 5,31%.[1] Das Pro-Kopf-Einkommen (BIP pro Einwohner) stieg im gleichen Zeitraum ebenfalls deutlich um ca. 40 % von 5.782 auf 8.100 US-$ an.

Tabelle 4.2.1.1: Die Entwicklung des Bruttoinlandsproduktes von 1990 bis 1999

	1990	1991	1992	1993	1994	1995	1996	1997	1998	1999
Bruttoinlandsprodukt (BIP)[1]	188,1	211,9	237,2	251,2	265,9	258,3	272,6	294,7	306,1	296,3
Wachstum des BIP (%)	-2,4	12,7	11,9	5,9	5,8	-2,8	5,5	8,1	3,9	-3,2
Pro-Kopf-Einkommen[2]	5.781,9	6.428,8	7.101,6	7.421,5	7.750,3	7.429,3	7.739,3	8.261,0	8.473,6	8.099,7

[1] in Mrd. konstanten US-$ von 1995.
[2] in konstanten US-$ von 1995.

Quelle: Weltbank (2001)

Die Dekade lässt sich in vier Wachstumsphasen unterteilen; eine erste Wachstumsphase von 1991 bis 1994, die von der scharfen aber kurzen Rezession infolge der Tequila-Krise im Jahr 1995 beendet wurde. Zwischen 1996 bis 1998 kehrte Argentinien dann wieder auf den Pfad hoher Wachstumsraten zurück. Dieser wurde im Verlaufe des Jahres 1998 infolge der Asien- und Russland-Krise und der Abwertung des brasilianischen Real wieder verlassen, seit 1998 hat sich bis heute die wirtschaftliche Lage Argentiniens zunehmend verschlechtert.

Die durchschnittliche Wachstumsrate ist in den 90er Jahren im Vergleich zu der „verlorenen Dekade" der 80er Jahre, in der das Wachstum des BIP mit durchschnittlich -1,0 % sogar negativ war, deutlich gestiegen. Sie übertraf sogar die hohen durchschnittlichen Wachstumsraten der 50er und 60er Jahre.[2]

---

[1] Infolge der Umstellung der *Cuentas Nacionales* auf das Basisjahr 1993 im Jahr 1998 kam es teilweise zu revidierten Werten. Aufgrund fehlender Daten der neuen Berechnungen für die Zeit vor 1993 wird hier auf die Werte vor der Umstellung zurückgegriffen.
[2] Vgl. Hofman (1999), S.30.

Grafik 4.2.1.1: Durchschnittliche Wachstumsraten 1950 bis 1999

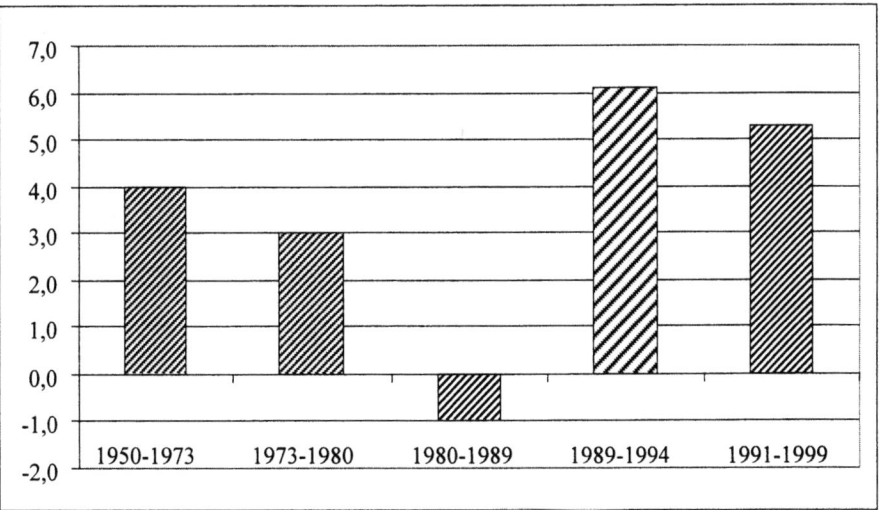

Quelle: Hofman (1999), S.30 und Weltbank (2001).

Im internationalen Vergleich gehörte Argentinien in den 90er Jahren zur weltweiten Spitzengruppe. Nur die asiatischen „Tigerstaaten" wiesen in der ersten Hälfte der 90er Jahre ein höheres Wachstum auf. Innerhalb Lateinamerikas wurde das durchschnittliche argentinische Wachstum nur von dem Chiles (im Durchschnitt 6,4%) übertroffen. Die führenden Industrieländer, also die USA, die Mitgliedsstaaten der EU und Japan, wiesen in den 90er Jahren erheblich geringere Wachstumsraten auf. Dies weist auf den Beginn eines *catch up* Prozesses hin, der eine Konvergenz des argentinischen PKE zu jenen der führenden IL zur Folge haben kann. In Anbetracht der kurzen Zeitspanne seit der Liberalisierung bleibt aber offen, ob sich die positive Entwicklung der Wachstumsrate eher durch einen dauerhaften Wachstumsraten- oder durch einen einmaligen, aber zeitlich ausgedehnten Niveaueffekt erklären lässt.

Als zweites soll ein kurzer Blick auf die Entwicklung der „fundamentalen" inländischen Wachstumsdeterminanten geworfen werden. Tabelle 4.2.1.2 fasst ausgewählte Daten zur Akkumulation der Produktionsfaktoren in den 90er Jahren zusammen.[1]

---

[1] Neben der Faktorakkumulation und dem technischen Fortschritt kann kurzfristig auch die bessere Auslastung der Produktionsfaktoren zum Wachstum beigetragen haben.

Tabelle 4.2.1.2: Die Akkumulation von Produktionsfaktoren von 1990 bis 1999

	1990	1991	1992	1993	1994	1995	1996	1997	1998	1999
Sachkapitalbildung										
Brutto-investitionen[1]	23,95	31,12	41,27	46,90	53,31	46,35	50,45	59,36	63,31	57,63
Investitionen/BIP (in %)	12,73	14,68	17,40	18,67	20,05	17,94	18,51	20,14	20,68	19,45
Humankapitalbildung										
Einschulungsquote (Primarschule)	106,3				112,8					
Einschulungsquote (Sekundarschule)	71,7				72,7		73,7			
Arbeitskräfte										
Erwerbsbevölkerung (in 1000)	12.197	12.458	12.692	12.963	13.241	13.524	13.806	14.090	14.378	14.705
Erwerbsbevölkerung (in 1000)[2]	10.618	11.005	11.411	11.722	11.929	12.307	12.589	13.081	13.268	13.705
Erwerbstätige (in 1000)[2]	9.937	10.310	10.585	10.659	10.530	10.348	10.542	11.352	11.670	11.871

[1] in Mrd. konstante US-$ von 1995.
[2] Die Angaben beziehen sich auf den Monat Oktober und nur auf die urbanen Zentren.

Quelle: Weltbank (2001) bis auf MEOSP (1999), S.67 für Erwerbstätige.

Die Investitionen in Sachkapital nahmen in den Jahren nach 1990 deutlich zu und verdoppelten sich zwischen 1991 und 1998, ehe sie 1999 wieder zurückgingen. Die Investitionsquote schwankte dabei prozyklisch: Stiegen die Bruttoinvestitionen in den Jahren 1991 (+29,9%), 1992 (+32,6%) und 1997 (+17,7%) besonders deutlich an, so brachen sie 1995 ebenso deutlich um -13,1% ein.[1] Im Vergleich zur Dekade der 80er Jahre sind die argentinischen Investitionen in den 90er Jahren um über 25% gestiegen. Im internationalen

---

[1] Kurzfristig ist im Fall Argentiniens die Investitionstätigkeit eher vom Wachstum determiniert worden als umgekehrt.

Vergleich liegt die durchschnittliche Investitionsquote der Jahre 1991 bis 1999 von 18,6% allerdings nur im Mittelfeld. Von den schnell wachsenden asiatischen NICs kam z.B. im Jahr 1998 Korea auf einen Wert von 35% und Singapur von 37%. Chile investierte im gleichen Jahr 27% seines BIP, die USA 18% und Deutschland 21%.[1] Die Zunahme der Bruttoinvestitionen impliziert einen gewachsenen Kapitalstock, der einen Teil des Produktionsanstiegs erklären kann.[2] Infolge der gestiegenen Investitionsquote ist zudem neben der Expansion vermutlich auch eine Verjüngung des Kapitalstocks und ein Prozess des *capital deepening* zu verzeichnen.[3] Der Anteil importierter Investitionsgüter an den Investitionen stieg deutlich an, im Jahr 1997 haben die importierten Ausrüstungen den Bezug aus dem Inland überholt.[4] Besonders stark stiegen die Investitionen im Bereich der Produktion nichthandelbarer Güter.[5] Offen bleiben muß an dieser Stelle, wodurch genau die gestiegene Rate der Sachkapitalbildung ausgelöst wurde.[6] Mögliche Kandidaten für eine Erklärung sind neben dem erleichterten Zugang zu ausländischen Investitionsgütern auch die durch die Stabilisierung gesunkenen Kapitalkosten und die wachsende Inlandsnachfrage.[7]

Die Investitionen in Humankapital sind naturgemäß geringeren Schwankungen unterworfen als die Sachkapitalinvestitionen. In Tabelle 4.2.1.2 sind die Brutto-Einschulungsquoten für die Jahre 1990, 1995 und (für die Sekundarschulbildung) 1997 angegeben. Die Humankapitalausstattung pro Kopf ist demnach in den 90er Jahren auf bereits hohem Niveau nur geringfügig angestiegen, der absolute Humankapitalstock aufgrund der gestiegenen Erwerbspersonenzahl etwas deutlicher. Im internationalen Vergleich weisen die argentinischen Bildungsindikatoren gute, im lateinamerikanischen Vergleich sogar die höchsten Werte auf.[8] Allerdings werden Zweifel an der Qualität der Bildung geäußert: Sie variiert regional sehr stark, und es gibt recht hohe Abbrecherquoten.

Der relativ geringe Zuwachs lässt vermuten, dass es keinen ausgeprägten direkten Zusammenhang zwischen der Humankapitalakkumulation und der Zunahme

---

[1] Vgl. Weltbank (2000), S.254f.
[2] Offizielle Daten über den Kapitalstock sind für Argentinien nicht verfügbar. Hofman (1999) ermittelt für den Zeitraum 1990 bis 1994 nur geringfügige Zuwächse des Brutto- und Netto-Kapitalstocks (ohne Wohnungsbau).
[3] Vgl. Hofman (1999) und Katz (2001).
[4] Vgl. MEOSP, S. 163. Zu den Investitionsgüterimporten nach 1990 vgl. auch die Abschnitte 4.2.2.2 und 4.3.3.
[5] Vgl. Pastor/Wise (1999), S.482f.
[6] Die argentinische Sparquote ist im gleichen Zeitraum nicht im gleichen Maße gestiegen. Somit erklären gestiegene Kapitalimporte einen Teil des Investitionsbooms.
[7] Die Inflationsrate sank nach der Einführung des *Currency Boards* von 1.343% (1990) über 84% (1991) kontinuierlich bis auf 0,1% (1996) und verblieb dann auf niedrigem Niveau, die Zinsen (30 Tage-Satz) sanken von 148% (1990) über 25% (1992) auf ca. 8% (1996 und 1997). Vgl. WTO (1999), S.188.
[8] Vgl. WTO (1999).

des BIP gibt. Der argentinische Aufholprozess basiert somit vermutlich nicht auf Akkumulationseffekten, wie sie vom erweiterten Solow-Modell nach Mankiw, Romer und Weil postuliert werden. Allerdings kann der bereits zu Beginn der Dekade vorhandene, relativ gute Bildungsstand der argentinischen Bevölkerung den Einsatz neuer Technologien aus dem Ausland erleichtert haben.[1]

Das argentinische Erwerbspersonenpotential stieg zwischen 1990 und 1999 um ein Fünftel an. Auch die Zahl der Erwerbstätigen wuchs zwischen 1990 und 1998.[2] Da aber die Schaffung neuer Arbeitsplätze nicht mit dem Wachstum der Erwerbsbevölkerung Schritt halten konnte, stieg seit 1992 die Arbeitslosigkeit kontinuierlich an. Sie erreichte in der Rezession von 1995 einen ersten Höhepunkt mit einem Wert von über 17%, um dann im nachfolgenden Boom auf knapp unter 14% zurückzugehen und in der Krise ab 1998 erneut deutlich zu steigen.[3] Parallel zur Arbeitslosigkeit nahm auch die Unterbeschäftigung zu.[4] Im Gegensatz zur generellen Entwicklung ging auch die Zahl der Beschäftigten in der Industrie deutlich zurück.

In Anbetracht des hohen Wirtschaftswachstums bei gleichzeitig nur langsam steigender Beschäftigung war in Argentinien über die Dekade hinweg ein deutlicher Anstieg der Arbeitsproduktivität zu beobachten. Zuverlässige Daten für den gesamten Zeitraum und die gesamte Wirtschaft fehlen, aber verschiedene Autoren verweisen auf verschiedene, stets hohe Zuwachsraten. So stieg die Arbeitsproduktivität in der Industrie zwischen 1990 und 1993 um ca. 40%[5] bzw. zwischen 1990 und 1997 um 52%.[6] Obschon die Sachkapitalinvestitionen zunahmen und somit einen Teil der steigenden Arbeitsproduktivität erklären können, stieg in den 90er Jahren auch die totale Faktorproduktivität deutlich an. Ihr jährlicher durchschnittlicher Zuwachs betrug zwischen 1989 und 1994 4,1% p.a.[7] bzw. zwischen 1990 und 1997 3,9% p.a.[8] Zu dem Anstieg der TFP können neben einem verbesserten Auslastungsgrad der Produktionsfaktoren auch die Verjüngung und Diversifizierung des Kapitalstocks und ein höherer Technologiegehalt der Produktionsprozesse beigetragen haben. Eine tiefergehende Analyse der Wachstumsdeterminanten und der TFP in den 90er Jahren auf Basis

---

[1] Siehe hierzu auch die Diskussion zur Absorptionsfähigkeit in Abschnitt 2.4.2.3 sowie Nelson/Phelps (1966).
[2] Vgl. WTO (1999), S. 5f.
[3] Vgl. Pastor/Wise (1999). Ein derartiger Anpassungsprozess mit Unterbeschäftigung durch Rigiditäten auf den Faktormärkten lässt sich im Modellrahmen der EWT aufgrund ihrer neoklassischen Grundstruktur nicht analysieren.
[4] Vgl. WTO (1999), S. 5f.
[5] Vgl. Bisang et al. (1996).
[6] Vgl. Alvaredo (1997) und Chudnovky/Niosi/Bercovich (2000), S.235. Neuere Berechnungen der TFP, die die zweite Hälfte der Dekade vollständig einschließen, liegen bisher nicht vor.
[7] Vgl. Hofman (1999), S.113.
[8] Vgl. GACTEC (1999), S.2/58.

des *growth accounting* soll hier nicht erfolgen. Auf die konzeptionellen Schwächen des Ansatzes in Bezug auf die Messung und Interpretation der Größe „technischer Fortschritt" und „Wissen" wurde bereits eingegangen.[1] Darüber hinaus erlaubt auch die Datenlage in Argentinien keine detaillierte Studie.

4.2.1.2 Entwicklung des Außenhandels

Das Wirtschaftswachstum wurde von einer zunehmenden außenwirtschaftlichen Verflechtung der argentinischen Wirtschaft begleitet. Tabelle 4.2.1.3 zeigt die Entwicklung der Ex- und Importe von Gütern und Dienstleistungen zwischen 1990 und 1999.

Tabelle 4.2.1.3: Entwicklung des Außenhandels 1990 bis 1999[1]

	1990	1991	1992	1993	1994	1995	1996	1997	1998	1999
Exporte	17,77	17,13	16,95	17,75	20,43	25,04	26,99	30,22	33,26	32,87
Importe	6,96	12,54	20,77	23,87	28,90	26,01	30,54	38,66	41,89	37,31

[1] alle Angaben in Mrd. konstanten US-$ von 1995.
Quelle: Weltbank (2001).

Sowohl die Importe als auch die Exporte nahmen bis zum Jahr 1998 in erheblichen Umfang zu, ehe es 1999 wieder zu einem Rückgang kam. Dabei überstieg der Zuwachs bei den Importen (Verfünffachung) den der Exporte (Verdopplung) deutlich. Aber trotz der stark gestiegenen Exporte und Importe ist die Außenhandelsverflechtung der argentinischen Wirtschaft im internationalen Vergleich relativ gering geblieben. Die Grafik 4.2.1.2 zeigt, dass die Importquote (Importe/BIP) von 6,1% (1991) bis auf 12,9% (1998) gestiegen ist, während die Exportquote (Exporte/BIP) von 7,7% (1991) bis auf maximal 10,6% (1997) anstieg, ehe sie wieder leicht zurückging. Auf dem bisherigen Höhepunkt im Jahr 1998 betrug das Verhältnis der Summe von Exporten und Importen zum BIP 23,3%. Andere ressourcenreiche Länder (Kanada: 82,3%, Australien: 40,1%), die asiatischen NICs (z.B. Korea: 85,4%) oder auch Chile (57,9%) weisen deutlich höhere Werte auf.[2]

---

[1] Vgl. Abschnitt 2.1.2.3 und 2.2.4.4.
[2] Alle Angaben für das Jahr 1998. Vgl. Weltbank (2001).

Grafik 4.2.1.2: Die Entwicklung der Außenhandelsverflechtung von 1991 bis 1999

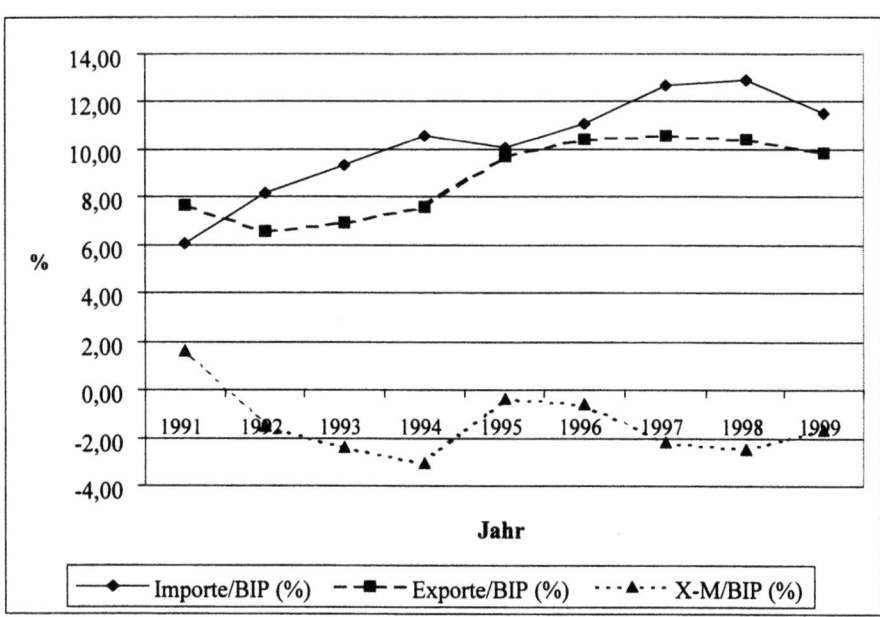

Quelle: Weltbank (2001).

Für alle Jahre in der vergangenen Dekade weist die argentinische Ökonomie ein Handelsbilanzdefizit auf, dass durch Kapitalzuflüsse ausgeglichen wurde. Die Schwankungen in der Handelsbilanz verliefen gegenläufig zur konjunkturellen Entwicklung. Während in Rezessionsjahren die Importe deutlich sanken und die Exporte zunahmen, stiegen in Zeiten des Booms die Importe schnell an, und die Exporte stagnierten.[1]

4.2.1.2.1 Strukturelle Veränderungen bei den Importen

Den Importen kommt im Romer-Modell eine wichtige Rolle für den Wachstumsprozess von EL zu. Die Importe Argentiniens haben sich zwischen 1991 und 1999 verdreifacht, ihr Anteil am BIP ist deutlich gestiegen. Tabelle 4.2.1.4 zeigt die Veränderungen in der Zusammensetzung der Importe nach Produktgruppen:

---

[1] Aus dieser Entwicklung lässt sich eine *vent for surplus*-Strategie der Unternehmen ablesen.

Tabelle 4.2.1.4: Die Struktur der Importe 1991 bis 1999

	1991	1992	1993	1994	1995	1996	1997	1998	1999
Agrarische Rohstoffe	2,81	1,91	1,92	1,62	2,03	1,91	1,55	1,51	1,5
Nahrung	5,39	5,97	5,44	5,19	5,47	4,92	5,32	4,96	4,91
Brennstoffe	5,57	2,88	2,39	2,88	4,08	3,61	2,98	2,58	2,75
Metalle	3,47	2,62	2,02	1,87	2,34	2,25	1,93	1,93	1,78
Industriegüter	82,45	86,5	88,12	88,36	85,97	87,27	87,9	88,77	88,78
Güter insgesamt[1]	8.275	14.782	16.784	21.527	20.122	23.762	30.450	31.404	25.466
Dienstleistungen[1]	3.769	5.210	6.173	6.865	6.911	7.489	8.404	8.795	8.189

[1] in Mio. lfd. US-$

Quelle: Weltbank (2001)

Der hohe Anteil der Industriegüter an den gesamten Güterimporten hat von 82,5% auf 88,8% weiter zugenommen. Dagegen nahm der Anteil aller anderen Gütergruppen ab. Der absolute Zuwachs fiel bei den Dienstleistungen geringer als bei den Gütern aus. Da in der EWT insbesondere die Investitionsgüterimporte eine wichtige Rolle für das Wachstum spielen, ist ein Blick auf die Struktur der Industriegüterimporte von Interesse (Tabelle 4.2.1.5):

Tabelle 4.2.1.5: Güterimporte nach Art der Verwendung 1990 bis 1998[1]

	1990	1991	1992	1993	1994	1995	1996	1997	1998
Investitionsgüter	801,5	1.777,3	3.871,3	4.956,5	7.047,6	5.769,7	6.813,5	9.127,9	9.658,7
Kraftfahrzeuge	11,7	202,2	791,8	844,5	1.394,5	773,2	1.198,4	1.562,8	1.623,1
Konsumgüter	324,2	1.478,9	3.158,4	3.490,8	3.948,5	3.344,7	3.765,6	4.761,7	5.037,0
Zwischengüter	2.914,4	4.798,2	6.821,2	7.237,8	8.800,7	10.114,9	11.876,3	14.837,9	14.585,6
Brennstoffe	6,1	0,2				93,6	96,6	54,6	39,5
Güter insgesamt	4.229,3	9.252,1	16.003,5	18.500,6	22.083,2	18.804,0	22.807,6	31.070,7	33.587,1

[1] in Mio. US-$.

Quelle: CEPAL (1999), S.542ff.

Der Zuwachs bei den Investitionsgüterimporten ist höher als bei den anderen Kategorien mit Ausnahme der PKW, ihr Anteil an den Gesamtgüterimporten stieg von 19% auf 29% an. Speziell bei den Importen von Maschinen und Ausrüstungen, die besonders mit externen Effekten in Verbindung gebracht werden, verzehnfachte sich der Importwert zwischen 1990 und 1998.[1] Dieser deutliche Anstieg der Investitionsgüterimporte trug zur Modernisierung und Differenzierung des Kapitalstocks bei. Der Einbruch im Jahr 1995 und die Entwicklung im Jahr 2000 machen deutlich, dass die Investitionsgüterimporte sehr konjunkturreagibel sind. Außerdem dürften die neuen handelspolitischen Regeln nach 1995 zu dem wieder verlangsamten Wachstum der Investitionsgüterimporte beigetragen haben. Die argentinischen Importe von Maschinen und Ausrüstungen sind zwar absolut und relativ zum BIP deutlich angestiegen, ihr Anteil am BIP (1996: 2,8%) liegt jedoch weiterhin deutlich unter dem in den IL (z.B. Kanada 9,2%, Deutschland 4,0%) und in den südostasiatischen NICs (z.B. Taiwan: 13,7%, Rep. Korea: 9,6%). Hier besteht noch ein erheblicher Aufholbedarf, dessen Finanzierung steigende Exporte erforderlich macht.[2]

Tabelle 4.2.1.6 gibt einen Überblick darüber, in welchen Wirtschaftssektoren die Investitionsgüterimporte zwischen 1990 und 1996 eingesetzt wurden:

Tabelle 4.2.1.6: Die sektorale Verwendung der Investitionsgüterimporte 1990 bis 1998

Sektor	1990	1991	1992	1993	1994	1995	1996	1997	1998
Landwirtschaft	0,0	43,1	77,4	98,8	178,3	150,3	258,2	314,1	329,1
Bergbau	0,0	2,9	12,4	12,3	25,2	16,4	24,1	28,0	34,9
verarbeitende Industrie	305,0	641,4	1.228,8	1.551,3	1.991,0	1.838,9	2.160,9	2.504,5	2.752,2
Versorgung	60,4	113,4	201,2	263,3	370,5	334,5	385,0	515,6	549,1
Bau	54,0	99,0	222,9	325,1	491,5	357,7	419,5	600,6	623,0
Transport	44,5	80,4	408,6	604,9	1.180,1	686,7	930,0	1.494,9	1.810,0
Handel, Banken, Versicherungen	55,9	156,4	272,4	378,6	550,6	403,9	463,6	608,5	620,3
Kommunikation	41,9	182,2	461,2	662,5	924,0	685,9	752,3	1.314,7	1.267,9
Gesundheit	23,5	70,3	148,6	139,9	219,4	153,7	165,6	224,0	235,4
Forschung	9,5	21,5	21,7	24,7	35,1	31,4	34,1	42,3	41,7
sonstige	12,1	24,4	40,2	53,5	72,1	86,3	25,4	70,7	76,7
insgesamt[3]	635,5	1.435,0	3.095,2	4.114,8	6.037,8	4.745,6	5.645,8	7.717,9	8.340,3

Quelle: GACTEC (1999), Annexo Estadistico.

---

[1] Der Wert basiert auf Angaben von Datafiel.
[2] Vgl. GACTEC (1999), S. 4/11.
[3] Aufgrund unterschiedlicher Datenquellen weichen die Angaben leicht von denen in Tabelle 4.2.1.5 ab.

Die verarbeitende Industrie ist der größte Importeur von Investitionsgütern und hat ihr Importvolumen zwischen 1991 und 1998 verneunfacht. Da aber die gesamten Investitionsgüterimporte noch stärker gestiegen sind, ist der Anteil der verarbeitenden Industrie an den Investitionsgüterimporten gesunken. Die Landwirtschaft als ein Sektor mit traditionellem komparativem Vorteil hat dagegen seit 1991 einen überdurchschnittlichen Zuwachs zu verzeichnen. Überproportional ist der Anstieg der Importe zudem im Transportwesen und bei der Kommunikation, die von sehr geringen Ausgangswerten von jeweils um 40 Mio. $ auf Werte über 1 Mrd. $ gestiegen sind und 1998 die Plätze zwei und drei einnehmen. Die Privatisierung der beiden Sektoren und der globale Trend zur Informationsgesellschaft dürfte zu diesem deutlichen Zuwachs beigetragen haben. Die anderen Dienstleistungen (Handel und Finanzen, Gesundheit, Bau) weisen leicht unterproportionale Steigerungen auf, der Anteil der Forschung an den Investitionsgüterimporten ist deutlich zurückgegangen. Der überproportionale Zuwachs bei den Dienstleistungen und anderen tendenziell nichthandelbaren Gütern (z.B. der Bauwirtschaft) lässt sich einerseits durch den Modernisierungsbedarf der privatisierten ehemaligen Staatsunternehmen und andererseits durch den überbewerteten realen Wechselkurs erklären, der Investitionen in Branchen mit handelbaren Gütern weniger attraktiv macht. Die beobachtbare Entwicklung weckt Zweifel an der Nachhaltigkeit des Investitionsbooms, da den gestiegenen Investitionsgüterimporten keine entsprechende Expansion der Investitionen in den Exportsektoren gegenübersteht.[1]

Anhand der empirischen Untersuchungen zu internationalen F&E-Spillovern ist deutlich geworden, dass auch die Herkunft der Importe von Bedeutung für die Entwicklung der TFP und damit das Produktionswachstum sein kann.[2]

Der Anteil der IL mit relativ großen F&E-Ausgaben (USA, EU, Japan) an den Importen liegt bei ca. 50% (Tabelle 4.2.1.7).[3] Der Anteil der USA, der EU und Japans ist zwischen 1991 und 1998 recht konstant geblieben. Dagegen ist eine deutliche Zunahme des brasilianischen Anteils von 18,5 auf 22,6% festzustellen. Aus Sicht der empirischen Untersuchungen zu Wissensspillovern ist diese Entwicklung ungünstig, da eine Umschichtung zugunsten von Brasilien aufgrund der geringen brasilianischen F&E-Ausgaben zu einer Verringerung des ausländischen F&E-Stocks und damit zu einer Verringerung des Zuflusses von in Gütern inkorporiertem Wissen führen kann.

---

[1] Allerdings können die Investitionen in den Dienstleistungsbereichen möglicherweise indirekt die Exportfähigkeit der argentinischen Wirtschaft verbessert haben, in dem sie den sogenannten *costo argentino*, also die hohen Kosten für die Nutzung der Infrastruktur, gesenkt haben.
[2] Vgl. Abschnitt 2.4.3.
[3] Zu den F&E-Ausgaben der IL vgl. OECD (1997).

Tabelle 4.2.1.7: Die Herkunft der Güterimporte 1991, 1994 und 1998

Land	1991		1994		1998	
	Volumen	Anteil	Volumen	Anteil	Volumen	Anteil
Brasilien	1.532	18,51	4.286	19,91	7.095	22,59
USA	1.498	18,10	4.928	22,89	6.104	19,44
Chile	236	2,85	831	3,86	710	2,26
Deutschland	653	7,89	1.382	6,42	1.897	6,04
Frankreich	300	3,63	1.072	4,98	1.600	5,09
Großbritannien	110	1,33	355	1,65	806	2,57
Italien	376	4,54	1.431	6,65	1.597	5,09
Niederlande	93	1,12	352	1,64	239	0,76
Spanien	201	2,43	865	4,02	355	1,13
Japan	454	5,49	620	2,88	1.442	4,59
sonstige	2.822	34,10	5.404	25,10	9.559	30,44
Güterimporte insgesamt	**8.275**	**100,00**	**21.527**	**100,00**	**31.404**	**100,00**

Quelle: IMF (1998, 2001).

Der Investitionsgüterimportboom nach der außenwirtschaftlichen Öffnung hat der argentinischen Wirtschaft einen Modernisierungsschub gebracht, der sich vermutlich in gestiegenen Produktivitäten und hohen Wachstumsraten niederschlug. Allerdings ist ungewiss, ob er sich als nachhaltig erweisen kann. Auf das Handelsbilanzdefizit, die Verwendung und die Herkunft der Investitionsgüter wurde bereits eingegangen. Nun soll ein Blick auf die Entwicklung der Struktur der argentinischen Exporte folgen.

4.2.1.2.2 Strukturelle Veränderungen bei den Exporten

Grafik 4.2.1.3 zeigt, dass auch der Anstieg der Exporte von einem Wandel in der Güterstruktur begleitet wurde.

Der Anteil der Industriegüter an den Exporten stieg zwischen 1991 und 1999 leicht von 28,2% auf 34,9% (1998) bzw. 31,6% (1999). Während sich der Anteil der Bergbauerzeugnisse (inkl. Brennstoffe) von 8,0 auf 15,5% nahezu verdoppelte, ging der Anteil landwirtschaftlicher Produkte deutlich von 63,8 auf 51,7% zurück.[1] Diese Entwicklung deckt sich nicht mit den Erwartungen aus der EWT, nach denen der Anteil der Exporte homogener Endprodukte (Agrarerzeugnisse, landwirtschaftliche Erzeugnisse) hätte steigen sollen. Besondere

---

[1] In diesem Anteil sind verarbeitete Nahrungsmittel ebenfalls enthalten.

Aspekte der Liberalisierung wie die Öffnung des brasilianischen Marktes für argentinische Exporte haben möglicherweise eine Rolle gespielt.

Grafik 4.2.1.3: Die Entwicklung der Exportgüterstruktur von 1991 bis 1999

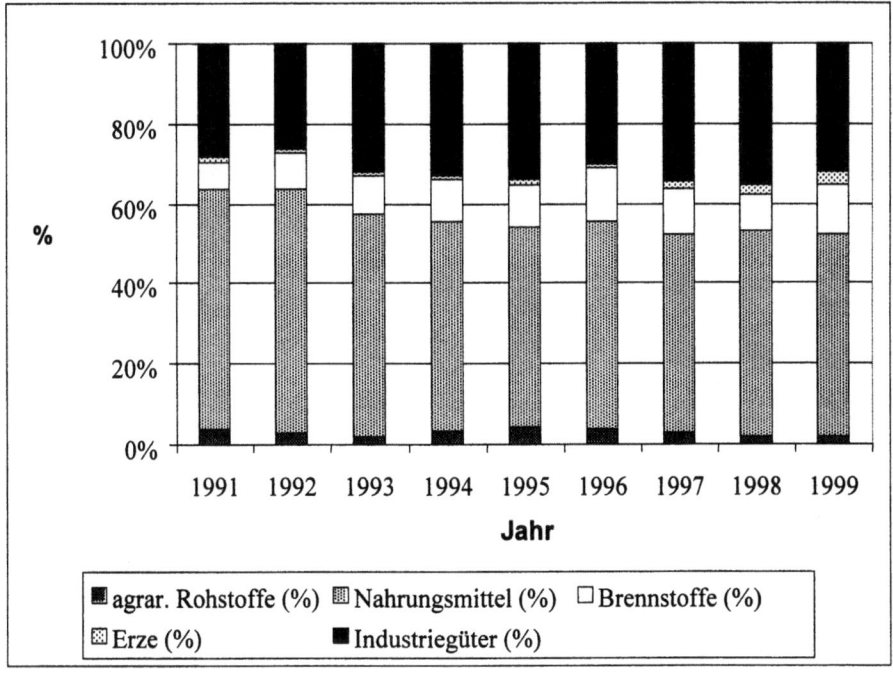

Quelle: Weltbank (2001).

Die wichtigsten argentinischen Exportprodukte waren 1996 Rohöl (2.320 Mio. US-$) vor Ölkuchen (2.293 Mio. US-$), pflanzlichen Ölen (1.733 Mio. US-$) und unverarbeiteten Ölsaaten (841 mio US-$). Es folgen mit Mais (1.239 Mio. US-$) und Weizen (1.065 Mio. US-$) zwei weitere Agrarprodukte. Erst dann kam mit Kraftfahrzeugen (803,8 Mio. US-$) ein relativ wissensintensives Produkt. Weitere wichtige Agrarerzeugnisse mit Exporten über 500 Mio. US-$ waren Rindfleisch, Leder und Baumwolle. Bei den Industrieprodukten nehmen mit petrochemischen Produkten (585 Mio. US-$), chemischen Produkten (insgesamt 1.320 Mio. US-$) sowie Eisen/Stahl und Eisen/Stahlerzeugnissen (insgesamt 797,8 Mio. US-$) ressourcennahe Produkte die nächsten Plätze ein.[1] Die Aufzählung macht deutlich, dass Rohstoffe und verarbeitete Rohstoffe den Export Mitte der 90er Jahre dominiert haben. Die meisten Exportprodukte wiesen zugleich nur einen geringen Wertschöpfungsanteil auf. Die Universitäten *General Sarmiento* und *Quilmes* haben in einer Studie den Technologiege-

---

[1] Vgl. UNO (1999), S.20. Die Angaben beziehen sich auf Branchen nach SITC.

halt der Industriegüterexporte von 1991-1996 mit dem von 1986-1990 verglichen:

Tabelle 4.2.1.8: Der Technologiegehalt der argentinischen Industriegüterexporte

Technologieintensität	1986-90[1]	%	1991-1996[1]	%
hoch	703	2,6	1.802	2,8
mittel - hoch	3.502	11,3	10.502	16,2
mittel - niedrig	4.610	14,9	10.436	16,1
niedrig	22.037	71,2	42.146	64,7
Rest (nicht näher spezifiziert)	41	0,1	156	0,2
gesamt	30.943	100	64.886	100

[1] Summe in Mio. US-$.

Quelle: SETCIP (2001).

Die Verdopplung der gesamten Industriegüterexporte zwischen den beiden Zeiträumen verdeutlicht noch einmal die langfristige Expansion der Industriegüterexporte nach der Überwindung der Wirtschaftskrise. Innerhalb der Gruppe der Industriegüter stieg der Anteil der Produkte mit mittlerem Technologiegehalt deutlich von 26,2% auf 32,3% an. Insbesondere das Exportvolumen der Produkte mit mittlerer bis hoher Intensität nahm zu und verdreifachte sich. Dieser Anstieg ging zu Lasten der Exporte von Gütern mit niedriger Technologieintensität, deren Anteil sank, die aber weiterhin insgesamt die Industriegüterexporte dominierten. Der Export von Gütern mit hoher Technologieintensität spielt weiterhin keine große Rolle. Im internationalen Vergleich ist Argentinien eines der wenigen Länder, die ihren Anteil in dieser Gütergruppe nicht ausbauen konnten.[1] Die Wettbewerbsfähigkeit in wissensintensiven Branchen ist somit nur gering, ebenso möglicherweise das Potential wissensbasierter Wachstumsprozesse.

Auch die regionale Struktur der argentinischen Exporte hat sich nach 1991 deutlich gewandelt.[2] Die Einführung des Mercosur hat ihre Spuren in der regionalen Struktur der Exporte hinterlassen: Brasilien hat seine Rolle als wichtigster Handelspartner seit 1991 deutlich ausgebaut. Die Expansion der Exporte nach Brasilien liegt vor allem an einem deutlichen Zuwachs bei den Kraftfahrzeugexporten.[3] Aber auch die Exporte nach Chile haben deutlich zugenommen. Auf der anderen Seite ist ein Rückgang des Anteils der USA und der EU-Staa-

---

[1] Vgl. GACTEC (1999).
[2] Vgl. Anhang A3.
[3] Dieser dürfte auch den Anstieg der Exporte von Gütern mit mittlerer bis hoher Technologieintensität erklären.

ten zu beobachten. Nach 1998 kam es zu einem deutlichen Einbruch bei den intraregionalen Handelsströmen des Mercosur.[1]

Wie ist die Richtungsänderung der Exportströme aus wachstumstheoretischer Sicht zu bewerten? Einerseits erwerben die argentinischen Unternehmen auf den Märkten des Mercosur wichtige Erfahrungen bei der Erschließung von Auslandsmärkten. Andererseits kann die gewachsene Abhängigkeit vom volatilen brasilianischen Markt zum Import von Problemen führen, wie es nach der Abwertung des Real Anfang 1999 auch geschehen ist.

Abschließend sollen die in diesem Abschnitt vorgestellten Entwicklungen kurz zusammengefasst werden. Argentiniens Wirtschaftswachstum in den 90er Jahren war im internationalen und historischen Vergleich sehr hoch, aber auch volatil. Das Wachstum wurde von einem Anstieg der Investitionen, aber auch von einem Zuwachs der TFP begleitet.

Auch die Außenhandelsverflechtung nahm deutlich zu. Dabei nahmen die Importe deutlich stärker zu als die Exporte, die Handelsbilanz war negativ. Bei den Importen stieg der Import von Investitionsgütern am deutlichsten an, und der Einsatz importierter Investitionsgüter im Dienstleistungssektor nahm besonders stark zu. Bei den Exporten nahm der Anteil der Industriegüter an den Gesamtexporten zu, allerdings ist der Großteil der industriellen Exporte weiterhin ressourcenbasiert, und ihr Technologiegehalt nur gering. Die Einführung des Mercosur hinterließ deutliche Spuren bei der regionalen und sektoralen Struktur der Handelsströme.

Wie diese Tendenzen zu interpretieren sind, und ob sich diese Entwicklungen mit den im theoretischen Teil abgeleiteten Hypothesen aus der EWT decken, soll im Anschluss an den nächsten Abschnitt zum Innovationsverhalten diskutiert werden.

4.2.2 Quantitative Entwicklungen bei Forschung, Invention und Innovation

In diesem Abschnitt wird die zweite Leitfrage nach den Effekten der Weltmarktintegration auf den Umfang der Innovationsaktivitäten aufgegriffen. Hierzu werden die Entwicklungstendenzen der wichtigsten quantitativen Forschungs- und Technologieindikatoren zwischen 1990 und 1999 betrachtet. Aus der EWT wäre infolge der Weltmarktintegration ein Rückgang der argentinischen Forschungsaktivitäten zu erwarten. Zunächst wird die Entwicklung von Indikatoren für den Forschungsinput zur Erfassung der Innovationsanstrengungen (H_A) dargestellt. Daran anschließend wird die Entwicklung von Indikatoren für den Forschungsoutput nachgezeichnet. Sie können als eine Annäherung an $\dot{A}_R$ interpretiert werden. Am Ende wird kurz auf Quotienten aus Outputs und Inputs eingegangen, die sich mit Vorbehalten als Ausdruck der Forschungsproduktivität θ interpretieren lassen.

---
[1] Vgl. Preuße (1999), S.917.

4.2.2.1 Entwicklung des Forschungsinputs von 1991 bis 1999

Der Entwicklung des Umfangs des Forschungssektors lässt sich anhand der in der Forschung eingesetzten finanziellen Mittel (als Stromgröße) oder des eingesetzten Personals (als Bestandsgröße) erfassen. Zunächst wird die Entwicklung der Ausgaben für Innovationsaktivitäten in den 90er Jahren vorgestellt.

Der wichtigste Indikator zur Messung des Umfanges der Innovationsaktivität eines Landes sind die Ausgaben für F&E. Aber einige SL, darunter auch Argentinien, haben traditionell den Indikator ACT verwendet.[1] Die Abkürzung ACT steht für „*Actividades de Ciencia y Tecnología*" (wissenschaftliche und technologische Aktivitäten). Die ACT umfassen alle systematischen Aktivitäten, die in engem Zusammenhang mit der Produktion, Förderung, Diffusion und Anwendung wissenschaftlicher und technologischer Erkenntnisse in allen Bereichen der Wissenschaft und Technologie stehen. Sie umfassen Aktivitäten wie die wissenschaftliche Forschung, die industrielle Entwicklung (F&E), die wissenschaftliche und technische Ausbildung und wissenschaftliche und technische Dienstleistungen.[2]

Die ACT stellen ein umfassenderes Aggregat als die Ausgaben für F&E dar. Forschung und Entwicklung (F&E) umfasst die kreative Arbeit in systematischer Form zur Erweiterung des Umfangs des menschlichen, kulturellen und sozialen Wissens und die Nutzung dieses Wissens bei der Entwicklung neuer Anwendungen.[3] F&E-Daten nach internationalen Standards werden in Argentinien erst ab 1996 erhoben, was langfristige internationale Vergleiche erschwert.[4] Tabelle 4.2.2.1 (nächste Seite) fasst die Entwicklung der Ausgaben für ACT und F&E nach 1991 zusammen:

Tabelle 4.2.2.1: Die Ausgaben für ACT und F&E[1]

	1991	1992	1993	1994	1995	1996	1997	1998	1999	2000
ACT	747,9	854,8	1015,7	1124,9	1252,7	1353,0	1466,2	1529,5	1517,8	1.470,7
Ver. (%)		+14,3%	+18,8	+10,8	+11,4	+8,0	+8,4	+2,0	-0,9	-0,7
F&E	k.A.	k.A.	*906,0*		*1.000,0*	1136,2	1228,8	1263,5	1321,3	1.271,2
Ver. (%)						+11,4	+8,2	+2,8	+4,6	-1,1

[1] Angaben in Mio. arg. $ zu konstanten Preisen von 1998.

Quelle: Ricyt (2001) bis auf F&E Daten für 1993 und 1995: MCE/SECYT (1997).

---

[1] Vgl. auch Abschnitt 4.1.
[2] Vgl. Ricyt (1998) und OECD (1997c).
[3] Vgl. Ricyt (1998) und OECD (1997c).
[4] Mit der Einführung des Manuals de Bogota im Jahr 2001 haben sich die lateinamerikanischen Staaten bei der Erfassung von F&E an die Standards der OECD angenähert. Vgl. Ricyt/OEA/CYTED (2001).

Von 1991 bis 1998 sind die Ausgaben für ACT deutlich und kontinuierlich angestiegen. Im Jahr 1993 überschritten sie die Milliarden-Peso-Grenze und hatten sich im Jahr 1998 mit einem Wert von ca. 1,5 Mrd. US-$ im Vergleich zu 1991 nahezu verdoppelt. Erst im Rezessionsjahr 1999 war zum ersten Mal in der Dekade ein Rückgang zu verzeichnen, der sich im Jahr 2000 fortsetzte. Von 1985 bis 1990 gab Argentinien im jährlichen Durchschnitt 632 Mio. $ für ACT aus.[1] Vergleicht man diese Werte der 80er Jahre mit denen seit 1990, so wird deutlich, dass es zu Beginn der Dekade zu einer deutlichen Verbesserung der Rahmenbedingungen für die Durchführung von F&E gekommen sein muss. Die Ausgaben für F&E sind vom Erhebungsbeginn 1993 bis 1999 ebenfalls durchgehend angestiegen, ehe sie im Jahr 2000 leicht sanken. Sie machten 1999 87% der Ausgaben für ACT aus. Trotz der deutlichen absoluten Zunahme könnte sich die argentinische Wirtschaft bei entsprechendem Wirtschaftswachstum auf die Produktion und gegen die Forschung spezialisiert haben. Grafik 4.2.2.1 zeigt, dass dies nicht der Fall war.

Grafik 4.2.2.1: Ausgaben für Forschung und Technologie in Relation zum BIP

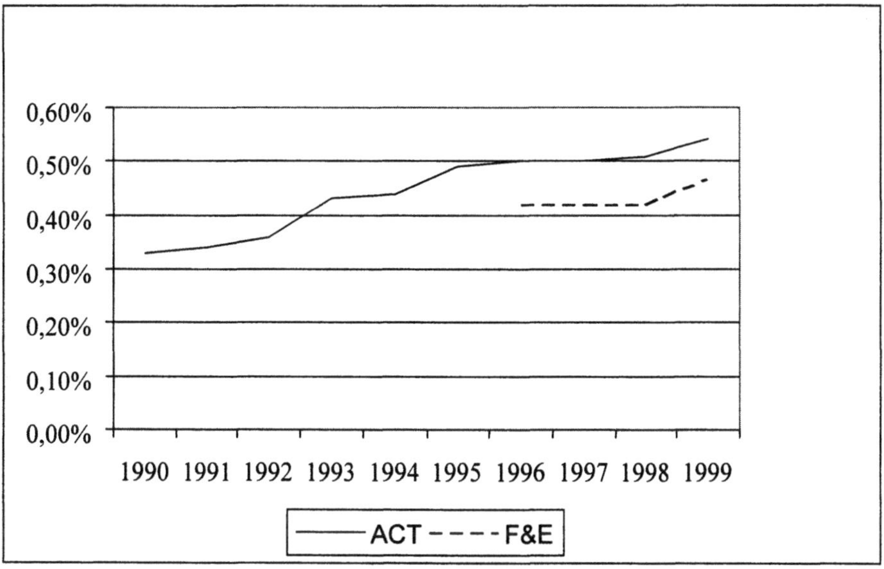

Quelle: eigene Darstellung nach Angaben von Ricyt (2001)

Im Beobachtungszeitraum ist das Verhältnis der Investitionen in ACT zum BIP von 0,34 % (1991) auf 0,54 % (1999) gestiegen. Auch im Rezessionsjahr 1999 konnte, trotz gesunkenen absoluten ACT-Ausgabenvolumens, der Anteil am

---

[1] Vgl. MCE/SECYT (1997), S.18.

BIP weiter erhöht werden.¹ Die F&E-Intensität ist seit 1996 ebenfalls gestiegen. Aber im internationalen Vergleich ist Argentiniens Intensität der Forschungsausgaben dennoch gering geblieben (Tabelle 4.2.3.2).

Tabelle 4.2.2.2: **Argentiniens Ausgaben für F&E und ACT im internationalen Vergleich**[1]

Land	Jahr	ACT/BIP (%)	F&E/BIP (%)
Japan	1997		2,92
USA	1998		2,79
Deutschland	1998		2,33
Frankreich	1997		2,23
Australien	1996		1,68
Kanada	1998		1,60
Italien	1998		1,11
Spanien	1998		0,88
Brasilien	1997	1,24	0,76
Chile	1997		0,64
Argentinien	**1998**	**0,51**	**0,42**
Kolumbien	1997	0,65	0,41
Mexiko	1997	0,42	0,31
Venezuela	1997	0,33	

[1] Die Angaben beziehen sich auf die gesamten (öffentliche und private) Ausgaben eines Landes für F&E bzw. ACT.

Quelle: MCE/SECYT (1999).

Die F&E-Intensität liegt auch 1998 noch ca. 2 Prozentpunkte unter den Werten der großen OECD-Mitgliedsländer wie Japan, die USA und Deutschland, und noch weiter hinter Schweden und der Schweiz zurück.² Aber auch im Vergleich zu anderen rohstoffreichen Ökonomien wie Kanada oder Australien, die sich innerhalb der Gruppe der OECD-Länder im unteren Mittelfeld befinden, weist Argentinien einen erheblichen Rückstand auf. Und selbst innerhalb Lateinamerikas liegt Argentinien trotz seines höheren PKE beim Verhältnis der Forschungsausgaben zum BIP hinter Ländern wie Brasilien oder Chile.

Weder der absolute noch der relative Anstieg der Ausgaben für ACT und F&E entspricht den Hypothesen, die sich vor dem Hintergrund seiner geringen For-

---

[1] Das offiziell zunächst für das Jahr 2000 erklärte Ziel einer Erhöhung der argentinischen ACT-Ausgaben auf mindestens 1% des BIP (vgl. hierzu Abschnitt 4.3.5) ist allerdings noch in weiter Ferne, und die Verschlechterung der wirtschaftlichen Lage zum Ende der Dekade erschwert eine Realisierung zusätzlich.
[2] Die beiden letztgenannten Länder weisen die weltweit höchsten F&E-Anteile am BIP auf.

schungsproduktivität für Argentinien aus der EWT ergaben. Auf mögliche Gründe für diese Entwicklung wird in der anschließenden Diskussion in Abschnitt 4.2.3 näher eingegangen. Vor weiteren Erörterungen bleibt zu prüfen, ob der Anstieg möglicherweise allein durch einen Anstieg der öffentlichen Forschungsausgaben zu erklären ist, während sich die privaten Unternehmen wie erwartet aus der Forschung zurückgezogen haben. Die Aufteilung der Ausgaben auf die forschenden Akteure wird in Tabelle 4.2.2.3 (nächste Seite) wiedergegeben.

Tabelle 4.2.2.3: Die Aufteilung der Ausgaben für ACT nach Akteuren

durchführende Institution	1993	1994	1995	1996	1997	1998	1999
Regierung[1]	51,30%	43,30%	42,70%	40,70%	39,20%	40,70%	41,30%
Unternehmen	21,00%	26,10%	25,40%	27,30%	30,20%	30,50%	28,60%
Hochschulen	25,70%	28,30%	29,60%	29,50%	27,80%	25,80%	27,30%
Gemeinnützige Institutionen	2,00%	2,30%	2,30%	2,50%	2,80%	3,00%	2,80%
insgesamt	100%	100%	100%	100%	100%	100%	100%

[1] Regierung = öffentliche Forschungseinrichtungen

Quelle: Ricyt (2001)

Der Anteil der Unternehmen an den Gesamtausgaben für ACT ist von 21,0% (1993) auf 28,6% (1999) gestiegen, wobei der Hauptteil des Anstiegs zwischen 1993 und 1997 erfolgte und im Jahr 1998 ein Maximum erreicht worden war. Dies impliziert, dass sich das Volumen der ACT der argentinischen Unternehmen seit 1993 deutlich erhöht hat: Ihre gesamten Ausgaben stiegen von 140,0 Mio. $ (1991) über 318,7 Mio. $ (1995) auf 467 Mio. $ (1998) an.[1] Parallel zum Anstieg des Unternehmensanteils sank der Anteil der öffentlichen Ausgaben an den Gesamtausgaben (bei einer absoluten Zunahme von 389,6 Mio. $ auf 590,9 Mio. $), während der Anteil der Hochschulen nahezu konstant blieb.

Betrachtet man das enger abgegrenzte Aggregat der F&E-Investitionen (Tabelle 4.2.2.4), so ergibt sich ein etwas anderes Bild. Hier blieb der Anteil der Regierung zwischen 1996 und 1999 relativ konstant, während der Anteil der Unternehmen bis 1998 um etwa 10% gestiegen war und in den Rezessionsjahren 1999 und 2000 wieder zurückging, wobei er 2000 sogar wieder unter den Wert von 1996 sank. Die Unterschiede bei der Entwicklung beider Aggregate macht deutlich, dass die Unternehmen insbesondere bei den Tätigkeiten vermehrt aktiv geworden sein müssen, die in den ACT, aber nicht in der F&E enthalten sind.

---

[1] Zu den absoluten Angaben vgl. MCE/SECYT (1999).

Tabelle 4.2.2.4: Die Aufteilung der Ausgaben für F&E nach Akteuren

	1996	1997	1998	1999	2000
Regierung	40,90%	39,60%	41,10%	40,70%	37,50%
Unternehmen	25,90%	29,10%	29,40%	27,50%	25,40%
Hochschulen	31,50%	29,80%	27,80%	29,50%	34,80%
Gemeinnützige Institutionen	1,70%	1,50%	1,80%	2,30%	2,30%
insgesamt	100%	100%	100%	100%	100%

Quelle: Ricyt (2001)

Der Anstieg der Forschungs- und Innovationsaktivität ist also nicht allein auf eine Ausweitung des öffentlichen Sektors zurückzuführen. Im Gegenteil hat gerade der private Sektor seine Ausgaben erhöht. Allerdings gibt der Rückgang des Anteils der Unternehmen nach 1998 Anlass zur Besorgnis. Die Bereitschaft, in F&E zu investieren, scheint nicht nachhaltig gestiegen zu sein und in erheblichem Umfang von der makroökonomischen Entwicklung bestimmt zu werden. Im internationalen Vergleich ist der Anteil der Unternehmen im Jahr 1998 trotz des vorangegangenen Anstiegs immer noch gering (Tabelle 4.2.2.5). Insbesondere in den IL liegt der Anteil der Unternehmen an den Ausgaben für F&E zwischen 40 und 70%.[1]

Tabelle 4.2.2.5: Aufteilung der Ausgaben für ACT (F&E): Internationaler Vergleich

Land	Regierung	Unternehmen	Hochschulen	andere
Argentinien	40,7	27,4	29,5	2,3
Brasilien	64,0	31,8	4,1	
Chile[1]	67,9	19,5	6,0	6,6
USA[1]	31,6	64,5	2,3	1,6
Kanada[1]	25,6	48,2	9,7	16,5
Spanien[1]	47,8	44,7	-	7,5

[1] = Anteile an den Ausgaben für F&E

Quelle: Melo (2001), S.38ff.

---

[1] Für Angaben zu weiteren IL vgl. OECD (1997).

Als nächstes soll ein Blick auf den Charakter der Forschungsaktivitäten geworfen werden (Grafik 4.2.2.2). Seit 1993 hat der Anteil der experimentellen Entwicklung zugenommen, die argentinischen Forschungsaktivitäten sind also insgesamt näher an den Produktionsprozess herangerückt.[1] Demgegenüber hat die angewandte Forschung leicht an Bedeutung verloren, der Anteil der Grundlagenforschung schwankte im Zeitablauf.

Grafik 4.2.2.2: Ausgaben für F&E nach Forschungsart

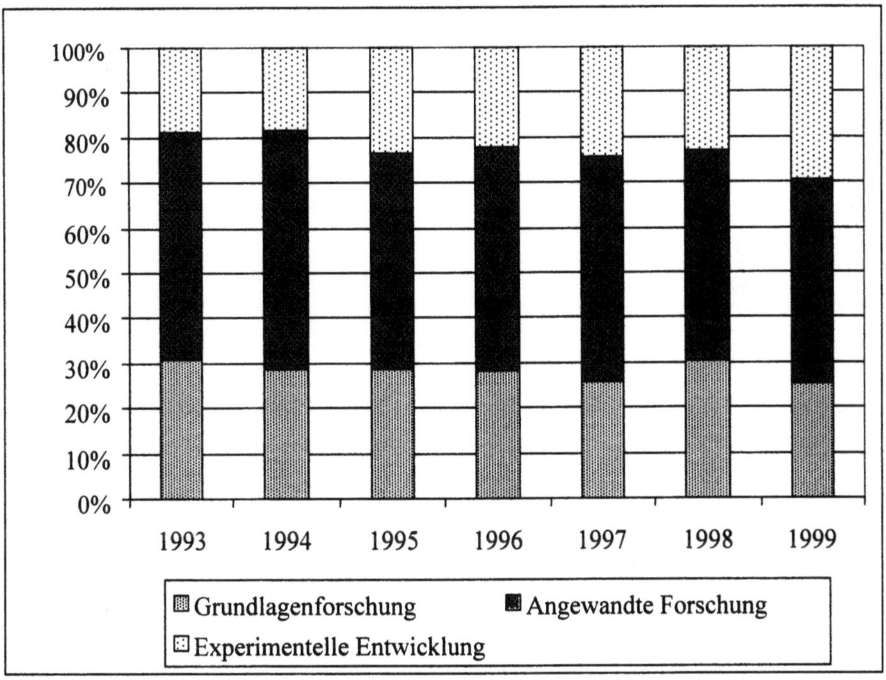

Quelle: eigene Darstellung nach Angaben von Ricyt (2001).

Abschließend wird noch die Entwicklung der inhaltlichen Struktur der Forschungsausgaben betrachtet (Tabelle 4.2.2.6).

Die industrielle und technologische Entwicklung hat den größten relativen (und damit auch absoluten) Zuwachs zu verzeichnen. Ihr Anteil stieg zwischen 1993 und 1999 von 16,6% auf 25,7% an. Weitere Gebiete mit relativ großer Bedeutung sind in Argentinien traditionell die Bereiche Gesundheit sowie Land- und Forstwirtschaft sowie Fischerei mit jeweils über 10%. Der Anteil der Landwirtschaft ist seit 1993 von 14,2% auf 10,6% zurückgegangen.

---

[1] Der Anteil der Ausgaben für Entwicklung liegt aber weiterhin unter den Werten, die sich für die führenden IL finden lassen. Vgl. Melo (2001).

Tabelle 4.2.2.6: Die Aufteilung der Ausgaben für ACT nach Forschungsgebieten

Sektor	1993	1994	1995	1996	1997	1998	1999
Landwirtschaft, Forstwirtschaft und Fischerei	14,2%	16,9%	15,3%	12,9%	11,8%	10,2%	10,6%
Industrielle und technologische Entwicklung	16,6%	13,0%	13,5%	17,3%	25,0%	25,0%	25,7%
Energie	5,7%	4,1%	4,5%	2,0%	3,4%	2,7%	2,4%
Infrastruktur				3,0%	3,8%	2,7%	2,8%
Umwelt	4,6%	4,4%	3,8%	4,9%	5,8%	4,8%	5,3%
Gesundheit	14,0%	13,6%	13,1%	14,7%	14,3%	15,9%	15,9%
soziale Entwicklung, soziale Dienstleistungen	6,9%	7,8%	8,7%	8,8%	7,0%	9,1%	7,1%
Geologie, Klimakunde	8,5%	10,0%	12,2%	8,6%	3,8%	4,0%	4,6%
Allgemeine Wissenschaftsförderung	14,3%	16,9%	17,4%	18,3%	18,6%	17,9%	18,0%
zivile Raumfahrt	2,1%	1,8%	1,8%	1,3%	0,8%	0,6%	0,5%
Verteidigung	3,7%	3,2%	3,4%	3,1%	1,0%	0,8%	0,9%
sonstige	9,4%	8,3%	6,3%	5,1%	4,6%	6,3%	6,3%
gesamte Ausgaben	100%	100%	100%	100%	100%	100%	100%

Quelle: Ricyt (2001)

Die zweite wichtige Größe zur Messung des Volumens des Forschungssektors ist das eingesetzte Humankapital:

Tabelle 4.2.2.7 gibt einen Überblick über die Beschäftigungsentwicklung in der argentinischen Forschung von 1993 bis 1999. In dem recht kurzen Zeitraum ist sowohl bei der Gesamtzahl der Forscher als auch bei der auf Vollzeitstellen umgerechneten Zahl der Forscher ein deutlicher Anstieg zu verzeichnen. Der Anstieg der Forscherzahlen fand insbesondere zwischen 1993 und 1995 statt und lässt sich vermutlich durch den Beginn des *Programa de Incentivos a Docentes-Investigadores* erklären.[1] Im Jahr 1998 waren mit 3.792 nur 17,2% aller Forscher (zu EJC) bei Unternehmen beschäftigt. Die OCT beschäftigten 7.083 Forscher, die staatlichen Universitäten 10.035.[2]

---

[1] Vgl. hierzu Abschnitt 4.3.4.
[2] Vgl. MCE/Secyt (1999). Die Abweichungen dieser Angaben von denen in der Tabelle ergeben sich aus der unterschiedlichen Zählweise des Ricyt und des Secyt.

Tabelle 4.2.2.7: Wissenschaftliches Personal von 1993 bis 1997

		1993	1995	1997	1998	1999	Var. 1997-1999
Personen	Forscher			30.079	30.665	32.583	8,32%
	Stipendiaten (F&E)			7.119	7.573	7.183	0,90%
	Hilfspersonal			5.702	6.157	5.707	0,09%
	technischer Service			5.468	5.276	5.228	-4,39%
	insgesamt			**48.368**	**49.671**	**50.701**	**4,82%**
EJC	Forscher	*13.992*	*19.492*	19.472	19.970	20.911	7,39% (49,4%)[1]
	Stipendiaten (F&E)	*4.293*	*5.513*	5.332	5.449	5.093	-4,48% (18,6%)[1]
	Hilfspersonal			5.702	6.157	5.707	0,09%
	technischer Service			5.468	5.276	5.228	-4,39%
	insgesamt			**35.974**	**36.852**	**36.939**	**2,68%**

EJC = Vollzeitstellenäquivalente

[1] In Klammern: Veränderung 1993 bis 1997

Quelle: Ricyt (2001), Werte für 1993: MCE (1996), S.33.

Der Anteil der Forscher an der Gesamtzahl der Erwerbstätigen betrug im Jahr 1999 nur 0,257% und ist somit relativ unbedeutend. In Vollzeitstellen umgerechnet, ist der Anteil (0,168 %) sogar noch geringer. Im internationalen Vergleich liegt dieser Wert unter dem der IL (z.B. USA: 0,74%, Deutschland 0,49%; Spanien 0,28%) oder der asiatischen NICs (Rep. Korea 0,49%). Er ist allerdings der höchste unter den großen lateinamerikanischen Staaten (Brasilien 0,07%; Mexiko 0,06%; Chile 0,13%).[1] Allerdings hatte im Jahr 1993 der Anteil der Forscher (in EJC) in Argentinien sogar nur 0,10% betragen, die Zahl der Forscher hat also deutlich schneller zugenommen als die der Erwerbstätigen.[2]

Betrachtet man die Pro-Kopf-Ausgaben für F&E, so ergibt sich für das Jahr 1999 ein Wert von nur 50.800 $ pro Forscher (EJC). Der Wert betrug 1993 noch 64.800 $, er ist zunächst gesunken und dann nahezu konstant geblieben. Der Rückgang nach 1993 lässt sich vermutlich ebenfalls durch den Beginn des *Programa de Incentivos a Docentes-Investigadores* erklären. Die argentinischen Ausgaben pro Forscher sind im internationalen Vergleich sehr gering. Die Wer-

---

[1] Vgl. Chudnovsky (1999), S.165.
[2] Vgl. MCE (1996), S.33.

te für Brasilien (110.000 US-$), Deutschland (162.000 US-$) oder die USA (189.000 US-$) liegen alle erheblich über dem argentinischen Wert.

Alle Angaben weisen darauf hin, dass nach der Weltmarktintegration die Forschungsanstrengungen in Argentinien insgesamt und in den argentinischen Unternehmen zugenommen haben. Die Höhe der Ausgaben, die Zahl der Forscher (insbesondere in den Unternehmen) und die Ausgaben pro Forscher sind allerdings auch in den 90er Jahren im internationalen Vergleich unterdurchschnittlich geblieben. Nun sollen die Auswirkungen der erhöhten F&E-Anstrengungen auf den Innovationsoutput betrachtet werden.

4.2.2.2 Entwicklung des Forschungsoutputs von 1990 bis 1999

Der wichtigste Indikator, der zur Messung des Innovationsoutputs einer Volkswirtschaft herangezogen wird, ist die Anzahl der beantragten und zugelassenen Patente pro Jahr. Tabelle 4.2.2.8 gibt einen Überblick über die Entwicklung von 1991–1999.

Tabelle 4.2.2.8: Patentanträge und Patentzulassungen von 1990 bis 1999

Patentanträge										
	1990	1991	1992	1993	1994	1995	1996	1997	1998	1999
Anträge von Inländern	955	943	503	787	694	676	1.097	824	861	899
Anträge von Ausländern	1.955	1.851	1.919	2.261	2.820	3.588	4.012	5.035	5.459	5.558
Anträge insgesamt	**2.910**	**2.794**	**2.422**	**3.048**	**3.514**	**4.264**	**5.109**	**5.859**	**6.320**	**6.457**
Patentzulassungen										
	1990	1991	1992	1993	1994	1995	1996	1997	1998	1999
Zulassungen an Inländer	249	87	114	612	451	198	342	292	307	155
Zulassungen an Ausländer	510	316	549	2.835	1.663	805	1.449	936	1.382	1.086
Zulassungen insgesamt	**759**	**403**	**663**	**3.447**	**2.114**	**1.003**	**1.791**	**1.228**	**1.689**	**1.241**

Quelle: Ricyt (2001), Daten für 1990: Secyt/MCE (1997)

Im Zeitraum von 1990 bis 1999 nahmen sowohl die Patentanträge (+ 230%) als auch die Patentzulassungen (+63%) beim argentinischen Patentamt (*Instituto Nacional de la Propiedad Industrial*) deutlich zu. Bei den Patentanträgen ist ein relativ kontinuierlicher Anstieg zu beobachten. Bei den Patentzulassungen fällt das Jahr 1993 mit einem deutlichen Anstieg von Zulassungen an Ausländer aus dem allgemeinen Trend heraus. Nach dem Höhepunkt 1993 ist die Zahl der Zulassungen wieder zurückgegangen und schwankt seitdem mit der konjunkturellen Entwicklung. Beide Zuwächse sind insbesondere auf ausländische Antragsteller zurückzuführen, deren Anteil von 66,2% auf 86,1% bei den Patentanträgen bzw. von 78,4% auf 87,5% bei den Patentzulassungen gestiegen ist. Während die Zahl der inländischen Anmeldungen über den Beobachtungszeitraum hinweg in etwa konstant blieb, schwankte die Zahl der Zulassungen für Inländer zwischen 1990 und 1998 ohne einen klaren Trend. Nur wenige der inländischen Patentanmeldungen gehen auf Unternehmen zurück. Und da auch der Anteil der OCT gering ist, gingen die meisten der Patentanmeldungen von Inländern auf Privatpersonen zurück.[1]

Bei der Interpretation von Patentdaten ist zu berücksichtigen, dass sie den Innovationsoutput insgesamt nur verzerrt wiedergeben.[2] So unterscheidet sich die Patentierungsneigung zwischen einzelnen Sektoren erheblich. Dies kann dazu führen, dass sich das Spezialisierungsmuster eines Landes in hohen Patentzahlen widerspiegeln kann. Zudem kann sich der ökonomische Wert von Patenten erheblich unterscheiden.[3] Und schließlich gibt es beträchtliche Unterschiede in den nationalen Patentgesetzgebungen, die internationale Vergleiche auf der Basis inländischer Anmeldungen wenig sinnvoll machen. Aufgrund dieses Sachverhalts muss für einen internationalen Vergleich ein Maßstab gefunden werden, der allen Ländern möglichst gleiche Voraussetzungen bietet. Hierzu werden Patentanmeldungen in einem Wirtschaftsraum herangezogen. Tabelle 4.2.2.9 enthält Angaben über die im Eigentum ausgewählter Schwellenländer befindlichen US-Patente.

Zwar ist die Zahl der argentinischem Patente in den USA seit Mitte der 70er Jahre leicht angestiegen (1983-89: 135 Patente, 1977-82: 130 Patente)[4] Aber Argentinien liegt bei Patentzulassungen nicht nur deutlich hinter den IL, sondern ebenfalls weit hinter anderen NICs wie z.B. Taiwan, Korea oder Israel zurück. Gegenüber dieser Staatengruppe ist der Rückstand Argentiniens seit 1977 erheblich angewachsen (zwischen 1977 und 1982 lag der kumulierte Anteil dieser drei Staaten noch bei nur 0,28%). Auch im Vergleich mit den anderen beiden großen Ökonomien Lateinamerikas – Brasilien und Mexiko – liegt Argentinien zurück. Allerdings ist in Argentinien die Anzahl der Patente pro Kopf immer noch höher.

---

[1] Zu den Antragstellern vgl. GACTEC (1999).
[2] Zu Patenten als Indikator zur Messung von Innovationen vgl. Griliches (1994) oder Stern/Porter/Furman (2000).
[3] Die empirische Innovationsforschung verwendet daher qualitätsgewichtete Patentindikatoren, die aber für Argentinien nicht zur Verfügung stehen.
[4] Vgl. Kumar (1997) und Melo (2001).

Tabelle 4.2.2.9: Patente im Eigentum von Schwellenländern beim USPTO

Land	Zugelassene Patente (1990-96)	Anteil (an allen Patentzulassungen, in %)
Argentinien	187	0,02
Taiwan	11.040	1,43
Rep. Korea	5.970	0,77
Israel	2.685	0,35
Mexiko	314	0,04
Brasilien	413	0,05

Quelle: Melo (2001), S.21.

Werden Patente als Indikator der Innovativität einer Volkswirtschaft herangezogen, so sind Publikations-Indizes häufig verwendete Messgrößen für den Output der Wissenschaft:

Tabelle 4.2.2.10: Wissenschaftliche Publikationen im internationalen Vergleich[1]

Land	Anzahl	Anteil	Publikationen / Mrd. $ BIP
Kanada	17.359	4,0	25
Deutschland	30.654	7,0	21
USA	142.792	32,5	20
Spanien	8.811	2,0	16
Argentinien	**1.581**	**0,4**	**6**
Chile	700	0,2	6
Rep. Korea	2.964	0,7	5
Brasilien	2.760	0,6	3
andere	231.146	52,6	k. A.
insgesamt	**438.767**	**100,0**	**k. A.**

[1] Alle Angaben beziehen sich auf das Jahr 1995.
Quelle: PLAN (1999), Annex 9/11.

Hier ergibt sich ein etwas anderes Bild als bei den Patenten. Während die Patentierungsneigung in Argentinien im internationalen Vergleich sehr gering ist, ist der Output an wissenschaftlichen Publikationen zwar in absoluter Hinsicht niedrig, aber zumindest im Verhältnis zum BIP mit dem von anderen dynamisch wachsenden Staaten wie Korea oder Chile vergleichbar. Allerdings liegt er ebenfalls noch weit hinter den IL zurück.

Im Jahr 1995 wurden in Argentinien die meisten Publikationen in Medizin (24,1%) vor der Biomedizin[1] (16,7%) der Chemie (14,7%) und der Biologie (14,3%) veröffentlicht. Im internationalen Vergleich weist Argentinien einen überdurchschnittlichen Anteil (und damit eine Spezialisierung in der Forschung) in der Biologie und in der Physik auf, während es bei den Ingenieurswissenschaften deutlich unterrepräsentiert ist.[2] Letzteres kann sich als Problem für die weitere Modernisierung der Wirtschaft und des Innovationssystems erweisen.

Auf den Technologiegehalt von Exporten als dritten wichtigen Indikator der Innovativität einer Wirtschaft wurde bereits in Abschnitt 4.2.2 eingegangen. Er war vom Zeitraum 1986-90 bis zum Zeitraum 1990-94 leicht gestiegen, Hochtechnologieexporte blieben für Argentinien in der ersten Hälfte der 90er Jahre weiterhin praktisch bedeutungslos.

Wie kommt es zu dieser relativ schlechten Performance des argentinischen Forschungssektors – insbesondere bei den Patenten? Verschiedene Erklärungen bieten sich an. So ist die Ausstattung mit für Forschungsaktivitäten qualifiziertem Humankapital zwar gestiegen, aber weiterhin gering, und die finanzielle Ausstattung der Forscher ist ungenügend. Auch die sektorale Struktur der argentinischen Wirtschaft könnte verantwortlich sein.[3] Eine dritte Erklärung ist eine weiterhin nur geringe Produktivität der Forscher aufgrund systemischer Defizite. Auf die Entwicklung der Forschungsproduktivität in den 90er Jahren wird im folgenden Abschnitt, auf systemische Defizite in Abschnitt 4.3 eingegangen.

4.2.2.3 Produktivität des Forschungssektors

Die Entwicklung der Produktivität des Forschungssektors lässt sich zumindest annäherungsweise am Verhältnis von Forschungsoutputs zu Forschungsinputs nachzeichnen (Tabelle 4.2.2.11, nächste Seite).[4] Die Patentzulassungen pro Forscher (EJC) hatten im Jahr 1993 ein historisches Hoch erreicht und sanken danach deutlich ab. Zwei gegenläufige Trends führten zu dieser Tendenz: Während die Zahl der Patente sank, stieg die Zahl der Forscher an. Die zusätzlichen Forscher scheinen eine sehr geringe Produktivität zu besitzen.[5] Möglicherweise hat die gesunkene Mittelausstattung pro Forscher zu dem Rückgang

---

1 i. O. Investigaciones Biomedicas.
2 Vgl. GACTEC (1999), Anexo Estadistico.
3 Die sektorale Struktur kann sich entweder durch die geringe Bedeutung der relativ „innovationsintensiven" Industrie insgesamt oder die geringe Präsenz „patentintensiver" Branchen (z.B. Pharma und Informationstechnologie) innerhalb des Industriesektors auswirken.
4 Zur Berechnung der Forschungsproduktivität im Sinne der EWT müsste in beiden Größen noch der verfügbare Wissensstock berücksichtigt werden.
5 Diese Tendenz kann erneut in der konkreten Ausgestaltung der Forschungspolitik begründet liegen. Vgl. Abschnitt 4.3.3.

getragen. Allerdings ergibt sich ein ebenso deutlicher Rückgang für das Verhältnis der Zahl der Patente zu den Forschungsausgaben (ACT). Auch ein vermehrter Einsatz der Forscher in adoptiven F&E-Aktivitäten oder ein ausgedehnter *time lag* von der Forschung bis zum Patent wären mögliche Erklärungen.

Tabelle 4.2.2.11: Die Entwicklung der Produktivität des Forschungssektors

	1993	1994	1995	1996	1997	1998	1999
Patente (Inländer im Inland)	612	451	198	342	292	307	155
Forscher (EJC)	13.992		19.492		19.472	19.970	20.911
Patente/Forscher	**0,044**		**0,010**		**0,015**	**0,015**	**0,007**
Patente (s.o.)	612	451	198	342	292	307	155
ACT (Mio. $)	1015,7	1124,9	1252,7	1353,0	1466,2	1529,5	1517,8
Patente/ACT	**0,603**	**0,401**	**0,158**	**0,253**	**0,199**	**0,201**	**0,102**
Publikationen (SCI)[1]	2.476	2.719	3.159	3.820	4.262	4.426	
Forscher (EJC)	13.992		19.492		19.472	19.970	20.911
Publikationen/Forscher	**0,177**		**0,162**		**0,219**	**0,222**	
Publikationen (SCI)	2.476	2.719	3.159	3.820	4.262	4.426	
ACT (Mio. $)	1015,7	1124,9	1252,7	1353,0	1466,2	1529,5	1517,8
Publikationen/ACT	**176,9**	**194,2**	**225,6**	**272,9**	**304,4**	**316,1**	

[1] Anzahl der Publikationen nach SCI (Science Citation Index)

Quellen: Ricyt (2001): Patente, Publikationen, Forscher 1997-99; MCE/Secyt (1999): ACT; MCE (1996): Forscher 1993 und 1995.

Demgegenüber stiegen die Publikationen pro Forscher seit 1993 an, da die Zahl der Publikationen schneller anstieg als die Zahl der Forscher. Der Zuwachs bei der Zahl der Forscher könnte somit möglicherweise eher bei der Grundlagenforschung als bei der angewandten Forschung erfolgt sein. Noch deutlicher ist der Publikationsoutput pro Ausgaben für ACT gestiegen. Die Forschung scheint die eingesetzten Ressourcen besser genutzt zu haben, oder spezielle Anreize führten zu einer größeren Publikationsbereitschaft. Die Daten indizieren, dass sich der Wissenschaftssektor besser als das Innovationssystem als Ganzes entwickelt hat.

Auch die Entwicklungstendenzen bei den Indikatoren zur Innovationsaktivität sollen kurz zusammengefasst werden. Argentiniens Forschungssektor ist zwar über die ganze Dekade hinweg relativ klein geblieben, aber die Forschungsausgaben (ACT und F&E) haben seit 1990 wieder deutlich zugenommen. Der Zuwachs der Ausgaben ist im privaten Sektor am stärksten gewachsen, aber auch die öffentlichen Ausgaben sind gestiegen. Auch die Beschäftigung in der Forschung hat zugenommen. Dies liegt v.a. an der Expansion im öffentlichen Sektor. Beim Forschungs- und Innovationsoutput ergibt sich ein heterogenes Bild: Die Zahl der Publikationen ist gestiegen, die Zahl der Patente nicht. Die Produktivität der Forschung stieg in Bezug auf den Publikationsoutput und sank in Bezug auf den Patentoutput.

Aber alle quantitativen Indikatoren (Forschungsoutput, -input, -produktivität) weisen darauf hin, dass Argentinien in der Forschung auch über die 90er Jahre hinweg im internationalen Vergleich einen komparativen Nachteil hatte. Dies wird durch die Entwicklung von neuen Indikatoren zur Innovationsfähigkeit[1] und technologischen Leistungsfähigkeit[2] bestätigt: Auch nach diesen beiden Bewertungsmaßstäben nimmt Argentinien im internationalen Vergleich hintere Plätze ein.[3]

Dennoch ist in Argentinien nach der Weltmarktintegration bis zum Jahr 1998 kein Rückgang der eigenen F&E-Anstrengungen zu erkennen. Da der Anteil der privaten F&E und ACT am BIP gestiegen ist, hat die Liberalisierung zumindest mittelfristig keinen Spezialisierungseffekt zuungunsten des Forschungssektors ausgelöst. Auf die möglichen Ursachen hierfür wird in der nun folgenden Diskussion eingegangen. Die Entwicklung der Produktivität des Forschungssektors deutet zumindest auf keine nennenswerten internationalen Wissensspillover hin, die sich entsprechend der EWT positiv auf die Forschungsaktivität auswirken könnten.

4.2.3 Zusammenfassung und Diskussion

Die Beobachtungen aus den Abschnitten 4.1 und 4.2 lassen sich vor dem Hintergrund der Leitfragen 1 (Weltmarktintegration und Wachstum) und 2 (Weltmarktintegration und Umfang der Innovationsaktivitäten) wie folgt zusammenfassen:

1. Am Ende der 80er Jahre war Argentinien ein Land, das infolge seines aus der Zeit der Importsubstitution stammenden, gering entwickelten Innovationssystems einen komparativen Nachteil in der Wissensproduktion und in wissensintensiven Branchen besaß.

2. Argentinien hat seine Wirtschaft zwischen 1988 und 1994 deutlich gegenüber dem Weltmarkt geöffnet und den Öffnungsgrad in der Folgezeit weitgehend beibehalten. Die Weltmarktintegration wurde durch eine regionale Integration ergänzt und von einer erfolgreichen Stabilisierung begleitet.

---

[1] Gemessen am *Innovation-Index* des World Economic Forum. Vgl. WEF (2002).
[2] Gemessen am *Technology Achievement Index* des UNDP. Vgl. UNDP (2001).
[3] Im lateinamerikanischen Vergleich nimmt Argentinien allerdings jeweils Spitzenpositionen ein.

3. Nach der Außenhandelsliberalisierung (und den anderen Reformen) ist das Wirtschaftswachstum angestiegen und bis 1998 auf einem hohen Niveau verblieben.

4. Das Wirtschaftswachstum ging mit einem Anstieg der Investitionen und einem deutlichen Anstieg der Arbeits- und der totalen Faktorproduktivität einher.

5. Im Beobachtungszeitraum sind die Importe insgesamt und die Importe von Investitionsgütern ebenfalls stark gestiegen.

6. Parallel zum Wachstum und zum Importboom sind auch die Ausgaben für F&E bzw. ACT und der Humankapitaleinsatz in der Forschung gestiegen. Der Anstieg lässt sich sowohl für den öffentlichen als auch für den privaten Sektor beobachten.

7. Die Entwicklung der Produktivität im Forschungssektor ist heterogen verlaufen.

8. Der Einsatz neuer Technologien schlug sich möglicherweise auch in der positiven Entwicklung der Exporte nieder. Allerdings wurden die Liberalisierung und das Wachstum insgesamt von einem Handelsbilanzdefizit begleitet.

9. Es gab schon während der Phase mit hoher Wachstumsdynamik hohe Anpassungskosten in Form von Arbeitslosigkeit. Diese stieg während der Rezessionen weiter an.

10. Es kam nach 1998 zum bis heute andauernden Einbruch der Wachstumsraten.

Wie stehen diese 10 Beobachtungen mit den Leitfragen der Arbeit und den Hypothesen der theoretischen Erörterung in Einklang? Es soll zunächst die Natur des Wachstumsprozesses charakterisiert, dann die Beziehung zwischen der außenwirtschaftlichen Öffnung und dem Wachstum betrachtet und schließlich die Effekte der Öffnung auf das Innovationsverhalten diskutiert werden. Es folgen einige kurze Gedanken, welches EWM die beobachtbaren Entwicklungen am besten beschreibt, ehe abschließend die Gestalt des neuen langfristigen Wachstumspfades und die Nachhaltigkeit des Wachstumsprozesses erörtert werden.

a) Wachstum durch Wissensakkumulation? Quellen und Charakter des beobachtbaren Wachstumspfades

Zunächst soll vor dem Hintergrund der Ausgangsannahme der Arbeit die Frage diskutiert werden, welche Rolle Wissen und Technologie im argentinischen Wachstumsprozess nach 1990 gespielt haben. Lässt sich das Wachstum und die Entwicklung der Produktionsfaktorakkumulation mit den Aussagen der F&E-basierten EWT vereinbaren?

Für die 90er Jahre konnte – im Vergleich zu den 70er und 80er Jahren – ein deutlicher Anstieg der Wachstumsrate des BIP und des PKE diagnostiziert werden. Neben dem BIP wiesen auch die direkt messbaren, fundamentalen Produktionsfaktoren Arbeit, Human- und Sachkapital Zuwächse auf. Allerdings lässt ihr unterproportionaler Zuwachs auch dem Solow-Residual Raum für einen eigenständigen Wachstumsbeitrag, die TFP stieg nach allen Indizien seit 1990 wieder deutlich an.

Dieser Anstieg der TFP ist nicht eindeutig zu erklären. Die eigenen Anstrengungen zur Wissensgenerierung, -diffusion und -adoption sind deutlich gestiegen, ihr Anteil an den gesamten Investitionen aber weiterhin nur gering. Sie dürften daher kaum der entscheidende Motor des neuen Wachstumsprozesses nach 1990 sein. Neben den Ausgaben für F&E hat aber auch der Import von Zwischenprodukten und insbesondere der Import von Investitionsgütern nach 1990 deutlich zugenommen. Mehr als eine Vermutung über den Beitrag der Investitionsgüterimporte zum argentinischen Produktivitätswachstum ist nicht möglich. Aber da sie einen erheblich größeren Teil der gesamten Investitionen in Technologie als die Investitionen in F&E ausmachen, dürften sie einen entscheidenden Beitrag zur Verjüngung, zur qualitativen Verbesserung und zur Differenzierung des Kapitalstocks geleistet haben.[1] Der argentinische Wachstumspfad kann somit mit Vorsicht als „wissensimport-getrieben" charakterisiert werden. Zu beachten ist dabei, dass sich der Wachstumsbeitrag der Investitionsgüterimporte sowohl direkt in der gestiegenen Investitionstätigkeit als auch indirekt in der TFP widerspiegeln dürfte.

Das deutlich über dem Wachstum der IL liegende Wachstum von 1990 bis 1998 beruht dabei vermutlich eher auf einem vorübergehenden technologischen *catch up*-Effekt als auf einem dauerhaften Anstieg der langfristigen Wachstumsrate auf das hohe beobachtbare Niveau. Dieser technologische *catch up*-Effekt basierte auf dem Import von Wissen und Technologien aus dem Ausland, die in Argentinien vor der Weltmarktintegration aufgrund einer durch inländische Protektion hervorgerufenen Wissenslücke nicht oder nur eingeschränkt zur Verfügung standen. Insbesondere der vermehrte Einsatz importierter Investitionsgüter dürfte zum *catch up*-Prozess beigetragen haben.[2] Über den Beitrag

---

[1] Da sich über den für eine ökonometrische Untersuchung ohnehin zu kurzen Untersuchungszeitraum die Ausgaben für F&E und die Investitionsgüterimporte nahezu parallel entwickelt haben, wäre eine genaue Trennung der Einzelbeiträge aufgrund von Multikollinearitätsproblemen nicht möglich.

[2] Da eine exakte Aufschlüsselung der Investitionsgüterimporte nach ihrem Ursprungsland nicht möglich ist, kann keine Wissensspillover-Analyse i.S.v. Coe/Helpman erfolgen, anhand derer sich die Beiträge der F&E einzelner Länder zum argentinischen Wachstum und somit z.B. Aussagen über die Rolle des Mercosur ableiten ließen. Darüber hinaus ist aufgrund der eingeschränkten Datenlage eine sektorale oder *firm-level*-Untersuchung der Auswirkungen der Investitionsgüterimporte und der eigenen F&E auf die Produktivität nicht möglich. Allerdings wäre sie vor dem Hintergrund des Romer-Modells (oder des Gross-

anderer Transmissionsmechanismen können noch keine Aussagen getroffen werden.[1]

Auch wenn der direkte Beitrag der eigenen Forschung zu dem wissensimportgetriebenen *catch-up*-Prozess vermutlich gering geblieben ist, können die gestiegenen inländischen F&E-Anstrengungen die Realisierung der Produktivitätssteigerung durch die Investitionsgüterimporte erleichtert haben.

b) Welche Bedeutung hatte die Weltmarktintegration für das Wachstum?

Die erste Leitfrage betrifft die Beziehung zwischen der Weltmarktintegration und den langfristigen Wachstumsperspektiven von SL. Die argentinische Außenhandelsliberalisierung ist eine der konsequentesten Öffnungen eines Landes gegenüber dem Weltmarkt in der jüngeren Wirtschaftsgeschichte. Sowohl anhand der *ex ante*- (vgl. Abschnitt 4.1.3) als auch anhand der *ex post*-Offenheitsindikatoren (vgl. Abschnitt 4.2.1.2) ist ein deutlicher Öffnungsprozess festzustellen.[2]

Der argentinische Wirtschaftsaufschwung setzte nahezu zeitgleich mit der Außenhandelsliberalisierung des Landes ein. Und da, wie soeben skizziert, der Aufholprozess von einem Anstieg der TFP[3] und von einem Anstieg der Investitionsgüterimporte[4] begleitet, ja vermutlich sogar ausgelöst wurde, hat die Außenhandelsliberalisierung (für sich und im Zusammenspiel mit der Liberalisierung des Kapitalverkehrs) vermutlich einen wichtigen Beitrag zum Wirtschaftswachstum geleistet.[5] Allerdings steht zu erwarten, dass mit zunehmender Schließung der Wissenslücke zwischen Argentinien und den führenden IL der positive Effekt der Öffnung auf die Wachstumsrate wieder zurückgehen wird. Auch der nahezu zeitgleich mit dem Verlust des Liberalisierungsimpulses nach 1996 beobachtbare Rückgang des Wachstums könnte als ein Indiz für einen Kausalzusammenhang zwischen Öffnung und Wachstum gewertet werden.[6]

---

man/Helpman-Modells) auch nicht sinnvoll, da es dort um den Beitrag der Vielfalt des Investitionsgüterangebots zum Wachstum geht.

[1] Der Zustrom von FDI und der Import von nicht-inkorporierter Technologie ist in den 90er Jahren ebenfalls deutlich gestiegen. Auf einige andere Transmissionsmechanismen gehe ich in Abschnitt 4.3.3 ausführlicher ein.

[2] Ex-ante-Indikatoren beziehen sich auf das handelspolitische Regime, ex-post-Indiatoren auf die internationale Verflechtung der Wirtschaft.

[3] Vgl. Abschnitt 4.2.1.1.

[4] Vgl. Abschnitt 4.2.1.2.

[5] Diese Interpretation des argentinischen Wachstumsprozesses als ein integrationsinduzierter Aufholprozess entspricht den Hypothesen aus dem Romer-Modell. Der negative Wachstumsrateneffekt der Weltmarktintegration aus dem Grossman/Helpman-Modell lässt sich nicht nachweisen.

[6] Allerdings erscheint ein direkter Zusammenhang zwischen der geringfügig gestiegenen Protektion und dem massiven Einbruch der Wachstumsraten wenig plausibel. Die Kausalität dürfte eher in umgekehrter Richtung verlaufen.

Mit der Weltmarktintegration wurde Argentinien allerdings auch anfälliger gegenüber exogenen Schocks. Neben dem positiven Aufholeffekt kann der Weltmarktintegration somit auch ein Teil der Verantwortung für den Rückgang des Wachstums nach 1998 angelastet werden. Derartige Effekte bleiben in der EWT unberücksichtigt.

Wie groß der Beitrag der Weltmarktintegration zum argentinischen Wirtschaftswachstum der 90er Jahre nun genau war, muss offen bleiben. Der Sinn einer derartigen Frage erscheint gering. Eine detaillierte quantitative Analyse der Kausalkette von der Außenhandelsliberalisierung über die Investitionsgüterimporte hin zum Wachstum der Produktivität und der Produktion, z.B. auf sektoraler Ebene, ist aufgrund der Datenlage (es fehlen hinreichend disaggregierte sektorale Daten sowohl zur Protektion als auch zu Investitionsgüterimporten und totalen Faktorproduktivitäten) nicht möglich.[1] Zudem kann die Liberalisierung des Außenhandels nicht isoliert betrachtet werden. Statt dessen müssen zumindest kurzfristig neben dem erleichterten Zugang zu ausländischem Wissen auch andere Aspekte zur Erklärung des Wachstums herangezogen werden: Ein Stabilisierungseffekt (der das Risiko für Investoren verringert hat), ein Kapazitätsauslastungseffekt (durch einen Nachfrageboom auf der Basis aufgestauten Konsums nach der Krise der 80er Jahre) und die aufkeimende Phantasie durch die Gründung des Mercosur. Eine genaue quantitative Trennung der Effekte dieser Maßnahmen dürfte unmöglich sein.

c) Wie wurde das Innovationsverhalten durch die Öffnung beeinflusst?

Die zweite Leitfrage betrifft die Beziehung zwischen der Öffnung und dem Umfang der Innovationsaktivitäten in SL. Das Niveau der Innovationsaktivität wurde nicht wie erwartet durch die Weltmarktintegration reduziert, und die inländische F&E wurde nicht durch die steigenden Importe von Investitionsgütern infolge der veränderten relativen Preise verdrängt. Zunächst kam es zu einem deutlichen Anstieg der Anstrengungen, ehe ab 1999 wieder ein Rückgang einsetzte. Die allgemeine makroökonomische Entwicklung determinierte maßgeblich das kurzfristige Aktivitätsniveau in der Forschung. Sowohl die öffentlichen als auch die privaten Forschungsausgaben stiegen, so dass die fehlende Spezialisierung auch nicht allein durch eine Expansion der öffentlichen Forschung erklärt werden kann. In den Unternehmen muss der Anreiz oder die Fähigkeit zur Investition in F&E ebenfalls gestiegen sein. Welche Prozesse könnten statt dessen für die Expansion verantwortlich gemacht werden?

1. Im Kontext der EWT lässt sich argumentieren, dass der Spezialisierungsdruck durch internationale Wissensspillover überkompensiert worden ist, die entweder direkt oder indirekt durch Investitionsgüterimporte oder FDI über-

---

[1] Darüber hinaus wäre eine derartige sektorale Untersuchung auch nicht auf Basis des Romer-Modells durchzuführen.

tragen wurden. Allerdings müsste in diesem Fall ein Anstieg beim Forschungsoutput pro Forscher zu beobachten sein.

2. Der verbesserte Zugang zum Weltmarkt oder zum Mercosur könnte den potentiellen Absatzmarkt der Unternehmen in entscheidendem Maße vergrößert haben, so dass F&E-Projekte vor dem Hintergrund der Kostendegression von F&E-Projekten endlich rentabel geworden sind.

3. In der EWT schrumpft der Forschungssektor des SL nach der Öffnung durch das Kalkül der Humankapitalbesitzer, aufgrund der dort infolge der Investitionsgüterimporte steigenden Produktivität in die Endproduktproduktion abzuwandern. Die zunehmende Arbeitslosigkeit, evtl. in Verbindung mit der Überbewertung der Währung (durch die die Exporte behindert werden), hat in Argentinien möglicherweise einen derartigen *pull*-Effekt des Endproduktsektors und damit eine Faktorreallokation verhindert.

4. Auch ein *crowding in* privater Forschungsausgaben durch gestiegene öffentliche Forschungsausgaben aufgrund positiver externer Effekte zwischen öffentlicher und privater Forschung wäre prinzipiell denkbar.[1]

5. Aus einer mikroökonomischen Perspektive betrachtet wäre es denkbar, dass der erhöhte Wettbewerbsdruck nach der Liberalisierung X-Ineffizienzen und *rent seeking*-Aktivitäten in den Unternehmen vermindert und die Bereitschaft zur technologischen Anstrengung erhöht hat. Allerdings ist der Zusammenhang zwischen der Wettbewerbsintensität und der Innovativität offen: Wenn der Rückgang der Margen zu stark ausfällt, kann es auch zu einem Rückgang der unternehmerischen F&E-Aktivitäten kommen, wie es z.B. in Argentinien nach 1998 zu beobachten war.

6. Der negative Spezialisierungseffekt ist möglicherweise durch einen positiven Stabilisierungseffekt überkompensiert worden. Denn makroökonomische oder institutionelle Instabilität und damit verbundene Unsicherheit vermindert die Bereitschaft zu langfristigen Investitionsprojekten erheblich. Der Rückgang der privaten F&E-Ausgaben nach dem Beginn der Rezession und der wieder steigenden makroökonomischen Unsicherheit ab dem Jahr 1998 spricht für diese These.

7. Auch die Kausalität zwischen Innovation und Wachstum kann möglicherweise umgekehrt als von der EWT postuliert verlaufen und das Wachstum einen positiven Effekt auf die F&E-Aktivität ausgelöst haben. Dem Staat und den privaten Akteuren standen mehr Ressourcen zur Verfügung, und adaptive Erwartungen über einen weiterhin stabilen Wachstumspfad ließen

---

[1] In diesem Kontext hätte aber andererseits auch ein negativer Effekt der steigenden öffentlichen Forschungsausgaben über eine gestiegene öffentliche Nachfrage nach Forschern, gestiegene Löhne für Forscher und damit steigende private Ausgaben durch steigende Wissensproduktionskosten ausgelöst worden sein können.

langfristig orientierte Investitionen in F&E endlich rentabel erscheinen. Auch andere empirische Untersuchungen deuteten auf einen kausalen Zusammenhang zwischen dem Wachstum bzw. dem PKE und der F&E-Aktivität hin.[1]

8. Es gibt erhebliche Erfassungs- und Abgrenzungsprobleme für F&E und ACT. So könnte z.B. eine Formalisierung vorher informeller F&E-Anstrengungen durch Änderungen in den Rahmenbedingungen ausgelöst worden sein. Darüber hinaus umfassen beide Größen neben der Innovation von neuen Produkten oder Prozessen auch F&E-Ausgaben für die Technologieabsorption und -adaptation. In diesem Fall wäre der Anstieg der Ausgaben für ACT und F&E auch durch eine komplementäre Beziehung zwischen der Modernisierung durch Importe und dem Anstieg der Innovationsanstrengungen zu erklären. Dieser Zusammenhang ließe sich auch mit dem beobachtbaren gesunkenen Patentoutput pro Forscher vereinbaren.

Welche dieser acht möglichen Erklärungen für den beobachtbaren Anstieg der F&E-Aktivität mehr, welche weniger Bedeutung hat, lässt sich mit den bisher gemachten Beobachtungen nicht klären. Alle Gründe spielen vermutlich eine gewisse Rolle, aber m.E. sind insbesondere die Punkte 5 bis 8 im Falle Argentiniens plausibel. Die Diskussion der Ergebnisse der *Encuesta* in Abschnitt 4.3 geben einige weitere Hinweise zum Anstieg der Innovationsaktivitäten, so dass die Diskussion dort wieder aufgenommen werden wird.

Die gestiegenen F&E-Aufwendungen schlugen sich nicht in gleichem Maße im Innovationsoutput des Forschungssektors nieder. Während die öffentliche Forschung mit mehr Humankapital auch mehr Publikationen produzierte, stiegen in der privaten Forschung zwar die Ausgaben, aber nicht das eingesetzte Humankapital und auch nicht der Output in Form von Patenten oder Hochtechnologieexporten.

d) Zu welchem EWM passen die Beobachtungen der Fallstudie Argentinien besser?

Im Romer-Modell so wie auch in einem offenen Aghion/Howitt-Modell[2] ist als Ergebnis der Weltmarktintegration von SL ein vorübergehender deutlicher Anstieg in der Wachstumsrate aufgrund eines technologischen *catch up*-Prozesses sowie ihre langfristige Konvergenz zur weltweiten langfristigen Wachstumsrate zu erwarten. In Argentinien kam es infolge der Öffnung tatsächlich zu einem deutlich erhöhten Wachstum und zugleich zu einem Anstieg der TFP, der sich vermutlich auf einen Anstieg der Investitionsgüterimporte zurückführen lässt. Die Wachstumsrate ging zum Ende der Dekade auch wieder zurück. Diese

---

[1] Vgl. Abschnitt 2.4.3.
[2] Am deutlichsten ist die Ähnlichkeit im Falle eines Aghion/Howitt-Modells mit mehreren Sektoren.

Befunde sprechen für das Romer-Modell mit seiner expliziten Berücksichtigung internationaler Spillover durch Außenhandel.

Im Grossman/Helpman-Modell und in *learning-by-doing*-basierten EWM wird dagegen gerade die Bedeutung lokaler Wissensspillover hervorgehoben und von internationalen Wissensspillovern durch Handel komplett abstrahiert. Im Vordergrund dieser Modelle steht der Verlust des eigenen endogenen Wachstumspotentials in SL durch die Spezialisierung auf die Produktion traditioneller Güter. Die bisher gemachten Beobachtungen decken sich nicht mit den Hypothesen aus diesen Modellen. Die durchschnittliche Wachstumsrate sank eben nicht, sondern stieg an, und Investitionsgüterimporte scheinen einen wichtigen Beitrag hierzu geleistet zu haben.[1]

Die Expansion der argentinischen F&E-Aktivitäten lässt sich mit keinem der beiden EWM in Einklang bringen. Sowohl im Romer-Modell als auch im Grossman/Helpman-Modell hätten bekanntlich die inländischen Forschungsaktivitäten zurückgehen müssen. Die mikroökonomische Modellierung von F&E-Prozessen ist in der F&E-basierten EWT möglicherweise zu schlicht. Auf acht mögliche Gründe hierfür wurde bereits eingegangen. Insbesondere Wettbewerbs-, Stabilisierungs-, und Wachstumseffekte sowie die Bedeutung der inländischen F&E für die Absorption von ausländischem Wissen könnte möglicherweise eine wichtige Rolle gespielt zu haben. Zur weiteren Diskussion sei erneut auf Abschnitt 4.3 verwiesen.

Das Ausbleiben eines deutlichen Anstiegs in der Forschungsproduktivität deckt sich ebenfalls nicht mit den Hypothesen der verschiedenen EWM, in denen der Forschungssektor entweder verschwinden oder produktiver werden müsste. Weder direkte Wissensspillover in die Forschung noch indirekte Wissensspillover durch Güterhandel in die Forschung scheinen einen entscheidenden Beitrag zur Produktivität der eigenen F&E-Aktivitäten geleistet zu haben. Auch diese Beobachtung deckt sich mit der Vermutung, dass der Anstieg in den F&E-Anstrengungen primär absorptiven Charakter hat.

Ein EWM, dass mit den Beobachtungen zur Weltmarktintegration Argentiniens konform geht und somit eine gewisse Relevanz für die außenwirtschaftliche Öffnung von SL haben soll, müsste somit vermutlich auf dem Romer-Modell basieren, aber zugleich stärker die Bedeutung der Forschung für die Technologieabsorption berücksichtigen. Sektoral bzw. lokal begrenzte Wissensspillover a la Grossman/Helpman scheinen dagegen für den Entwicklungsprozess offener SL nicht von entscheidender Bedeutung zu sein. Allerdings war der Beobachtungszeitraum sehr kurz, und zum Ende der Beobachtungszeit kam es zu einer Trendumkehr, die möglicherweise gut mit dem Grossman/Helpman-Modell zu

---

[1] Im übrigen scheinen auch das neoklassische Solow-Modell und das AK-Modell im Fall Argentiniens an Erklärungsgrenzen zu stoßen, da in ihrem Rahmen der integrationsinduzierte Anstieg der TFP nicht erklärt werden kann.

vereinbaren wäre. Daher soll zum Abschluss die folgende Frage erörtert werden:

e) Wie ist es um die Nachhaltigkeit des wissensimportbasierten Wachstumspfades bestellt?

Für eine abschließende Beurteilung, ob auf dem neuen gleichgewichtigen Wachstumspfad die langfristige Wachstumsrate tatsächlich über oder unter jener auf dem alten Pfad liegen wird und ob in dieser Hinsicht für Argentinien eher das Romer- oder eher das Grossman/ Helpman-Modell gilt, ist es natürlich noch zu früh. Mit dem Ende der Dekade kam es zugleich auch zum vorläufigen Ende des Aufholprozesses. Aber ebenso wie der deutliche Anstieg zuvor ist auch der Rückgang des Wachstums zum Ende des Beobachtungszeitraums so stark ausgefallen, dass er ebenfalls noch keine Annäherung an einen langfristigen Gleichgewichtswert darstellen dürfte. Ein Rückgang der Wachstumsrate lässt sich prinzipiell auf der Basis beider offenen EWM begründen. Nach dem Romer-Modell erschöpft sich das *catch up*-Potential mit der Zeit, und das Wachstum nähert sich dem der führenden IL an. Nach dem Grossman/Helpman-Modell kommt es bekanntlich langfristig ohnehin zu einer Verringerung des endogenen Wachstumspotentials. Negative Wachstumsraten treten allerdings in keinem der beiden Modelle auf.

Vermutlich ist daher keine dieser beiden Erklärungen, sondern eine Reihe exogener Schocks bei zugleich mangelnder Flexibilität des Wechselkurses und der Faktormärkte für den Einbruch der argentinischen Wachstumsrate verantwortlich. Die kurz- bis mittelfristigen Wirkungen der exogenen Schocks auf den Finanzmärkten (1995, 1998) können im Rahmen der langfristig orientierten F&E-basierten EWT nicht analysiert werden.[1] Einige Beobachtungen deuten neben exogenen Ursachen aber auch auf hausgemachte Probleme in Hinblick auf die Nachhaltigkeit des wissensimport-getriebenen Aufholprozesses hin. So sind die Importe – nicht zuletzt durch den überbewerteten Wechselkurs infolge des *Currency Boards* – in erheblich schnellerem Maße gestiegen als die Exporte. Zudem wurde ein beträchtlicher Teil der importierten Investitionsgüter – vermutlich aus dem selben Grund, und möglicherweise zusätzlich verstärkt durch die Privatisierungspolitik – in der Produktion nichthandelbarer Güter eingesetzt. Beide Prozesse sind vor dem Hintergrund von Zahlungsbilanzrestriktionen nicht dauerhaft aufrecht zu erhalten. Das argentinische Wechselkursregime verhinderte somit eine Ausweitung der Exportkapazitäten und gefährdete somit langfristig das importgetriebene Wachstum. Darüber hinaus trugen

---

[1] Exogene Schocks stellen sowohl für die EWT mit ihrer inhärenten Tendenz zu persistenten Entwicklungen als auch aufgrund ihrer Relevanz für reale Entwicklungen von EL ein wichtiges Gebiet für zukünftige Forschungen dar. Eine Wachstumsempirie ohne eine explizite Berücksichtigung von Schocks mit ihren offensichtlichen Konsequenzen für das mittelfristige Wachstum von Ländern scheint nach neueren Erkenntnissen wenig ertragreich zu sein.

die Inflexibilität der Arbeitsmärkte und Markteintrittsbarrieren für Existenzgründer dazu bei, dass trotz des hohen Wachstums vor dem Hintergrund des gestiegenen Anpassungs- und Selektionsdrucks mehr Arbeitsplätze durch Entlassungen und Konkurse vernichtet als neue geschaffen wurden. Derartige Wachstumseffekte einer liberalisierungsinduzierten Unterbeschäftigung lassen sich im Rahmen der EWT mit Vollbeschäftigungsannahme nicht analysieren. Zu befürchten ist neben der Entwertung von Humankapital und der Verarmung großer Bevölkerungsteile eine destabilisierende Wirkung durch den Vertrauensverlust in die Politik der Öffnung und Stabilisierung.

Was für ein Wachstumspfad für den Beginn des neuen Jahrtausends zu erwarten ist, lässt sich kaum prognostizieren. Nach der Importsubstitution scheint nun auch der importgetriebene technologische Aufholprozess bei gleichzeitig festem Wechselkurs, rigiden Faktormärkten und Hindernissen für Jungunternehmer an seine Grenzen gestoßen zu sein. Was an seine Stelle treten wird, ist unklar. Ob infolge verringerter Investitions- und Importpotentiale und einer forcierten Spezialisierung auf den Ressourcenexport doch eine Entwicklung entsprechend dem Grossman/Helpman-Szenario droht, bleibt ebenso offen wie eine abwertungsinduzierte, erfolgreiche Rückkehr zum endogenen Wachstum durch die Übernahme und Weiterentwicklung neuer Technologien aus dem Ausland.

Der Analyse und Diskussion des vorangegangenen Abschnittes fehlte es an der Präzision, die ökonometrische Untersuchungen der Wachstumsempirie und der Industrieökonomik zu den Effekten einer Weltmarktintegration – allerdings ohne eindeutige und allgemein akzeptierte Ergebnisse – aufweisen. Die Übernahme der hohen Standards der Länderquerschnitts-, *Panel*- oder *firm-level*-Untersuchungen war im Rahmen dieser Fallstudie in Hinblick auf die Datenlage nicht möglich. Dafür basierte die Darstellung der Effekte der Weltmarktintegration Argentiniens auf einem festeren und breiteren theoretischen Fundament als viele empirische Untersuchungen zum Thema „Offenheit und Wachstum" und bezog die Rolle von Importen und F&E explizit in die Analyse mit ein.

Aber auch innerhalb des selbst gesetzten Anspruchs gibt es Defizite. So greift die Darstellung auf einen recht kurzen Zeitraum zurück. Für eine Analyse langfristiger Integrationseffekte wäre eigentlich ein längerer Untersuchungszeitraum angebracht, der aber aus naheliegenden Gründen noch nicht zur Verfügung stand. Darüber hinaus befand sich Argentinien vermutlich von der Liberalisierung bis zum Ende der Periode zu keinem Zeitpunkt tatsächlich auf einem gleichgewichtigen Wachstumspfad.[1] Alle dargestellten Entwicklungen sind daher eher als Anpassungsprozesse an ein neues, noch unbekanntes Gleichgewicht denn als Prozesse auf einem neuen Gleichgewichtspfad zu begreifen. Eine Untersuchung von Hypothesen über den Anpassungsprozess infolge einer

---

[1] In Anbetracht der Wirtschaftskrise mit Hyperinflation befand sich Argentinien vermutlich nicht einmal zu Beginn der Liberalisierung auf einem gleichgewichtigen Wachstumspfad.

Liberalisierung wäre wünschenswert, ihr fehlt jedoch das theoretische Fundament auf Basis der EWT.[1] Schließlich basieren vermutlich einige Entwicklungen nicht auf der Weltmarktintegration per se, sondern auf Wechselkurseffekten, der Gründung des Mercosur und der Stabilisierung und dem damit verbundenen Vertrauensgewinn. Eine kausale Trennung der verschiedenen wirtschaftspolitischen Ursachen ist nicht möglich gewesen.

In der theoretischen Diskussion der Arbeit wurde mehrfach darauf hingewiesen, dass für den langfristigen Entwicklungsprozess eines Landes neben dem Zugang zu ausländischer Technologie auch die Fähigkeit zur Generierung lokaler Wissensspillover-Effekte wichtig bleiben kann. Im nächsten Abschnitt wird etwas detaillierter betrachtet werden, wie sich die Weltmarktintegration auf die Funktionsweise des argentinischen NIS ausgewirkt hat, und ob sie eher zu einer Stärkung oder zu einer Schwächung des argentinischen Innovationssystems beigetragen hat. Die Analyse wird auch einige Hinweise auf die offene Frage geben, warum es entgegen den Hypothesen aus beiden EWM zu einer Expansion der F&E-Aktivitäten gekommen ist. Im Kontext der NIS-Analyse wird auch die Reaktion der FT-Politik auf die Anforderungen einer offenen Ökonomie dargestellt und diskutiert.

4.3 Anpassungsreaktionen im argentinischen NIS

4.3.1 Einführung

Am Ende des Abschnitts 4.1.2 wurde konstatiert, dass Argentinien zu Beginn der Dekade über ein im internationalen Vergleich sowohl in quantitativer als auch in qualitativer Hinsicht nur unterentwickeltes NIS verfügte. Die Chancen auf einen durch inländische Kräfte angetriebenen endogenen Wachstumsprozess waren aufgrund der begrenzten heimischen Kapazitäten zur Wissensgenerierung und -akkumulation somit gering. Auf der Produktionsseite erschwerten die sektorale Struktur, die historisch gewachsene Fokussierung auf adoptiver F&E und die Unsicherheit langfristig orientierte Innovationsprojekte eine wissensbasierte Entwicklung. Die Wirtschaft war seit den späten 60er Jahren durch Krisen geschwächt worden, die Priorität der Unternehmensstrategien lag beim Krisenmanagement. Auf der anderen Seite war der Forschungssektor unterfinanziert und unsystematisch organisiert. Es gab einen Mangel an wissenschaftlicher Kompetenz und kaum Anreize für die Akteure, dies zu ändern. Ein angemessenes Angebot der öffentlichen Akteure an produktionsrelevantem Wissen fehlte v. a. in Hinblick auf die Industrie. Aufgrund der geringen Kompetenz der einheimischen Forschung fehlten Verbindungen zwischen Wissenschaft und Wirtschaft. Statt dessen wurde neues Wissen aus dem Ausland importiert.

---

[1] Allerdings hat es sich im Fall Argentiniens nicht einmal um einen einzelnen Anpassungsprozess gehandelt, da die Dekade darüber hinaus von mindestens zwei negativen exogenen Schocks (Mexiko-Krise, Real-Abwertung) geprägt wurde.

Die Liberalisierung der Wirtschaft nach 1988 und die erfolgreiche Stabilisierung im Jahr 1991 mit dem damit wieder verbesserten Zugang zu Kapital eröffneten Argentinien die Chance für einen Wachstumsprozesses auf der Grundlage einer Modernisierung der Wirtschaft durch den Import von Technologie und Wissen. Die positive makroökonomische Entwicklung nach der Liberalisierung schuf für die privaten und für die öffentlichen Akteure Spielräume, das Innovationssystem zu stärken und zu entwickeln. Die argentinische Gesellschaft stand allerdings vor der Herausforderung, diese Spielräume des neuen Wachstumspfades in Form zusätzlicher Ressourcen und neugewonnener Stabilität für den Aufbau eigener Kompetenzen in Form von Wissensakkumulation, Humankapitalbildung, strukturellen Reformen und Schaffung effizienter Rahmenbedingungen mit Anreizen zur unternehmerischen Innovation auch zu nutzen. Ein Patentrezept für die Einleitung eines derartigen Prozesses gab es nicht: Der Washington Consensus vertraute bei der Optimierung von Wissensdiffusion und Wissensakkumulation allein auf Stabilität, dezentrale Entscheidungen und den Wettbewerb. Die Regierung hatte sich die liberale Doktrin der Washingtoner Institutionen zu eigen gemacht.

Im folgenden Abschnitt wird die Entwicklung der argentinischen Innovationsfähigkeit anhand der Entwicklung seines NIS nach 1990 untersucht. Die Analyse betrachtet zunächst Veränderungen in der Industriestruktur (4.3.2), dann die mikroökonomischen Anpassungsreaktionen der Unternehmen (4.3.3), die Veränderungen in den institutionellen Rahmenbedingungen und bei den komplementären Elementen (4.3.4) sowie Reformen bei den Forschungsinstitutionen und der FTI-Politik (4.3.5).

4.3.2 Veränderungen in der Produktionsstruktur

Als ein erstes wichtiges Element eines spezifischen nationalen Innovationssystems wurde seine Industriestruktur identifiziert. Zu Beginn der Dekade war Argentiniens Wirtschaft trotz der Jahrzehnte der Importsubstitution noch immer auf Bereiche der Rohstoffverarbeitung spezialisiert gewesen. Andere, wissensintensivere Branchen (Automobilbau, Elektronik, Maschinenbau) konnten nur durch spezielle Förderregime und den Schutz vor ausländischer Konkurrenz ihr Überleben sichern. Mit Ausnahme der Automobilindustrie wurden die sektoralen, industriepolitisch motivierten Programme mit der Weltmarktintegration ebenfalls beendet.

Infolge der Weltmarktintegration sowie der anderen Reformen veränderte sich die sektorale Struktur der argentinischen Wirtschaft in den 90er Jahren erheblich (vgl. Tabelle 4.3.2.1). Der Anteil der Dienstleistungen am BIP stieg in den 90er Jahren deutlich an. Der weltweit beobachtbare Trend zur Dienstleistungsgesellschaft wurde dabei in Argentinien durch die reale Aufwertung des Peso noch beschleunigt.

Tabelle 4.3.2.1: Anteile der Wirtschaftssektoren an der Wertschöpfung 1990 bis 1999

Sektor	1990	1991	1992	1993	1994	1995	1996	1997	1998	1999
Landwirtschaft	8,12	6,72	5,99	5,49	5,44	5,70	6,00	5,60	5,71	4,64
Industrie	36,02	32,72	30,68	29,23	28,64	28,00	28,42	29,15	28,69	28,24
davon verarbeitendes Gewerbe	*26,79*	*24,39*	*21,86*	*19,50*	*19,07*	*18,36*	*18,74*	*19,55*	*19,12*	*18,03*
Dienstleistungen	55,85	60,56	63,33	65,28	65,92	66,30	65,58	65,25	65,60	67,12
Summe	**100**	**100**	**100**	**100**	**100**	**100**	**100**	**100**	**100**	**100**

Quelle: Weltbank (2001).

Dagegen gingen die Anteile der Landwirtschaft und der Industrie an der argentinischen Wertschöpfung bis 1997 deutlich zurück. Der Anteil der Landwirtschaft halbierte sich nahezu. Der deutliche Rückgang des Anteils der Industrie um 10 Prozentpunkte von 36% (1990) auf 28% (1999) lässt sich nahezu ausschließlich durch einen Bedeutungsrückgang des verarbeitenden Gewerbes erklären. Aber trotz ihres relativen Bedeutungsverlustes weist die argentinische Industrie aufgrund des hohen Wirtschaftswachstums zwischen 1990 und 1998 einen absoluten Zuwachs in der Wertschöpfung auf.

Anhand eines Vergleichs der sektoralen Wertschöpfungsanteile zwischen den 90er und den 80er Jahren lässt sich feststellen, dass der eben skizzierte Wandel in der Wirtschaftsstruktur bereits ein längerfristiger Trend ist: Auch seit 1980 steht einem Bedeutungsgewinn der Dienstleistungen ein Bedeutungsverlust von Industrie und Landwirtschaft gegenüber.[1]

Der NIS-Ansatz besitzt einen ausgeprägten Fokus auf der Industrie als dem Sektor mit überdurchschnittlich hoher Innovationsintensität. Daher soll nun ein etwas detaillierter Blick auf Veränderungen innerhalb der argentinischen Industrie folgen. Die argentinische Industrie geriet in den 90er Jahren durch die Liberalisierung des Außenhandels und die reale Überbewertung des argentinischen Peso von zwei Seiten unter Druck. Die Liberalisierung erleichterte wettbewerbsfähigen ausländischen Anbietern den Zugang zum argentinischen Markt, und die Überbewertung führte zu verstärkter Wettbewerb durch Importe auf der einen und einem erschwerten Zugang zu Exportmärkten auf der anderen Seite. Dieser Effekt wurde durch die Verfügbarkeit billigerer importierter Inputs etwas gelindert. Zudem führte die Effizienzsteigerung bei Dienstleistungen und nichthandelbaren Gütern zu einer Verringerung des sogenannten *costo argentino*.

---

[1] Im Durchschnitt von 1980 bis 1989 betrug der Anteil der Dienstleistungen an der Wertschöpfung 52%, der Anteil der Industrie 40% und der der Landwirtschaft 8%.

Innerhalb der argentinischen Industrie lassen sich Gewinner (vgl. Grafik 4.3.2.1) und Verlierer (vgl. Grafik 4.3.2.1) der neuen Rahmenbedingungen identifizieren.

Grafik 4.3.2.1: Industrien mit deutlichen Produktionszuwächsen (1993 =100)

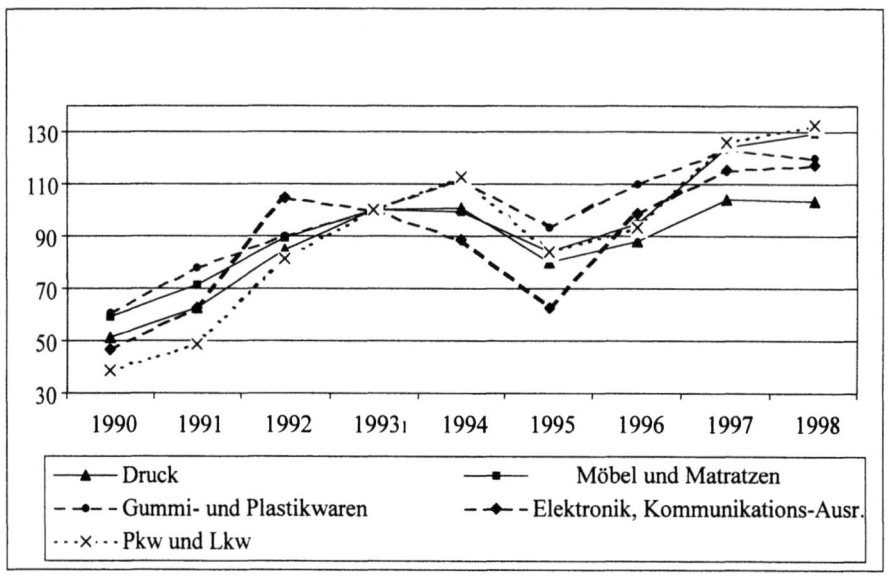

Quelle: INDEC (1999), S.50.

Den höchsten Zuwachs weist zwischen 1990 und 1998 der Kraftfahrzeugbau aus. Dabei ist der Automobilsektor einer der wenigen Industriesektoren, die nicht vollständig dereguliert und liberalisiert wurde, sondern für die es auch nach 1990 noch ein spezielles Regime gab.[1] Es folgt die elektronische Industrie (insbesondere Konsumelektronik), die Gummi- und Plastikverarbeitung sowie die Möbelindustrie. Damit finden sich die wachstumsstärksten Branchen durchweg in Bereichen, die für die Konsumnachfrage produzieren.

Unter den fünf größten Gewinnern finden sich mit dem Kraftfahrzeugbau und der Produktion von „Elektronik und Telekommunikationsausrüstungen" zwei Branchen, die eine relativ hohe Wissensintensität aufweisen.[2] Die Restrukturierung könnte somit das Fundament für eine wissensbasierte Entwicklung durchaus verbessert haben. Wie allerdings noch gezeigt werden wird, ist die Aktivität dieser Branchen in Argentinien primär auf die Produktion und nicht auf die Produktentwicklung ausgerichtet.

---

[1] Vgl. Abschnitt 4.1.3.
[2] Zu dieser und den folgenden Angaben zur Wissensintensität vgl. OECD (1997b).

Nicht unter den fünf größten „Gewinnern" zu finden, aber ebenfalls deutlich gewachsen sind mit der Nahrungsmittelindustrie, der Leder- und der Holzbearbeitung sowie der Metallerzeugung einige rohstoffverarbeitende Industrien.[1] Zu dieser Gruppe zählen auch einige der erfolgreichsten Exportbranchen.[2] Da sie bereits in den 80er Jahren erfolgreich expandiert hatten, viel ihr relativer Zuwachs etwas geringer als bei den in der Grafik dargestellten Konsumgüterindustrien.

Nur drei Branchen weisen zwischen 1990 und 1998 einen absoluten Produktionsrückgang auf. Dies sind der Büromaschinenbau, die Produktion von medizinischen Geräten, Optik und Messtechnik sowie die Textilindustrie.

Grafik 4.3.2.2: Industrien mit Produktionsrückgängen (1993=100)

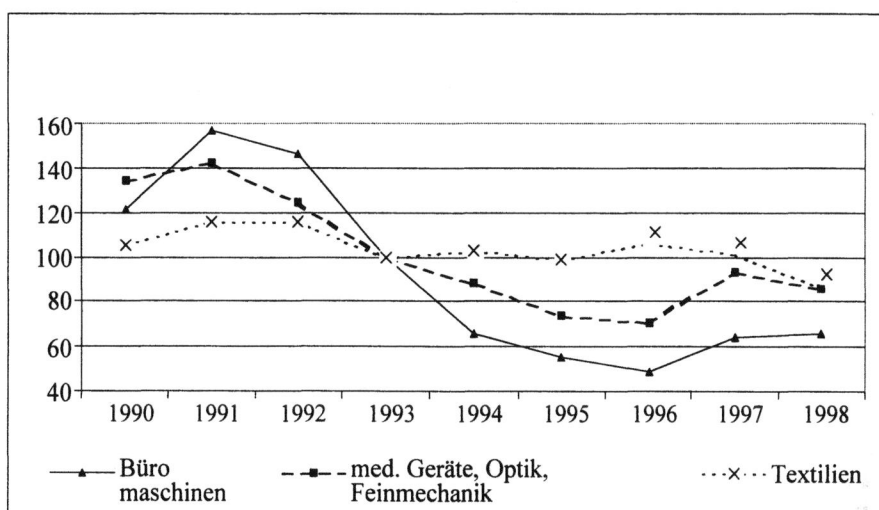

Quelle: INDEC (1999), S.50.

Die ersten beiden Branchen sind relativ wissensintensive Branchen, die dritte ist arbeitsintensiv. Argentinien weist in diesen Branchen als relativ ressourcenreiche und wissens- und arbeitsarme Ökonomie gegenüber den IL einerseits und den bevölkerungsreichen asiatischen Staaten andererseits einen komparativen Nachteil auf.

Da die ersten beiden Branchen mit dynamischen Lerneffekten in Verbindung gebracht werden, könnte ein fortgesetzter Spezialisierungstrend inländische endogene Wachstumspotentiale verringern. Allerdings ist dabei zu berücksich-

---

[1] Für einen Gesamtüberblick über die Entwicklung der einzelnen Industriesektoren vgl. Anhang A3.
[2] Vgl. Abschnitt 4.2.2.2.

tigen, dass diese Branchen in Argentinien bereits zuvor eine im internationalen Vergleich nur geringe Innovationsaktivität aufwiesen und sich auf die Adoption ausländischer Technologien beschränkten.

Innerhalb der Industrie gewannen somit v.a. Branchen, die durch besondere Regime geschützt wurden und denen sich neue Absatzmärkte eröffneten (Automobilbau), Branchen, die die starke inländische Zunahme des Konsums deckten (ebenfalls der Automobilbau, dazu Konsumelektronik und Möbel) und schließlich Branchen, deren Wettbewerbsfähigkeit auf der Verfügbarkeit natürlicher Ressourcen (Nahrungsmittel, Holz, Leder, Metalle) basierte. Relativ wissensintensive Branchen finden sich sowohl unter den Gewinnern als auch unter den Verlierern. Aufgrund des Rückgangs in der Produktion von Investitionsgütern kann das neue Spezialisierungsmuster die Fortführung eines wissensbasierten Entwicklungsprozesses möglicherweise erschweren, da diese Branchen als Zulieferer auch an wissensbasierten Wachstumsprozessen anderer Branchen beteiligt sind.[1]

Andererseits führt möglicherweise erst der Selektionsdruck zum Aufbau einer zu eigenen Produktentwicklungen fähigen und damit tatsächlich auf dem Weltmarkt wettbewerbsfähigen Investitionsgüterindustrie. Ob z.B. die Automobilindustrie unter dem Schutzschild des Mercosur jemals mehr als eine Produktionsplattform sein wird, ist unwahrscheinlich.

Aber insgesamt ist ein zu starker Fokus auf der sektoralen F&E-Intensität bei der Bewertung der sektoralen Potentiale für einen wissensbasierten Entwicklungsprozess fragwürdig. Denn auch in „anbieterdominierten" oder „skalenintensiven" Branchen ohne eigene F&E kann es zu wissensbasiertem Wachstum kommen.[2]

Nach dem Blick auf die Entwicklung der sektoralen Struktur soll nun ein detaillierter Blick auf die technologischen Strategien der Industrieunternehmen geworfen werden, der den sektoralen Strukturwandel begleitete.

4.3.3 Mikroökonomische Anpassungsprozesse in der argentinischen Industrie

Auf die makro- und mesoökonomische Entwicklung der Wirtschaft bzw. der Industrie wurde in den Abschnitten 4.2 und 4.3.2 eingegangen. Es wurde gezeigt, dass das Wirtschaftswachstum deutlich anstieg. Zudem wurde deutlich, dass die Modernisierungsanstrengungen der Unternehmen in Form von Investitionen, Investitionsgüterimporten und Innovationsaktivitäten zugenommen hatte. Diese positive Entwicklung betraf aber weder alle Branchen noch alle Unternehmen auf gleiche Weise, es gab Gewinner und Verlierer. Dabei werden

---

[1] Sie stellen somit wichtige Elemente funktionsfähiger Cluster dar.
[2] Vgl. Pavitt (1984) und Meyer-Stamer (1997), S.28f.

vermutlich nicht nur die Performance, sondern auch die Unternehmensstrategien infolge der Liberalisierung Unterschiede aufgewiesen haben.[1] Daher folgt nun ein detaillierter Blick auf die unterschiedlichen technologischen Strategien der Industrieunternehmen, bei dem auf die Ergebnisse einer Unternehmensbefragung aus dem Jahr 1997 zurückgegriffen wird.

4.3.3.1 Allgemeine Angaben zur Methode und zum Sample der Encuesta

Im Jahr 1997 führte das *Secretaria de Ciencia y Tecnologia* (SECYT) in Zusammenarbeit mit dem nationalen Amt für Statistik (Indec) die *Encuesta sobre la Conducta Tecnológica de las Empresas Industriales Argentinas* (ab jetzt: *Encuesta*) zu den technologischen Strategien der argentinischen Industrieunternehmen im Fünfjahreszeitraum von 1992 bis 1996 durch.[2] Diese Befragung gibt einen umfassenden Überblick über das Ausmaß und die Entwicklung der verschiedenen Investitionen in neue Technologien in den 90er Jahren. Im Rahmen der *Encuesta* wurden drei Hauptgruppen des Technologieerwerbs unterschieden. Dies sind (a) unternehmensinterne F&E- und Innovationsaktivitäten, (b) der Erwerb von in Investitionsgüter inkorporierter Technologie sowie (c) Investitionen in nicht-inkorporierte Technologie. Darüber hinaus wurden Informationen zu Kooperationen mit anderen privaten und öffentlichen Akteuren, zur Zertifizierung sowie zur Weiterbildung erhoben.

Im Rahmen der *Encuesta* wurden 2.333 Unternehmen mit 3.200 Betriebsstätten befragt, von denen 1.639 Unternehmen (*Sample A*) antworteten.[3] Von diesen konnten 1.533 Unternehmen für alle Jahre zwischen 1992 und 1996 Angaben machen (*Sample B*). Die folgenden Angaben zum Jahr 1996 beziehen sich daher stets auf das *Sample A*, die Darstellung der intertemporalen Entwicklung auf das *Sample B*.

Die Unternehmen des *Samples A* wiesen für das Jahr 1996 Gesamtumsätze von 50,81 Mrd. $, Exporte von 9,14 Mrd. $, Importe von 8,25 Mrd. $ sowie 350.414 Beschäftigte auf.[4] Das entspricht 53,5% der Umsätze, 64,5% der Exporte,

---

[1] Der Evolutorik nahestehende Ökonomen unterscheiden offensive und defensive bzw. proaktive und regressive unternehmerische Strategien zur Anpassung an die neuen Wettbewerbsbedingungen. Vgl. Kosacoff (2000) und Bisang (2000).

[2] Da sich die frühesten in der *Encuesta* erhobenen Daten auf 1992 beziehen, wird von ihr nicht der unmittelbare Effekt der Liberalisierung auf die Innovation und den Technologieerwerb erfasst. Da aber das Jahr 1992 das erste ganze Jahr mit Stabilität und wirtschaftlicher Erholung war, erscheint für eine Analyse der Liberalisierungseffekte ein Vergleich der Werte von 1992 mit denen von 1996 sinnvoll.

[3] Die befragten Unternehmen des Samples A produzierten zusammen 53,1% der industriellen Bruttoproduktion. Die Daten für 1996 konnten daher auf den gesamten Industriesektor hochgerechnet werden. Vgl. hierzu Indec (1998), S.97ff.

[4] Diese und alle folgenden Angaben beziehen sich auf argentinische Peso ($) zu laufenden Preisen.

61,7% der Importe und 35,3% der Beschäftigten in der argentinischen Industrie insgesamt.[1] Die meisten der befragten Unternehmen stammten aus den Branchen Textilien und Bekleidung (189), Maschinenbau (112) und der metallmechanische Industrie (84). Die höchsten Umsätze erzielten die Unternehmen der Mühlen- und Ölmühlenindustrie (4,9 Mrd. $) vor dem Automobilbau (ebenfalls 4,9 Mrd. $), der Stahl- und Aluminiumherstellung (3,7 Mrd. $) der chemischen Industrie (2,9 Mrd. $) und der Mineralölverarbeitung (2,9 Mrd. $).[2] Von den befragten Unternehmen wurden 1.252 als klein (< 25 Mio. $ Umsatz), 283 als mittelgroß (25 – 100 Mio. $ Umsatz) und 104 als groß (> 100 Mio. $ Umsatz) klassifiziert.[3] 316 Unternehmen waren in ausländischem, die anderen 1323 in inländischem Eigentum.

Tabelle 4.3.3.1: Die Entwicklung der Unternehmen des *Samples B* von 1992 bis 1996[1]

	1992 (Mio. $)	1996 (Mio. $)	Veränderung (%)
Umsatz	34.817,1	47.167,4	+ 35,47
Exporte	4.417,3	8.288,8	+ 87,64
Importe	4.588,2	7.137,7	+ 55,57
davon Investitionsgüter	*426,4*	*853,7*	*+ 100,21*
Investitionen	2.234,2	3.728,5	+ 66,88
davon Investitionsgüter	*1.369,9*	*2.333,1*	*+ 70,31*
- davon inl. Herkunft	*940,6*	*1.478,6*	*+ 57,19*
- davon ausl. Herkunft	*429,3*	*854,6*	*+ 99,07*
Beschäftigte	346.911	326.450	-5,9
Ausg. für Löhne und Gehälter	12.475,3	14.743,8	+18,18

[1] Alle Angaben in arg. $ zu laufenden Preisen bis auf die Angaben zur Beschäftigtenzahl.

Quelle: Indec (1998), S.68.

Überblick über die Unternehmensentwicklung in Tabelle 4.3.3.1 zeigt, dass die Unternehmen des *Samples B* zwischen 1992 und 1996 ein hohes Wachstum aufwiesen: ihr Umsatz stieg in fünf Jahren um über ein Drittel (+35,5%) von 34,8 auf 47,1 Mrd. $. Da sowohl ihre Exporte (+87,6%) als auch ihre Importe (+55,6%) schneller als ihr Umsatz wuchsen, nahm der Grad ihrer internationalen Verflechtung zu. Die Exporte erreichten 1996 einen Anteil von 17,5% an den gesamten Umsätzen. Die befragten Unternehmen erhöhten ihre Investitionen um nahezu zwei Drittel von 2,23 Mrd. $ auf 3,73 Mrd. $. Dabei wuchsen

---

[1] Vgl. Setcip (2001).
[2] Vgl. Indec S. 65 (zu den Umsatzangaben) und S. 66 (zur Anzahl der Unternehmen pro Sektor).
[3] Vgl. Indec (1998), S.56.

die Investitionen in importierte Investitionsgüter (+99,1%) erheblich stärker als die in Investitionsgüter inländischer Herkunft (+57,2%), welche aber ebenfalls deutlich anstiegen. Der Anteil der importierten Investitionsgüter an den gesamten Investitionen stieg von 19,2 auf 22,9%, ihr Anteil an den gesamten Importen von 9,3 auf 12,0%. Die Zahl der Beschäftigten nahm um 5,9% ab, das entspricht etwa dem Rückgang bei den Industriebeschäftigten insgesamt. Der Rückgang in der Beschäftigung betraf primär die Produktion. Die Verwaltung, der Vertrieb und die F&E expandierten leicht. Die Ausgaben für Löhne und Gehälter stiegen um 18,2% an.[1] Die Angaben zeigen, dass sich das Entwicklungsprofil der befragten Unternehmen mit dem der Industrie insgesamt deckt.

4.3.3.2 Überblick über die Investitionen in Technologie im Jahr 1996

Die Tabelle 4.3.3.2 fasst Kennzahlen zum Technologieerwerb der Unternehmen des *Samples A* im Jahr 1996 zusammen. Sie enthält sowohl die Angaben zu den befragten Unternehmen als auch die für die gesamte argentinische Industrie hochgerechneten Daten.

Von den im Jahr 1996 insgesamt getätigten Investitionen im Umfang von 4,17 Mrd. $. flossen 2,67 Mrd. $ in Investitionsgüter. Etwas mehr als ein Viertel der gesamten Investitionen (1,20 Mrd. $) der befragten Unternehmen beinhaltete Investitionen in neue Technologien.[2] Die Investitionsgüter mit neuer Technologie wurden zu etwas mehr als zur Hälfte aus dem Ausland und etwas weniger als der Hälfte aus dem Inland beschafft.

623 der 1639 befragten Unternehmen (38%) gaben an, im Jahr 1996 Innovationsaktivitäten durchgeführt zu haben. Davon tätigten 455 Firmen Ausgaben für F&E (28%) und 501 Firmen (31%) andere Ausgaben für Innovationen (ohne F&E).[3] Die 455 Unternehmen, die F&E betrieben, investierten 79,5 Mio. $ und beschäftigten dort insgesamt 4.891 Mitarbeiter. Für die gesamte argentinische Industrie deutet dies Investitionen in F&E von 195 Mio. $ und auf einen Bestand von ca. 14.000 Beschäftigten mit F&E-Aufgaben hin. Der Anteil der Ausgaben für F&E an den Unternehmensumsätzen war mit 0,16% sehr niedrig.[4] Der Anteil der Forscher an den insgesamt Beschäftigten betrug ca. 1,5%.

---

[1] Diese Angabe bezieht sich auf 1.455 Unternehmen, die hierzu eine Angabe machten.
[2] Für die gesamte Industrie ergibt sich ein etwas geringerer Anteil.
[3] Vgl. Indec (1998), S.16 und GACTEC (1998), S.29.
[4] Dieser Wert liegt leicht über den Berechnungen des SECYT für die gesamte Privatwirtschaft. Für den argentinischen Privatsektor insgesamt betrug der Wert 0,12%. Vgl. zu den Angaben Abschnitt 4.2.

Tabelle 4.3.3.2: Investitionen in Technologie im Jahr 1996

Aktivität	Einheit	Volumen	Volumen exp.
Ausgaben für inkorporierte Technologie			
Investitionen insgesamt	1000 Pesos	4.174.609	11.805.351
davon Investitionen in Investitionsgüter	1000 Pesos	2.670.309	k. A.
Ausg. für in Invest.-Güter inkorporierte neue Technologie inl. Herkunft	1000 Pesos	562.253	1.017.027
Ausg. für in Invest.-Güter inkorporierte neue Technologie ausl. Herkunft	1000 Pesos	634.625	1.212.437
Ausgaben für F&E			
Beschäftigte in F&E	Personen	4.891	14.029
Löhne u. Gehälter für F&E	1000 Pesos	58.993	159.009
andere Ausgaben für F&E	1000 Pesos	20.507	35.849
gesamte Ausgaben für F&E	1000 Pesos	79.500	194.858
F&E-Ausgaben/Umsatz	%	0,16	0,21
Ausgaben für Innovation ohne F&E			
Löhne u. Gehälter (Innovation ohne F&E)	1000 Pesos	79.042	197.886
andere Ausgaben (Innovation ohne F&E)	1000 Pesos	20.162	38.299
gesamte Ausgaben (Innovation ohne F&E)	1000 Pesos	99.204	236.185
Ausgaben für Innovation inkl. F&E			
gesamte Ausgaben für Innovation inkl. F&E	1000 Pesos	178.704	431.043
Innovationsausgaben (inkl. F&E) /Umsatz	%	0,35	0,45
Ausgaben für nicht-inkorporierte Technologie und Weiterbildung			
Ausgaben für Software	1000 Pesos	84.309	159.266
Ausgaben für Lizenzen u. Technologietransfer	1000 Pesos	175.264	367.287
Ausgaben für Consulting-DL	1000 Pesos	70.635	171.346
Ausgaben für Weiterbildung	1000 Pesos	49.823	83.922
Kooperationen[1]			
Kooperationen mit ESFL	1000 Pesos	2.354	5.057
Kooperationen mit öffentlichen Forschungseinrichtungen	1000 Pesos	8.461	9.767

[1] Die Angaben zu Kooperationen beziehen sich auf Durchschnittswerte 1992-1996.

Quelle: Indec (1998), S.49/50.

In andere innovative Aktivitäten (ohne F&E) wurde mit 99,2 Mio. $ eine etwas höhere Summe als in F&E investiert.[1] Aber der Anteil der gesamten unternehmensinternen Ausgaben für Innovation (inklusive F&E) betrug mit 178,7 Mio. $ dennoch nur 0,35% der Umsätze der befragten Unternehmen. Die Innovationsaktivitäten weisen erwartungsgemäß einen hohen Personalkostenanteil auf.

---

[1] Zur Erläuterung der über die F&E hinausgehenden Ausgabepositionen für Innovation vgl. Tabelle 4.3.3.3.

In der Tabelle 4.3.3.2 finden sich weiterhin Angaben zu den Investitionen in nicht-inkorporierte Technologie: Software (84 Mio. $), Lizenzen und Technologietransfer (175 Mio. $) und *Consulting*-Dienstleistungen (71 Mio.).[1] Ihr Gesamtumfang beträgt 330 Mio. $.

Schließlich investierten die befragten Unternehmen 49,8 Mio. $ in Weiterbildungsmaßnahmen. Das finanzielle Volumen der Kooperationsabkommen mit ESFL oder öffentlichen Instituten nimmt mit etwas über 10 Mio. $ nur einen sehr geringen Anteil unter den Investitionen in technologische Verbesserungen ein.

Fasst man alle Ausgaben der Industrie für technologische Verbesserungen (Innovation, in Investitionsgüter inkorporierte neue Technologien, nicht-inkorporierte neue Technologien, Weiterbildung, Kooperationen) zusammen, so wurden von den befragten Industrieunternehmen im Jahr 1996 mit 1,766 Mrd. $ 3,64% der Umsätze in die technische Modernisierung der Betriebe investiert.

Die in Investitionsgüter inkorporierte Technologie stellte mit ca. 1,2 Mrd. $ und somit zwei Dritteln der Gesamtinvestitionen den bei weitem größten Anteil an den gesamten Investitionen in technologische Verbesserungen. An zweiter Stelle folgten mit 330 Mio. $ die Investitionen in nicht-inkorporierte Technologien. Erst auf dem dritten Platz folgten die unternehmensinternen Investitionen in Innovationen mit 179 Mio. $. Bei der inkorporierten und bei der nicht-inkorporierten neuen Technologie überwog der Bezug aus dem Ausland den aus dem Inland.

4.3.3.3 Vergleich der Investitionen in Technologie zwischen 1992 und 1996

Tabelle 4.3.3.3 stellt auf Grundlage des *Samples B* die Investitionen in Technologie der Jahre 1992 und 1996 gegenüber. Alle drei Hauptgruppen des Technologieerwerbs weisen deutliche Zuwächse auf, die über dem Zuwachs der Umsätze liegen.

Bei der in Investitionsgüter inkorporierten neuen Technologie ist ein Zuwachs um 66,7% von 614 auf 1.023 Mio. $ zu verzeichnen. Damit wuchs diese Technologiekomponente in gleichem Maße wie die Investitionen insgesamt. Dabei verdoppelte sich der Erwerb von Investitionsgütern mit neuer Technologie aus dem Ausland bei einem Anstieg um 102,4% nahezu, während der Bezug inländischer Investitionsgüter um 39% stieg.

---

[1] Die Position „Lizenzen und Technologietransfer" wird in Abschnitt 4.3.3.4 weiter aufgeschlüsselt werden.

Tabelle 4.3.3.3: Ein Vergleich der Investitionen in Technologie 1992 und 1996

Rubrik	Einheit	1992	1996	Veränderung (%)
Investitionen und inkorporierte Technologie				
gesamte Investition	1000 Pesos	2.234.199	3.728.484	+ 66,9
in Invest.-Güter inkorporierte Technologie inl. Herkunft	1000 Pesos	345.280	479.794	+ 39,0
in Invest.-Güter inkorporierte Technologie ausl. Herkunft	1000 Pesos	268.258	542.980	+ 102,4
F&E				
Beschäftigte in F&E	Personen	4.107	4.684	+ 14,1
Löhne u. Gehälter für F&E	1000 Pesos	36.401	54.480	+ 49,7
andere Ausgaben für F&E	1000 Pesos	14.793	19.982	+ 35,1
gesamte Ausgaben für F&E	1000 Pesos	51.195	74.358	+ 45,2
F&E-Ausgaben / Umsätze	%	0,14	0,15	
Innovation (ohne F&E)				
Löhne u. Gehälter	1000 Pesos	46.354	66.665	+ 43,8
andere Ausgaben	1000 Pesos	11.067	18.545	+ 67,6
gesamte Ausgaben	1000 Pesos	57.421	85.210	+ 48,4
Innovation und F&E				
ges. Ausgaben (Innovation mit F&E)	1000 Pesos	108.616	159.568	+ 46,9
Innovation insgesamt / Umsätze	%	0,31	0,33	
nicht-inkorporierte Technologie				
Ausgaben für Software	1000 Pesos	25.353	75.433	+ 197,5
Ausg. für Lizenzen u. Technologietransfer	1000 Pesos	83.757	148.210	+ 77,0
Ausg. für Consulting-Dienstleistungen	1000 Pesos	32.836	67.815	+ 106,5

Quelle: Indec (1998), S. 88.

Die Ausgaben der befragten Unternehmen für F&E stiegen von 1992 bis 1996 um 45% an. Der Anteil der F&E am Umsatz änderte sich dabei kaum; die Unternehmensaktivität ist also nicht F&E-intensiver geworden. Der Anteil der Personalausgaben an den Gesamtausgaben für F&E ist gestiegen, dieser Ausgabenzuwachs ging mit einem geringfügigen Anstieg der Beschäftigung in F&E um 14% von 4.107 auf 4.684 einher. Allerdings stieg somit die Zahl der F&E-Beschäftigten zumindest geringfügig an, während die Gesamtzahl der Beschäftigten in den befragten Unternehmen um 5,9% zurückging. Die Gesamtausgaben für Innovation stiegen mit 46,9% in etwa dem gleichem Maße wie die Ausgaben für F&E.

Der Zuwachs bei der nicht-inkorporierte Technologie von 142 Mio. $ auf 291 Mio. $ ist der höchste aller drei Gruppen des Technologieerwerbs. Alle drei Untergruppen dieses Segments wuchsen dabei deutlich, wobei die Ausgaben für Software mit einer Verdreifachung den höchsten Zuwachs aller Investitionsformen aufwiesen. In diesem Zuwachs spiegelt sich vermutlich neben der Öffnung auch der globale Trend zum zunehmenden Einsatz von IT-Technologien wider.

Diese Angaben verdeutlichen, dass der Markt für Technologie zwischen 1992 und 1996 deutlich gewachsen ist. Die nach der Liberalisierung und Stabilisierung offensichtlich gestiegene Investitionsnachfrage der Industrieunternehmen traf auf ein rasch wachsendes Angebot. Vergleicht man die Entwicklung der drei Gruppen untereinander, so ist der Zuwachs beim Fremdbezug von Technologien (inkorporierte Technologie: +66,7%, nicht-inkorporierte Technologie: +105%) größer als bei der unternehmensinternen Entwicklung neuer Technologien durch Innovation (+46,9%).

Der Anstieg bei den importierten Investitionsgütern mit neuer Technologie ist einer der höchsten aller betrachteten Technologiekomponenten. Ihr Volumen überholte im Untersuchungszeitraum den der inländischen Investitionsgüter mit neuer Technologie. Somit ist entsprechend den Hypothesen des Romer-Modells eine starke Tendenz zu Investitionen in ausländisches inkorporiertes Wissen zu beobachten. Wie noch gezeigt werden wird, nimmt auch bei der nicht-inkorporierten Technologie der Bezug aus dem Ausland den größten Anteil ein. Insgesamt ist somit seit der Öffnung der Anteil des Auslandes an den Investitionen in Technologie gestiegen.

Dennoch stiegen sowohl die Investitionen in inländische Investitionsgüter mit neuer Technologie als auch die Innovationsausgaben an. Eine Verdrängung der inländischen Technologieanbieter vom Markt für Technologie kann also nicht beobachtet werden, das gestiegene Marktvolumen erlaubt die Expansion in- und ausländischer Anbieter zugleich.

Die Angaben der befragten Industrieunternehmen zur Entwicklung der Investitionstätigkeit und zu den F&E-Aktivitäten decken sich mit den aggregierten Daten, die in Abschnitt 4.2 vorgestellt und diskutiert wurden, die deutlichen Zuwächse zwischen 1992 und 1996 werden bestätigt. Nun soll ein etwas detaillierter Blick auf die einzelnen Formen des Technologieerwerbs und auf strukturelle Aspekte der Modernisierungsanstrengungen geworfen werden.

4.3.3.4 Fremdbezug von inkorporierter und nicht-inkorporierter Technologie

Der Fremdbezug von Technologien wurde als die bedeutendste technologische Komponente der Unternehmensstrategien identifiziert. Die neue Technologie kann inkorporiert in Investitionsgüter oder nicht-inkorporiert erworben werden.

Die Analyse beginnt mit den Investitionen in Investitionsgüter. Sie wuchsen zwischen 1992 und 1996 um insgesamt 67% (vgl. Abschnitt 4.3.3.1). Sowohl im Jahr 1992 als auch im Jahr 1996 machten die Investitionsgüter mit neuen Technologien 44,8% der gesamten Investitionen in Investitionsgüter aus. Die übrigen 55,2% der Investitionsgüter inkorporierten alte Technologien und dienten somit Ersatz- oder Erweiterungsinvestitionen.[1] Der Zusammensetzung der Investitionen nach Technologiegehalt hat sich somit nicht verändert, das Volumen neuer und alter Technologien ist gleichermaßen um 67% gestiegen.

Geändert hat sich im Untersuchungszeitraum allerdings der Anteil des Auslandes an den Investitionsgütern mit neuer Technologie. Er stieg von 43,7% (1992) auf 53% (1996) an, die Bedeutung ausländischer Anbieter für den Erwerb inkorporierter Technologie wuchs somit und übertraf 1996 bereits die Bedeutung der inländischen Investitionsgüterindustrie. Aber auch wenn der Anteil der inländischen Anbieter zurückging, so wuchs ihre Absatzmenge doch ebenfalls (um 39%) an.

Grafik 4.3.3.1: Investitionen in Investitionsgüter nach Technologie und Herkunft 1996

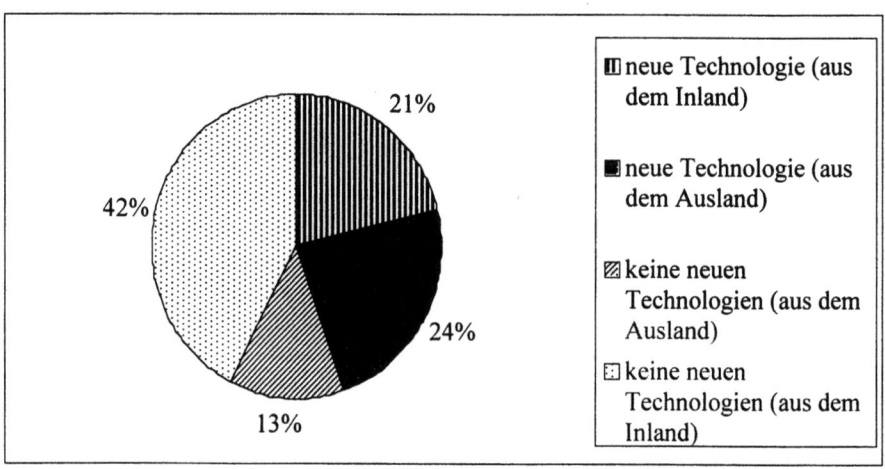

Quelle: Indec (1998), S.51.

Im Jahr 1996 unterschieden sich die Investitionsgüter mit neuer und alter Technologie deutlich in Hinblick auf ihre Herkunft (Grafik 4.3.3.1). Während bei den Investitionsgütern mit neuer Technologie die Importe etwas mehr als die Hälfte des Investitionsvolumens ausmachten, überwog bei den Investitionsgütern mit alter Technologie weiterhin der Bezug aus dem Inland.[2]

---

[1] Vgl. Indec (1998), S.51.
[2] Vgl. Tabelle 4.3.3.2, Zeile 3 und 4.

Die inländischen Investitionsgüterproduzenten stellten demnach insbesondere ausgereifte Ausrüstungen zur Verfügung, während innovative Maschinen und Anlagen vornehmlich aus dem Ausland erworben wurden. Die Innovativität der heimischen Investitionsgüterindustrie scheint somit nur relativ gering zu sein. Ein positiver *capital deepening*-Effekt auf die TFP ist primär durch Investitionen in importierte Investitionsgüter zu erklären.

Die Unternehmen wurden nach ihren Gründen für den Import von Investitionsgütern befragt:[1] Als häufigste Antwort wurde ein höheres Niveau der in importierte Investitionsgüter inkorporierten Technologie genannt (568 Antworten).[2] Es folgte ein fehlendes inländisches Angebot (516) vor einer höheren Zuverlässigkeit (455), eines günstigeren Preises (367) und einer höheren Präzision (256) ausländischer Investitionsgüter. Der Hinweis auf das fehlende inländische Angebot sowie die Verweise auf das technologische Niveau, die Zuverlässigkeit und die Präzision machen deutlich, dass es im Inland häufig keine adäquaten Substitute gibt, die die Investitionsgüternachfrage befriedigen könnte. Demnach war die Erleichterung des Imports neuartiger Güter tatsächlich ein wichtiger Schritt für die technologische Entwicklung der Unternehmen. Die Außenhandelspolitik hatte diesem Sachverhalt in den späten 80er und frühen 90er Jahren Rechnung getragen, in dem die nichttarifären Handelshemmnisse und Zölle auf Investitionsgüter ohne inländisches Angebot abgeschafft wurden. Diese Maßnahmen haben sich dann auch positiv auf die Importe bei Investitionsgütern ausgewirkt. Die Abkehr von der Liberalisierung der Investitionsgüterimporte nach 1995 dürfte den Modernisierungsprozess wieder behindert haben.

Insgesamt tätigten im Jahr 1996 nur 563 Unternehmen des *Samples A* Investitionen in Investitionsgüter mit neuer Technologie. Damit stellt diese Form des Technologieerwerbs zwar das absolut größte Investitionsvolumen, aber die geringste Durchdringung bei den befragten Unternehmen. Für den Zugang zu Investitionsgüter mit neuer Technologie scheint es für viele Unternehmen Barrieren zu geben. Nach den möglichen Ursachen wurde im *Encuesta* nicht gefragt.

Im Segment der nicht-inkorporierten Technologie sind die Investitionen in Lizenzen und Technologietransfer die größte Untergruppe. Sie stiegen im Untersuchungszeitraum um 73,2% von 85,5 Mio. $ (1992) auf 148,1 Mio. $ (1996). Dabei blieb der hohe Anteil von Technologien mit ausländischer Herkunft von etwa 90% über den gesamten 5-Jahres-Zeitraum in etwa konstant.[3] Die Bedeutung des Auslandes beim Erwerb nicht-inkorporierter Technologie liegt somit weit über der bei der inkorporierten Technologie, das inländische Angebot ist zu vernachlässigen.

---

[1] Vgl. Indec (1998), S.51.
[2] Bei Gewichtung der Antworten nach dem Grad der Bedeutung nimmt das fehlende inländische Angebot den ersten Platz ein.
[3] Vgl. Indec (1998), S.89.

Die Ausgaben für „technische Beratung" bildeten über den gesamten Zeitraum die größte Einzelposition (jeweils ca. 50% mit leicht fallender Tendenz). Es folgten der Erwerb von Markenrechten und Zahlungen für Produkttechnologien.[1] Am Ende der Rangliste finden sich mit deutlichem Abstand Prozesstechnologien und Patente. Die Zahlungen für den Erwerb von Markenrechten (+229%) legten vor den – geringen – Zahlungen für neue Prozesstechnologien (+124%) am stärksten zu. Die Zahlungen für Lizenzen und Technologietransfer werden von nur vier Branchen dominiert, die zusammen 90% der Ausgaben tätigen: Der chemischen Industrie, der Nahrungsmittelindustrie, dem Automobilbau und der Textilindustrie, wobei die Nahrungsmittel- und die Textilindustrie insbesondere Zahlungen für Markenrechte leisten.

Auf den deutlichen Zuwachs beim Erwerb von Software wurde bereits hingewiesen.[2] Die Bedeutung der Informationstechnologien nahm in den 90er Jahren somit auch in Argentinien zu. Da das Land bis zur Mitte der Dekade – vermutlich auch durch fehlende Regelungen zum *Copyright* von Computerprogrammen – über keine nennenswerte eigene Softwareindustrie verfügte, wurde die Software nahezu ausschließlich aus dem Ausland bezogen.[3]

Die Ausgaben für Dienstleistungen von Unternehmensberatungen verdoppelten sich zwischen 1992 und 1996, ihre Gesamthöhe betrug 1996 70,6 Mio. $. Sie wurden insbesondere für die Aufgabengebiete „Organisation und Unternehmensführung" (37%), „Finanzen" (23%) und „Werbung" (20%) in Anspruch genommen.[4] Beratungsleistungen zur Produktion wurden dagegen kaum erworben. Andere Untersuchungen zeigen, dass gerade die NHU zu ihrer Restrukturierung (Beteiligung an der Privatisierung, Devertikalisierung der Unternehmensstruktur, Internationalisierung) die Dienste internationaler *Consulting*-Unternehmen herangezogen haben.[5] Auch die Angaben der *Encuesta* bestätigen, dass die Unternehmen mit mehr als 400 Beschäftigten zwei Drittel aller Unternehmensberatungsleistungen in Anspruch nahmen.

Mit der außenwirtschaftlichen Öffnung scheinen somit zwei generelle Trends bei den Investitionen in nicht-inkorporierte Technologien einher gegangen zu sein: Investitionen in die Unternehmensorganisation und in die Vermarktung von Produkten dominieren gegenüber Investitionen in Produkte und Produktionsprozesse. Es ist zudem zu vermuten, dass sich ein Teil des Zuwachses in allen drei Bereichen auf den Trend zur Informationsgesellschaft mit seinen neuen Organisationsformen zurückführen lässt. An der traditionell großen Dominanz des Auslandes als Quelle nicht-inkorporierter Technologie hat sich nichts geändert.

---

[1] Diese Reihenfolge bezieht sich auf das Jahr 1996.
[2] Dieser Anstieg wurde von einer Verdopplung der Ausgaben für *Hardware* begleitet.
[3] Zum Entwicklungspotential der argentinischen Softwareindustrie vgl. Stamm (2000).
[4] Vgl. Indec (1998), S.52.
[5] Vgl. Bisang (2000), S.154.

Im Rahmen des NIS-Ansatzes wird darauf hingewiesen, dass ihre Organisations- und Marketingkompetenzen auch die Innovativität einer Firma entscheidend mitbestimmen können. Mit dem Erwerb von diesbezüglichen Technologien aus dem Ausland können die argentinischen Unternehmen somit indirekt auch ihre eigene Fähigkeit zur Innovation stärken. Ob es auch tatsächlich dazu gekommen ist, kann hier leider nicht geklärt werden.

4.3.3.5 Unternehmensinterne Innovationsaktivitäten

Neben dem Fremdbezug ist die eigene Forschungs- und Innovationsaktivität die zweite wichtige Quelle für Technologie und zugleich eine wichtige Determinante für die Wettbewerbsfähigkeit eines Unternehmens.

Die Innovationsbereitschaft der argentinischen Industrieunternehmen nahm über den Fünfjahreszeitraum deutlich zu. Während von den 1.533 Unternehmen des *Sample B* im Jahr 1992 nur 10% formelle oder informelle F&E-Aktivitäten durchführten, gaben im Jahr 1996 bereits 59% des *Samples A* an, Unternehmenseinheiten mit F&E-Aufgaben betraut zu haben. 40% der Unternehmen mit formaler F&E erklärten, dass sie ihre F&E-Abteilungen zwischen 1992 und 1996 gegründet hätten.[1]

Die Gesamtaufwendungen für F&E und für andere Innovationsaktivitäten nahmen von 1992 bis 1996 in etwa gleichem Maße um ca. 45% zu. Der Verlauf der F&E- und Innovationsausgaben zeichnet grob die konjunkturelle Entwicklung nach: Im Jahr 1995 kam es zu einem Einbruch, ehe die Investitionen im Jahr 1996 wieder anstiegen (Tabelle 4.3.3.4). Damit deckt sich die Entwicklung mit jener der privaten F&E-Ausgaben der Wirtschaft insgesamt.[2] Allerdings ist der Rückgang von 1995 allein auf die Ausgaben für Innovation ohne F&E zurückzuführen, die Ausgaben für F&E stiegen kontinuierlich an.

Die Ausgaben für F&E wurden im Rahmen der *Encuesta* nach der Nähe der Aktivität zur Markteinführung in Grundlagenforschung, angewandte Forschung sowie Entwicklung unterteilt. Über den gesamten 5-Jahreszeitraum dominierte bei der F&E deutlich die Produktentwicklung. Der Umfang aller drei F&E-Komponenten nahm zu, wobei sich der deutlichste Zuwachs bei der angewandten Forschung (+129%) finden lässt, die 1996 die Grundlagenforschung überholte. Die F&E-Ausgaben scheinen sich somit seit der Öffnung der Wirtschaft stärker an der Einführung neuer Produkte zu orientieren.

---

[1] Vgl. Indec (1998), S.38 und S.56. Allerdings liegt die Anzahl der Unternehmen mit F&E-Einheiten (973) damit über der Anzahl der Unternehmen mit F&E-Ausgaben (455).
[2] Vgl. Tabelle 4.2.3.4.

Tabelle 4.3.3.4: Ausgaben für F&E und Innovation 1992 bis 1996[1]

Tätigkeit	1992	1993	1994	1995	1996	Veränd. (%)
F&E davon	**51.195**	**59.051**	**64.072**	**66.357**	**74.358**	**+45,20**
Entwicklung von Produkten und Prozessen	32.535	35.466	39.457	40.221	43.695	+34,30
angewandte Forschung	6.747	9.476	9.548	12.332	15.453	+129,0
Grundlagenforschung	11.913	14.109	15.067	13.804	15.210	+27,70
Innovation (ohne F&E) davon	**57.421**	**69.157**	**81.192**	**71.465**	**85.211**	**+48,40**
Technische Unterstützung der Produktion	15.335	17.301	17.144	14.566	18.388	+19,91
Projektengineering	10.809	12.379	20.421	15.744	17.191	+59,04
Adaptation von Produkten oder Prozessen	11.955	16.029	15.181	12.666	16.606	+38,90
Vermarktung neuer Produkte	4.595	5.753	6.548	7.589	9.035	+96,63
allgemeine Organisation	3.958	4.754	6.057	6.499	7.334	+85,30
administrative Reorganisation	2.812	3.161	3.780	4.865	5.157	+83,39
anderes	7.957	9.780	12.061	9.536	11.500	+44,53
insgesamt	**108.616**	**128.208**	**145.264**	**137.821**	**159.568**	**+46,90**

[1] Alle Angaben in Mio. $.

Quelle: Indec (1998), S.79.

Bei den Ausgabenpositionen für Innovation (ohne F&E) dominierten zwischen 1992 und 1996 die „technische Unterstützung der Produktion", das „Projektengineering" und die „Adaptation von Produkten und Prozessen". Die größten Zuwächse verzeichnete zwischen 1992 und 1996 die „Vermarktung" (+96,63%), gefolgt von der „Organisation" und der „Reorganisation der Verwaltung" (jeweils über 80% Zuwachs), die 1992 noch relativ unbedeutend gewesen waren. Damit expandierten ähnlich wie bei der Investition in nicht-inkorporierte Technologie die Aktivitäten am stärksten, die nicht direkt mit der Güterproduktion verbunden sind. Die Bedeutung derartiger über die reine F&E hinausgehender Aktivitäten für erfolgreiche Innovationsprozesse stellen die Vertreter des NIS-Ansatzes heraus, ihr Zuwachs kann somit möglicherweise zu einer Effizienzsteigerung der eigentlichen Forschungsaktivitäten beitragen.

Die Unternehmen wurden ebenfalls zu den Zielen, den Informationsquellen und den Hindernissen für ihrer Innovationsaktivitäten befragt.[1] Als wichtigste Ziele der Innovation wurden die Verbesserung der Qualität ihrer Produkte (vertikale Innovation, 823 Antworten) und die Erweiterung des Sortiments (horizontale Innovation, 612 Antworten) genannt. Es folgten mit der Senkung der Arbeitskosten, der Erhöhung der Flexibilität der Produktion und der Reduktion des Einsatzes von Rohstoffen drei Kategorien von Prozessinnovationen (zwischen 404 und 276 Antworten). Am Ende der Liste der Innovationsziele finden sich die Verbesserung der Arbeitsbedingungen, die Entwicklung neuer Ausrüstungen, Energieeinsparungen, der Einsatz neuartiger Materialien, die Verminderung des Einsatzes giftiger Stoffe und die Ausnutzung neugewonnener wissenschaftlicher Erkenntnisse. Soziale und ökologische Erwägungen spielen für die Innovation somit nur eine geringe Rolle. Auch wissensgetriebene Innovationen sind unbedeutend.

Insgesamt dominieren offensive Strategien (Qualitätssteigerung oder Produktentwicklung) gegenüber defensiven Strategien (Kosteneinsparungen) oder Reaktionen auf gesetzliche Auflagen. Die Schwerpunktsetzung auf der Qualitätssteigerung deutet auf gestiegene Qualitätsanforderungen in der offenen Ökonomie im Vergleich zur Zeit der Importsubstitution hin.

Die Kenntnisse zur Innovation kamen vornehmlich aus der eigenen Forschung und Entwicklung (582 Antworten).[2] Es folgte der Wissenstransfer von externen Quellen in Form von Zulieferern von Maschinen und Anlagen einerseits (389 Antworten) und von Klienten andererseits (388 Antworten). An vierter Stelle standen Erkenntnisse aus der eigenen Produktion, gefolgt von Unternehmen aus dem eigenen Unternehmensverbund. Am Ende der Rangliste der Wissensquellen fanden sich neben *reverse engineering* die Universitäten sowie öffentliche und private Forschungsinstitute.

Die Bedeutung interner Quellen (F&E, Produktion) und privater externer Quellen (Zulieferer, Klienten) scheint sich in etwa die Waage zu halten. Bei den externen Quellen werden ausländische Unternehmen (Zulieferer, Muttergesellschaften) vermutlich eine wichtige Rolle spielen. Dagegen ist der Kontakt zu Bildungs- und Forschungseinrichtungen, zu Unternehmensberatungen sowie die Nutzung von Patenten oder Messen und Konferenzen als Informationsquelle nur gering. Die Einbindung in gemischte Netzwerke aus privaten und öffentlichen Akteuren zur Verbesserung von Wissensflüssen scheint weit von der *best practice* entfernt zu sein.

Als Innovationshindernis wurde mit Abstand am häufigsten der unzureichende Zugang zu Kapital genannt (718 Antworten).[3] Es folgten das hohe Risiko von

---

[1] Vgl. Indec (1998), S.53.
[2] Vgl. Indec (1998), S.54.
[3] Vgl. Indec (1998), S.55.

Innovationsprojekten, die Kosten der Innovation, die zu geringe Marktgröße und die zu lange Amortisationszeit. Am Ende der Rangliste fanden sich hier die fehlende Ausbildung der Angestellten, die Gefahr der Imitation und die fehlenden Kontakte zu privaten oder öffentlichen Kooperationspartnern.

Die Antworten spiegeln erwartungsgemäß das Problem des Zugangs der Unternehmen zu Kapital als Folge eines unterentwickelten Finanzmarktes als wichtigstes Innovationshindernis wider. Auch der Verweis auf die Innovationskosten und auf die Amortisationszeit deuten auf eine zu geringe Ausstattung mit finanziellen Mitteln hin.[1] Der Zugang zu Kredit oder Risikokapital dürfte somit der wichtigste Ansatzpunkt zur Innovationsförderung sein. Der unzureichende Schutz geistigen Eigentums oder die fehlende Einbindung in Netzwerke wird dagegen nicht als ein gravierendes Problem wahrgenommen.

4.3.3.6 Ergebnisse der F&E und die Performance der innovativen Unternehmen

Die technologischen Anstrengungen der Industrieunternehmen haben sich zwischen 1992 und 1996 deutlich vergrößert. Ein etwas anderes Bild ergibt sich für die Ergebnisse der Innovationsanstrengungen. Die Zahl der von den befragten Unternehmen erhaltenen Patente nahm zwar leicht von 68 (1992) auf 82 (1996) zu. Allerdings lässt sich kein ansteigender Trend identifizieren (Grafik 4.3.3.2, nächste Seite).

Insgesamt wurden im Zeitraum 1992 – 1996 nur 408 Patente zugelassen, davon nur 88 im Ausland. Die Fähigkeit oder die Bereitschaft zur Patentierung von Innovationen ist somit über den gesamten Fünfjahreszeitraum sehr gering geblieben. Zudem machen die 64 im Jahr 1996 von den befragten Unternehmen in Argentinien erhaltenen Patente nur 24% aller insgesamt inländischen Antragstellern gewährten 324 Patente aus.[2] Statt der Industrie dominieren Privatpersonen bei den Patentanmeldungen.

Durch den Verkauf von nicht-inkorporierten Technologien erlösten die befragten Unternehmen im Jahr 1996 nur 17,3 Mio. $, dies ist nur eine Zehntel der eigenen Investitionen in nicht-inkorporierte Technologie.[3] Dieser Befund steht im Einklang mit der argentinischen technologische Zahlungsbilanz des Jahres 1996, die mit -698 Mio. $ ebenfalls deutlich negativ war.[4] Immerhin verdoppelte sich der Verkauf von Technologien an Dritte zwischen 1992 und 1996. Über zwei Drittel der Verkäufe waren Ingenieursdienstleistungen.

---

[1] Allerdings wurden die Kostenarten (Löhne, Zinsen, Ausrüstungen) nicht näher spezifiziert, so dass aus der Befragung keine konkreten politischen Schlussfolgerungen für spezielle Ansatzpunkte für Subventionen zu ziehen sind.
[2] Vgl. hierzu auch Abschnitt 4.2.2.2.
[3] Vgl. Indec (1998), S.60.
[4] Einnahmen von 36 Mio. $ standen Ausgaben in Höhe von 734 Mio. $ gegenüber. Vgl. GACTEC (1999), Anexo Estadistico, S.4/11.

Grafik 4.3.3.2: Von den befragten Unternehmen erhaltene Patente 1992 bis 1996

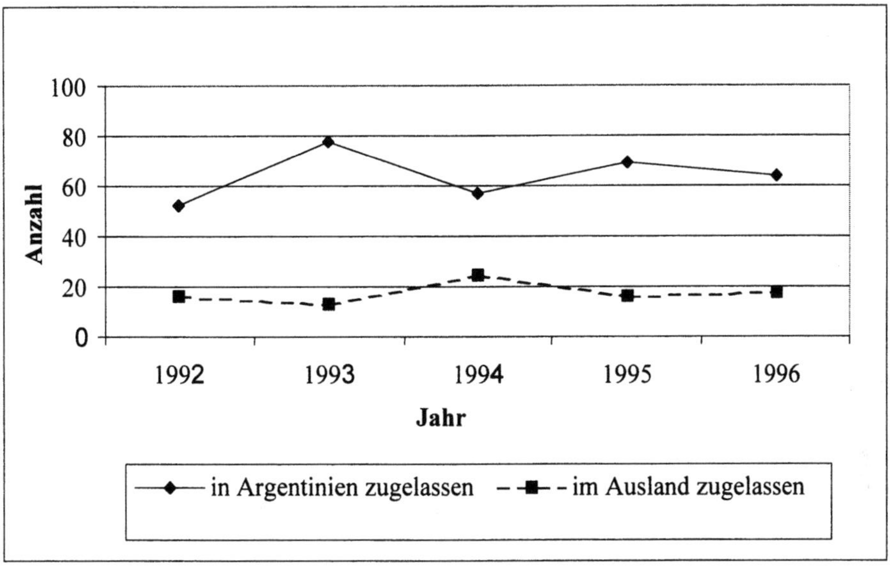

[Liniendiagramm: x-Achse Jahr 1992–1996, y-Achse Anzahl 0–100; Linie „in Argentinien zugelassen": ca. 52, 78, 58, 70, 65; Linie „im Ausland zugelassen": ca. 16, 13, 25, 17, 19]

Quelle: Indec (1998)

Auch wenn der direkt messbare Innovationsoutput gering und von den steigenden Anstrengungen unbeeinflusst blieb, lässt sich ein positiver Effekt der Innovationstätigkeit auf die Unternehmensergebnisse belegen. Die Gruppe der 1.190 als „innovativ" klassifizierten Unternehmen wies im Durchschnitt Umsätze und Exporte auf, die ca. ein Drittel über dem *Sample*-Durchschnitt lagen.[1] Ihre Gesamtbeschäftigung nahm in geringerem Umfang ab als in der Industrie als ganzes. Im Bereich der Innovation stieg die Beschäftigung sogar an.

Allerdings lässt dieser Zusammenhang keine Rückschlüsse darüber zu, ob Innovation zu erfolgreicher Performance führt oder aber eine gute Performance einen besseren Zugang zu Ressourcen für Innovationsaktivitäten ermöglicht.

4.3.3.7 Strukturelle Unterschiede in den technologischen Anstrengungen

a) Die sektorale Struktur der Investitionen in Technologie

Die Tabelle 4.3.3.5 gibt die sektoralen Innovationsausgaben und die Zahl der in der F&E Beschäftigten der Jahre 1992 und 1996 wieder. Relativ hohe Innovationsausgaben weisen sowohl für 1992 als auch für 1996 die chemische

---

[1] Vgl. Indec (1998), S.62. Als „innovativ" wurden alle Unternehmen eingeordnet, die entweder selbst F&E oder Innovation durchführten oder inkorporierte oder nicht-inkorporierte Technologien erwarben. Diese Gruppe macht 72,6% aller befragten Unternehmen aus.

Tabelle 4.3.3.5: Die sektorale Entwicklung der Innovationsaktivität 1992 bis 1996

Branche	Innovationsausgaben[1]			F&E-Personal				
	1992	1996	Veränderung (%)	1992		1996		Veränderung (%)
				absolut	F&E-Intensität[2] (%)	absolut	F&E-Intensität[2] (%)	
Nahrung, Getränke	8.417	21.923	160,46	491	0,47	648	0,63	31,98
Tabak	3.796	4.571	20,42	107	2,19	57	1,56	-46,73
Textilien	2.963	5.181	74,86	97	0,39	107	0,51	10,31
Bekleidung	167	1.125	573,65	104	0,81	98	0,87	-5,77
Lederverarbeitung	2.025	3.984	96,74	21	0,36	34	0,64	61,90
Holzbearbeitung	850	924	8,71	0	0,00	7	0,23	
Papier	487	1.432	194,05	47	0,61	54	0,64	14,89
Druck	1.072	3.723	247,29	121	1,19	146	1,40	20,66
Brennstoffe	533	720	35,08	346	8,04	305	7,09	-11,85
chemische Erzeugnisse	26.664	38.318	43,71	991	2,51	989	2,64	-0,20
Gummi- und Plastikwaren	3.612	7.140	97,67	178	1,54	175	1,48	-1,69
Keramik und Glas	10.537	13.544	28,54	150	0,79	138	0,89	-8,00
Metalle	3.556	8.611	124,15	301	1,79	526	2,56	74,75
Metallerzeugnisse	1.212	3.182	162,45	74	0,72	96	1,09	29,73
Maschinen u. Ausrüstungen	5.414	11.701	116,12	322	1,50	370	1,72	14,91
Büromaschinen	195	172	-11,79	4	12,50	0	0,00	-100,00
elektr. Geräte	9.632	10.593	9,98	236	2,13	343	3,44	45,34
Elektronik, Telekommunikation	8.976	8.228	-8,33	82	1,69	147	3,67	79,27
med. Geräte, Optik, Feinmechanik	604	722	19,54	43	1,38	38	1,42	-11,63
Automobil	16.977	12.876	-24,69	362	1,48	363	1,86	0,28
Transportausrüstungen	439	365	-16,68	17	0,71	26	2,10	52,94
Möbel und anderes	488	624	27,87	13	0,37	17	0,51	30,77
gesamt	108.616	159.568	46,91	4.107	1,18	4.684	1,43	14,05

[1] in 1.000 $.
[2] F&E-Intensität = Anteil der F&E-Beschäftigten an der Gesamtzahl der Beschäftigen.

Quelle: Indec (1998), S.79, S.81ff.

Industrie,[1] die Nahrungsmittelindustrie, die Automobilindustrie, die Erzeugung mineralischer Produkte und der Maschinenbau auf. Damit finden sich in der Spitzengruppe mit der Nahrungsmittelindustrie und der Keramik/Glasherstellung auch zwei Branchen, die eigentlich nicht besonders innovativ sind.

Zwischen 1992 und 1996 wandelte sich die sektorale Struktur der Innovationsaktivitäten:[2] Deutliche absolute Zuwächse gab es in den Bereichen Nahrungsmittel und Getränke (+13,5 Mio. $ bzw. +160%), chemische Erzeugnisse (+11,7 Mio. $ bzw. +43,7%) und Maschinen und Ausrüstungen (+6,3 Mio. $ bzw. +116%). Die höchsten Zuwachsraten konnten von allerdings relativ geringem Niveau aus die Bekleidungsindustrie vor der Druckindustrie, der Papierherstellung und der Metallerzeugung und -verarbeitung verbuchen. Ein Rückgang der Ausgaben für Innovation ist dagegen in den Branchen Automobilbau (-24,7%), Transportausrüstungen (-16,7%), Büromaschinenbau (-11,8%) sowie Elektronik und Telekommunikation (-8,3%) zu beobachten.

Die sektoralen Veränderungen beim Forschungspersonal (vgl. Tabelle 4.3.3.5) ergeben ein etwas anderes Bild. Die meisten Forscher weist mit knapp unter 1000 F&E-Beschäftigten sowohl 1992 als auch 1996 die chemische Industrie auf, gefolgt von der Nahrungsmittelindustrie und der Metallerzeugung. Die höchsten Zuwächse beim Personal finden sich in den Branchen Elektronik und Telekommunikationsausrüstungen, der Lederverarbeitung, dem Bau von Transportausrüstungen, in der Nahrungsmittelindustrie und bei den Metallen. Unter den Branchen mit Rückgängen sind erneut einige der Branchen (Büromaschinen, med. Geräte, Optik, Feinmechanik) zu finden, die eigentlich hohe F&E-Intensitäten aufweisen.

Zwei allgemeine Trends lassen sich identifizieren. Zum einen nahm die Innovationsaktivität in rohstoffverarbeitenden Industrien relativ stark zu: So stieg der Bereich Nahrungsmittel und Getränke, eigentlich nicht sehr F&E-intensiv, vom vierten auf den zweiten Rang auf. Aber auch die Metallerzeugung, die Papier- und die Lederindustrie forcierten ihre Anstrengungen. Auf der anderen Seite fällt die relativ schlechte Performance einiger wissensintensiver Branchen wie dem Automobilbau, der Elektronik, der Büromaschinenindustrie oder der Feinmechanik auf. Zwei Ausnahmen von dieser Tendenz stellen allerdings die chemische Industrie und der Maschinenbau dar.

Diese Entwicklungen in der argentinischen Industrie zeigen, dass – zumindest vorübergehend und bei einem geringen Ausgangsniveau – mit einer liberalisierungsinduzierten Spezialisierung auf ressourcennahe Branchen zugleich eine Zunahme der Innovationsanstrengungen einher gehen kann, die von eben diesen ressourcenahen Bereichen getragen wird. Die Öffnung eines ressourcenreichen SL muss somit nicht zwangsläufig von dem Verlust seiner Forschungskompetenz begleitet werden. Die Gewinner und Verlierer bei den F&E-Anstrengungen

---

[1] Inklusive der pharmazeutischen Industrie.
[2] Vgl. Indec (1998), S.79.

unterscheiden sich teilweise von den Gewinnern und Verlierern bei der Produktion.[1] Während z.B. der Automobilbau und die Elektronik ihre Produktion deutlich ausweiteten, gingen ihre Forschungsausgaben zurück. Ihre Expansion ist vermutlich auf den Einsatz ausländischer Technologie zurückzuführen.

In Tabelle 4.3.3.6 (nächste Seite) werden einander die sektoralen Ausgaben für Innovation und für den Fremdbezug von Technologie im Jahr 1996 gegenüber gestellt.

Im Jahr 1996 hatten die pharmazeutische Industrie (als einzige Branche mit Investitionen über 10 Mio. $), die Automobilindustrie und die Süßwarenindustrie die absolut höchsten Ausgaben für F&E. Es folgten die Unterhaltungselektronik und die Ölmühlen-Industrie.[2] Betrachtet man alle Ausgaben für Innovation im Jahr 1996, so liegt erneut die pharmazeutische Industrie an der Spitze. Es folgen der Automobilbau, die chemische Industrie und die Süßwarenproduktion. In allen Branchen ist die Innovationsintensität sehr gering, nur im Bereich der Unterhaltungselektronik, bei den Gerbereien und in der Agrochemie erreicht sie Werte über 1%. In den IL liegen die diesbezüglichen Werte erheblich darüber.

Der Fremdbezug von in Investitionsgüter inkorporierter sowie nicht-inkorporierter Technologie dominiert gegenüber den unternehmensinternen Ausgaben für F&E und Innovation bis auf wenige unbedeutende Ausnahmen (Leder, Agrochemie) in allen Branchen. In Investitionsgüter inkorporierte Technologie setzten im Jahr 1996 insbesondere die Automobilindustrie (290,3 Mio. $), die Herstellung alkoholischer Getränke (87,6 Mio. $) die Industrie der Mühlen und Ölmühlen (81,4 Mio. $) und die Milchverarbeitung (67,7 Mio. $) ein. Die meisten Investitionen in nicht-inkorporierte Technologie tätigten erwartungsgemäß die pharmazeutische Industrie (40,2 Mio. $) gefolgt von der Süßwaren- und der Textilindustrie.[3]

Einige Besonderheiten sollen kurz herausgestellt werden.[4] So hat die argentinische Automobilindustrie eine im internationalen Vergleich sehr geringe Innovationsintensität. Da die Branche aber relativ hohe Investitionen in inkorporierter Technologie aufweist, liegt sie insgesamt auf dem ersten Platz bei den gesamten Ausgaben für Technologie.

---

[1] Vgl. Abschnitt 4.3.2.
[2] Zu beachten ist, dass sich die Aggregationsniveaus der Tabellen 4.3.3.5 und Tabelle 4.3.3.6 unterscheiden, was zu einigen Abweichung in den Reihenfolgen führt.
[3] Während die pharmazeutische Industrie vor allem Lizenzen zur Produktion von Medikamenten erworben haben dürfte, werden die Süßwaren- und die Textilindustrie in Markenrechte investiert haben. Zu den sektoralen Angaben über Investitionen in inkorporierte und nicht-inkorporierte Technologie vergleiche Indec (1998), S.63.
[4] Dass einige der hier gemachten Angaben durch einzelne einmalige große Investitionsprojekte (z.B. *greenfield-Investment*) im Jahr 1996 verzerrt sind, kann nicht ausgeschlossen werden.

Tabelle 4.3.3.6: Die sektorale Struktur des Technologieerwerbs im Jahr 1996

Branche	Ausgaben für F&E[1]	andere Ausgaben für Innovation[1]	ges. Ausgaben für Innovation[1]	Intensität (Innovation, in %)[2]	ges. Ausgaben für Technologie[1]	Intensität (Technologie, in %)[2]	Anzahl der innovativen Firmen (alle Firmen)
Automobil	7.774	8.014	15.788	0,32	389.985	7,96	53 (76)
Pharma	10.708	10.105	20.813	0,71	113.449	3,87	53 (54)
Alkohol. Getränke	2.304	1.682	3.986	0,21	104.605	5,46	36 (44)
Mühlen, pflanzl. Öle	3.951	1.239	5.190	0,11	102.653	2,09	40 (52)
Chemie u. Kunststoffe	1.854	9.036	10.890	0,45	95.111	3,94	46 (52)
Textilien u. Bekleidung	3.783	3.658	7.441	0,34	90.581	4,14	112 (189)
Milcherzeugnisse	512	486	998	0,05	84.524	4,32	15 (20)
Fleisch	537	2.334	2.871	0,15	77.330	3,98	32 (50)
Süßwaren	6.517	1.548	8.065	0,69	66.473	5,68	30 (39)
Stahl u. Aluminium	1.832	4.171	6.003	0,16	60.195	1,64	41 (58)
Mineralölverarbeitung	1.319	1.478	2.797	0,10	59.858	2,07	12 (15)
Maschinen u. Ausrüstungen	2.044	4.552	6.596	0,44	56.255	3,74	90 (112)
Keramik und Glas	2.770	1.907	4.677	0,54	54.062	6,29	49 (65)
Elektrische Maschinen	2.861	2.633	5.494	0,49	48.536	4,29	49 (66)
Obst, Früchte und Gemüse	2.193	2.153	4.346	0,37	46.998	4,04	27 (41)
Druck	2.589	3.127	5.716	0,45	42.802	3,36	45 (71)
Papier, Pappe, Zellulose	500	2.369	2.869	0,24	42.124	3,58	26 (39)
Metallmechan. Industrie	737	1.567	2.304	0,26	40.882	4,56	62 (84)
Baustoffe	946	2.453	3.399	0,49	39.960	5,71	10 (13)
Limonaden	1.371	2.821	4.192	0,62	38.158	5,60	16 (18)
Plastikgefäße	893	1.566	2.459	0,41	34.398	5,69	44 (61)
Backwaren	2.352	552	2.904	0,26	33.272	3,01	23 (34)
Unterhaltungselektronik	4.670	3.033	7.703	1,00	31.314	4,06	22 (23)
Kosmetik, Reinigungsmittel	1.853	1.794	3.647	0,19	26.923	1,44	22 (23)
Gummierzeugnisse	703	1.060	1.763	0,22	23.359	2,97	21 (28)
Kunstfasern	454	305	759	0,25	20.728	6,70	7 (11)
Haushaltselektronik	1.745	867	2.612	0,41	19.127	2,97	25 (35)
Holzbearbeitung	150	514	664	0,3	16.157	7,39	20 (47)
sonstige	564	882	1.446	0,35	16.082	3,87	44 (63)
Tabakwaren	735	175	910	0,14	15.189	2,48	2 (2)
Gerbereien	3.275	2.553	5.828	1,05	15.525	2,79	15 (21)
Farben	337	1.017	1.354	0,51	11.580	4,40	8 (9)
Dünger und Pflanzenschutz	87	6.613	6.700	1,33	11.425	2,27	4 (5)
Mineralwasser	60	161	221	0,11	7.435	3,81	16 (27)
Verarb. Fleischwaren	265	369	634	0,10	7.212	1,14	18 (23)
Möbel	248	365	613	0,37	4.874	2,91	26 (38)
Fisch	225	367	592	0,22	4.131	1,51	7 (13)
Lederverarbeitung	1.233	586	1.819	0,53	3.412	0,99	8 (12)
Zucker	152	570	722	0,57	1.688	1,33	4 (6)

[1] Angaben in 1000 $.
[2] Intensität = Branchenausgaben/Branchenumsatz in %

Quelle: Indec (1998), S.63f.

Im internationalen Vergleich ebenfalls relativ gering ist die Innovationsintensität der Pharmaindustrie. Dies liegt an der besonderen, auf Imitation und Lizenzproduktion ausgerichteten Struktur der argentinischen Pharmaindustrie. Hierauf deutet auch der hohe Wert für Investitionen in nicht-inkorporierte Technologie (z.B. Lizenzen) in Höhe von 40,2 Mio. $ hin.

Ungewöhnlich hoch sind im internationalen Vergleich die absoluten Innovationsausgaben und die Innovationsintensität der Süßwarenindustrie. Auch andere Bereiche der Nahrungsmittelindustrie (Mühlen und Ölmühlen, Milchprodukte, Fleischverarbeitung, alkoholische Getränke, Limonaden) weisen eine relativ hohe technologische Dynamik auf.

Im Verhältnis zum Umsatz weisen die Holzbearbeitung (5,61%) und die Keramik/Glasherstellung (4,53%) hohe Investitionen in Investitionsgüter auf. Die Keramik/Glasherstellung überrascht zudem durch relativ hohe Innovationsausgaben.

b) Der Einfluss der Unternehmensgröße auf die Investitionen in Technologie

Bei den im *Encuesta* befragten Unternehmen nahm mit der Unternehmensgröße der Anteil der Unternehmen mit formaler F&E zu: Von den 104 „großen" Unternehmen besaßen mit 39 immerhin 23,5% formale F&E-Abteilungen. Demgegenüber wiesen mit 161 von 1.252 nur 13% der „kleinen" Unternehmen formale F&E-Abteilungen auf.[1] Die meisten der kleinen Unternehmen mussten somit bei ihrer technologischen Modernisierung ohne formale F&E auskommen, allerdings sind einige kleine Unternehmen durchaus in der Lage gewesen, F&E-Prozesse in ihren Unternehmen zu institutionalisieren.

Die kleinsten Unternehmen (<10 Beschäftigte) waren kaum in Innovationsprozesse involviert, ihr ohnehin geringer Anteil nahm nach 1992 weiter ab (Tabelle 4.3.3.7). Die Innovationsausgaben der Unternehmen zwischen 11 und 150 Beschäftigten sind ebenfalls relativ unbedeutend, ihr Anteil an den Gesamtausgaben betrug 14,5% in 1992 bzw. 15,1% in 1996. Ihre absoluten Innovationsausgaben stiegen zwischen 1992 und 1996 allerdings deutlich an. Dagegen waren die Unternehmen mit mehr als 150 Beschäftigten sowohl 1992 als auch 1996 für über 80% der gesamten Ausgaben für Innovationen verantwortlich. Speziell die Unternehmen mit mehr als 400 Beschäftigten führten sowohl 1992 als auch 1996 nahezu die Hälfte der Ausgaben für Innovationsaktivitäten durch. Ihre Ausgaben stiegen um 50,9%, ihr Anteil an den Gesamtausgaben wuchs somit leicht.

---

[1] Vgl. Indec (1998), S.56.

Tabelle 4.3.3.7: Innovationsausgaben nach Beschäftigtenzahl der Unternehmen 1992 und 1996[1]

Beschäftigte	1992	1996	Veränderung
bis 10	448	345	- 22,99
11 bis 25	686	1.120	+ 63,27
26 bis 50	1.402	2.520	+ 79,74
51 bis 150	13.663	20.384	+ 48,93
151 bis 400	39.674	52.025	+ 31,13
über 400	52.744	79.606	+ 50,93
gesamt	108.616	159.568	+ 46,91

[1] Angaben in 1000 $.
Quelle: Indec (1998), S.84.

Nach der Weltmarktintegration ging somit der ohnehin kleine Anteil der kleinsen Unternehmen weiter zurück, während die Innovationsaktivitäten der mittleren und insbesondere der größten Unternehmen (> 400 Beschäftigte) anstiegen. Dies könnte z.B. im besseren Zugang der mittleren und großen Unterehmen zu Kapital oder in ihrer größeren Managementkompetenz begründet liegen.

Allerdings sind die absoluten Innovationsausgaben nur die eine Seite der beobachtbaren Entwicklung. Denn die Innovationsintensität[1] der kleinen Unternehmen liegt mit 0,74% über der der mittleren (0,53%) und deutlich über der Innovationsintensität der großen Unternehmen (0,15).[2] Ob dies möglicherweise an Branchenspezifika, an dem fehlenden Zugang zum Kapitalmarkt zum Einkauf von Investitionsgütern oder anderen Gründen liegt, bleibt offen.

Bei dem Erwerb von in Investitionsgüter inkorporierter Technologie ergibt sich dagegen ein umgekehrtes Bild. Hier liegt die Ausgabenintensität der großen Unternehmen mit 2,62 über jener der kleinen (2,24) und der mittleren (1,87) Unternehmen.[3] Auch bei den Ausgaben für Weiterbildungsmaßnahmen dominieren die großen Unternehmen. Bei der nicht-inkorporierten Technologie wiesen dagegen die mittleren Unternehmen die höchste Intensität auf. Es gibt also größenspezifische Unterschiede bei der Wahl der Form des Technologieerwerbes. Der Fremdbezug gewinnt mit zunehmender Unternehmensgröße gegenüber der Eigenerstellung an Bedeutung.

---

[1] Die Innovationsintensität ist das Verhältnis der Innovationsausgaben zum Umsatz.
[2] In dieser Betrachtung wurden „große" Unternehmen erneut als solche mit Umsätzen über 100 Mio. $, und „kleine" als solche mit Umsätzen unter 25 Mio. $ klassifiziert.
[3] Dabei ist der Anteil der großen Unternehmen beim Erwerb inkorporierter Technologie aus dem Inland besonders groß.

Die Unterschiede in der Intensität der „technologischen" Anstrengungen gleichen sich bei Betrachtung aller Ausgaben für technische Verbesserungen zwischen den Unternehmensgrößen wieder etwas an (kleine: 3,86%, mittlere: 3,57%, große: 3,32%). Man kann also nicht feststellen, dass die eine Gruppe technologie-orientierter ist als die anderen.

c) Unterschiede in den Strategien der in- und ausländischen Unternehmen

Die Niederlassungen ausländischer MNU machen auch in den 90er Jahren einen wichtigen Bestandteil der argentinischen Unternehmenspopulation aus. Ihre Präsenz hat durch den Zustrom von FDI in der ersten Hälfte der 90er Jahre deutlich zugenommen (Tabelle 4.3.3.8).

Tabelle 4.3.3.8: Ausländische Direktinvestitinen: Zustrom und Kapitalstock[1]

Jahr	jährlicher Zufluss	Bestand
1990	1.836	7.442
1995	4.783	25.698
1997	6.327	36.070

[1] Angaben in Mio. $.
Quelle: World Investment Report (1998).

Fünf Ursachen werden für den deutlichen Anstieg der Direktinvestitionen angeführt: die Liberalisierung der Investitionsbedingungen, die Beteiligung der MNU am umfassenden Privatisierungsprogramm nach 1989, das wiedergewonnenen Vertrauen durch den Erfolg des Konvertibilitätsplans, die rasch wachsende Binnennachfrage und die Gründung des Mercosur, der den Absatzmarkt für den Produktionsstandort Argentinien vergrößerte. Insbesondere spanische, US-amerikanische und französische Unternehmen investierten nach 1989 in Argentinien, aber auch deutsche MNU expandierten wieder. Obschon die meisten Direktinvestitionen in den Dienstleistungssektor und die Versorgungswirtschaft flossen, nahm auch das FDI in der argentinischen Industrie wieder zu.[1]

Das *Sample A* der *Encuesta* umfasst insgesamt 316 Unternehmen mit Beteiligung von ausländischem Kapital. Ihr Umsatz liegt mit 26,1 Mrd. $ über dem der Firmen in inländischem Besitz mit 24,7 Mrd. $. Anhand der Tabelle 4.3.3.9 werden einige Unterschiede in den technologischen Strategien sichtbar.

---

[1] Für Details zur FDI-Boom in Argentinien in der ersten Hälfte der 90er Jahre vgl. Chudnovsky/Lopez/Porta (1995).

Tabelle 4.3.3.9: Der Technologieerwerb der- und ausländischen Unternehmen 1996

Aktivität	Unternehmen in inländischem Besitz		Unternehmen in ausländischem Besitz	
	Volumen (1000 $)	Anteil am Umsatz (%)	Volumen (1000 $)	Anteil am Umsatz (%)
Umsatz	24.720.439		26.090.704	
F&E	43.371	0,18	36.128	0,14
Innovation insgesamt	97.896	0,40	80.808	0,31
nicht-inkorporierte Technologie	132.331	0,54	197.878	0,76
inkorporierte Technologie	641.377	2,59	555.500	2,13
Weiterbildung	12.915	0,05	36.908	0,14
Kooperation	6.168	0,02	4.647	0,02
insgesamt	**890.688**	**3,60**	**875.740**	**3,36**

Quelle: Indec (1998), S.67.

Die gesamten Ausgaben der ausländischen Firmen für Technologie liegen mit 876 Mio. $ unter den Ausgaben der Unternehmen in inländischem Besitz. Ihr Anteil an den F&E-Ausgaben ist mit 45,4% unterproportional, ihr Anteil an den Innovationsausgaben von 45,2% ebenfalls. Sie verfügen vermutlich über unternehmensinterne Standorte, die im Vergleich zu ihren argentinischen Niederlassungen komparative Vorteile in der Forschung aufweisen. Auch ihre Investitionen in inkorporierte Technologien sind geringer als die der inländischen Unternehmen.

Die Tabelle zeigt aber auch, dass es zwei Abweichungen von diesem Trend gibt: die Investitionen der ausländischen Unternehmen in nicht-inkorporierte Technologie übertreffen jene der inländischen Unternehmen ebenso wie die Ausgaben für Weiterbildung. Der Einsatz im Ausland entwickelter Technologien und die Vermittlung im Ausland vorhandener Kenntnisse an das inländische Personal stellt somit für die MNU ein wichtiges Element zur Produktivitätssteigerung im Inland dar.

4.3.3.8 Kooperationen, Zulieferbeziehungen und *Cluster*

Für den Zeitraum 1992 bis 1996 wurde von den befragen Unternehmen eine Gesamtzahl von 219 F&E-Kooperationen angegeben.[1] Hiervon hatten Kooperationen mit OCT (59) und Universitäten (37) den größten Anteil. Die Zahl der

---
[1] Vgl. Indec (1998), S.57.

Kooperationen mit anderen Unternehmen aus der gleichen Unternehmensgruppe betrug 33, mit Zulieferern 30 und mit Kunden 17. Mit direkten Wettbewerbern wurden nur 4 Kooperationen vereinbart.

Die Bereitschaft zur Kooperation mit anderen Unternehmen des Privatsektors (außerhalb des eigenen Konglomerates) ist somit ausgesprochen niedrig. Aus Sicht des NIS-Ansatzes erscheint der Abbau von Kooperationshindernissen und eine Stimulierung der Kooperationsbereitschaft somit dringend geboten. Aber auch wenn die Forschungskooperationen offensichtlich nur eine geringe Bedeutung in den technologischen Strategien haben, so ergeben die Daten der *Encuesta* an anderer Stelle, dass sich die Zuliefererbeziehungen der befragten Unternehmen zwischen 1992 und 1996 diversifiziert haben: die Zahl der inländischen Zulieferer stieg von 339.354 auf 443.290, die Zahl der ausländischen Zulieferer von 14.178 auf 19.954.[1]

Der relativ hohe Anteil der öffentlichen Institute an den F&E-Kooperationen könnte auf eine recht gute Vernetzung zwischen dem privaten und dem öffentlichen Sektor hinzudeuten. Allerdings ist die Anzahl der kooperierenden Unternehmen mit 97 im Verhältnis zur Gesamtzahl von 1.639 Unternehmen mit nur 6% äußerst gering.

Insgesamt gaben die befragten Unternehmen 1.023 verschiedene Kontakte zu öffentlichen Forschungs- und Technologieinstituten (OCT) bekannt. Die 56 Abkommen über F&E machen somit nur 5% der genannten Verbindungen aus. Die meisten der Kontakte beziehen sich eher auf Routinetätigkeiten wie Proben, Analysen und technische Informationen. Seminare und Weiterbildung liegen im Mittelfeld der Kontaktformen.

Tabelle 4.3.3.10: Unternehmenskontakte zu Forschungsinstituten

Form des Kontaktes	Anzahl	Anteil (%)
Proben, Analysen	289	28,25
Techn. Informationen, Publikationen	176	17,20
Seminare	168	16,42
Weiterbildung	158	15,44
Technische Beratung	133	13,00
Abkommen über F&E	56	5,47
andere	43	4,20
insgesamt	**1.023**	**100**

Quelle: Indec (1998), S.52.

---

[1] Vgl. Indec (1998), S.69.

Die Qualität der Kooperationen wurden (auf einer dreistufigen Skala mit den Kategorien „wenig befriedigend", „befriedigend", „sehr befriedigend") in allen 4 Kategorien zu über 80% mit befriedigend bewertet. Die materiellen Eigenbeiträge der Unternehmen zu den Kooperationen waren sehr gering. Auch dies deutet auf eine relativ geringe Wertschätzung der Kooperation mit öffentlichen Instituten hin.

Bei den Kooperationen zwischen privaten Unternehmen und öffentlichen Instituten dominieren die mittelgroßen Unternehmen mit 26 bis 400 Beschäftigten mit über 75% der gesamten Kooperationssumme (Tabelle 4.3.3.11). Die kleineren Unternehmen sind vermutlich zu klein für eigene formale F&E-Projekte, die großen Unternehmen haben andere, erfolgversprechendere Quellen.

Tabelle 4.3.3.11: Kooperationen mit OCT von 1992 bis 1996 nach Unternehmensgröße

Größe nach Beschäftigtenzahl	finanzielles Volumen der Kooperationsabkommen (in Mio. $)
< 10	0
10 – 25	6,0
26 – 50	12,0
51 – 150	10,6
151 – 400	12,7
> 400	4,0
gesamt	**45,3**

Quelle: Setcip (2001), S.4/8.

Im Rahmen der Innovationssystem-Forschung wurden lokal begrenzte und sektoral spezialisierte *Cluster* als wettbewerbsfähige Standorte mit besonderen Eigenschaften identifiziert. Die an *Clustern* beteiligten Unternehmen sind eher klein und durch Vernetzung und eine hohe Mitarbeiterfluktuation charakterisiert. Moori-Koenig und Yoguel sowie Casaburi untersuchten in mehreren Studien, ob einige gewerbliche Standorte in den 90er Jahren die Dynamik von *Clustern* aufweisen.[1] Zum Gegenstand der Untersuchung von Moori-Koenig und Yoguel wurden die industriellen Ballungsräume Rafaela, Mar del Plata und Tres de Febrero herangezogen, die von allen argentinischen Industriezentren vom Augenschein am ehesten eine *cluster*artige Struktur aufwiesen. Casaburi betrachtete ebenfalls den Standort Rafaela. Ihre Untersuchungen fanden nur

---

[1] Vgl. Moori-Koenig/Yoguel (1998) und Casaburi (1999).

eine geringe Innovativität der Unternehmen. Die Ballungsräume stellten darüber hinaus keine *Cluster* im engeren Sinne dar, da die Verflechtungen zwischen den Unternehmen und zwischen Unternehmen und lokalen Forschungsinstituten nur schwach ausgeprägt waren. In Argentinien scheint somit zumindest bis 1997 kein evolutorischer Prozess im Sinne einer *Cluster*entstehung stattgefunden zu haben. Auch die geringe Relevanz, die bei der Beantwortung der *Encuesta* der Kooperation mit anderen Unternehmen und öffentlichen Einrichtungen eingeräumt wurde, scheint dies zu bestätigen.

4.3.3.9 Zusammenfassung und Diskussion der Prozesse im produktiven Teil des NIS

a) Zusammenfassung

Der Strukturwandel in der argentinischen Industrie lässt sich wie folgt zusammenfassen:

1. Nach der Weltmarktintegration setzte sich ein länger andauernder Prozess des Strukturwandels fort, bei dem der Anteil der Industrie schrumpfte und der Anteil der Dienstleistungen anstieg. Die Öffnung der Wirtschaft und das Wechselkursregime dürften den Prozess verstärkt haben.

2. Innerhalb der Industrie kam es u.a. zu einem Zuwachs bei der Automobilindustrie, der Konsumelektronik und bei ressourcenintensiven Branchen. Der Anteil einiger wissensintensiver Branchen wie dem Maschinenbau oder der Optik/Feinmechanik an der Wertschöpfung ging zurück.

Die Ergebnisse der *Encuesta* decken sich hinsichtlich der allgemeinen Tendenz bei den Investitionen in Technologie mit den Befunden zur aggregierten Entwicklung, sie liefern aber einige zusätzliche Erkenntnisse:

3. Die befragten Industrieunternehmen haben ihre Umsätze zwischen 1992 und 1996 ausgeweitet. Zugleich sind ihre Aktivitäten internationaler geworden. Ihre Beschäftigtenzahl nahm ab, ihre Produktivität stieg an.

4. Die technologischen Anstrengungen der befragten Unternehmen haben insgesamt deutlich zugenommen. Dies gilt für alle drei Hauptgruppen des Technologieerwerbs und zudem ausnahmslos für alle betrachteten Unterkategorien.

5. Der Erwerb von Technologien aus unternehmensexternen Quellen hat stärker zugenommen als die Ausgaben für unternehmensinterne Anstrengungen.

6. Der Erwerb von Technologien aus dem Ausland weist die höchsten Zuwächse auf; der Technologieerwerb ist internationaler geworden.

7. Aus den Begründungen für den Technologieimport wird deutlich, dass erst durch den Erwerb ausländischer Erzeugnisse neues Wissen überhaupt zugänglich wird, da keine inländischen Substitute verfügbar sind.

8. Die Zahl der Unternehmen mit formaler F&E, die Ausgaben der Industrieunternehmen für F&E und Innovation und die Beschäftigung in F&E-Aktivitäten sind gestiegen.

9. Innerhalb der Ausgaben für F&E und Innovation nahmen Ausgaben für die angewandte Forschung einerseits und die Organisation und die Vermarktung andererseits am stärksten zu. Qualitätsverbesserungen und Produktentwicklungen waren die wichtigsten Innovationsziele.

10. Als wichtigstes Hindernis für die Innovation wurde der mangelnde Zugang zu Kredit benannt. Es folgte das Risiko und die hohen Kosten. Fehlende Netzwerke wurden nicht als ein bedeutendes Problem identifiziert.

11. Die Zahl der Patentanmeldungen blieb, wie auch andere Indikatoren für Innovationserfolge, sehr niedrig. Allerdings waren die innovativen Unternehmen relativ erfolgreich.

12. Die Sektoren mit den höchsten F&E-Ausgaben waren mit der pharmazeutischen und der chemischen Industrie typische F&E-intensive Branchen. Die Sektoren, in denen Argentinien einen komparativen Vorteil aufweist, verstärkten ihre F&E-Anstrengungen. Besonders auffällig ist der Anstieg bei der Nahrungsmittelindustrie.

13. Der Erwerb inkorporierter Technologie wurde von der Automobil- und der Nahrungsmittelindustrie, der Erwerb nicht-inkorporierter Technologie von der pharmazeutischen Industrie und der Nahrungsmittelindustrie dominiert.

14. Die KMU führten einerseits absolut weniger F&E als die NHU und die MNU durch, aber sie wiesen zugleich eine höhere Innovationsintensität auf.

15. Die technologischen Strategien der MNU wurden stärker von Investitionen in Investitionsgüter und in Weiterbildung dominiert als die der NHU und der KMU.

16. Die Einbindung der Unternehmen in Netzwerke und *Cluster* war sehr gering. Zwar hatten externe Quellen Bedeutung als Wissensquelle für die eigene Innovationsaktivität, und die Zahl der in- als auch der ausländischen Zulieferer hat zugenommen. Aber insbesondere die Anzahl der F&E- Kooperationen mit Unternehmen und OCT war sehr gering.

Diese 16 Punkte werden nun vor dem Hintergrund der Leitfragen interpretiert. Zunächst werden die Frage nach der Beziehung zwischen der Offenheit und Wachstum bzw. Innovationsaktivität wieder aufgegriffen, ehe dann nach der Fähigkeit zur Innovation und möglichen forschungs- und technologiepolitischen Empfehlungen gefragt wird.

b) Effekte der Weltmarktintegration auf Strukturwandel, Forschung und Wachstum

Der mit der Weltmarktintegration einher gehende sektorale Strukturwandel deckt sich weitgehend mit den Erwartungen aus den beiden EWM offener SL. Allerdings wirkten sich auf das neue Spezialisierungsmuster neben der relativen Faktorausstattung Argentiniens vermutlich auch der Konsumnachfrageboom sowie industriepolitische Einflüsse (Automobilbau) aus. Relativ wissensintensive Branchen verloren insgesamt an Bedeutung. Allerdings konnte ein negativer Wachstumsrateneffekt als Folge einer derartiger Spezialisierung, wie er vom Grossman/Helpman-Modell postuliert wird, zumindest zunächst vermieden werden.

Eine Ursache hierfür ist, dass der argentinische Markt für Technologie nach der Weltmarktintegration expandiert ist. Dies gilt sowohl für das aus- als auch für das inländische Technologieangebot. Neben den bereits in Abschnitt 4.2.2 betrachteten Investitionsgüterimporten sind auch die Investitionen in nicht-inkorporierte Technologien deutlich gestiegen. Dabei fand – konform zu den Hypothesen aus dem Romer-Modell – eine zunehmende Verlagerung der Beschaffung von Technologien in das Ausland statt. Dies gilt insbesondere für in Investitionsgüter inkorporierte neue Technologie und für nicht-inkorporierte Technologie in Form von Lizenzen, Unternehmensberatungsleistungen und Software.

Aber anders als von beiden EWM erwartet nahm auch das inländische Technologieangebot nach der Weltmarktintegration zu. Zum einen stieg die inländische Produktion von Investitionsgütern mit neuer Technologie weiter an, und auch die Innovationsanstrengungen der einheimischen Investitionsgüterindustrie wurden verstärkt. Darüber hinaus stiegen die F&E- und Innovationsausgaben auch über die Investitionsgüterindustrie hinaus, was dafür spricht, dass es einen positiven Zusammenhang zwischen dem verbesserten Zugang zu importierter Technologie und der eigenen F&E gegeben haben könnte. Auf dieses unerwartete Ergebnis wurde bereits in Abschnitt 4.2.3 hingewiesen. Daher soll nun kurz diskutiert werden, ob die *Encuesta* einige Hinweise geben kann, warum die Innovationsanstrengungen entgegen den Erwartungen der EWT angestiegen sind.

c) Welche Hinweise gibt die Encuesta zum Anstieg der Innovationsaktivitäten?

Bereits in Abschnitt 4.2.3 wurden acht mögliche Argumente für die Ausweitung der F&E-Anstrengungen vorgestellt, die hier nun wieder aufgegriffen und vor dem Hintergrund der neuen Informationen abgewogen werden sollen.

Da der Innovationsoutput der Industrieunternehmen nur in geringem Maße gestiegen ist, ist es vermutlich nicht zu forschungsproduktivitätssteigernden Wissensspillover-Effekten aus dem Ausland gekommen. Allerdings weisen die sektoralen Daten auch darauf hin, dass der Zuwachs argentinischer F&E zu einem erheblichen Teil in Branchen erfolgt ist (z.B. Nahrungsmittel), die keine hohe Patentierungsneigung aufweisen. Die Patente können somit ein ungeeigneter Indikator für den Innovationserfolg der argentinischen Industrie sein.

Ob ein Marktgrößeneffekt zur gestiegenen F&E-Aktivität beigetragen hat, kann anhand der Beobachtungen nicht ausgeschlossen werden. Die innovativen Unternehmen weisen höhere Exporte als die anderen Unternehmen auf. Dies kann umgekehrt auch bedeuten, dass der Export die Innovation erleichtert bzw. stimuliert. Allerdings können zum direkten Kausalzusammenhang „Innovation-Exporte" bzw. „Exporte-Innovation" anhand der vorliegenden Daten keine wieteren Aussagen gemacht werden.

Der absolute Rückgang der Beschäftigung in der industriellen Produktion hat sicherlich nicht zu einer hohen Abwanderungsneigung der Humankapitalbesitzer geführt. Die gleichzeitige Zunahme der Beschäftigung in der Forschung und die gestiegenen Lohnkosten in diesen Bereichen deuten zudem darauf hin, dass die finanziellen Anreize für Forscher auch nach der Weltmarktintegration groß genug waren, in der Forschung zu verbleiben.

Ein *crowding in* privater durch staatliche F&E ist in Anbetracht der geringen Kooperationsbeziehung zwischen privaten und öffentlichen Akteuren ebenfalls eher auszuschließen. Verbesserte staatliche Anreize zur Investition in F&E könnten allerdings zur Ausweitung und Formalisierung der F&E beigetragen haben. Hierauf wird in den Abschnitten 4.3.4 und 4.3.5 noch etwas ausführlicher eingegangen.

Die Kombination aus Wettbewerbsdruck einerseits und Wachstum und Stabilität andererseits dürfte die erhöhten Innovationsanstrengungen dagegen erheblich forciert haben. Denn einerseits wurden die Unternehmen durch die ausländische Konkurrenz zu Qualitätsverbesserungen, zur stärkeren Orientierung an der Nachfrage sowie zu einer Reorganisation ihrer ineffizienten Organisationsstrukturen gezwungen. Andererseits konnten sie aufgrund des Wirtschaftswachstums auf die hierzu erforderlichen Mittel zurückgreifen, und zugleich senkte die wiedergewonnene makroökonomische Stabilität die unternehmerischen Risiken und erlaubte die Fokussierung auf langfristige Unternehmensstrategien.

Ob die eigenen Innovationsanstrengungen komplementär zu den Technologieimporten verliefen und somit in hohem Maße absorptive Elemente aufwiesen, kann anhand der *Encuesta* nicht eindeutig bestätigt werden. Dafür spricht neben dem Gleichlauf der Investitionen, dass die Ausgaben für Organisations- und Marketingaktivitäten besonders deutlich stiegen. Dagegen spricht u.a., dass die Innovationsintensität bei den kleinen, die Investitionsgüterintensität bei den großen und multinationalen Unternehmen besonders groß war.

Zwei plausibel erscheinende Gründe sind somit die fehlende Sogwirkung der Produktionsaktivität auf die Humankapitaleigner einerseits und Änderungen in den öffentlichen Anreizen für F&E andererseits. Der wahrscheinlichste Grund ist aber eine Kombination aus einem positiven Wettbewerbs-, Wachstums- und Stabilisierungseffekt. Wenn diese spezielle, zu Beginn der 90er Jahre beobachtbare Konstellation tatsächlich der zentrale Grund für die Expansion der Innovationsaktivitäten war, so ist der Ausblick auf die zukünftige Entwicklung der argentinischen F&E-Aktivitäten eher düster. Denn während der Wettbewerbsdruck bestehen blieb und die Margen der Unternehmen gering hält, ist das Wachstum gegen Ende der 90er Jahre ein- und die makroökonomische Stabilität zusammengebrochen.

d) Zur Funktion des NIS und der Fähigkeit zur Innovation

Der Anstieg der Innovationsaktivität muss nicht zwingend von einem Anstieg der Innovationsfähigkeit begleitet worden sein. Daher soll als nächstes auf die dritte Leitfrage nach der Innovationsfähigkeit des argentinischen NIS nach der Weltmarktintegration eingegangen werden. Hierzu sollen das Spezialisierungsmuster, das Innovationsverhalten und -management der Unternehmen, und mögliche Kanäle für Wissensflüsse aus dem In- und Ausland betrachtet werden.

Der beobachtbare Spezialisierungstrend kann zumindest langfristig die weitere wissensbasierte Entwicklung Argentiniens erschweren, da der Anteil wissensintensiver Branchen an der einheimischen Wertschöpfung zurückgegangen ist.

Andererseits verstärkten aber die Industriebranchen, in denen Argentinien einen komparativen Vorteil aufweist, ihre Innovationsanstrengungen deutlich. Die Effekte einer Weltmarktintegration auf die Forschungskapazität von SL sind also nicht notwendigerweise negativ; eine wissensintensive Entwicklung in offenen SL kann möglicherweise auch über den Aufbau von Forschungskompetenz in ressourcennahen Bereichen eingeleitet werden. Zudem wurde in Kapitel 3 ausgeführt, dass eine wissensbasierte Entwicklung nicht in allen Branchen auf eigener F&E basiert: In vielen Branchen (*supplier-related industries* nach der Taxonomie von Pavitt) führt die Kooperation mit Zulieferern und der Einsatz fremdentwickelter neuer Technologien zu einer wissensbasierten Expansion. Verschiedene argentinische Industriesektoren (Automobilbau, Nahrungsmittelindustrie) scheinen diesen Weg wissensbasierter Produktivitätssteigerungen eingeschlagen zu haben.

Der argentinische Spezialisierungstrend muss also weder zwangsläufig zu einem Verlust des eigenen Forschungssektors noch zu einer Verringerung des wissensbasierten Entwicklungspotentials führen. In Anbetracht der partiellen Kontraktion der inländischen Investitionsgüterindustrie wäre allerdings eine stärkere Kooperation zwischen der einheimischen ressourcenintensiven Industrie und den ausländischen Technologielieferanten zur Intensivierung der bilateralen Wissensflüsse wünschenswert, um eine Entkoppelung zwischen den Bedürfnissen der inländischen Industrie und dem ausländischen Technologieangebot zu vermeiden.

Die gestiegenen Innovationsausgaben der Industrieunternehmen bedeuten zunächst einmal nur, dass in den Unternehmen das Bewusstsein über die Notwendigkeit der Innovation für die weitere Wettbewerbsfähigkeit unter den neuen Rahmenbedingungen gewachsen ist. Dieses Bewußtsein findet auch in der Tendenz zur Formalisierung der F&E-Aktivitäten ihren Ausdruck. Ob die gestiegenen Innovationsanstrengungen aber auch zu einer gestiegenen Innovationskompetenz der Unternehmen geführt haben, ist vor dem Hintergrund der Innovationsoutputdaten eher zweifelhaft. Allerdings ist der Untersuchungszeitraum von sechs Jahren für einen derartigen Lernprozess auch sehr kurz bemessen, da Innovationsvorhaben langfristig angelegt sind. Immerhin dürften in vielen Unternehmen erstmals Lernprozesse über die Forschung und Entwicklung (*learning to learn*) eingesetzt haben.

Die Daten zur F&E-Aktivität zeigen, dass die eigenen F&E-Anstrengungen anwendungsnäher und qualitätsorientierter geworden sind. Darüber hinaus weisen die gestiegenen Innovationsausgaben Investitionen in Organisations- und Marketingkompetenz auf. In Anbetracht des systemischen Charakters der Innovation könnten sich die simultane Erhöhung von F&E und anderen Innovationsausgaben positiv auf die Innovationsfähigkeit der Industrieunternehmen auswirken. Für eine abschließende Beurteilung müssten allerdings die tatsächlich neu entstandenen Strukturen genauer betrachtet werden.

Der Grad der Vernetzung zwischen den inländischen Unternehmen blieb in der ersten Hälfte der 90er Jahre gering. Kooperationen mit öffentlichen Einrichtungen und Universitäten waren nicht nur unbedeutend, sondern wurden von den Unternehmen auch als unerheblich für den eigenen Innovationsprozess erachtet. Dies deutet einerseits auf ein fehlendes Bewusstsein über die Bedeutung derartiger Kontakte für erfolgreiche Innovationsprozesse, andererseits aber auch auf ein ungenügendes Angebot der potentiellen Partner hin. Dass allerdings eine allgemeine Nachfrage der Unternehmen nach externen Wissensquellen bestand, zeigt nicht zuletzt die gestiegene Nachfrage nach Lizenzen und Technologietransfer sowie nach Unternehmensberatungsleistungen.

Die Vernetzung der inländischen Elemente des Innovationssystems verlor nach der Liberalisierung weiter an Bedeutung, da der Technologiebezug aus dem Ausland überproportional anstieg. Anhand der *Encuesta* können keine Aussagen über die Einbindung der Unternehmen in globale Produktionsnetzwerke gemacht werden, die den Verlust inländischer Vernetzung kompensieren könnten. Allerdings ist der Anteil multinationaler Unternehmen an der industriellen Wertschöpfung deutlich gestiegen.

Insgesamt ist der argentinische Markt für Technologie nach der Weltmarktintegration sowohl umfangreicher als auch vielfältiger geworden. Dies lag insbesondere am gestiegenen Angebot privater in- und ausländischer Akteure. Ob die Umsetzung des vermehrten Angebotes an Wissen und Technologie in eigene wettbewerbsfähige Produkte gelingen wird, war zum Zeitpunkt der *Encuesta* noch offen.

Ein Teil der KMU hatte große Schwierigkeiten, sich an die neuen Rahmenbedingungen anzupassen. Der Umfang ihrer Modernisierungsbemühungen und insbesondere ihrer Innovationsaktivitäten blieb gering oder sank weiter. Zwar sind die Ergebnisse der *Encuesta* hierzu insgesamt nicht eindeutig (gesunkener Umfang, aber hohe Intensitäten), aber da die Befragung erst im Jahr 1997 durchgeführt wurde, sind die Unternehmen, die bereits zwischen 1990 und 1997 aus dem Markt ausschieden, von ihr nicht erfasst worden. Frühere, etwas weniger repräsentative Untersuchungen zeigen, dass bei vielen KMU eine fehlende Vision und der ungenügende Zugang zu Kapital eine erfolgreiche Anpassung erschwerten, und dass viele Betriebe zum Kapazitätsabbau bis hin zum *exit* gezwungen wurden.[1] Während ca. 400 Unternehmen (mit 40% der Industrieproduktion) auf das neue Umfeld mit steigenden Investitionen, der Einführung neuer Technologien, organisatorischen Neuerungen und neuen Strategien reagierten, hat der Großteil der Industrieunternehmen eine defensive Strategie verfolgen müssen, nur punktuell investiert und seine Produktionskapazität reduziert.[2]

Darüber hinaus hatten auch die MNU in dem neuen Umfeld wenig Anreiz, die lokalen F&E-Aktivitäten in ihren argentinischen Niederlassungen zu intensivieren. Ihre Forschungskompetenz war an anderen Standorten höher, so dass sie eher im Ausland entwickeltes Wissen, Technologien und Produkte importierten, als diese selbst in Argentinien zu erstellen. Andere Untersuchungen zum Verhalten der industriellen MNU kamen zu dem Schluss, dass nach der Liberalisierung die Devertikalisierung ihrer Produktionsprozesse ein wichtiger Teil ihrer Strategie für ihre argentinischen Standorte war.[3]

e) Empfehlungen aus der Encuesta für die Wirtschaftspolitik

Die Weltmarktintegration scheint die Innovationsbereitschaft und -aktivität in der argentinischen Industrie nicht behindert, sondern eher stimuliert zu haben. Allerdings ist das Niveau der Innovationsaktivitäten und ihre Effektivität auch nach der Integration sehr gering geblieben. Aus der *Encuesta* lassen sich einige Empfehlungen für eine wissensorientierte Wirtschaftspolitik ableiten, wie die gestiegene Innovationsbereitschaft unterstützt und ausgebaut werden kann. Sie stehen weitgehend im Einklang mit den Überlegungen aus der theoretischen Diskussion.

Das wichtigste Element einer wissensorientierten Entwicklungspolitik dürfte es sein, die Offenheit der argentinischen Wirtschaft gegenüber dem Weltmarkt

---

[1] Vgl. Bisang et al. (1996).
[2] Vgl. Barbeito (1996).
[3] Vgl. Bisang et al. (1996).

beibehalten. Denn eine Verschlechterung des Zugangs zu ausländischen Investitionsgütern würde zugleich auch den Zugang zu neuen Technologien und damit zu neuem Wissen behindern. Das zu beobachtende Verhalten der Unternehmen und die genannten Gründe für den Technologieimport machen deutlich, dass die argentinische Industrie nicht in der Lage ist, in ausreichendem Umfang Substitute für den ausländischen Technologie- und Wissensstock zu entwickeln.

Um die Innovationsaktivität der argentinischen Unternehmen zu stärken, muss vor allem der Zugang der Unternehmen zu Kredit verbessert werden. Denn nach den Angaben der befragten Unternehmen stellen der fehlende Zugang zu Krediten und die zu langen Amortisationszeiten von Innovationsprojekten zwei der drei größten Innovationshemmnisse dar. Die Kreditversorgung innovativer Unternehmen sollte über die Förderung eines privaten Marktes für Risikokapital und bis zu seiner Etablierung durch vorübergehende staatliche Innovationsförderprogramme verbessert werden.

Die Einführung horizontaler finanzpolitischer Instrumente zur Senkung der Innovationskosten – ein weiteres häufig genanntes Innovationshindernis – sind ein weiteres mögliches Instrument zur Förderung der Innovationsbereitschaft.[1] Sie könnten aus direkten Subventionen für die F&E oder aus F&E-bezogenen Abschreibungsmöglichkeiten bestehen.

Ein unzureichender Zugang zu Wissen wurde von den befragten Unternehmen nicht als ein entscheidendes Innovationshindernis angesehen. Der verbesserte Zugang zu ausländischen Technologien scheint die Nachfrage nach Technologie und Wissen in befriedigendem Maße gedeckt zu haben. Allerdings ist der Umfang von F&E-Kooperationen auch nur sehr gering gewesen, so dass vermutlich nur wenig positive Erfahrungen mit einer effektiven Wissensdiffusion gemacht werden konnten. Spezielle Anreizprogramme könnten daran ansetzen, die Bereitschaft zur Kooperation mit anderen Unternehmen und den inländischen Forschungs- und Bildungseinrichtungen zu erhöhen. Um die Kooperationsneigung aber wirklich positiv zu verändern, muss sich vor allem die Qualität des Angebotes der OCT und der Universitäten verbessern und stärker an der Nachfrage orientieren.

Eine Einbindung der MNU in lokale Forschungsnetzwerke wäre wünschenswert, um internationale Wissensspillover stärker zu fördern. Allerdings werden die MNU nur dann zu mehr Forschung in Argentinien bereit sein, wenn sich die technologische Kompetenz erhöht und die institutionellen Rahmenbedingungen (z.B. der Schutz von Patenten für Medikamente oder Software) verbessern.

---

[1] Horizontale Instrumente der Innovationsförderung setzen am Prozess der F&E bzw. der Innovation insgesamt und nicht an spezifischen Akteuren, Branchen oder Projekten an.

Aufgrund der relativ schlechten Performance der KMU könnten spezielle Programme entwickelt werden, die ihnen einen besseren Zugang zu Kredit und technologischem sowie Management-Know How ermöglichen.

Im Bereich der Bildungspolitik sollte das Angebot von spezialisiertem Humankapital für die Forschung auf ressourcennahe Bereiche fokussiert werden, da dort die Expansion der F&E am stärksten und die Nachfrage somit vermutlich am größten ist.

Da nur bereits etablierte Unternehmen befragt wurden, lassen sich aus der *Encuesta* keine Schlussfolgerungen über die Zugangsbedingungen zu innovativen Märkten ziehen.

In den nächsten beiden Abschnitten soll betrachtet werden, inwiefern sich nach der Weltmarktintegration die Rahmenbedingungen der Unternehmen im heimischen NIS verbessert haben, und inwiefern die FT-Politik mit Reformen und neuen Instrumenten versuchte, die Innovationsbereitschaft zu erhöhen und die Innovationsfähigkeit zu verbessern.

4.3.4 Institutionelle Rahmenbedingungen und komplementäre Elemente

In den letzten beiden Abschnitten wurde die Reaktion der produktiven Seite des Innovationssystems auf die außenwirtschaftliche Öffnung skizziert. Einerseits kam es zu einer Tendenz zur Spezialisierung auf Dienstleistungen und ressourcennahe Industrien und somit weg von wissensintensiven Branchen. Andererseits nahmen die technologischen Modernisierungsanstrengungen zu, wobei als Wissensquelle der Import neuer Technologien dominierte, aber auch die eigenen Anstrengungen deutlich anstiegen. In den folgenden beiden Abschnitten soll die Entwicklung der anderen Elemente des argentinischen NIS nachgezeichnet werden. In diesem Abschnitt werden die formellen Institutionen und die komplementären Elemente betrachtet, im nächsten (4.3.5) dann der öffentliche Sektor und die Forschungspolitik.

a) der Schutz geistigen Eigentums

Bereits gegen Ende der 80er Jahre hatte es wegen einiger Besonderheiten des argentinischen Patentrechts massiven Druck der USA auf die argentinische Regierung sowie Auseinandersetzungen innerhalb der argentinischen Gesellschaft gegeben.[1] Nach der erfolgreichen Beendigung der Uruguay-Runde einschließlich des TRIPS-Abkommens resultierten die Diskussionen um eine Reform des Patentrechts in dem Gesetz No. 24.481, das im Mai 1995 nach langem Widerstand vom Parlament verabschiedet wurde.[2] Allerdings verordnete die Regierung von Präsident Menem umgehend per Dekret eine Änderung der

---

[1] Vgl. FIEL (1991) und WTO (1999).
[2] Zu diesen und den folgenden Angaben über die argentinische Patentrechtsreform vgl. Correa (2000).

Patentrechtsreform inklusive einer Anerkennung des sog. *pipeline*-Prinzips.[1] Das Parlament verabschiedete daraufhin ein neues Gesetz (No. 24.572), in dem einige (Verkürzung der Übergangszeit von 8 auf 5 Jahre), aber nicht alle im Dekret festgelegten Änderungen neu geregelt wurden. Das Hin und Her im Gesetzgebungsverfahren führte zu Unklarheiten über die neue Rechtslage.

Das neue Patentrecht sieht einer Verlängerung der Patentlaufzeit von 15 auf 20 Jahren vor, hebt die Ausnahmeregelungen für den Pharmabereich auf und gewährt auch dann Patentschutz, wenn im Inland keine Produktion des patentiertes Produktes erfolgt. Es gibt Regeln für eine verpflichtende Lizensierung von Produkten. Auch die Einführung eines *Copyright* für Computerprogramme, bis dahin eine weitere Lücke im argentinischen System zum Schutz geistiger Eigentumsrechte, war Bestandteil der Reform. Weitere Reformelemente (Ausnahmen für exklusive Rechte, Parallelimporte) wurden in enger Anlehnung an die Regeln des TRIPS umgesetzt. Gemäß den Regeln des TRIPS-Abkommens wurde eine Übergangszeit von 5 Jahren (bis zum Jahr 2000) bis zur Gültigkeit festgelegt.

Die Umsetzung des TRIPS-Abkommen in Argentinien orientierte sich damit weitgehend an den dort festgelegten Mindeststandards. Das Abkommen bietet Argentinien somit einen gewissen Schutz vor weiterem Druck der IL, insbesondere der USA, den Schutz der Eigentumsrechte zu verschärfen.

Die neuen gesetzlichen Bestimmungen bieten für Pharmaunternehmen und Software-Entwickler bessere Anreize zur Innovation. Andererseits ist gerade in der pharmazeutischen Industrie eine Umstellung der bisher auf Imitation und Generika ausgerichteten Geschäftsmodelle erforderlich. Die vereinbarte Übergangszeit setzt den Unternehmen eine Frist zur Restrukturierung. Infolge der neuen Rahmenbedingungen hinaus kam es zu einer Zunahme der Übernahmen inländischer durch ausländische Hersteller.

Nach der Reform von 1995 kam es zu keinen neuerlichen Gesetzesänderungen mehr. Es folgten allerdings juristische Auseinandersetzungen über die Auslegung einiger neuer Regeln.[2] Die Übergangszeit bis zur Gültigkeit der neuen Regeln dauerte bin zum Ende der Dekade, so dass sich noch keine direkten Effekte des neuen rechtlichen Rahmens z.B. im Patentierungs- oder Innovationsverhalten feststellen lassen.

b) Standards und Qualitätsmanagement

Im Jahr 1994 wurde in Argentinien per Dekret das „*nationale System für Normen, Qualität und Zertifizierung*" ins Leben gerufen. Es dient der besseren Koordinierung der bereits beistehenden Akteure der Qualitätssicherung und der

---

[1] Nach dem *pipeline*-Prinzip wird Patentschutz für ein Produkt in Land A vorübergehend bereits dann gewährt, wenn er schon in einem anderen Land gewährt wurde.
[2] Vgl. Correa (2000), S.867f.

Förderung des Qualitätsbewusstseins der Betriebe. Die geringe Zahl an Betrieben mit ISO 9000-Zertifikat ließ einen derartiger Mechanismus geboten erscheinen.[1] Die Ausgestaltung und Umsetzung dieser Maßnahmen fiel in den Zuständigkeitsbereich des Industriesekretariats. Das INTI wurde stärker in das Zertifizierungssystem eingebunden. Auch im Rahmen der Programme zur KMU-Förderung wurde ab 1995 auch ein Programm zur Unterstützung der Zertifizierung initiiert.[2]

Ergebnisse der *Encuesta* zeigten, das sich diese Maßnahmen im Zusammenspiel mit dem höheren Wettbewerbsintensität vermutlich positiv auf das Qualitätsmanagement der Industrie auswirkten, denn die Bereitschaft zur Zertifizierung von Qualitätsverbesserungsprozessen (nach ISO 9001, ISO 9002 und ISO 14000) stieg deutlich an. Verfügten im Jahr 1992 erst 6 der befragten Unternehmen über eines der o.a. Zertifikate, so waren es fünf Jahre später bereits 159. Zahlenmäßig dominierten die Zertifikate nach ISO 9001 (53 Zertifikate) und 9002 (102 Zertifikate).[3]

c) der Wettbewerb

Effektiver Wettbewerb ist eine weitere wichtige Institution eines Innovationssystems. Durch die Öffnung der Märkte nahm die Wettbewerbsintensität in der Industrie deutlich zu.[4] Aber einige Reformelemente brachten auch negative Wettbewerbseffekte mit sich. Insbesondere die konkrete Ausgestaltung der Privatisierungen war wenig innovationsfreundlich, da sie keine Öffnung der privatisierten Märkte für neue Wettbewerber mit sich brachte. Darüber hinaus drohten einige der zu Beginn der Dekade durchgeführten Privatisierungen die technologische Entwicklung auch indirekt in anderen schnell wachsenden, wissensintensiven Branchen zu behindern.

Speziell im Telekommunikationssektor behinderte die Einführung von zwei privaten Gebietsmonopolen den Eintritt neuer Wettbewerber. Zwar investierten die Monopolisten in erheblichem Umfang in die Infrastruktur, und die Kosten für Telekommunikationsdienstleistungen sanken. Aber nur einer der beiden Monopolisten behielt nach der Privatisierung eigene F&E-Aktivitäten in Argentinien bei, und die Beschaffung erfolgte primär aus dem Ausland.[5] Erst im Jahr 2000 kam es zu einer weitergehenden Deregulierung des Telekommunikationssektors, mit der die Zeit der gesetzlich verordneten duopolistischen Struktur beendetet wurde. Sie wird vermutlich die Anreize für Investoren erhöhen und durch intensivierten Wettbewerb zu einer weiteren Kostensenkung der

---

[1] Vgl. Indec (1998), S.91.
[2] Vgl. FIEL (1996), S.195.
[3] Vgl. Indec (1998), S.91.
[4] Vgl. Pols (1999).
[5] Vgl. Chudnovsky/Lopez/Porta (1995), S.57.

Dienste beitragen.[1] Damit wird eine wichtige Voraussetzung zur Entwicklung einer eigenen Informations- und Telekommunikationsindustrie geschaffen.

d) der Finanzmarkt

Mit dem BONEX- und dem Konvertibilitätsplan wurde nach langen Krisenjahren eine Stabilisierung des argentinischen Finanzsektors erreicht. Auch der Eintritt ausländischer Banken in den argentinischen Finanzsektor durch FDI trug hierzu bei. Dennoch bestand in der ersten Hälfte der 90er Jahre das gravierende Problem für die KMU fort, Zugang zu Kredit zu bekommen. Eine Untersuchung der FIEL für das Jahr 1995 ergab, dass ein Viertel der befragten argentinischen Unternehmen und über ein Drittel der Betriebe unter 10 Beschäftigten über keinen Zugang zu Banken verfügten.[2] Die Unternehmen unter 50 Beschäftigten zahlten zudem auf dem Fremdkapitalmarkt mit durchschnittlich 25% erheblich höhere Zinsen als die Unternehmen mit mehr als 500 Beschäftigten, deren Zinssätze bei ca. 11% lagen. Vor allem Programme der staatlichen *Banco de la Nacion* sorgten für eine Kreditversorgung der KMU.[3] Von 1993 bis 1995 wurde ein erstes Dreijahresprogramm zur finanziellen Förderung der Entwicklung der KMU durchgeführt, das aber nicht verlängert wurde.[4] Nach 1995 wurde die KMU-Förderung institutionalisiert, in dem ein neuer Gesetzesrahmen für eine Reihe speziell auf die KMU zugeschnittener Programme (Kredite, Exportförderung, Kreditvereine u.a.m.) geschaffen wurde.[5]

Auch der argentinische Eigenkapitalmarkt blieb in den 90er Jahren unterentwickelt. Zwei Reformen sollten zu einer Belebung beitragen. Mit der Privatisierung der YPF durch einen Börsengang erhöhte sich die Börsenkapitalisierung an der Börse von Buenos Aires beträchtlich. Die Privatisierung der Altersvorsorge durch die AFJP sollte ebenfalls Ersparnisse in den heimischen Eigenkapitalmarkt kanalisieren. Aber der Eigenkapitalmarkt wurde in der zweiten Hälfte der 90er Jahre durch den Vertrauensverlust in die *emerging markets* infolge der Asien-Krise und durch den Erwerb (1998/1999) der größten börsennotierten Gesellschaft *YPF* durch *Repsol* wieder geschwächt. Pläne für die Einrichtung eines „neuen Marktes" wurden am Ende der Dekade ergebnislos erörtert.

Mitte der 90er Jahre verfügte Argentinien noch immer weder über einen Markt noch über einen institutionellen Rahmen für die Vergabe von Risikokapital. Erst gegen Ende der 90er Jahre wurde ein Gesetzesvorhaben eingeleitet, dass

---

[1] Vgl. Stamm et al. (2000), S.54.
[2] Vgl. FIEL (1996), S.156.
[3] Vgl. FIEL (1996), S.158.
[4] Vgl. WTO (1999), S.91.
[5] Vgl. FIEL (1996), S.187ff. Die im Gesetz No. 24.467 festgelegte Betriebsgrößenobergrenze, um KMU-Fördermittel zu erhalten, variiert je nach Sektor und beträgt für Industrieunternehmen 300 Beschäftigte.

die Bereitstellung öffentlicher Mittel zur Risikokapitalvergabe regeln soll.[1] Einige ausländische Investmentfonds und Risikokapitalgesellschaften (*Chase Capital Partners*, *LatCap*) waren in der zweiten Hälfte der 90er Jahre in den Markt eingetreten.[2] Sie finanzierten vereinzelt argentinische Unternehmen aus der IT- und Internet-Branche.[3]

e) das Bildungssystem

Die quantitativen Bildungsindikatoren Argentiniens waren zu Beginn der 90er Jahre hinweg relativ gut, aber ausbaufähig.[4] Zur weiteren Verbesserung des Humankapitalangebots wurden in den 90er Jahren im Bereich der Schul- und Hochschulbildung grundlegende Reformen eingeführt. Das wichtigste Reformvorhaben war die Föderalisierung der Bildung, die ab 1992 zur Übertragung der zu diesem Zeitpunkt noch im Bundesbesitz befindlichen Schulen an die Provinzen ihren Ausdruck führte. Ebenfalls im Jahr 1993 kam es zu einer Reform der Primar- und Sekundarschulbildung. Das *Instituto Nacional de la Educación Técnica* (INET) wurde (mit Beratung durch die GTZ) als Institution zur Einführung der technischen Ausbildung an Schulen gegründet.

Im Hochschulbereich bieten private und öffentliche Hochschulen ihre Dienstleistungen an. Die Ausgaben für die Hochschulbildung betragen in Argentinien 0,6% des BIP und liegen somit in gleicher Höhe wie in Frankreich oder Spanien, allerdings ist die materielle Infrastruktur der Hochschulen mangelhaft, und die Qualität der Lehre gilt als mäßig.[5] Mit Hilfe der Weltbank wurde ein das Programm FOMEC zur Verbesserung der universitären Lehre begonnen, und die Vernetzung der Hochschulen wurde forciert.[6] Eine ausführliche Darstellung der verschiedenen bildungspolitischen Reformen und ihrer Ergebnisse ist aus Platzgründen nicht möglich. Die argentinischen Bildungsindikatoren blieben über die 90er Jahre im weltweiten Vergleich auf guten Niveau und im lateinamerikanischen Vergleich an der Spitze. Auf die Ausbildung von Forschern und auf die universitäre Forschung wird im nächsten Abschnitt noch etwas eingegangen.

f) Unternehmensberatungen

Auf die Expansion des argentinischen Markt für Unternehmensberatungen wurde bereits im Rahmen der Ergebnisse des *Encuesta* eingegangen. Mit ihr verbesserte sich seit Beginn der 90er Jahre der Zugang der Unternehmen zu

---

[1] Vgl. Chudnovsky/Niosi/Bercovich (2000), S.248f.
[2] Vgl. Stamm et al. (2000), S.51.
[3] Das bekannteste Beispiel eines argentinischen Internet-Unternehmens ist wahrscheinlich *patagon.com*.
[4] Vgl. Tabelle 4.2.1.2.
[5] Vgl. GACTEC (2000), S. 11/58.
[6] Zu Reformen in der Bildungspolitik vgl. GACTEC (1997, 1999).

Management- und anderem *Know How* signifikant, das neue Angebot wurde insbesondere von den großen Unternehmen stark nachgefragt.

Eine Zusammenfassung der verschiedenen Reformen und Anpassungsprozesse in den institutionellen Rahmenbedingungen findet am Ende der folgenden Übersicht über die Reformen in der argentinischen FT-Politik in Abschnitt 4.3.5.4. statt.

4.3.5 Die Entwicklung in der FT-Politik und im Wissenschaftssystem

Die im Abschnitt 4.3.3 dargestellten mikroökonomischen Anpassungsreaktionen bis zum Jahr 1996 erfolgten in einem wirtschaftspolitischen Umfeld, das relativ frei von diskretionären wirtschaftspolitischen Eingriffen blieb. Chudnovsky und Lopez haben die industrie- und technologiepolitische Maxime der frühen Menem-Ära mit dem Etikett des *laissez faire* versehen.[1] Das neue Wirtschaftsregime setze ab 1990 auf die freie, von Interventionen ungestörte Entfaltung der Marktkräfte. Aus der „aktiven" Industriepolitik zog sich der Staat – mit Ausnahme der Automobilindustrie – weitgehend zurück. Allerdings blieb er indirekt, z.B. durch die Privatisierungen, weiterhin industriepolitisch wirksam. Erst zur Mitte der Dekade kam es zu einer Wende in der Forschungs- und Technologiepolitik (FT-Politik).

4.3.5.1 Erste Reformansätze bis 1996

Trotz dieser in der Tendenz passiven Grundhaltung des argentinischen Staates kam es in der ersten Hälfte der 90er Jahre zu ersten Reformansätzen der FT-Politik. Auch die öffentlichen Budgets für Forschung und Technologie wuchsen unter den verbesserten makroökonomischen Rahmenbedingungen wieder. Die Verantwortung für die Ausgestaltung und Koordinierung der Forschungspolitik durch das SECYT lag bis 1995 direkt beim Präsidenten. Allerdings fehlten dem SECYT in dieser Zeit Kompetenzen und Instrumente, um das erklärte Ziel der Neuformulierung der nationalen FT-Politik umzusetzen. Statt dessen wurden auf Betreiben des argentinischen Parlaments die ersten vereinzelten Schritte zur Entwicklung eines neues Instrumentarium der FT-Politik eingeleitet.[2]

Im Jahr 1990 wurde mit der Verabschiedung des Gesetzes No. 23.877 „zur Förderung technologischer Innovationen" durch das Parlament das Fundament für einen Neubeginn der argentinischen FT-Politik gelegt. Zum ersten Mal in der argentinischen Geschichte wurde per Gesetz eine rechtliche Grundlage für die finanzielle Unterstützung von F&E und Innovationen geschaffen.[3] Im Jahr 1992 wurden die speziellen Mechanismen des Gesetzes No. 23.877 per Dekret geregelt. Das Gesetz reformiert die Forschungsförderung, in dem es vier neue

---

[1] Vgl. Chudnovsky/Lopez (1996).
[2] Vgl. Chudnovsky/Lopez (1996), S.49.
[3] Vgl. Chudnovsky/Lopez (1996), S.35.

Förderinstrumente zuließ:[1] Darlehen, *Steuergutschriften*, zinslos rückzahlbare Subventionen sowie andere „spezielle" Mechanismen. Zudem soll die FT-Politik stärker föderalisiert werden. Die einzige im Gesetz explizit genannte Zielgruppe der Förderprogramme sind die KMU. Das Gesetz stellt – in Verbindung mit den Liberalisierungs- und Deregulierungsmaßnahmen – eine Abkehr von den bisher eingesetzten Instrumenten (Aufbau von Staatsunternehmen, Protektion, *buy national*-Regeln) der Industriepolitik dar. Allerdings konnte sein Wirkungsgrad aufgrund der vorgesehenen Mittelausstattung nur gering sein. Probleme bei der Umsetzung führten allerdings zu Verzögerungen, die die argentinischen KMU in der ersten Hälfte der Dekade ohne Hilfen für eine technologische Anpassung an die neuen Rahmenbedingungen beließ. Erst im Jahr 1994 trat das Gesetz schließlich in Kraft, und es wurden die institutionellen Voraussetzungen für das *Fondo Tecnologico Argentino* (FONTAR)-Programm mit einer Mittelausstattung von 20 Mio. $ geschaffen, dessen Implementierung sich allerdings weiter bis ins Jahr 1997 verzögerte.

Ein zweiter Impuls für die Neuausrichtung der argentinischen FT-Politik war der verbesserte Zugang zu finanziellen Ressourcen durch FT-orientierte Förderprogramme multilateraler Geldgeber. Im Jahr 1993 wurde der erste Kredit der *Interamerikanischen Entwicklungsbank* (IDB) zur Initiierung eines Programmes zur technologischen Modernisierung Argentiniens (das *Programa para la Modernización Tecnológica* – PMT I – mit einem Gesamtbudget von 190 Mio. $) gewährt. Mit seiner Unterstützung sollten auch Teile des neuen FONTAR-Programmes finanziert werden.

Der Kosmos der öffentlichen Forschungsinstitute (OCT) des Wissenschaftssystems blieb in den neunziger Jahren in seiner Zusammensetzung (abgesehen von kleineren Neu- und Ausgründungen) und relativen Bedeutung weitgehend unverändert. Einige der OCT (CNEA, CONICET, INTI) wurden evaluiert und intern restrukturiert. Die wichtigste Neuerung war die Gründung der argentinischen Raumfahrtkommission CONAE und die Entwicklung eines argentinischen Satellitenprogramms im Jahr 1991.[2] Aus der CNEA wurde der Bereich der nuklearen Energieerzeugung ausgegliedert, was eine beträchtliche Verkleinerung der „neuen" CNEA zur Folge hatte.[3] Das INTI wurde zweimal evaluiert und eine Reform vorbereitet, die eine stärkere Ausrichtung auf technische Dienstleistungen für Unternehmen zum Ziel hatte und die nach 1997 umgesetzt wurde.[4] Auch der CONICET wurde reformiert und verstärkt auf die Ausbildung des wissenschaftlichen Humankapitals ausgerichtet.

Die öffentlichen Ausgaben für ACT (Mittel für OCT und Universitäten) stiegen in der ersten Hälfte der 90er Jahre im Vergleich zu den 80er Jahren wieder an

---

[1] Vgl. Chudnovsky/Lopez (1996), S.50 und Chudnovsky/Niosi/Bercovich (2000), S.236.
[2] Vgl. Bisang/Malet (1998).
[3] Vgl. Bisang/Malet (1998).
[4] Vgl. Chudnovsky/Lopez (1996), S.64.

und verdoppelten sich zwischen 1990 und 1995 mit einem Anstieg von 494,4 Mio. $ auf 905,6 Mio. $ nahezu.[1] Auch die Zahl der Forscher nahm in der ersten Hälfte der Dekade beträchtlich zu. Hierzu trug auch das neue Programm zur „Förderung von Dozenten/Forschern an Universitäten" bei.

Innerhalb der OCT gab es weiterhin erhebliche Ungleichgewichte bei der Verteilung der finanziellen Mittel. Die Allokation der öffentlichen Mittel verlief weiterhin zuungunsten des INTI und damit der Industrie. Während der Anteil der Industrie am BIP in der ersten Hälfte der 90er Jahre ca. 25% betrug, erhielt das INTI weniger als 5% der öffentlichen Mittel (Tabelle 4.3.5.1, nächste Seite). Bei den öffentlichen Forschungsausgaben dominierten weiterhin der CONICET und das INTA.[2]

Tabelle 4.3.5.1: Die Budgets der großen OCT im Jahr 1995

OCT	Haushaltsmittel (Mio. $)	Anteil an den öffentlichen Ausgaben für Forschung und Technologie (%)
CONICET	191,78	30,0
INTA	126,71	19,8
CNEA	51,5	8,0
INTI	28,0	4,4
andere[1)]	242,23	37,8
insgesamt[1)]	**640,22**	**100**

[1] inklusive der Mittel für das „Programm für Anreize für Dozenten/Forscher".

Quelle: MCE (1996), S.29.

Für den universitären Bereich mit seinen insgesamt 85 Institutionen[3] wurde im Jahr 1993 ein Programm für zusätzliche finanzielle Anreize zur universitären Forschung beschlossen, dessen Umsetzung im Jahr 1994 eingeleitet wurde (*Programa de Incentivos a Investigadores Docentes*). Bereits seit den 60er Jahren hatte die Forschung an den Universitäten aus politischen Erwägungen heraus im Schatten der OCT gestanden, so dass der Beitrag der argentinischen Universitäten zur inländischen Forschung im Vergleich zu anderen Ländern

---

[1] In diesen Beträgen sind die Ausgaben der privaten Universitäten mit enthalten, deren Anteil gering ist.
[2] Der Innovationsoutput des Forschungssektors, gemessen an Patenten und Publikationen, änderte sich in der ersten Hälfte der 90er Jahre trotz der steigenden Ausgaben für ACT und F&E nur wenig.
[3] Davon waren im Jahr 1996 40 Hochschulen öffentlich und 45 Hochschulen privat. Vgl. Ricyt (1996).

sehr gering war. Das neue Programm verfügte über eine Ausstattung von 70 Mio. $ pro Jahr und führte zu einem deutlichen Zuwachs der Anzahl der Forscherinnen und Forscher um ca. 4.000 Personen von 5.300 (1993) auf 9.200 (1997). Allerdings gibt es Zweifel, ob alle offiziell am Programm beteiligten Personen tatsächlich auch Forschungsaktivitäten aufgenommen haben.[1] Zur Evaluierung der universitären Forschung wurde eine eigene Evaluierungskommission (CONEAU) gegründet. Darüber hinaus wurde zur Förderung der Hochschulen in Zusammenarbeit mit der Weltbank ein Fonds zur Verbesserung der universitären Ausbildung (*Fondo para la mejora de la educación científica*, FOMEC) ins Leben gerufen.[2]

Die hier aufgezählten Maßnahmen zeigen eine im Vergleich zu den 80er Jahren wieder leicht angestiegene forschungs- und technologiepolitische Aktivität der Regierung. Zu erkennen ist ein Kurswechsel weg von einer Industriepolitik mit sektoralen Förderregimen und dem industriepolitisch motivierten Einsatz der Handels- und Wechselkurspolitik hin zu einer gezielten horizontalen Forschungs- und Technologiepolitik zur Stärkung der technologischen Kompetenz der argentinischen Gesellschaft. Allerdings fehlten noch immer ein generelles FT-politisches Konzept und ein institutioneller Rahmen, in dem die einzelnen Aktivitäten der verschiedenen Akteure untereinander effizient koordiniert werden konnten. Partikularinteressen der einzelnen Ministerien und des CONICET bestimmten die aktive Forschungspolitik entscheidend mit, und das SECYT war zu schwach, um die Rolle der Koordinierung wirkungsvoll zu übernehmen. Zudem setzte die FT-Poltik immer noch primär an einer Förderung der Grundlagenforschung und damit des Wissensangebots an. Eine stärkere Orientierung des Angebotes an der Nachfrage, um die Interessen der Forschungsinstitute und Universitäten auf der einen und des produktiven Sektors, insbesondere der KMU, auf der anderen Seite besser in Einklang zu bringen, wurde – mit Ausnahme der begonnenen Restrukturierung des INTI – weiterhin vernachlässigt.[3]

4.3.5.2 Die Reform der Forschungs- und Technologiepolitik im Jahr 1996

In einer stabilen Wirtschaftslage rückt die Bedeutung struktureller Wirtschaftsreformen wie z.B. in den Bereichen Bildung oder Forschung stärker in den Vordergrund. Defizite der argentinischen Gesellschaft im Bereich der Innovation – insbesondere bei den KMU – und im Innovationssystem als Ganzem, die schließlich auch durch die Resultate der *Encuesta* aufgezeigt wurden, erforderten einen forschungs- und technologiepolitischen Strategiewandel. Die ersten vorsichtigen Schritte zur Neuordnung der öffentlichen Elemente des Innovationssystems und ihrer Beziehungen untereinander waren bereits in der ersten Hälfte der Dekade unternommen worden. Zum radikalen institutionellen Umbau

---

[1] Vgl. Chudnovsky/Nioso/Bercovich (2000), S.228 und GACTEC (1999).
[2] Vgl. Chudnovsky/Niosi/Bercovich (2000), S.236.
[3] Das INTI wurde stärker als eine Service-Institution für Industrieunternehmen ausgerichtet.

des öffentlichen Teils des Innovationssystems und zur konkreten Einsetzung neuer Förderinstrumente kam es jedoch erst ab 1996. Dieses Jahr stellt somit einen Wendepunkt in der argentinischen Forschungs-, Technologie- und Innovationspolitik dar.

Nach dem technologiepolitischen *muddling through* und *laissez faire* der 80er und frühen 90er Jahren hatte in Argentinien ab 1995 – nicht zuletzt vor dem Hintergrund des Paradigmenwechsels in der Innovationspolitik der IL – die öffentliche Diskussion über eine neue forschungs- und technologiepolitische Strategie begonnen. Die Ergebnisse dieser Diskussion wurden 1996 in der Veröffentlichung „*Bases para la discusión de una política de ciencia y tecnología*" als Entwurf für eine Neuordnung der argentinischen Forschungs- und Technologie-Politik zusammengefasst.[1] Der Umbau des Wissenschaftssystem gewann an Dynamik, als im Juli 1996 das SECYT und damit der Bereich der FT-Politik wieder dem Ministerium für Kultur und Bildung unterstellt wurde.[2] Am Ende des Jahres 1996 kam es zur Gründung des interministeriellen *Gabinete Cientifico y Tecnológico* (GACTEC). Als nächstes folgte im Jahr 1997 die Gründung einer Agentur zur Durchführung von Förderprogrammen (AGENCIA) und die Einführung von Weißbüchern zur Programmierung der FT-Politik (sogenannte *Planes Nacionales Plurianuales,* ab jetzt PLAN).[3]

4.3.5.2.1 Theoretische Grundlagen, Zielsetzung und Ansatzpunkte der Reformen

Das wissenschaftliche Fundament der FT-politischen Reformen in Argentinien bildete der in Kapitel 3 vorgestellte „Ansatz der nationalen Innovationssysteme". Damit folgte Argentinien dem Vorbild der Industriestaaten und der OECD und der *Inter-American Development Bank* (IDB), die seit 1993 im Rahmen des Programms PMT I (und später auch im Rahmen des PMT II) die argentinische FT-Politik finanziell unterstützte. Das allgemeine Ziel der Reformen war die „Entwicklung und Stärkung des argentinischen Innovationssystems".[4] Der im ersten PLAN festgelegte Zielkatalog der Reformen umfasste die folgenden Ansatzpunkte:[5]

1. Die Verbesserung, Ausweitung und Effizienzsteigerung der nationalen und provinziellen Anstrengungen im Bereich der Forschung, der Technologie und der Innovation mit dem Ziel, mittelfristig einen Anteil diesbezüglicher Ausgaben am BIP von 1% zu erreichen. Um eine angemessene Struktur der

---

[1] Vgl. MCE (1995).
[2] Vgl. Chudnovsky (1999), S.166.
[3] Die Weißbücher hatten einen Zeithorizont von drei Jahren. Vgl. Chudnovsky (1999), S.166.
[4] Vgl. Chudnovsky (1999), S.158. Dieses Ziel und die folgenden konkreten Unterziele wurden über die nächsten beiden PLÄNE hinweg beibehalten.
[5] Vgl. GACTEC (1997), S.11.

Ausgaben zu erreichen, sollte insbesondere ein Anstieg der Ausgaben bei den Unternehmen und Provinzen erreicht werden.

2. Die Förderung der wissenschaftlichen und technologischen Anstrengungen nach Qualitätskriterien bei einer zunehmenden Ausrichtung an der Nachfrage der wirtschaftlichen und gesellschaftlichen Akteure.

3. Die Bildung des erforderlichen Humankapitals für diese Aufgaben, insbesondere in defizitären thematischen Feldern und geografischen Regionen.

4. Die Förderung von Verbindungen und Synergien zwischen den öffentlichen Forschungseinrichtungen, den Universitäten und den privaten Unternehmen sowie anderen Institutionen der lokalen, regionalen und nationalen Innovationssysteme.

5. Die Unterstützung des Aufbaus derartiger ökonomischer, sozialer und kultureller Aktivitäten, in denen das wissenschaftlich und technologisch ausgebildete Personal Beschäftigung finden kann.

6. Die Entwicklung einer mittel- bis langfristigen Vision zur verbesserten Allokation der öffentlichen und privaten Investitionen in zunehmend wissensintensive Aktivitäten.

Die Reformziele sollen insbesondere durch den Einsatz horizontaler Instrumente der Forschungs- und Technologieförderung erreicht werden. Eine explizite thematische, sektorale oder regionale Prioritätensetzung von Fördermaßnahmen, wie sie bis dahin vorherrschend war, wurde zunächst nicht für vordringlich gehalten. Drei neue horizontale Instrumente wurden eingeführt: die kompetitive Vergabe von Forschungsgeldern an öffentliche Institute durch das FONCYT-Programm, die direkte finanzielle Unterstützung von Innovations- und Modernisierungsprojekten von Unternehmen durch Elemente des FONTAR-Programms, sowie der Aufbau eines Systems technologischer Berater. Als zeitlicher Horizont für die quantitative Zielgröße eines Anteils der Ausgaben für F&E am BIP von 1% wurde zunächst das Jahr 2000 festgelegt.

Die Erreichung der FT-politischen Ziele sollten durch eine klare Aufgabenteilung zwischen den FT-politischen Akteuren erleichtert werden. Zur verbesserten Ausgestaltung und Umsetzung der FT-politischen Programme wurde daher ein neuer institutioneller Rahmen geschaffen, der eine bessere Abstimmung zwischen den am Innovationssystem beteiligten Ministerien und Instituten und eine klarere Kompetenzzuweisung gewährleisten sollte. Die thematische Prioritätensetzung, die Mittelvergabe und die Durchführung von Forschungsprojekten sollten institutionell zwischen den forschungspolitischen Akteuren einerseits und den wissenschaftlichen Organisationen (OCT, Universitäten) andererseits getrennt werden. Die Reorganisation des CONICET stand folglich weit oben auf der Agenda. Darüber hinaus sollte die Einführung von neuen Vergabe-, Kontroll- und Evaluierungsmechanismen für die Forschungseinrichtungen zu einer effizienten Nutzung der öffentlichen Mittel beitragen. Auch die

Provinzen sollten, entsprechend den Vorgaben des gesetzlichen Rahmens von 1990, endlich stärker in die FT-Politik eingebunden und an den Ressourcen für F&E beteiligt werden. Die generelle Zuständigkeit für die FT-Politik blieb nach 1996 zunächst beim Ministerium für Kultur und Bildung.

4.3.5.2.2 Die neuen institutionelle Struktur

Zur Umsetzung der neuen forschungs- und technologiepolitischen Agenda wurde ein neuer institutioneller und organisatorischer Rahmen geschaffen. Die zentralen öffentlichen Institutionen zur Formulierung und Gestaltung der FT-politischen Richtlinien und Programme waren nach 1996 das *Gabinete de Ciencia y Tecnología* (GACTEC), das *Secretaria de Ciencia y Tecnología* (SECYT) und die *Agencia Nacional de Promoción Científica y Tecnológica* (AGENCIA). Grafik 4.3.5.1 auf der nächsten Seite gibt einen Überblick über die wichtigsten Akteure und ihre Verbindungen.

Das GACTEC wurde im Jahr 1996 wurde als interministerielles Gremium zur FT-politischen Prioritätensetzung gegründet. Es koordiniert als neunköpfiger Rat die Interessen der einzelnen in die FT-Politik involvierten Fachministerien und gibt die allgemeinen Leitlinien der FT-Politik vor. Hierzu verabschiedet es am Ende eines jeden Jahres ein Weißbuch der FT-Politik in Form eines Dreijahresplans.

Grafik 4.3.5.1: Organigramm der Institutionen der argentinischen FT-Politik

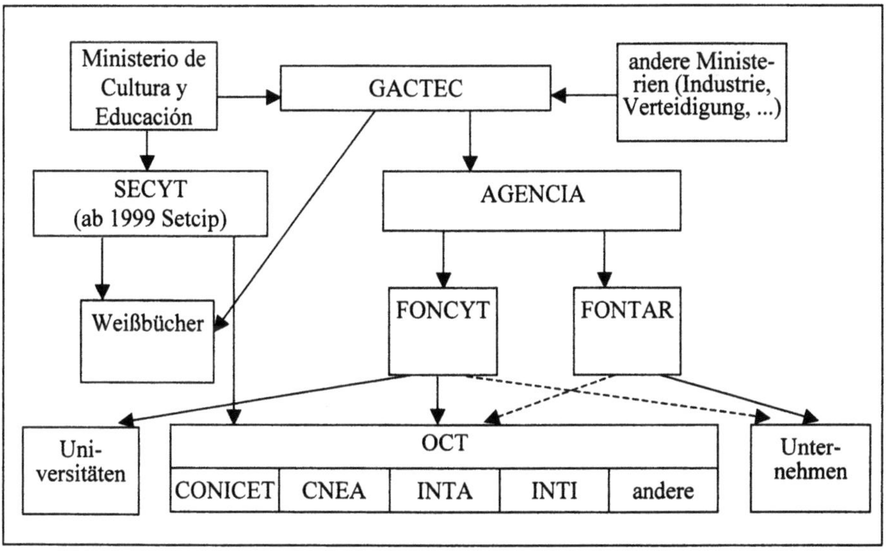

Quelle: eigene Darstellung.

Das SECYT¹ hat seit 1996 mit der Ausarbeitung und Abstimmung (*programación*) der FT-politischen Programme eine neue Aufgabe. Die Programmierung und Dokumentation der Forschungspolitik erfolgt durch die jährliche Erstellung und Veröffentlichung der Dreijahrespläne, die vom GACTEC verabschiedet werden. Dem SECYT obliegt darüber hinaus das *Monitoring* und die regelmäßige Evaluierung der öffentlichen Forschungseinrichtungen (OCT).

Die AGENCIA fungiert als das zentrale Organ für die Durchführung der neuen horizontalen Programme der Forschungs- und Innovationsförderung. Es führt die Mittelvergabe im Rahmen der beiden Fonds FONCYT und FONTAR durch.²

Zudem wurde ein neues föderales Gremium, der COFECYT geschaffen. In ihm sitzen Vertreter der Bundesstaaten. Seine Aufgabe ist die Erarbeitung, Koordinierung und Umsetzung regionaler Forschungsprioritäten.

Als öffentliche Forschungseinrichtungen (OCT) bestehen weiterhin der CONICET, das INTA, die CNEA, das INTI u.a.m. fort. Einige kleinere Institute wie das SEGEMAR (Geologie und Meeresforschung) und das INA (Umwelt und Wasser) haben nach der Reform eine Aufwertung erfahren. In den OCT werden die öffentlichen Forschungsprojekte betrieben. Die OCT bewerben sich – in Konkurrenz zu den Universitäten – um Mittel aus den horizontalen Programmen des FONCYT. Die einzelnen OCT werden aufgefordert, strategische Pläne für die zukünftigen Forschungsschwerpunkte zu entwickeln, und regelmäßig evaluiert. Der CONICET hat, in Ergänzung zur Forschung und zusammen mit den nationalen Universitäten, die Aufgabe des Aufbaus von spezialisiertem Humankapital für die Wissenschaft und die unternehmerische Forschung.³ Die universitäre Forschung soll ebenfalls weiter ausgebaut und gestärkt werden. Das „Anreizprogramm für forschende Dozenten" wird nach 1996 fortgeführt.

Die Weißbücher sind ein neues Instrument zur Erhöhung der Transparenz der FT-Politik. Sie legen den konzeptionellen Rahmen, die Instrumente und die thematischen, sektoralen und regionalen Schwerpunkte der FT-Politik fest. Zudem legen das GACTEC und das SECYT in ihnen Rechenschaft über die Entwicklung der Programme in der Vergangenheit ab. Durch die jährliche Überprüfung und Modifikation der Ziele und Instrumente soll eine Balance aus Kontinuität und flexibler Ausgestaltung der FT-Politik gewährleistet werden.

---

[1] Seit dem Regierungswechsel im Jahr 1999 trägt das SECYT den Namen Setcip.
[2] Damit wurden die Vergabe und die Durchführung von Projekten getrennt, die bisher im CONICET vereint war.
[3] Vgl. GACTEC (1997), S.33.

4.3.5.2.3 Die neuen horizontalen forschungspolitischen Instrumente[1]

Die neuen horizontalen Instrumente (Grafik 4.3.5.2) unter der Ägide der AGENCIA zielen auf die Förderung der Wissenschaft einerseits (durch den *Fondo para la Ciencia y Tecnología*, FONCYT) und der technologischen Modernisierung der Unternehmen andererseits (durch den *Fondo Tecnológico Argentino*, FONTAR) ab. Die beiden Fonds werden an dieser Stelle kurz skizziert, ihre Umsetzung wird im Zusammenhang mit der weiteren Entwicklung der Pläne diskutiert.

Grafik 4.3.5.2: Horizontale Programme der Forschungs- und Technologiepolitik

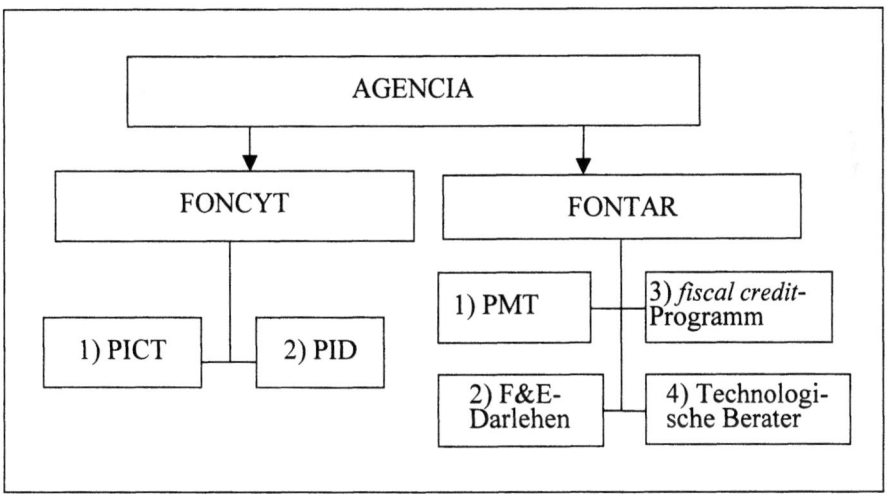

Quelle: eigene Darstellung.

a) Die horizontalen Instrumente für den öffentlichen Forschungssektor

In Ergänzung zu den direkten Mittelzuweisungen an die OCT und die Universitäten wurde der FONCYT als neues Instrument der Vergabe von Forschungsmitteln an öffentliche Institutionen eingeführt. Aus dem FONCYT werden Mittel zur Finanzierung von Forschungsprojekten von Forschergruppen vergeben. Ein wichtiges neues Element des FONCYT ist die gezielte Förderung kooperativer Projekte mit der Privatwirtschaft. Der FONCYT fördert zwei Arten von Projekten: sogenannte *Proyectos de Investigación Científica y Tecnológica* (wissenschaftlich-technologische Forschungsprojekte, PICT) und *Proyectos de Investigación y Desarrollo* (Forschungs- und Entwicklungsprojekte, PID):

---

[1] Einen guten Überblick über die neuen horizontalen Instrumente gibt Chudnovsky (1999).

1. Die PICT sind rein wissenschaftlicher Natur. Sie werden durch jährliche Ausschreibungen an Forschergruppen aus den OCT oder den Universitäten vergeben. Für das Design, die konkrete Formulierung und die Durchführung der Ausschreibung sind die AGENCIA und das SECYT verantwortlich. Das Ausschreibungsverfahren für die PICT unterliegt einem *peer review*-Prozess, an dem Wissenschaftler aus dem Ausland zu einem beträchtlichem Teil beteiligt werden. Die Forschungsergebnisse der PICT müssen publiziert werden.

2. Auch die Ausschreibungen für die PID werden von der AGENCIA durchgeführt. Im Rahmen der PID werden kooperative Forschungsprojekte zwischen OCT und Universitäten auf der einen Seite und Unternehmen oder gemeinnützigen Einrichtungen (ESFL) auf der anderen Seite gefördert, deren Ergebnisse in Form neuen Wissens eine öffentliche und potentiell eine private Komponente haben. Aufgrund dieser Ausgestaltung kann der FONCYT über das PID-Programm auch positiv auf die Forschung in den Unternehmen einwirken.

b) Die Instrumente für die Förderung von F&E im privaten Sektor

Speziell zur finanziellen Förderung der F&E-Aktivitäten des privaten Sektors wurde der (FONTAR) geschaffen. Unter dem Dach des FONTAR wurden die bereits vor 1996 bestehenden Programme zur technischen Modernisierung von Unternehmen aus dem Gesetz No. 23.877 zusammengefasst und durch zwei neue Programme ergänzt.

1. Der FONTAR verfügt seit 1997 über die Mittel, die im Rahmen des Programms für die technologische Modernisierung der Unternehmen (PMT) vergeben werden. Dies sind verpflichtend rückzuzahlende Kredite der *Banco de la Nación Argentina* (inklusive der Mittel aus dem PMT I der IDB) mit einer Höhe von maximal 2 Mio. $, die relativ einfache technische Modernisierungsprojekte in KMU fördern sollen.

2. Darüber hinaus sind auch die Darlehen für F&E-Projekte von Unternehmen oder UVT,[1] die auf der Grundlage des Gesetzes No. 23.877 vergeben werden, in den FONTAR eingebracht worden. Das Programm erwies sich bis 1996 als nur mäßig erfolgreich und wurde mit der Einbringung in den FONTAR restrukturiert.

3. Als Ergebnis einer Studie über die Nachfrage auf dem Markt für Technologie wurde als ein neues Teilprogramm des FONTAR das „Technologische

---

[1] UVT steht für unidades de vinculación tecnológica (Technische Verbindungseinheit) und sind registrierte forschende Elemente des Innovationssystems. Zur Idee der UVT vgl. Chudnovsky/Lopez (1996), S.51.

Berater"-Programm (*Programa de Consejeros Tecnológicos*) geschaffen.[1] Sein Ziel ist die Förderung der technologischen Restrukturierung von kleinen und mittleren Betrieben, die handelbare Güter produzieren. Gruppen von KMU werden darin gefördert, technologische Berater – z.B. junge Ingenieure aus Hochschulen – für eine Evaluierung der technologischen Kapazität und zur Hilfe bei der Entwicklung von Projekten zur technologischen Modernisierung heranzuziehen. Dabei sollen die Berater nicht selbst die neuen Strategien und Konzepte für die KMU entwickeln, sondern nur die Entwicklung von Strategien durch die Unternehmer unterstützen. Durch dieses Programm soll eine Stärkung der Verbindungen zwischen den OCT und Universitäten sowie dem produzierenden Gewerbe erfolgen. Außerdem sollen Beschäftigungsmöglichkeiten für junge Ingenieure geschaffen werden. Mit diesem Design ist das „Technologische Berater"-Programm deutlich vom NIS-Ansatz inspiriert worden. Es soll den Unternehmen das Angebot der wissenschaftlichen Institute näher bringen und den OCT und Universitäten die Orientierung an den Bedürfnisse der Unternehmen erleichtern. Die Finanzierung des Programms erfolgt gemeinsam aus öffentlichen Mitteln und Beiträgen der beteiligten Unternehmen und wissenschaftlichen Einrichtungen.[2]

4. Das zweite neue Teilprogramm ist ein *fiscal credit*-Programm.[3] Es bietet Abschreibungsmöglichkeiten für F&E-Projekte von KMI, NHU oder Filialen von MNU in einem Gesamtvolumen von zunächst 20 Mio. $. Da die zur Verfügung stehenden Mittel begrenzt sind, werden sie ebenfalls durch die AGENCIA unter Wettbewerbsbedingungen vergeben. Sie decken bis maximal 50% der gesamten Projektsumme ab. Das *fiscal credit*-Programm orientiert sich explizit an den Regeln der WTO.

4.3.5.2.4 Andere Elemente der FT-Politik ab 1996

Die eben skizzierten horizontalen Programme nehmen weiterhin nur einen relativ geringen Anteil der öffentlichen Ausgaben für Forschung und Technologie ein. Der Großteil der Finanzierung der OCT erfolgte auch nach 1997 weiterhin direkt über den Staatshaushalt.[4] Die gute wirtschaftliche Situation erlaubte zunächst einen weiteren Anstieg der öffentlichen Investitionen in Forschung und Technologie.

Trotz der besonderen Betonung der horizontalen Ausrichtung der neuen Instrumente werden weiterhin sektorale, thematische oder regionale Schwerpunkte gefördert und in den Anhängen der PLÄNE festgelegt. Sie gehen explizit in die

---

[1] Die Studie zur Nachfrage nach Technologie wurde von der Universidad Nacional General Sarmiento durchgeführt. Vgl. Chudnovsky (1999), S. 169.
[2] Vgl. Chudnovsky (1999), S.170.
[3] Vgl. Chudnovsky (1999) S.171 und GACTEC (1997), S. 37ff.
[4] Eine Übersicht über die Mittelvergabe im Jahr 1998 findet sich auf Seite 269.

Auswahl der zu fördernden PICT ein. Ein zentraler thematischer Schwerpunkt ist die Förderung der technologischen Modernisierung der KMU. Eine Koordinierung der insgesamt 31 Einzelprogramme verschiedener Institutionen zur Förderung dieses Segments wird im Rahmen des PLANES 1998-2000 ansatzweise versucht. Die für den Bergbau (SEGEMAR) und die Landwirtschaft (INTA) zuständigen OCT haben im ersten PLAN umfassende Programme zur technologischen Entwicklung ihrer Sektoren vorgelegt. Das INTI orientiert sich seit 1997 stärker an Beratungsleistungen.

Die per Gesetz festgeschriebene regionale Ausrichtung der Forschungsförderung findet in regionalen Schwerpunkten der PICT Eingang in die neuen horizontalen Instrumente. Die forschungspolitische Kompetenz der Provinzen ist aber nur gering.

Als Element der universitären Forschungsförderung werden die *Incentivos a Docentes-Investigadores*, die seit 1993 bestehen, beibehalten. Da die Effektivität des Programms gering ist, müssen Maßnahmen zur Verbesserung gefunden werden. Die Programme unter dem Dach des FOMEC sollen Verbesserungen in der universitären Ausbildung erzielen, um den Bestand an Humanressourcen auszubauen.

4.3.5.3 Entwicklungen in der FT-Politik und im Wissenschaftssystem nach 1996

Die konkrete Ausgestaltung der FT-Politik und die weitere Entwicklung des Wissenschaftssektors nach 1996 lässt sich gut anhand der drei ersten vom GACTEC veröffentlichten Weißbücher nachzeichnen. In diesem Abschnitt wird die Entwicklung der neuen Institutionen und der Einsatz der neuen Instrumente etwas genauer betrachtet und erste Angaben zu ihrer Umsetzung gemacht. Darüber hinaus werden neue Initiativen nach 1996 skizziert.

a) Der institutionelle Rahmen und die Zielsetzung

Die Jahre von 1997 bis 1999 weisen weitgehende Kontinuität in der FT-Politik auf. Im Dezember 1997 wurde vom GACTEC der erste nationale *Dreijahresplan (Plan Nacional Plurianual 1998-2000)* verabschiedet, in dem der Fokus bei der Neuausrichtung der Forschungsförderung auf horizontale Instrumente festgelegt wurde. Es wurden zunächst nur wenige sektorale, regionale oder thematische Programme aufgenommen. Im Dezember 1998 folgte der zweite PLAN. Die institutionelle Struktur des öffentlichen Teils des Forschungssektors wurde beibehalten, der Aufbau des COFECYT fortgesetzt, und die Strategie des institutionalisierten Lernens wurde umgesetzt. Der PLAN betont auf Basis der Resultate der *Encuesta* die Dringlichkeit einer stärkeren Flankierung und Einbindung der FT-politischen Strategien in die allgemeinen wirtschaftspolitischen Strategien zur Verbesserung der Wettbewerbsfähigkeit der argentinischen Wirtschaft. Der PLAN 2000-2002 war der Letzte, der unter der Regierung Menem entwickelt wurde. Die forschungspolitischen Leitlinien der neuen Regierung fanden in ihm noch keinen Niederschlag. Auch er wies Kontinuität in Hinblick auf den Aufbau der FT-Politik auf, einige neue Elemente und Instrumente der FT-Politik wurden aufgenommen, und bei einzelnen Instrumenten kam es nach ersten Erfahrungen zu Modifikationen.

Allerdings wurde der dritte PLAN nicht mehr planmäßig umgesetzt. Denn nach dem Regierungswechsel kam es, auch durch die verschärfte Finanzlage der öffentlichen Haushalte, wieder zu grundlegenden Änderungen in der FT-Politik. Es kam nicht nur zu einem personellen Wechsel an der Spitze des SECYT, sondern auch zu einer Umbenennung (aus dem SECYT wurde das das *Secretaria de Tecnología, Ciencia y Innovación Productiva,* Setcip) und zu einer Neuordnung des öffentlichen Teils des NIS. Mit dem Gesetz No. 20/99 wurde das Setcip aus dem Zuständigkeitsbereich des Bildungsministeriums ausgegliedert und war nun wieder – wie vor 1996 – direkt dem Präsidenten unterstellt.[1] Das GACTEC und die AGENCIA mit ihren Fonds FONTAR und FONCYT blieben erhalten. Die FT-Politik der neuen Regierung, die einen inhaltlichen Schwerpunkt auf der Förderung der Informationstechnologie setzten wollte, sah sich mit zunehmender Vertiefung der Wirtschaftskrise immer knapper werdenden Ressourcen zur Erreichung ihrer Ziele gegenüber.

b) Die Entwicklung der öffentlichen Forschungsausgaben

Tabelle 4.3.5.2 gibt einen Überblick über die Budgets der OCT für 1997 und 1998. Der Haushalt für 1998 sah – im noch positiven gesamtwirtschaftlichen Umfeld – einen deutlichen Anstieg der Ausgaben für die OCT um 13,5% vor.

Bei der Mittelvergabe finden sich erhebliche Unterschiede zwischen den einzelnen Instituten. Der größte Zuwachs findet sich bei dem INA, dem Wasser- und Umweltforschungsinstitut, das allerdings in absoluter Hinsicht weiterhin relativ unbedeutend bleibt. Das INTA, das INTI und der SEGEMAR konnten jeweils um über 20% wachsende Mittel verbuchen. Der restrukturierte CONICET befand sich mit einem Zuwachs um 25,7 Mio. $ (+13,0%) im Mittelfeld. Einen deutlichen Rückgang wies der Etatansatz bei der CNEA und der CITEFA[2] sowie einen kleineren Rückgang beim *Instituto Antartico* auf. Eine neue inhaltliche Prioritätensetzung der FT-Politik wird hierin deutlich.

---

[1] Zum neuen Präsidenten des Sekretariats wurde Dante Caputo benannt. Aber nachdem seine Vorstellungen über die Forschungspolitik auf Widerstände in der neuen Regierung und in der Wissenschaft stießen, trat er bereits im Februar 2001 zurück und wurde durch Adriana Puiggrós von der Frepaso ersetzt. Das neue Setcip wurde zugleich wieder dem Ministerio de Cultura y Educación unterstellt. Vgl. La Nacion (2001a, b).

[2] Das CITEFA ist das Forschungsinstitut der Streitkräfte.

Tabelle: 4.3.5.2: Ausgaben des Haushaltes für OCT 1997/1998

Institution	Ist 1997	Soll 1998	Veränderung (%)
ANLIS	28.154	31.328	11,3
CITEFA	15.236	14.211	-6,7
CONAE	22.478	26.841	19,4
CONICET	198.304	224.026	13,0
INA	15.132	20.940	38,4
INIDEP	11.603	13.317	14,8
Inst. Antartico	11.262	11.220	-0,4
INTA	128.400	160.336	24,9
INTI	34.151	42.203	23,6
SEGEMAR	20.318	24.699	21,6
gesamt	**598.337**	**679.265**	**13,5**

[1] in Mio. $

Quelle: GACTEC (1997), S.49.

Darüber hinaus wurden für die staatlichen Universitäten 123,7 Mio. $ für Ausgaben für Wissenschaft und Technologie angesetzt (1997: 123,8 Mio. $). Dieser Betrag umfasste weiterhin auch 70 Mio. $ für das „Anreiz-Programm für forschende Dozenten". Für die forschungspolitischen Koordinierungsorgane SECYT (7,0 Mio. $) und AGENCIA (71,1 Mio. $) wurden weniger als 10% der Gesamtsumme ausgegeben. Im Etat der AGENCIA sind die neuen Projektmittel für den FONTAR und den FONCYT enthalten. Als neuen Posten verbucht der Haushaltsplan 1998 Steuergutschriften (im Rahmen des FONTAR-Programms) in Höhe von 20 Mio. $. Betrachtet man alle Positionen (OCT, Universitäten, AGENCIA, SECYT) zusammen, ergibt sich ein geplanter Anstieg der öffentlichen Ausgaben für Forschung und Technologie um 15,2% von 782,4 Mio. $ auf 901,2 Mio. $. Damit unternahm die Regierung eine deutliche Anstrengung, sich ihrem selbstgesteckten Ziel von 1% des BIP anzunähern.

Infolge der sich verschlechternden ökonomischen Situation ging der Umfang des Budgets für die Förderung von Forschung und Technologie nach 1998 wieder zurück. Das im zweiten PLAN veranschlagte Budget der OCT für das Jahr 1999 sank mit einem Rückgang um 5,6% erstmals in den 90er Jahren wieder.[1] Die tatsächlichen Ausgaben für F&E brachen noch stärker ein, wie die

---

[1] Vgl. GACTEC (1998), S.91.

vorläufigen Zahlen zum November 1999 suggerieren, in dessen zweiter Hälfte erst 80% der veranschlagten Ausgaben getätigt worden waren.[1]

Der im Dezember 1999 verabschiedete PLAN 2000-2002 ist durch den Regierungswechsel, die sich weiter abschwächende Wirtschaft, und den erfolgreichen Abschluss der Verhandlungen mit der IDB zum PMT II geprägt. Am Ende des Jahres 1999 war infolge des Regierungswechsels immer noch kein neues Budget für das Jahr 2000 beschlossen worden. Vor dem Hintergrund der konjunkturellen Situation wurde das ursprünglich für das Jahr 2000 anvisierte 1%-Ziel als nicht mehr realisierbar erachtet und aufgeschoben. Allerdings wurde das 1%-Ziel auch von der neuen Regierung grundsätzlich bekräftigt.[2] Die Auswirkungen der verschlechterten wirtschaftlichen Situation können ab dem Jahr 2000 dadurch etwas gelindert werden, dass durch einen neuen Kredit der IDB (802 OC/AR) im Rahmen des Programms PMT II mehr finanzielle Mittel von multilateralen Geldgebern zur technologischen Modernisierung der Wirtschaft zur Verfügung stehen. Die Verhandlungen mit der IDB wurden noch von der alten Regierung im September 1999 abgeschlossen; der im Rahmen des Programms des zur Verfügung stehende Betrag erhöhte sich auf 140 Mio. $.

c) Die Entwicklung der horizontale Instrumente für den öffentlichen Forschungssektor

Als neues Instrument der Forschungsfinanzierung war 1997 der *Fondo para la Ciencia y Tecnología* (FONCYT) ins Leben gerufen worden, aus dem Mittel zur Unterstützung von Forschungsprojekten vergeben werden. Der FONCYT verfügte 1998 insgesamt über Haushaltmittel in Höhe von 36 Mio. $, mit denen er die „*Proyectos de Investigación Científica y Tecnológica*" (PICT) und die „*Proyectos de Investigación y Desarrollo*" (PID) förderte. Von dieser Summe waren im Etatansatz für 1998 für PICT 26,5 Mio. $ und für PID 7,5 Mio. $ vorgesehen. In beiden Fällen kamen zusätzliche Beiträge der Partnerinstitutionen hinzu, so das das Gesamtvolumen der PICT-Mittel auf 33,1 Mio. $ und das der PID-Mittel auf 9,4 Mio. $ stieg.[3] Im Vergleich zu den direkten Zuwendungen an die OCT nehmen die horizontalen Programme mit ca. 4% nur eine unbedeutende Rolle ein.

Die Projekte der PICT wurden in vier Kategorien eingeteilt, die jeweils ein Viertel der Mittel erhalten sollten:

I) Forschungsprojekte in den Prioritätsbereichen Gesundheit, Bildung und Umwelt.

II) Forschungsprojekte, die den sektoralen Prioritäten in der Agrarwirtschaft, der Industrie, im Bergbau und in der Ozeanographie zuzurechnen sind.

---

[1] Vgl. GACTEC (1999), S.42/58.
[2] Vgl. La Nacion (2001b).
[3] Vgl. GACTEC (1997), S.32.

III) Forschungsprojekte, die den von den Provinzen und Regionen bestimmten Prioritäten zuzuordnen sind.

IV) Offene Kategorie: Forschungsprojekte, die nicht in den Gruppen I – III enthalten sind.

Über die Prioritätsbereiche sollte der Forschungspolitik eine inhaltliche Lenkung und Schwerpunktsetzung ermöglicht werden. Die Finanzierung der PICT erfolgte aus den Mitteln des PMT I der IDB. Die maximale Förderungshöhe eines PICT betrug zunächst 25.000 $.

Tabelle 4.3.5.3: Übersicht über die PICT 1996 bis 1998

Jahr der Ausschreibung	Zahl der Projekte	Volumen der Projekte (in $)	durchschnittliches Projektvolumen
1996	550	5.593.533	10.170
1997	713	27.737.004	38.902
1998	447	31.558.124	70.600
gesamt	**1.710**	**64.881.661**	**37.947**

Quelle: GACTEC (1999), S.24/58.

Zwischen 1996 und 1998 wurden im Rahmen der ersten drei Ausschreibungen insgesamt 1.710 Projekte gefördert (Tabelle 4.3.5.3). Bei der Ausschreibung des Jahres 1997 gab es 2.588 Anträge, von denen der größte Teil (1.900) von *peers* evaluiert wurde. Die meisten der PICT in Prioritätsbereichen wurden in den Bereichen Agrar-, Forstwissenschaft und Fischerei (105) vergeben, gefolgt von der Biologie (74).[1]

Im Jahr 1998 wurden bei der Vergabe von PICT-Mitteln erste Neuerungen eingeführt. Es kam zu einer Erhöhung der maximalen Förderung auf 50.000 $, und die Laufzeit der Projekte verlängerte sich auf bis zu drei Jahre. Darüber hinaus wurden Gemeinschaftsanträge von OCT bzw. Universitäten und Kooperationspartnern (Provinzinstituten, Unternehmen, NGOs), sogenannte PICTOs, als neue Projektkategorie eingeführt, um die Vernetzung im Innovationssystem zu stärken.

Mit den PID fördert der FONCYT F&E-Projekte an öffentlichen Forschungsinstituten. Ihre Ergebnisse sind *a priori* öffentliche Güter, können aber unter bestimmten Umständen der Vertraulichkeit unterliegen. Die Partnerunternehmen des PID besitzen das Erstnutzungsrecht der Forschungsergebnisse. Die im

---

[1] Diese Werte beziehen sich nur auf die Ausschreibungen der Jahre 1997 und 1998. Vgl. GACTEC (1999), S.24/58.

Rahmen der PID geförderten Projekte können ein Volumen bis zu 1,2 Mio. $ haben.[1]

Tabelle 4.3.5.4: Übersicht über die PID 1994 bis 1998

Jahr der Ausschreibung	Zahl der Projekte	gefördertes Projektvolumen	durchschnittliches Projektvolumen
1994	56	19.000.976	339.303
1995	23	5.175.241	225.010
1998	21	5.230.812	249.086
insgesamt	**99**	**29.023.139**	**293.163**

Quelle: GACTEC (1999) PLAN 2000-2002, 2.4.4.2.

Bereits im Jahr 1994 war die erste Ausschreibung (PID I) im Rahmen des PID-Programms durchgeführt worden. Die Projekte wurden 1997 mit dem ernüchternden Ergebnis evaluiert, dass die beteiligten Partnerunternehmen ihre Verpflichtungen oftmals nicht eingehalten hatten. Die Ausschreibung der PID-Mittel ging 1997 in die Hände der AGENCIA über und wurde reorganisiert. In der zweiten Ausschreibung (PID II, 1995), deren Zuschläge 1997 erfolgten, wurden ein Eigenbeitrag der Kooperationspartner von 10% und strengere Vergabekriterien eingeführt. Infolgedessen ging die Zahl der bewilligten Projekte auf 23 zurück. Im PID III (1998) wurde der Eigenbeitrag der Unternehmen weiter auf 25% erhöht. Die Zahl der geförderten Projekte sank weiter, ebenso die Beteiligung der Unternehmen an der Förderung.[2] Das PID-Programm kann bisher nur eingeschränkt als erfolgreiches Instrument zur Förderung von kooperativen Innovationsvorhaben betrachtet werden.

c) Die Entwicklung der horizontalen Instrumente für die Förderung von F&E im privaten Sektor

Zur finanziellen Förderung der F&E-Aktivitäten des privaten Sektors war der FONTAR eingerichtet worden, dessen Mittel seit 1997 ebenfalls von der AGENCIA vergeben werden. Dem FONTAR standen im Jahr 1998 finanzielle Ressourcen in Höhe von insgesamt 45,1 Mio. $ zur Verfügung. Die größte Einzelposition war das neue *fiscal credit*-Programm, gefolgt von den PMT (11,9 Mio. $), den F&E-Darlehen aus dem Gesetzes 23.877 (7,1 Mio. $) und dem „Technologischen Berater"-Programm (5,4 Mio. $). Alle vier Programme beinhalteten Eigenbeiträge der geförderten Unternehmen. Die Verteilung der Mittel im Jahr 1998 zeigt Tabelle 4.3.6.4 (nächste Seite).

---

[1] Vgl. Chudnovsky (1999), S.166.
[2] Vgl. GACTEC (1999), S.29/58.

Tabelle 4.3.5.5: Die finanzielle Ausstattung der Programme des FONTAR 1998

Programm / Förderaktivität	Zuwendung aus dem Haushalt	Zusätzliche Beiträge	gesamt
Abschreibungsmöglichkeiten (*fiscal credit*)	20,0	30,0	50,0
PMT, PIT (IDB, Banco de la Nacion)	11,9	20,2	32,1
Darlehen für F&E-Projekte	7,1	7,1	14,2
Unterstützung für technologische Berater	5,4	5,4	10,8
Kredite an OCT	9,7	9,7	19,4
insgesamt	**54,1**	**72,4**	**126,5**

Quelle: GACTEC (1997), S. 39.

Als größtes Segment des FONTAR verfügte das *fiscal credit*-Programm für F&E-Projekte von KMU, NHU und MNU über ein Volumen von 20 Mio. $. Durch erforderliche Eigenbeiträge der Unternehmen erhöht sich das Gesamtvolumen der geförderten F&E-Projekte des *fiscal credit*-Programms auf 45 Mio. US-$. Bis zu 50% der Kosten eines Innovationsprojektes können auf die Steuerschuld angerechnet werden. Bis 1999 kam es zu 2 Ausschreibungsverfahren mit Wettbewerbscharakter: Beim ersten Auswahlverfahren (1998) wurden 94 Projekte mit einem Investitionsvolumen von insgesamt 58 Mio. $ gefördert, beim zweiten (1999) bereits 145 mit einem Umfang von 74,5 Mio. $. Die Anzahl der beantragten förderungswürdigen Projekte war so groß, dass der Haushaltsrahmen von 20 Mio. $ bereits beim zweiten Auswahlverfahren nicht mehr ausreichte.[1] Im Rahmen des *credito fiscal*-Programms wurden nur 2% der öffentlichen Gesamtausgaben für F&E vergeben, ein im internationalen Vergleich sehr geringer Anteil. Chudnovsky et al. konstatieren, dass es bis 1999 ca. 200 Empfänger gab, dass aber bei mindestens 4.500 argentinischen Unternehmen mit Innovationsaktivitäten eine erhebliche unbefriedigte Nachfrage bestehen dürfte. 83% der am *fiscal credit*-Programm beteiligten Unternehmern waren KMU, ihr Anteil an der Investitionssumme liegt bei 52%.[2] Noch im PLAN 2000-2002 war eine Ausweitung des Fördervolumens auf 30 Mio. $ geplant,

---

[1] Vgl. GACTEC (1999), S. 30/58.
[2] Vgl. Chudnovsky/Niosi/Bercovich (2000), S. 241f. und PLAN (1999), S.30/58.

aber nach dem Regierungswechsel wurde das *fiscal credit*-Programm in Anbetracht der Haushaltslage wieder abgeschafft.[1]

Über den FONTAR werden Kredite der *IDB* und der *Banco de la Nacion* an Unternehmen und OCT zur technologischen Modernisierung vergeben. Die Mittel aus dieser Position werden wiederum in „Projekte zur technologischen Modernisierung" (PMT), „Projekte zur technologischen Innovation" (PIT) und „Projekte zu technologischen Dienstleistungen" unterteilt. Während im Rahmen der PMT kleinere Modernisierungsprojekte gefördert werden, sind die Zielgruppe der PIT größere und risikoreichere Innovationsprojekte. Beide Programme fördern explizit Unternehmen. Die Projekte für technische Dienstleistungen werden demgegenüber von den OCT durchgeführt. Insgesamt wurden in allen 3 Projektkategorien zusammen zwischen 1995 und 1999 112 Projekte mit einem Volumen von 52 Mio. $ gefördert. Die Zahl der jährlich geförderten PMT und PIT liegt zumeist im einstelligen Bereich. Bei den technischen Dienstleistungen stieg die jährliche Projektzahl zwischen 8 (1995) und 23 (1998) Projekten, ehe es 1999 wieder zu einem deutlichen Rückgang kam.[2]

Die Vergabe von F&E-Darlehen (Mittel aus dem Gesetz No. 23.877) begann bereits im Jahr 1992. Die F&E-Darlehen werden zu subventionierten Zinssätzen vergeben, und die Empfänger müssen über Sicherheiten verfügen. Da das Programm eine schlechte Performance aufwies, wurde es ab 1997 ebenfalls der AGENCIA unterstellt. Seit 1992 wurden insgesamt 60 Projekte auf zentralstaatlicher Ebene und 372 Projekte auf Provinzebene gefördert, das gesamte Fördervolumen betrug bis 1999 45,4 Mio. $.

Als neues Teilprogramm des FONTAR wurde mit einer Mittelausstattung von zunächst 5,4 Mio. $ das „Technologische Berater"-Programm eingeführt. Auch in dieses Programm flossen Mittel der IDB aus dem PMT I. Das Ziel des Beraterprogramms ist die Unterstützung der technologischen Restrukturierung von KMU. Mit dem Programm soll zugleich eine Stärkung der Verbindungen zwischen Universitäten, öffentlichen Instituten und dem produzierenden Gewerbe geschaffen werden. Von der Seite der beratenden Institution (Universität, OCT) werden ein Direktor und junge Berater gestellt. An der ersten Ausschreibung im Jahr 1998 nahmen 50 Gruppen teil. Davon wurden 32 Projektgruppen gefördert, an denen insgesamt 204 Unternehmen beteiligt waren. Das Volumen der Projekte betrug 4,54 mio $, von denen 47,9% vom FONTAR kamen. Auf der Beraterseite waren 32 Direktoren und 159 technische Berater beteiligt. Bei den Beratungsarten dominierten die Qualitätskontrolle vor Verbesserungen in der Organisation sowie Verbesserungen in der Produktion.[3] Die meisten Unternehmen standen zuvor nicht im Kontakt mit den OCT und besaßen keine eigenen

---

[1] Vgl. La Nacion (2001).
[2] Ihre Empfänger waren hauptsächlich das INTI und das INTA.
[3] Diese Prioritäten decken sich mit den anhand der Encuesta identifizierten.

formalen Innovationsaktivitäten. Das Programm wurde 1999 dahingehend modifiziert, dass neben Gruppen auch der Einsatz individueller technischer Berater gefördert werden sollte.

Die gesamte Fördersumme aus den FONTAR-Programmen betrug 1998 nur 6% der öffentlichen Ausgaben für Forschung und Technologie. Bis 1999 wurden insgesamt nur ca. 400 Unternehmen durch Programme aus dem FONTAR und dem FONCYT gefördert.[1] Dies ist nur ein geringer Teil der Unternehmenspopulation. Das Gesamtvolumen der FONTAR-Förderung ist mit ca. 50 Mio. $ p. a. (bzw. insgesamt ca. 150 Mio. $ zwischen 1995 und 1999) zu gering, um die Innovationsbereitschaft und -fähigkeit der argentinischen Industrie grundlegend verändern zu können oder die Bereitschaft zur Kooperation mit inländischen Partnern nachhaltig zu stimulieren. Dennoch stellen die Programme gute Ansätze dar, die fortgeführt und zugleich einer regelmäßigen Evaluation und Verbesserung unterzogen werden sollten.

d) Entwicklungen bei den nicht-horizontalen Instrumenten der Forschungsförderung

Die Weißbücher stellen in den Anhängen die Pläne für spezielle sektoralen Programme zusammen. Unter den speziellen Programmen des ersten PLANs befand sich je eines zur Förderung der technischen Modernisierung der KMU und zur Förderung der agroindustriellen Entwicklung. Die thematischen Schwerpunkte gelten der Biotechnologie und der Meeresforschung. In den nächsten beiden PLÄNEN wurden zahlreiche neue sektorale und thematische Schwerpunkte für die PICT aufgenommen.[2] Von besonderer industriepolitischer Bedeutung ist ein Programm zur Förderung der Mikroelektronik. Argentinien verfügte noch in der zweiten Hälfte der 90er Jahre über keine eigene Produktion im Bereich der Mikroelektronik. Der Ausbau soll in Kooperation mit der Privatwirtschaft erfolgen und sich (zunächst) auf mikroelektronische Anwendungen fokussieren. Ab 2000 wurden von der neuen Regierung neue Prioritäten gesetzt. Die Entwicklung der Informationstechnologie und Ausbau des Internet wurden dabei als wichtige Schwerpunkte der neuen FT-Politik genannt.

Darüber hinaus wurde im PLAN 1999-2001 ein „Arbeitsgruppenprogramm" zur Erweiterung der wissenschaftlich-technischen Basis initiiert, dass die Einführung neuer Arbeitsgruppen zu neuen Forschungsgebieten einleiten soll. Es kam zur Einrichtung von fachgebietsspezifischen Foren zur Neuausrichtung der Forschungsaktivitäten in den einzelnen Fachgebieten. Thematische Lücken in der argentinischen Forschungslandschaft, die von einer Untersuchung des MCE identifiziert worden waren, sollen mit dem durch 27 mio US-$ aus dem PMT II-geförderten PAVs (*Programa de area de vacancia*) geschlossen werden.[3]

---

[1] Vgl. GACTEC (1999), S.36/58.
[2] Ein inhaltlicher Schwerpunkt widmet sich der Innovationssystemforschung für Argentinien.
[3] Vgl. GACTEC (1998, 1999).

Neu installiert wurde im PLAN 1999-2001 ein „Inkubatorenprogramm" zur Förderung von wissensbasierten Existenzgründungen, dass die bisherigen vereinzelten Ansätze von INTA, INTI, CNEA zur wissenschaftlich basierten Existenzgründung (*spin offs*) koordiniert. Die Koordinierung der Aktivitäten erfolgt durch den neugegründeten AIPyPT. *Der Polo Tecnologico Constituyentes* im Großraum Buenos Aires wird als lokales Kompetenzzentrum ausgebaut. Im Plan 2000-2002 wurde die Umsetzung der Existenzgründungsförderung durch Inkubatoren und Technologiepole eingeleitet.[1] Die Installierung regionaler Schwerpunkte bei der Ansiedlung neuer Technologien entspricht den innovationspolitischen Strategien des NIS-Ansatzes.

4.3.5.4 Zusammenfassung und Diskussion der forschungspolitischen Reformen

Die Veränderungen bei den öffentlichen Elementen des NIS, bei den institutionellen Rahmenbedingungen und bei den komplementären Elementen können wie folgt zusammengefasst werden:

1. Nach 1990 wuchsen die Budgets für die OCT wieder an, und die Anzahl der Forscher in den öffentlichen Instituten nahm zu.

2. Der Schutz geistigen Eigentums und das Normen- und Zertifizierungswesen wurden, nicht zuletzt durch direkten und indirekten internationalen Druck, gestärkt.

3. Während der Eintritt technologischer Dienstleister den Wissensmarkt erweiterten, blieb die Kreditvergabe für innovative Unternehmen oder Existenzgründer unzureichend.

4. Im Jahr 1990 wurden die ersten juristischen Grundlagen für eine innovationsorientierte Technologiepolitik gelegt. Sie trat an die Stelle der „alten" Industriepolitik der Importsubstitution, die vom Menem-Regime endgültig aufgegeben wurde.

5. Im Jahr 1996 kam es zu einem grundlegenden Neuanfang in der Forschungspolitik. In seinem Zentrum stand ein institutioneller Umbau mit klarerer Kompetenzabgrenzung und ein stärkere Beteiligung der Provinzen.

6. Neue horizontale Instrumente mit Ausschreibungen unter Wettbewerbsbedingungen sowie Evaluierungsmechanismen wurden eingeführt. Allerdings nehmen die neuen Instrumente im gesamten Budget für FT weiterhin nur einen geringen Teil ein.

7. Ein explizites Ziel ist die Förderung der Kooperation privater und öffentlicher Akteure sowie, damit verbunden, die stärkere Ausrichtung des Angebots an der Nachfrage.

---

[1] Vgl. GACTEC (1999), S.37/58f.

8. Bis zum Regierungswechsel stellte sich eine gewisse Kontinuität der FT-Politik ein. Es wurden in zunehmenden Maße neue selektive Bereiche in die Programme aufgenommen, und die Förderung lokaler Technologiezentren wurde eingeleitet.

9. Mit der Verschlechterung der Wirtschaftslage zum Ende der Dekade gingen auch die öffentlichen Ressourcen für die Wissenschaft wieder zurück. Kredite internationaler Organisationen gewährleisten eine gewisse Kontinuität.

10. Mit dem Regierungswechsel kam es zu einer Neuorganisation der FT-Politik, zu neuen Prioritäten und zum Ende der Dreijahrespläne.

Im theoretischen Teil der Arbeit und am Ende des Abschnittes 4.3.3 wurden Leitlinien für eine argentinische wissensorientierte Entwicklungspolitik vorgestellt. Vor diesem Hintergrund soll zunächst eine Bewertung der Grundzüge und Instrumente der Reformen erfolgen, ehe im Anschluss daran auf einige Defizite hingewiesen wird.

a) Realisierte Elemente der FT-Politik

Der verbesserte Schutz geistiger Eigentumsrechte stellt zumindest kurzfristig keinen wichtigen Impuls zur Erhöhung der Innovationsbereitschaft der argentinischen Unternehmen dar. Die im *Encuesta* befragten Unternehmen räumten der Imitationsgefahr als Innovationshindernis keinen vorderen Platz ein. Vermutlich werden die neue Regeln in einigen Branchen (Software) die Innovationsbereitschaft erhöhen, in anderen (pharmazeutische Industrie) dagegen Anpassungsproblemen mit sich bringen. Aufgrund der Übergangsfristen ließen sich bisher keine direkten Effekte des neuen Patentrechtes beobachten. Die Schaffung eines Systems zur Stärkung der qualitätsorientierten Produktion war dagegen ein wichtiger Schritt, zukünftig weltmarktfähige Produkte entwickeln zu können.[1] Und nach den Privatisierungen wäre eine weitere Deregulierung der betroffenen Märkte ein wichtiger Impuls, Innovationen zu induzieren. Dem steht allerdings die vertragliche Bindung der Regierung an die Konzessionsverträge entgegen.

Die Einführung einer öffentlich artikulierten und nachfrageorientierten FT-Politik stellte einen wichtigen Fortschritt auf dem Weg zu einer wissensbasierten Wirtschafts- und Entwicklungspolitik dar. Nach Dekaden ohne eine explizit an den Bedürfnissen des produktiven Sektors ausgerichtete Forschungs- und Technologiepolitik bedeutete die Neuordnung einen wichtigen Fortschritt für die Entwicklung wissensbasierter Kompetenzen. Der Einsatz der FT-Politik zur Förderung der wirtschaftlichen Entwicklung erscheint erfolgversprechender als der Einsatz der Handels- oder der Wechselkurspolitik mit ihren makroökonomischen Verzerrungswirkungen.

---

[1] Auf die Maßnahmen zur Verbesserung der Humankapitalbasis soll nicht weiter eingegangen werden.

Die Zielsetzung der „Stärkung des Innovationssystems" erscheint ebenfalls vielversprechend. Vor dem Hintergrund der speziellen Situation eines Schwellenlandes ist die stärkere Orientierung der Vergabe von Forschungsmitteln an der Nachfrage nach Wissen aus der Wirtschaft, insbesondere der KMU ein wichtiger Schritt in die richtige Richtung. Allerdings hätte der systemische Charakter der Innovation, nicht zuletzt in Hinblick auf komplementäre Elemente des Innovationssystems (Finanzmärkte, Arbeitsmärkte, Unternehmensrecht) stärkere Berücksichtigung im Reformpaket finden können. Die Reformen sind sehr stark auf die Beziehung zwischen den öffentlichen Forschungsinstituten und den privaten Unternehmen fokussiert.

Die institutionelle Neuordnung der Forschungspolitik scheint zur Stärkung des argentinischen Innovationssystems beigetragen zu haben. Die Trennung und eindeutige Zuordnung von Kompetenzen, die größere Transparenz durch die PLÄNE und die Ausschreibungsverfahren, mehr Wettbewerb durch öffentliche Ausschreibungen und Leistungs- und Ergebniskontrolle durch Evaluierung sind begrüßenswerte Änderungsschritte in der argentinischen FT-Politik. Gerade die Evaluierung der OCT und die Beteiligung ausländischer *peers* an den Ausschreibungsverfahren ist vor dem Hintergrund der speziellen informellen Institutionen Argentiniens (Korruption) zu begrüßen. Allerdings macht der „transparente" Bereich der öffentlichen Ausgaben weiterhin nur einen geringen Teil der Gesamtausgaben aus.[1]

Der Reformprozess wird – ganz dem Verständnis des NIS-Ansatzes entsprechend – als ergebnisoffener institutioneller Lernprozess verstanden, in dem es durch Evaluierung der Wirkungen, Erfolge und Fehler der einzelnen Programme zu einem kontinuierlichen Verbesserungsprozess kommen soll. Die geringe Erfahrung Argentiniens mit einer wirtschaftspolitisch motivierten und effizienten FT-Politik macht ein derartiges Vorgehen sinnvoll und erforderlich. Die zu erwartenden Lerneffekte sind hoch. Das Lernen von ausländischen Erfahrungen sollte stärker institutionalisiert werden. Inwieweit der Prozess des „institutionalisierten Lernens" allerdings tatsächlich das Entstehen neuerlicher Verkrustungen in den beteiligten Institutionen verhindern kann, bleibt abzuwarten.

Die ab 1996 eingesetzten finanzpolitischen Instrumente lassen sich sowohl aus der Perspektive der EWT als auch auf Grundlage des NIS-Ansatzes rechtfertigen. Die Betonung horizontaler Instrumente entspricht den Vorstellungen der neoklassischen Innovationstheorie, die ein „allgemeines" Versagen auf den Märkten für Wissen konstatiert und diesen mit „allgemeinen" (horizontalen) Subventionen der Wissenserzeugung begegnen will.[2] Die Umsetzung der hori-

---

[1] Für eine detaillierte Bewertung der neuen Strukturen reichen die vorliegenden Informationen nicht aus.
[2] Auch die Förderung der Grundlagen- und der angewandten Forschung über die PCT und PID lässt sich mit „neoklassischen" Argumenten begründen.

zontalen Instrumente scheint mit Problemen verbunden gewesen zu sein. Sowohl die Evaluierung der ersten PID als auch der F&E-Darlehen fiel kritisch aus. Andererseits stießen die neuen Instrumente auf eine lebhafte Nachfrage, die vom Angebot nicht in vollem Umfang befriedigt werden konnte. Daher sollten die Programme weitergeführt, aber zugleich stärker kontrolliert werden.

Der Zuwachs von sektoralen und regionalen Schwerpunktgebieten der Forschungsförderung ist zwiespältig zu bewerten. Einerseits bedeuten die Prioritäten grundsätzlich eine Abkehr von der horizontalen Orientierung der neuen Instrumente. Andererseits bedeuten zu wenig Prioritätsgebiete eine zu hohe Selektivität, während zu viele Gebiete zu Verwässerung der Konzentration auf erfolgversprechende Bereiche führen können, grundsätzlich aber wieder eine Annäherung an den horizontalen Charakter implizieren. Der Einsatz selektiver Maßnahmen ist ein Streitpunkt zwischen EWT und NIS, daher fällt eine Bewertung der Existenz und Zunahme von Prioritätsgebieten je nach Blickwinkel unterschiedlich aus. Chudnovsky et al. weisen darauf hin, dass horizontale Instrumente gerade für Länder geeignet sind, in denen die technologischen Stärken noch nicht deutlich zu identifizieren sind.[1] Die tatsächliche Schwerpunktsetzung bei der Forschungsförderung auf ressourcennahe Bereiche (Biotechnologie, Bergbau, Ozeanografie) erscheint vor dem Hintergrund der Ergebnisse der *Encuesta* aber sinnvoll zu sein.

Der Versuch einer Stärkung der Verbindungen zwischen den Elementen des NIS (PID, technologische Berater, Studien über die Nachfrage der Wirtschaft nach Wissen und Technologie) basiert explizit auf dem Ansatz der NIS und ist zur Verbesserung der inländischen Wissensflüsse prinzipiell zu begrüßen. Zur Vergabepraxis und zur Projektdurchführung kann in Anbetracht des kurzen Zeitraums seit der Einführung noch kein Urteil gefällt werden.

Die für die Förderung von FT-Projekten zur Verfügung stehenden Mittel aus den horizontalen Programmen blieben in der Summe gering, selbst im Vergleich zu den geringen eigenen F&E-Ausgaben der argentinischen privaten Unternehmen. Das selbstgesteckte quantitative Ziel von F&E-Investitionen in Höhe von 1% des BIP ist sehr ehrgeizig und erscheint *de facto* mittelfristig unerreichbar, v.a. wenn eine „vernünftige" Zusammensetzung der Ausgaben (öffentlich, privat) erreicht werden soll.

Die horizontalen Programme nehmen zudem nur einen sehr geringen Teil der gesamten öffentlichen Mittel für F&E ein, ihre Reichweite ist somit nur begrenzt. Sie zielen zwar in die richtige Richtung, werden aber in der bisherigen Form und ohne komplementäre Maßnahmen im Finanzsektor keinen entscheidenden Beitrag zur Erhöhung der inländischen Innovationsbereitschaft und -tätigkeit leisten können.

---

[1] Vgl. Chudnovsky/Niosi/Bercovich (2000).

Mit der Förderung von lokalen Kompetenzzentren wurde ein weiteres Element der FT-Politik der IL eingeführt, das sich aus der *Cluster*-Forschung und dem NIS-Ansatz begründen lässt. Die Erfahrung aus Industrieländern zeigt allerdings, dass die praktische Umsetzung derartiger Maßnahmen problematisch ist. Zudem kann dieses Instrument in der Praxis im Widerspruch zur Zielsetzung einer Föderalisierung der Forschungspolitik stehen.

b) Defizite der FT-Politik

Der Zugang zu Krediten stellte nach den Angaben der *Encuesta* und anderer Studien für die meisten Unternehmen das größte Innovationshindernis dar.[1] Direkt auf den Kreditzugang ausgerichtete Programme im Rahmen des FONTAR (F&E-Darlehen, PMT, PIT) können aufgrund des geringen Mittelumfangs nur eine kleine Linderung des Problems bringen. Für die bestehenden Probleme des Innovationssystems im Bereich des Finanzsektors selbst wurden im Rahmen der neuen FT-Politik zunächst keine Lösungsansätze entwickelt. Allerdings wurden Mitte der 90er Jahre einige Ansätze (Schaffung von Rahmenbedingungen für *venture capital*, Einführung eines „Neuen Marktes") diskutiert und in spätere PLÄNE und Gesetzesvorhaben aufgenommen.

Im Rahmen der Analyse der EWT ist die Bedeutung internationaler Wissensspillover-Effekte in die Forschung für den langfristigen Erhalt des eigenen Forschungssektors deutlich gemacht geworden. Die Liberalisierung des Außenhandels hat indirekte internationale Wissensspillover in die Forschung vermutlich erheblich erleichtert. Darüber hinaus wäre eine stärkere internationale Ausrichtung des öffentlichen Teils des NIS zur Stimulierung von direkten internationalen Wissensspillovern wünschenswert. Mögliche Ansatzpunkte wären z.B. eine intensivere Kooperation im Rahmen des Mercosur (wie sie bereits in den Verträgen angedacht wurde) oder mit Forschungseinrichtungen aus den mit einer höheren Wissensbasis ausgestatteten IL. Die existierenden internationalen Forschungskooperationen werden in den PLÄNEN aufgeführt, sie scheinen jedoch keine hohe Priorität bei der Neuausrichtung genossen zu haben. Auch die verstärkte Beteiligung der im Inland tätigen MNU an kooperativen Forschungsaktivitäten wäre zu begrüßen.

Die sich verschlechternde ökonomische Situation bremste den Aufbruch in eine moderne FT-Politik aus. Fehler im kurzfristigen makroökonomischen Management dominierten über die vielversprechenden, langfristig orientierten Ansätze der Wirtschaftspolitik zur Verbesserung der mikroökonomischen Bedingungen. Die öffentlichen Mittel für F&E wurden nach 1998 zunehmend knapper, und auch die privaten Unternehmen reduzieren ihre Innovationsanstrengungen wieder deutlich. Die Beschränkungen der öffentlichen Ausgaben und die Priorisierung von Ausgaben zur Linderung der sozialen Situation sind verständlich. Sie unterbinden dennoch die Kontinuität von in der Regel langfristig orientierten

---

[1] Vgl. auch FIEL (1996).

Forschungsprojekten und -programmen. Zumindest internationale Programme (IDB, Weltbank) führen auch in der Krise zumindest zu einer Grundfinanzierung einiger neuer Förderinstrumente. Weitere Programme wäre wünschenswert.

Auch die Neustrukturierung nach dem Regierungswechsel 1999 lässt befürchten, das die FT-Politik zukünftig eine geringe Kontinuität aufweisen wird. Der neuen Regierung scheint eine eigene FT-politische Vision zu fehlen, die eine effektive Balance zwischen Kontinuität und Flexibilität herstellen kann.

4.3.6 Die Evolution des NIS des argentinischen NIS nach 1990 – eine Synthese

4.3.6.1 Zusammenfassung und Interpretation der Evolution des NIS

Argentinien begann die Dekade mit einem im Vergleich zu den IL unterentwickelten Innovationssystem. Die Importsubstitution, und die Krise in den 70er und 80er Jahren hatten zu einer lose verbundenen Ansammlung fragmentierter Elemente geführt, die kein funktionierendes System bildeten. Die privaten und öffentlichen F&E-Anstrengungen waren gering. Die Privatunternehmen beschränkten sich auf die Adoption und bestenfalls die Adaptation von Technologien aus dem Ausland. Die öffentlichen Forschungsinstitute – mit Ausnahme des INTA – und die Universitäten forschten an den Bedürfnissen des produktiven Sektors vorbei. Und die Industriepolitik gab sektoralen Förderregimen und handels- und wechselkurspolitischen Eingriffen den Vorrang vor technologiepolitischen Instrumenten. Die negative wirtschaftliche Entwicklung Argentiniens seit den 70er Jahren und die schlechte Performance seines NIS bedingten und verstärkten sich vermutlich gegenseitig.

Der wirtschaftspolitische Paradigmenwechsel unter Präsident Menem veränderte die Rahmenbedingungen des argentinischen Innovationssystems grundlegend. Das spezifisch argentinische Muster aus Liberalisierung, Deregulierung und Stabilisierung übte verstärkten Selektions- und Anpassungsdruck auf die privaten Akteure aus, eröffnete aber auch neue Chancen, da er den Unternehmen die Modernisierung mit best practice-Technologien erleichterte und eine Phase der Stabilität und des Wachstums einleitete.

Die Politik begleitete die Weltmarktintegration zunächst nur zögerlich mit vereinzelten, wenig zielgerichteten Maßnahmen zur Stärkung des Innovationssystems. Eine Vision fehlte, und die Einleitung der wenigen Maßnahmen war zudem mit erheblichen Verzögerungen verbunden. Eine aktive und konsistente Forschungs- und Technologiepolitik zur Unterstützung der privaten Akteure bei ihrem Restrukturierungsprozess blieb aus, die institutionelle Infrastruktur zur Unterstützung des wirtschaftlichen Umbaus und der Modernisierung gerade der KMU blieb unzureichend.

Nach der Weltmarktintegration im Jahr 1990 begann in Argentinien eine Phase dynamischen Wirtschaftswachstums. Parallel zum Wachstum beschleunigte sich ein Spezialisierungsprozess, der zum einen – wechselkurs- und privatisierungsbedingt – eine Expansion des Dienstleistungssektors mit sich brachte und zum anderen – integrationsbedingt – innerhalb der Industrie, von Ausnahmen abgesehen, entsprechend den komparativen Vorteilen verlief.

Mit der Öffnung und dem Wachstum expandierte in der ersten Hälfte der 90er Jahre auch der argentinische Markt für Technologie. Insbesondere das ausländische Angebot an Technologie und Wissen nahm deutlich zu, die Möglichkeiten zum Abbau von Produktivitätsnachteilen verbesserten sich. Aber auch im Inland erhöhte der verstärkte Wettbewerb in Verbindung mit dem Wachstum und der neugewonnenen Stabilität die Bereitschaft der Unternehmen, in Aktivitäten zur Wissensgenerierung und Innovation zu investieren, um im neuen Umfeld erfolgreich bestehen zu können. Der Einsatz inkorporierter und nicht inkorporierter ausländischer Technologien stieg zwar überproportional an, aber dieser Prozess wurde von einer absoluten Expansion der eigenen F&E und anderer Anstrengungen zu technologischen Verbesserungen begleitet. Die exakte Natur der inländischen F&E (F&E zur Absorption ausländischer Technologie, Einführungen bzw. Verbesserungen von Produkten oder Prozessen) und ihr Effekt blieb allerdings offen.

Allerdings waren bei weitem nicht alle Unternehmen zu einer Restrukturierung ihrer Aktivitäten in der Lage. Die Fähigkeiten der Unternehmen, auf die neuen Rahmenbedingungen zu reagieren, erwiesen sich als sehr heterogen. Die Innovations- und Modernisierungsanstrengungen nahmen insgesamt zwar deutlich zu, die Möglichkeiten (z.B. Zugang zu Kapital und ausländischer Technologie) und Fähigkeiten (z. B. Management-Kompetenz) waren aber häufig limitiert. Firmenspezifische Suchprozesse nach einer neuen Ausrichtung der Unternehmensaktivität liefen ab, und unterschiedliche Strategien wurden verfolgt. Individuelle Pfadabhängigkeiten determinierten die Entscheidungen. Pauschal lässt sich konstatieren, dass die großen in- und ausländischen Unternehmen und die konsumorientierten und rohstoffbasierten Unternehmen profitierten, allerdings gibt es zahlreiche Ausnahmen von der Regel. Viele kleine Industrieunternehmen und vor der Weltmarktintegration noch geschützte wissensintensive Industrieunternehmen mussten aufgeben.

Aufgrund von Defiziten im inländischen Wissensangebot war für die restrukturierungsfähigen Unternehmen die Beschaffung von Technologie und Wissen aus dem Ausland oft der einzige Weg, ihre Modernisierungsstrategie umzusetzen. Denn der Zugang zu ausländischem Wissen hatte sich nach 1990 erheblich stärker verbessert als die Effektivität des argentinischen Innovationssystems. Die weiterhin bestehenden Defizite im Innovationssystem betrafen – neben dem fehlenden Zugang zu Kapital und der mangelnden Bereitschaft und Fähigkeit zu kooperativen Forschungsanstrengungen – nicht zuletzt das Technologie- und Wissensangebot der öffentlichen Institutionen. Die wirtschaftspolitischen Akteure passten „ihren" Teil des Innovationssystems nicht simultan an die von ihnen selbst geschaffenen neuen Rahmenbedingungen einer liberalisierten und deregulierten Wirtschaft an.

Dies wirkte sich zunächst nicht negativ auf die Performance der Wirtschaft aus, die ausländisches Wissen erwarb und so dazu beitrug, die internationale Wissenslücke zu schließen. Aber als im Rahmen der Tequila-Krise die Anpassungsprobleme vieler Unternehmen offensichtlich wurden, setzte ein Umdenken der wirtschaftspolitischen Akteure ein. Die Notwendigkeit wurde deutlich, durch aktive FT-Politik auf die neuen Bedürfnisse der Unternehmen zu reagieren. Im Jahr 1996 wurde ein umfassendes Reformprojekt begonnen, um die inländische Wissensbasis zu stärken und die technologische Entwicklung des Landes zu forcieren. Es wurde ein konzeptioneller Rahmen für eine wissensbasierte Entwicklung geschaffen, die FT-politischen Institutionen wurden gestärkt und ihre Kompetenzen klarer abgegrenzt. Neue horizontale Instrumente zur Forschungs- und Innovationsförderung wurden geschaffen und die Prozesse zur Mittelvergabe (Pläne, Ausschreibung, Evaluierung) verbessert. Auch die Orientierung des Wissensangebotes an der Nachfrage sollte zu einer Stärkung der Wettbewerbsfähigkeit führen. Die Reformansätze erschienen auf den ersten Blick geeignet, dazu beitragen zu können, eine wissensbasierte Entwicklung der argentinischen Wirtschaft zu stimulieren. Aber derartige Maßnahmen wirken nur sehr langfristig, und ihre erfolgreiche Umsetzung erfordert eine hohe Kompetenz der FT-politischen Akteure.

Die meisten der neuen Instrumente wurden erst eingesetzt, als das Land durch veränderte weltwirtschaftliche Rahmenbedingungen in eine Wirtschaftskrise geriet. Ihre mögliche positive Wirkung verpuffte in dem neuen verschlechterten Umfeld, denn mit den verschlechterten Rahmenbedingungen gingen sowohl die privaten als auch die öffentlichen Investitionen in Wissen wieder zurück. Fehler in der makroökonomischen Steuerung hatten die zögerlichen, aber guten Ansätze der mikroökonomisch orientierten FT-Politik überlagert, nun dominierte das Krisenmanagement der privaten und öffentliche Akteure wieder über langfristige Strategien zur Steigerung der Wissensbasis und der Wettbewerbsfähigkeit.[1]

Wie lässt sich der evolutorische Prozess des Wandels im NIS abschließend charakterisieren? Die meisten Unternehmen nahmen die Herausforderungen der neuen Rahmenbedingungen erzwungenermaßen recht schnell an. Der beobacht-

---

[1] Die Abfolge der Ereignisse könnte auch den Schluss nahelegen, dass die verlorene Dynamik bei der Handelsliberalisierung oder die Reform der Forschungs- und Innovationspolitik selbst mit ursächlich für die sich verschlechternde wirtschaftliche Entwicklung sein könnten. Eine derartige kausale Verknüpfung, wie sie ökonometrisch möglicherweise „belegt" werden könnte, erscheint fragwürdig. Die meisten Anzeichen und Kommentare zum Fall Argentinien und Argentiniens sprechen dafür, dass andere Gründe, anzusiedeln v.a. im wechselkurspolitischen und fiskalischen Bereich, für die Krise verantwortlich sind.

bare Wandel entspricht tendenziell den Erwartungen aus der neoklassischen EWT. Auf die Anpassungsprozesse wirkten dabei allerdings Rigiditäten ein, sie verliefen nicht – wie in der neoklassischen EWT – reibungsfrei. Dies wird nicht nur anhand der gestiegenen Arbeitslosigkeit deutlich. Auch die Investitionen der Unternehmen in Innovationsaktivitäten deutet auf Rigiditäten hin, denn sie dienten dem Zweck, die versunkenen Investitionen der Vergangenheit durch Modernisierung zu retten, anstatt die Aktivitäten der Unternehmen vollständig zu realloziieren. Dabei ist die gestiegene Innovationsbereitschaft noch nicht mit gestiegener Innovationskompetenz gleichzusetzen. Sie ist zwar ein erster und entscheidender Schritt zur Entwicklung von Innovationskompetenz, aber für einen nachhaltigen Prozess eines *„learning to learn"* waren die acht Jahre stabilen Wachstums möglicherweise noch zu kurz.

Die Reform der FT-Politik lässt sich durch eine Kombination aus äußerem Druck (z. B. im Fall des Patentrechts) und einem institutionellen Lernprozess interpretieren. Der institutionelle Lernprozess wurde durch Lernen vom Ausland (dem Paradigmenwechsel in der Forschungspolitik der IL zu Beginn der 90er Jahre) sowie durch eine Reaktion auf die selbst geschaffenen veränderten Rahmenbedingungen eingeleitet. Das Einsetzen dieses Lernprozesses wies und weist allerdings erhebliche *lags* auf.

Die Evolution des argentinischen NIS ist gerade am Ende der Dekade ein „Prozess mit offenem Ende", dessen Ausgang insbesondere aufgrund zu erwartender weiterer exogener Schocks nicht vorhersehbar ist.

4.3.6.2 Effekte der Weltmarktintegration auf die argentinische Innovationsfähigkeit

Offen blieb in den bisherigen Analysen, wie die Weltmarktintegration die Funktionsweise des argentinischen NIS in seiner Gesamtheit und damit die Fähigkeit zur Innovation bzw. die Produktivität des Forschungssektors beeinflusst hat. Um sich einer Antwort anzunähern, sollen die in Abschnitt 3.2 identifizierten möglichen positiven und negativen Integrationseffekte überprüft und in ihrer Summe abgewogen werden. Die Befunde sind in Tabelle 4.3.6.1 (nächste Seite) zusammengefasst.

Betrachtet man die Befunde zu den einzelnen Effekten in ihrer Gesamtheit, so ist zumindest bis 1998 ein deutlicher Prozess der Stärkung des argentinischen NIS zu beobachten. Von besonderer Relevanz sind m. E. der bessere Zugang zu Wissen, positive Wettbewerbseffekte (einschließlich der wettbewerbsinduzierten Qualitätsorientierung) sowie die indirekten Effekte der Stabilisierung und des Wachstums auf das Innovationskalkül, die verfügbaren Ressourcen und die wirtschaftspolitischen Prioritäten gewesen. Dem steht vor allem ein unvorteilhafter Spezialisierungseffekt gegenüber, der allerdings nicht unbedingt mit einer Senkung der Innovationsfähigkeit gleichzusetzen ist, da einzelne Sektoren ihre Innovationsanstrengungen forcierten und andere auch mit importierter Technologie einen wissensbasierten Wachstumspfad verfolgen können.

Tabelle 4.3.6.1: Übersicht: Effekte der Weltmarkintegration auf die Innovationsfähigkeit

Effekt	Beobachtung im Fall Argentinien	Befund
erwartete positive Effekte		
Zugang zu Wissen und Technologie	Investitionen in inkorporierte und nicht-inkorporierte Technologien haben deutlich zugenommen, und der Zugang zu wissensbasierten Dienstleistungen hat sich verbessert	sehr positiv
wissensintensive Produktion	der Einsatz von importierten Informationstechnologien (Hardware, Software) hat deutlich zugenommen, diese Technologien erfordern qualifiziertes Personal und lokale Serviceeinrichtungen	positiv
Qualitätsorientierung	die Angaben der *Encuesta* verdeutlichen, dass Qualitätsverbesserungen zu den wichtigsten Innovationszielen gehörten, die Bereitschaft zur Zertifizierung hat ebenfalls deutlich zugenommen	sehr positiv
Wettbewerbseffekte	die Weltmarktintegration hat bei vielen Unternehmen zur Aufnahme formaler F&E- und Innovationsaktivitäten geführt, um die Wettbewerbsfähigkeit zu erhöhen, die Effizienz der Aktivitäten war allerdings zunächst gering; mit Einsetzen der Wirtschaftskrise ging die Bereitschaft zur Innovation offensichtlich wieder zurück	positiv
Lerneffekte durch ausländische Partner	internationale Forschungskooperationen scheinen für argentinische Unternehmen auch nach der Integration keine entscheidende Rolle gespielt zu haben, so dass die Produktivität der F&E nicht erhöht wurde, allerdings wurden Organisations- und Marketingtechniken verbessert	wenig relevant
Effizienzsteigerung im öffentlichen Teil des NIS	es wurden Evaluierungen und Restrukturierungen der OCT durch- und neue Anreizmechanismen und Ausschreibungen eingeführt, zumindest die Zahl der Publikationen pro Forscher ist danach gestiegen; ob das Ziel der stärkeren Nachfrageorientierung tatsächlich erreicht wurde, muss offen bleiben	positive Ansätze
Übernahme internationaler Standards bei institutionellen Rahmenbedingungen	Im Patentrecht und im Qualitätswesen kam es durch direkten und indirekten ausländischen Druck zu einigen Verbesserungen, allerdings werden die Reformen im Patentrecht erst ab 2000 wirksam	zunächst irrelevant bzw. positiv
FDI im Finanzsektor und bei wissensbezogenen Dienstleistungen	Während das FDI im Finanzsektor die Finanzierungsbedingungen für Innovationsprojekte nur punktuell verbessert hat, hat der forcierte Markteintritt der Unternehmensberatungen die Restrukturierung erleichtert	positive Ansätze bzw. positiv
verbesserte Infrastruktur	zur Qualität der materiellen Infrastruktur wurden hier keine Angaben gemacht, an anderer Stelle heißt es allerdings, dass insbesondere durch die Privatisierungen die Kosten zur Nutzung der Infrastruktur deutlich gesunken seien	(vermutlich positiv)

Fortsetzung Tabelle 4.3.61: siehe nächste Seite

Fortsetzung Tabelle 4.3.6.1

Effekt	Beobachtung im Fall Argentinien	Befund
erwartete positive Effekte		
die Stabilisierung verbessert das Risikokalkül der Unternehmen	die Stabilisierung hat den Fokus der Unternehmen auf langfristige Strategien ausgerichtet und die Kapitalkosten gesenkt, Innovationsprojekte wurden durch die Stabilisierung für viele – wenn auch nicht für alle – Unternehmen überhaupt erst realisierbar, am Ende der Dekade hat sich die Lage wieder verschlechtert	zunächst sehr positiv
die Stabilisierung erlaubt eine langfristig orientierte Wirtschaftspolitik	die argentinische FT-Politik wurde nach Dekaden der Vernachlässigung ab 1996 endlich grundlegend (und dabei auch vielversprechend) reformiert, ob dies unter anderen Umständen möglich gewesen wäre, ist fraglich, allerdings wirkten sich die Reformen zunächst nicht auf die Forschungsproduktivität der Unternehmen aus	sehr positiv
das Wachstum schafft Ressourcen	durch das Wachstum konnten (a) die Unternehmen trotz Wettbewerbsdrucks in F&E-Projekte investieren und (b) der Staat wieder mehr Geld für Wissenschaft und Technologie ausgeben, allerdings kehrte sich dieser Trend am Ende der Dekade um	zunächst sehr positiv
anspruchsvolle Inlandsnachfrage	die argentinische Nachfrage galt immer als anspruchsvoll, die ungleiche Einkommensverteilung und der existente Mittelstand brachten eine Schicht anspruchsvoller Konsumenten mit sich	(irrelevant)
erwartete negative Effekte		
Spezialisierung auf wenig wissensintensive Branchen	eine Spezialisierung auf Dienstleistungen und konsum- und ressourcennahe Industrien ist zu beobachten, allerdings haben in Argentinien einige ressourcennahe Industrien ihre Innovationsanstrengungen ausgeweitet, während andere eigentlich wissensintensive Industrien in Argentinien kaum forschen, wieder andere Industrien setzen eine wissensintensivere Produktion über Importe um	negativ mit Vorbehalt
gesunkene Anreize zur Humankapitalbildung und Emigration von Humankapitaleignern	die Einschulungsquoten sind weiterhin hoch, aber die Qualitätsprobleme bestehen weiter, der Anreiz zur Emigration – v. a. in die USA – ist kein neues Phänomen, nach Beginn der Rezession setzte eine zunehmende Emigrationswelle ein	vermutlich langfristig sehr negativ
Verlust von Forschungskompetenz	bisher nur in geringem Maße zu beobachten, eher wurde Forschungskompetenz aufgebaut, in der pharmazeutischen Industrie ist der Verlust von Kompetenzen ab 2000 durch das neue Patentrecht möglich	wenig relevant (droht in Zukunft)
Schließung von F&E-Abteilungen in MNU	viele privatisierte Unternehmen schlossen oder reduzierten ihre F&E-Abteilungen, die Innovationsintensität der MNU ist relativ gering	negativ
exit von Netzwerk-Knoten	es ist ein *exit* von Unternehmen der Investitionsgüterindustrie zu beobachten, der die Entwicklung von *Clustern* schwächen kann, allerdings scheint der Verlust durch Nutzung ausländischer Technologiequellen kompensiert worden zu sein	(vermutlich wenig relevant)

Quelle: eigene Darstellung

Allerdings erfordern die Anpassungsprozesse und Lerneffekte in den Unternehmen und bei den öffentlichen Akteuren Zeit – eine „Innovationskultur" ist nur langsam zu etablieren. Darauf weist die Tatsache hin, dass die Innovationsanstrengungen der einzelnen Akteure stärker als die Innovationserfolge zugenommen haben. Diese Zeit hat das argentinische Innovationssystem leider nicht gehabt.

Denn wie der Fall Argentinien nach Beginn der Rezession im Jahr 1998 zeigt, können sich gerade die in Abschnitt 3.2.2 aufgeführten indirekten Effekte einer Weltmarktintegration bei Verlust der neugewonnenen Stabilität und bei einem Rückgang der Wachstumsrate in ihr Gegenteil verkehren. Wenn dann der Wettbewerbsdruck bestehen bleibt, gerät der langwierige Aufbau einer Innovationskultur und die Einleitung eines wissensbasierten Wachstumspfades in Gefahr. Die vermutlich beste Möglichkeit, unter diesen Umständen den Wettbewerbsdruck in einer offenen Wirtschaft zu lindern, wäre eine Abwertung der heimischen Wirtschaft gewesen.

4.3.6.3 Diagnose des argentinischen NIS im Jahr 1999

Eine Diagnose des argentinischen Innovationssystems am Ende der Dekade kommt – in Anlehnung an die Diagnose zum Jahr 1990 in Abschnitt 4.1.2 – zu folgendem Fazit.

1. Der Innovationsoutput des argentinischen Innovationssystems ist weiterhin sehr niedrig.

2. Seit der Liberalisierung, Deregulierung und Stabilisierung sind die Anzahl der innovierenden Unternehmen und ihre Innovationsausgaben gestiegen. Allerdings ist der Trend zuletzt rückläufig.

3. Die Effizienz der Innovationsaktivitäten ist weiterhin sehr niedrig.

4. Die Wirtschaft insgesamt und die Industrie wurde modernisiert und ihre Wettbewerbsfähigkeit gesteigert. Sie operiert in vielen Branchen näher an der technologischen Grenze. Die MNU haben an Bedeutung gewonnen, allerdings haben sie ihre F&E-Aktivitäten in Argentinien eingeschränkt.

5. Die sektorale Struktur der Wirtschaft ist aus der Perspektive des NIS-Ansatzes ungünstig. Allerdings ist eine evolutorische Entwicklung des argentinischen Innovationssystems auf der Basis seiner komparativen Vorteile möglicherweise auch eine Chance. Die Beispiele von Kanada, Australien oder Finnland zeigen, dass auch aus ressourcenreichen Staaten wissensbasierte Gesellschaften erwachsen können.

6. Die Politik hat mit der Neuausrichtung der FT-Politik seit 1996 versucht, ein FT-politisches Konzept zu entwerfen und das Innovationssystem als System zu stärken. Die Organisation der FT-Politik hat sich dadurch beträchtlich

verbessert. Der neuen Regierung scheint ein FT-politisches Konzept zu fehlen.

7. Die öffentliche Seite des Innovationssystems ist *de facto* immer noch schwach. Darüber hinaus decken die neuen Förderprogramme den Bedarf der Unternehmen nicht annähernd.
8. Die Verbindungen zwischen den Elementen des NIS sind trotz gezielter Ansätze zu ihrer Intensivierung weiterhin sehr schwach entwickelt.
9. Der Zustand der Finanzmärkte und der Zugang zu Kapital stellt weiterhin ein zentrales, wenn nicht das zentrale Problem des argentinischen NIS dar.
10. Die technologische Abhängigkeit vom Ausland ist weiterhin sehr groß. Auf das Ausland als Technologie- und Wissensquelle kann nicht verzichtet werden.

Es scheint, als hätte sich am Befund nur wenig verändert. Die vielversprechenden Ansätze, die zur Mitte der Dekade zu beobachten waren, sind zum Ende der Dekade kaum noch zu erkennen. Die Wirtschaftskrise hinterließ bei den privaten und bei den öffentlichen Akteuren ihre deutlichen Spuren.

Die Darstellung des Innovationssystems und der in ihm nach 1990 ablaufenden Prozesse blieb zwangsläufig unvollständig, die Schwerpunktsetzung auf private Industrieunternehmen, die Forschungsinstitute und die Forschungspolitik erfolgte wurde durch die Datenlage vorgegeben. Wichtige Sektoren der argentinischen Wirtschaft (Landwirtschaft, Bergbau, Dienstleistungen) erhielten weniger Aufmerksamkeit als die Industrie, und einige wichtige Elemente eines NIS wie sein Bildungssystem, seine Finanzinstitutionen oder das Unternehmensgründungs- und Konkursrecht fanden sicher keine ausreichende Beachtung. Auch die Interaktion zwischen den Elementen des Systems, zentraler Gegenstand fortgeschrittener Innovationssystemstudien, wurden nicht so detailliert betrachtet, wie es ihrer Bedeutung für den NIS-Ansatz eigentlich erfordern würde. Ursächlich für diese Defizite sind v. a. Platzgründe und Datenmangel. Aber dennoch konnten bestimmte Entwicklungsprozesse des NIS nach der Liberalisierung und Stabilisierung deutlich gemacht werden, auf deren Grundlage Erkenntnisse für die Außenhandelstheorie und den NIS-Ansatz und Empfehlungen für die Politik der Handelsliberalisierung gewonnen werden können.

5 Schlussbetrachtung

In dieser Arbeit wurden Antworten auf vier Leitfragen gesucht. Diese vier Fragen lauteten:

1. Wie beeinflusst die Weltmarktintegration eines Schwellenlandes sein Wachstum?
2. Wie beeinflusst die Weltmarktintegration eines Schwellenlandes den Umfang seiner Innovationsanstrengungen?
3. Wie beeinflusst die Weltmarktintegration eines Schwellenlandes seine Fähigkeit zur Innovation?
4. Welche Rolle kann der Wirtschaftspolitik in einem offenen Schwellenland dabei zukommen, wissensbasiertes Wachstum und inländische Forschungskompetenz zu stimulieren?

Die Suche nach Antworten auf diese Fragen erfolgte auf de Basis einer zentralen Annahme. Diese zentrale Annahme der Arbeit war, dass die Wissensakkumulation und Innovationen tatsächlich einen wichtigen Beitrag zum langfristigen Wachstumsprozess leisten.

Um Antworten auf die vier Fragen zu bekommen, wurde zunächst auf dem Fundament wirtschaftstheoretischer Entwicklungen der 90er Jahre Mechanismen identifiziert, die auf die Wirkungszusammenhänge einwirken. Vor dem Hintergrund dieser Mechanismen wurden dann Hypothesen zusammengestellt, welche Effekte einer Weltmarktintegration in Schwellenländern zu erwarten sind. Schließlich wurde im Rahmen einer Fallstudie untersucht, inwiefern diese Hypothesen im Fall der Öffnung der argentinischen Wirtschaft Bestätigung fanden. Die empirischen Beobachtungen geben Hinweise auf die Relevanz einzelner Theorien und auf möglichen Erweiterungsbedarf.

Die Ergebnisse der einzelnen Kapitel werden nun noch einmal kurz zusammengefasst und in den Gesamtzusammenhang eingeordnet. Die Diskussion begann mit einer Erörterung verschiedener Wachstumstheorien, um den Quellen des Wachstums auf den Grund zu gehen. Anhand der neoklassischen Wachstumstheorie wurde zunächst auf die zentrale Rolle des technischen Fortschritts für langfristiges Wirtschaftswachstum hingewiesen. Mit Hilfe der F&E-basierten endogenen Wachstumstheorie konnte dann die mögliche Bedeutung der gezielten Generierung und Akkumulation des Produktionsfaktors Wissen mit seinen besonderen Eigenschaften als Motor des langfristigen Wachstums einer Wirtschaft dargestellt werden. Im Rahmen dieser Modelle wurde die Bedeutung der Produktivität des Forschungssektors und der Humankapitalausstattung für das langfristige Wachstum eines autarken Landes herausgestellt. Mit Blick auf die Wirtschaftspolitik wurde die Bedeutung effektiver geistiger Eigentumsrechte für das Wachstum herausgestellt und der Einsatz innovationsorientierter wirtschaftspolitischer Instrumente aus wohlfahrts- und wachstumstheoretischen Erwägungen heraus gerechtfertigt.

Auf diesem Theoriegebäude aufbauend wurden anhand verschiedener Szenarien die Chancen und Risiken der Weltmarktintegration von Entwicklungs- und Schwellenländern diskutiert. Die Weltmarktintegration eines Entwicklungslandes löst verschiedene Effekte aus. Die beiden wichtigsten Effekte für diese Untersuchung waren, dass sie den Zugang zu ausländischen Technologien erleichtert und zu einer Spezialisierung gemäß der komparativen Vorteile führt:[1]

– Durch den Zugang zu ausländischer Technologie kann eine Weltmarktintegration sowohl einen vorübergehenden *catch up*-Prozess auslösen als auch die Wachstumsrate dauerhaft erhöhen, ja sogar aus Armutsfallen herausführen. Dieser positive Effekt tritt immer dann ein, wenn die Innovationen der Industrieländer in der Produktion der Entwicklungsländer eingesetzt werden können.

– Andererseits wird die Weltmarktintegration eigene Wissensgenerierungsprozesse im Entwicklungsland reduzieren.[2] Der Rückgang der Innovationsaktivitäten des SL wird aufgrund der Kumulativität des Wissens langfristig vollständig sein, wenn die Weltmarktintegration nicht mit Wissensspillover-Effekten zwischen den Forschungssektoren einhergeht.

Die Wachstumsrate kann durch die Weltmarktintegration also steigen, die Innovationsaktivität sinken. Betrachtet man die Implikationen der diskutierten F&E-basierten endogenen Wachstumsmodelle in ihrer Gesamtheit, so ist die beste wachstumspolitische Strategie für ein Entwicklungsland eine Kombination aus einer Weltmarktintegration einerseits und einer Stärkung der inländischen Forschungskompetenz andererseits. Die Weltmarktintegration sichert dabei den Zugang zu ausländischem Wissen. Die Stärkung der inländischen Forschungskompetenz erfordert eine Strategie, die an der Produktivität des Forschungssektors, an der Humankapitalbildung und – um langfristig effektiv sein zu können – an der Offenheit für Wissensflüsse in die Forschung ansetzt. Ansatzpunkte für eine Produktivitätssteigerung im Forschungssektor lassen sich im Rahmen der endogenen Wachstumstheorie allerdings ebenso wenig ableiten wie mögliche direkte und indirekte Effekte der Integration auf die Forschungsproduktivität, die die wirtschaftspolitischen Bestrebungen unterstützen oder ihnen entgegenstehen können. Um die Analyse weiterführen zu können, wurde daher ein Perspektivenwechsel erforderlich.

---

[1] Darüber hinaus kann sie u.U. positive Skaleneffekte in der Wissensproduktion und Redundanzeffekte in der Forschung auslösen.

[2] In der EWT besteht eine reine Substitutionsbeziehung zwischen inländischer Forschung und dem Erwerb von Investitionsgütern. Allerdings sind auch komplementäre Aspekte zwischen Importen und Absorption einerseits und F&E bzw. Innovation andererseits denkbar.

Die F&E-basierte endogene Wachstumstheorie basiert auf mikroökonomischen Grundlagen, die nur einen kleinen Teil der Komplexität moderner Innovationsprozesse widerspiegeln. Zur Ergänzung der EWT wurde ein Ansatz vorgestellt, der verschiedene Strömungen der Innovationstheorie in einen Ansatz zu integrieren versucht: Der Ansatz der nationalen Innovationssysteme. Der Innovationssystem-Ansatz betont den systemischen, nicht-linearen Charakter von Innovationsprozessen, an denen viele Akteure – private und staatliche – simultan beteiligt sind. Er stellt die Bedeutung der Wissensdiffusion zwischen den Akteuren gleichberechtigt neben die eigentliche Wissensgenerierung und weist auf den Einfluss institutioneller Arrangements auf die Effizienz von Wissensflüssen hin. In ihm werden die individuellen Besonderheiten von Ländern in Bezug auf ihre Institutionen und Industrien hervorgehoben, die zu landesspezifischen Innovationskompetenzen führen. Sehr knapp zusammengefasst, hängt die Fähigkeit eines Landes zur Generierung von Innovationen im Innovationssystems-Ansatz

– von der Innovationskultur der einzelnen Unternehmen,

– von ihren Wissensflüssen untereinander,

– von der Effizienz der öffentlichen Forschungseinrichtungen sowie

– von der Effizienz der Wissensflüsse zwischen privaten und öffentlichen Akteuren ab.

Die Innovationskultur wird wiederum u.a. von der Branchenzugehörigkeit, die Effizienz der öffentlichen Forschungseinrichtungen von der Forschungspolitik und die Wissensflüsse von den institutionellen Rahmenbedingungen determiniert.

Anhand dieser Determinanten der Innovationsfähigkeit eines Landes konnten *ad hoc* verschiedene positive und negative Effekte der Weltmarktintegration auf die Innovationsfähigkeit abgeleitet werden, ohne zu einer eindeutigen Gesamtaussage zu kommen. Darüber hinaus bietet der Innovationssystem-Ansatz der Wirtschaftspolitik verschiedene über die Analyse der endogenen Wachstumstheorie hinausgehende Ansatzpunkte für eine Wirtschaftspolitik zur Steigerung der Innovationsfähigkeit eines Landes. Sie setzten insbesondere an den öffentlichen Forschungseinrichtungen und an den Wissensflüssen an.

Die endogene Wachstumstheorie und der Innovationssystems-Ansatz wurden dazu herangezogen, die Epoche nach der Liberalisierung der argentinischen Wirtschaft am Ende der 80er Jahre zu analysieren, zu interpretieren und zu bewerten. Zunächst wurde das argentinische Innovationssystem zum Zeitpunkt der Weltmarktintegration auf der Basis von Vorarbeiten anderer Autoren als ineffizient charakterisiert und die Fähigkeit zur Innovation als im internationalen Vergleich als niedrig eingestuft. Als zweites wurde der Prozess der Weltmarktintegration nach 1988 zusammengefasst. Er war sehr umfassend, vielschichtig (unilaterale Öffnung, Gründung des Mercosur), sowie in einen umfassenden Reformkontext (Stabilisierung, Deregulierung) eingebunden. Ging die Öffnung in den ersten sieben Jahren zügig voran, so ging der Liberalisierungsimpuls spätestens ab 1995 wieder verloren.

In einem nächsten Analyseschritt wurde betrachtet, welche Auswirkungen die weitreichende Weltmarktintegration auf das Wachstum und das Innovationsverhalten im durch sein relativ schwach entwickeltes NIS geprägten Argentinien hatte. Anhand der Entwicklung makroökonomischen Größen konnte zwischen 1990 und 1998 eine Phase hohen, aber volatilen Wachstums diagnostiziert werden, das durch eine Zunahme der Produktivitäten und durch einen vermehrten Einsatz von importierten Investitionsgütern charakterisiert war. Der Wachstumspfad war somit importgetrieben, und die im internationalen Vergleich sehr hohen Wachstumsraten deuteten auf einen *catch up*-Prozess zur Schließung der technologischen Lücke hin. Das beobachtbare Muster entsprach somit weitgehend den Hypothesen auf Basis des Romer-Modells. Allerdings kam es zum Ende der Dekade infolge exogener Schocks und interner wirtschaftspolitischer Fehler zu einem deutlichen Einbruch der Wachstumsraten. Der importgetriebene Wachstumspfad erwies sich für den spezifisch argentinischen Fall als nicht nachhaltig.

Entgegen den Hypothesen aus beiden F&E-basierten endogenen Wachstumsmodellen kam es infolge der Öffnung zunächst nicht zur Kontraktion der Forschungsaktivitäten. Statt dessen war ein deutlicher Anstieg der öffentlichen und der privaten Ausgaben für F&E und andere Innovationsaktivitäten zu beobachten. Allerdings ging dieser Anstieg der Ausgaben nicht mit einem vergleichbaren messbaren Anstieg der Innovationserfolge einher. Im Umfeld von zunehmenden Wettbewerb, makroökonomischer Stabilität und Wachstum verbesserten sich zwar die Innovationsbedingungen und es erhöhte sich die Innovationsbereitschaft, aber nicht – oder zumindest nicht sofort – die Innovationskompetenz. Es ist darüber hinaus zu vermuten, dass ein Teil der gestiegenen Anstrengungen auf F&E zur Absorption komplexer ausländischer Technologien zurückzuführen ist, die nicht zu einem messbaren Innovationsoutput geführt hat. Für eine Beurteilung der langfristigen Entwicklung der F&E-Ausgaben ist es noch zu früh. Infolge der Wirtschaftskrise nach 1998 wurde der Rückgang der Wachstumsraten von einem Rückgang der Innovationsanstrengungen begleitet.

Die Analyse aggregierter Indikatoren wurde durch einen Blick auf meso- und mikroökonomische Entwicklungen im argentinischen NIS ergänzt. Dieser Analyse kam die seit der Mitte der 90er Jahre erheblich verbesserte Datenlage in Argentinien zugute. So konnten das mikroökonomische Verhalten der Industrieunternehmen mit Hilfe einer umfassenden Befragung (*Encuesta*) und die Entwicklungen der öffentlichen Einrichtungen und der forschungspolitischen Programme durch das neue Instrument der Dreijahrespläne erfasst werden. Aber zunächst wurde ein Blick auf das Spezialisierungsmuster seit der Liberalisierung geworfen. Der relative Bedeutungsgewinn konsumnaher- und ressourcenintensiver Industrien und der relative Bedeutungsverlust wissensintensiver

Investitionsgüterhersteller kann zukünftig möglicherweise eine wissensbasierte Entwicklung erschweren.

Bei den technologischen Strategien der Industrieunternehmen ließen sich mit Hilfe der *Encuesta* allgemeinen Trends und heterogene Prozesse beobachten. Die gestiegenen Modernisierungsbemühungen der Unternehmen ließen sich für alle erfassten Formen des Technologieerwerbs nachweisen: Der argentinische Markt für Technologie und Wissen war zwischen 1992 und 1996 in allen Segmenten stark expandiert. Neben den Investitionen in importierte inkorporierte Technologie ist sich auch ein deutlicher Zuwachs des Importes nicht-inkorporierter Technologie (Dienstleistungen, Software, Lizenzen, Technologietransfer) festzustellen. Aber auch die inländischen Investitionsgüterhersteller trafen auf eine gestiegene Nachfrage. Viele Unternehmen nahmen nach der Weltmarktintegration eigene formale F&E-Aktivitäten auf, der Gesamtumfang der F&E und der anderen Innovationsaktivitäten stieg deutlich. Allerdings stieß die gestiegene Innovationsbereitschaft an Grenzen, die ihr vom unterentwickelten Finanzmarkt gezogen wurden. Anhand der beobachtbaren Trends beim Erwerb nicht-inkorporierter Technologien und der Innovationsausgaben lassen sich v.a. gestiegene Bemühungen zur Stärkung der Organisations- und Marketingkompetenz und zur Verbesserung der Produktqualität identifizieren.

Sektorale Daten indizieren, dass in Argentinien vor allem ressourcennahe Branchen mit komparativen Vorteilen ihre Innovationsanstrengungen forcierten. Eine rohstoffbasierte Wirtschaft und ein Trend zur wissensbasierteren Produktion schließen sich somit nicht grundsätzlich aus. Darüber hinaus ließ sich im Fall Argentinien beobachten, dass eigentlich relativ F&E-intensive Branchen nahezu ausnahmslos neue Technologien importieren und nicht selber forschen. Weiterhin kam die *Encuesta* zu dem etwas widersprüchlichen Befund, dass die kleinen Unternehmen nur sehr wenig F&E betrieben, aber zugleich eine sehr hohe Innovationsintensität aufwiesen, während die großen und die ausländischen Unternehmen v.a. Technologie importierten. Schließlich bestätigt die *Encuesta* den geringen Innovationsoutput in Form von Patenten und die sehr geringe Kooperationsneigung der Industrieunternehmen.

Nach anfänglicher Passivität mit einzelnen, punktuellen Reformen (Gesetz zur Förderung der Innovation, Reform des Patentrechts infolge des TRIPS-Abkommens) leitete die Politik nach 1996 ein umfassendes Reformpaket zur Stärkung des Innovationssystems ein:

- Die Organisation der Forschungspolitik und der öffentliche Teil des Innovationssystem wurden grundlegend restrukturiert.
- Es wurden neue forschungspolitische Instrumente und Programme zur Stärkung der privaten Innovationstätigkeit eingeführt.

- Im Bereich der öffentliche Forschung wurde die Mittelausstattung zunächst deutlich erhöht, während parallel neue Anreiz und Kontrollmechanismen zur Produktivitätserhöhung eingesetzt wurden.

- Zur Koordination der einzelnen Programme und zur Erhöhung der Transparenz wurden jährlich Dreijahrespläne erstellt.

Die neue Forschungs- und Technologiepolitik folgte explizit den Vorgaben des Innovationssystem-Ansatzes. Die Schaffung einer Innovationskultur in den Unternehmen durch finanzpolitische Programme, die stärkere Nachfrageorientierung der öffentlichen Forschungseinrichtungen und die gezielte Förderung von Kooperationen zwischen privaten und öffentlichen Akteuren sind nur drei Beispiele hierfür. Die Umsetzung der neuen Instrumente begann ab 1998, eine umfassende Evaluierung war aufgrund der Kürze der Laufzeit, der Datenlage und der beginnenden Wirtschaftskrise leider nicht möglich. Die Nachfrage des privaten Sektors war zunächst recht groß. Da aber die Mittelausstattung der neuen Programme sehr gering war, konnte die Nachfrage nicht befriedigt werden. Einige etwas länger laufende Programme geben zudem Hinweise auf Probleme bei der Umsetzung einzelner Instrumente. Der in den Plänen verankerte institutionalisierte Lernprozess hat hier zu Verbesserungen geführt. Eines der offensichtlichen Hauptprobleme des argentinischen NIS, Reformen auf dem Finanzmarkt, wurden bis 1999 nicht in Angriff genommen. Darüber hinaus wurde der gezielten Stimulierung internationaler Wissensflüsse, die im Rahmen der endogenen Wachstumstheorie sehr wichtig sind, keine prominente Rolle beim Umbau des Forschungssektors eingeräumt. Mit Beginn der Wirtschaftskrise kam auch die forschungs- und technologiepolitische Dynamik wieder zum Erliegen. Die öffentlichen Mittel wurden gekürzt, die Nachfrage der privaten Akteure sank, und nach dem Regierungswechsel wurden vielversprechende Programme gestrichen.

Als Fazit der Analyse der Entwicklungen auf der meso- und mikroökonomischen Ebene sowie im öffentlichen Teil des Innovationssystems kann konstatiert werden, dass es nach der Weltmarktintegration und der Stabilisierung der Wirtschaft als Summe vieler Teileffekte zunächst insgesamt zu einer Stärkung der Innovationsfähigkeit gekommen sein dürfte. Dieser positiven Tendenz steht entgegen, dass die Verbesserung der Innovationsfähigkeit sowohl im privaten (verzögerte Lerneffekte) als auch im öffentlichen (Wahrnehmungs- und Durchführungsverzögerungen) Teil des Innovationssystems einige *lags* aufwies und sich vor dem Hintergrund der neuerlichen Wirtschaftskrise ab 1999 zudem als nicht nachhaltig erwies. Wohin das reformierte und sicherlich institutionell verbesserte Innovationssystem während und nach der Krise steuert, muss offen bleiben.

Welche allgemeinen Politikempfehlungen sind schließlich aus dieser Untersuchung abzuleiten? Die Regierung eines Entwicklungs- oder Schwellenlandes und die sie beratenden Institutionen (z.B. Weltbank, IWF) sollten im Kontext einer außenwirtschaftlichen Öffnung auch komplementäre Maßnahmen zur Stärkung des Innovationssystems einleiten. Der Fall Argentinien zeigt, dass das Innovationssystem in der Lage sein sollte, den bewusst forcierten Modernisierungsprozess in den Unternehmen durch die entsprechenden Dienstleistungen zu unterstützen. Das Beispiel Argentinien zeigt, dass die Unternehmen bereit waren, den Modernisierungsimpuls aufzunehmen, dabei allerdings an Grenzen (Kompetenzen, Finanzmarkt) stießen. Ist der private Markt für technologiebezogene Dienstleistungen zu klein, oder weist er Marktversagen auf, so können spezielle Programme z.B. für die KMU die Anpassungskosten reduzieren. Darüber hinaus sollten die öffentlichen Forschungseinrichtungen und die institutionellen Rahmenbedingungen möglichst zügig auf die neuen Anforderungen nach einer Öffnung umgestellt werden.

Vorausschauende Politikempfehlungen für Argentinien sind in Anbetracht der tiefen Wirtschaftskrise schwierig. Die Abwertung des Peso ist mittlerweile erfolgt, aber die politischen Entscheidungsträger scheinen sämtliches Vertrauen im In- und Ausland verspielt zu haben. Vor dem Hintergrund der Analyse dieser Arbeit bleibt zu wünschen, dass trotz der prekären Wirtschaftslage die Offenheit der Wirtschaft ebenso beibehalten bleibt wie die neuen Strukturen und Instrumente der FT-Politik. Die Programme müssen gekürzt, sollten aber erhalten werden. Der neue Kredit der IDB im Rahmen des PMT II kann zur Kontinuität der Programme beitragen. Die Förderung von internationalen Wissensspillovern durch Forschungskooperationen könnte stärker forciert werden. Darüber hinaus gibt es vor dem Hintergrund der Vertrauenskrise, steigender Armut und eines kollabierenden Finanzmarktes sicherlich andere Prioritäten als die Forschungs- und Technologiepolitik. Andererseits kann der Prozess immer wiederkehrender Krisen vermutlich erst nach Etablierung einer ausreichenden Wissensbasis im Land überwunden werden.

Wie lassen sich diese Untersuchung und ihre Ergebnisse in die aktuelle wirtschaftswissenschaftliche Diskussion, z. B. über die Effekte der Globalisierung auf die Entwicklungs- und Schwellenländer, einordnen? Die vorliegende Untersuchung ist nach meiner Kenntnis die erste Studie, die sich explizit mit den möglichen Effekten der Weltmarktintegration auf das Wachstum, den Wissensimport *und* das Innovationsverhalten in *einem* Schwellenland bezieht. Weder die empirische Außenhandels- noch die Wachstums- oder die Innovationsforschung hat sich dieser Fragestellung bisher in der Form dieser Untersuchung genähert.

Bisherige Ein-Länder-Untersuchungen zu den Effekten der Außenhandelsliberalisierung von Entwicklungsländern untersuchten mit ökonometrischen Verfahren sektoral unterschiedliche Effekte der Öffnung auf die Arbeitsproduktivität, die Totale Faktorproduktivität (TFP) oder die *price cost margins* (PCM) der Unternehmen.¹ Sie fanden zumeist einen positiven Zusammenhang. Allerdings messen derartige Studien primär den Wettbewerbseffekt (und evtl. Skaleneffekte) der Liberalisierung, Effekte des besseren Zugangs der Produzenten zu Vorleistungen und intersektorale Spezialisierungseffekte bleiben unberücksichtigt. Andere Fallstudien betrachteten die Effekte verschiedener Liberalisierungsepisoden auf diverse makroökonomische Aggregate, lassen dabei aber – vermutlich aufgrund der fehlenden Datenbasis – das Innovationsverhalten und das Innovationssystem außer acht.²

Einige Länderquerschnittsstudien untersuchten für große *Samples* von Ländern die Beziehung zwischen der Offenheit und ihrer Wachstums- oder TFP-Wachstumsrate.³ Auf diese Studien und die Kritik an ihnen wurde im Rahmen der Diskussion der empirischen Befunde zur EWT bereits eingegangen. Sie entwickeln ihre Hypothesen entweder *ad hoc* oder theoretisch fundiert auf Basis der EWT.⁴ Wachstumsdeterminanten und die zwischen ihnen bestehenden Zusammenhänge können in ihnen naturgemäß nur sehr undifferenziert betrachten. In den *ad hoc*-Studien zu Offenheit und Wachstum wird zumeist nicht die eigentliche Handelspolitik eines Landes erfasst, und ihre Ergebnisse sind wenig robust. Die verschiedenen internationalen Wissensspillover-Untersuchungen gehen in ihrer Argumentation zwar fundierter vor. Sie führen positive Außenhandelseffekte z.B. explizit auf die Rolle von Investitionsgüterimporten zurück. Allerdings ist in den Wissensspillover-Studien die Verwendung der TFP als zu erklärende Größe für die Erfassung der inländischen Wissensakkumulation ebenso ungenau wie die Verwendung der F&E-Ausgaben als Indikator der Anstrengung eines Landes zur Wissensgenerierung. Die Aussagekraft der Befunde ist ebenfalls umstritten. Und die Beziehung zwischen den Technologieimporten und der inländischen F&E wird nicht thematisiert.

Die Innovationssystem-Forschung wiederum hat wichtige Beiträge zur Identifizierung des komplexen Zusammenspiels von verschiedenen Einflussfaktoren auf Innovationen hervorgebracht. Der Schwerpunkt lag dabei naturgemäß auf den Innovationssystemen der Industrieländer, mittlerweile sind aber auch Untersuchungen zu Entwicklungsländern erschienen. Diese stellen bisher v. a. statische Bestandsaufnahmen dar. Die Interaktion von internationalen Wissensflüssen und den einheimischen Elementen bleibt aufgrund des nationalen Fokusses weitgehend unberücksichtigt. Eine dynamische Untersuchung, ob und wie die Weltmarktintegration eines Landes ein Innovationssystem nachhaltig verändert, ist nach Kenntnis des Verfassers weder für IL noch für SL durch-

---

¹ Für einige exzellente Studie vgl. Roberts/Tybout (1996).
² Vgl. z.B. Papageorgiu/Michaely/Choksi (1991).
³ Länderquerschnittsstudien zu den Effekten der Weltmarktintegration auf das Innovationsverhalten sind dem Verfasser nicht bekannt.
⁴ Vgl. z. B. Sachs/Warner (1995) und Edwards (1998) einerseits und Coe/Helpman (1995) sowie Keller (1999) andererseits.

geführt worden. Die Komplexität des Sujets erschwert eine derartige Untersuchung. Auch diese Arbeit konnte nur mit Vorsicht zu behandelnde Ansatzpunkte liefern.

Welche Erkenntnisse lassen sich aus dieser Arbeit für die Ideengebäude der endogenen Wachstumstheorie mit Außenhandel und des Innovationssystem-Ansatzes gewinnen? Sollte für eine wachstumstheoretische Analyse von Integrationsprozessen von Schwellenländern die Auswahl eines der vielen verfügbaren Wachstumsmodelle erforderlich sein, so sollte bei der Entscheidung berücksichtigt werden, dass das Modell – wie das Romer-Modell – explizit die mittel- und langfristigen produktivitätssteigernden Effekte von Investitionsgüterimporten erfasst. Denn dieser Effekt war in Argentinien von zentraler Bedeutung bei der Erklärung der weiteren Entwicklung. Im Solow-Modell (und im Mankiw/Romer/Weil-Modell) sowie im Grossman/Helpman-Modell wären diese Effekte nicht modellierbar gewesen.

Eine weitere wichtige Beobachtung war, dass sich die F&E-Aktivitäten in einem Schwellenland infolge einer Außenhandelsliberalisierung erhöht haben. Sollte dies nur ein vorübergehender Effekt aufgrund von verschiedenen Rigiditäten (z. B. fixe Investitionen, Arbeitslosigkeit) sein, so müsste er zumindest in einer langfristigen Betrachtung keine Beachtung finden. Sollten aber andere Untersuchungen mit längerem Zeithorizont zu ähnlichen Befunden kommen, so müssten Prozesse modelliert werden, die mit der Beobachtung vereinbar sind. Derartige Prozesse könnten z.B. eine komplementäre Beziehung zwischen Importen und F&E oder direkte forschungsproduktivitätssteigernde Effekte der Integration sein.

Auch die zukünftige Innovationssystem-Analyse kann auf die im Fall Argentinien gemachten Beobachtungen aufbauen. Zum einen verdeutlicht der Fall Argentinien, dass die makroökonomische Stabilität eine notwendige Voraussetzung für das Funktionieren eines NIS ist. Das „funktionale" Umfeld des Innovationssystems ist also selbst ein wichtiger Bestandteil eines NIS. Zum anderen zeigen die Ergebnisse, dass eine Innovationssystem-Analyse von Entwicklungs- und Schwellenländern ohne die explizite Erfassung der internationalen Wissensflüsse unzureichend sein muss: Innovationssysteme von Schwellenländern müssen als offene Systeme analysiert werden. Und schließlich wurde deutlich, dass die Offenheit eines Landes auf vielschichtige Weise die Innovationsfähigkeit des Innovationssystems beeinflussen kann.

Der direkte Zusammenhang zwischen der Weltmarktintegration und dem Innovationserhalten ist trotz der Bedeutung, die beiden Prozessen in der modernen Welt eingeräumt wird, sowohl für die Industrie- als auch für die Entwicklungsländer nur sehr selten untersucht worden. Wo können vor dem Hintergrund der hier gemachten Beobachtungen weitere Untersuchungen ansetzen? Offen blieben in der Untersuchung die genauen Ursachen des Wachstums und des Anstiegs der Innovationsaktivitäten, es konnten nur fundierte Vermutungen angestellt werden. Eine Trennung und Gewichtung der einzelnen möglichen Ursachen (z. B. Offenheitsgrad, Stabilisierung, Wachstum) und Kausalbeziehungen durch ökonometrische Verfahren wäre wünschenswert.[1] Eine längerfristige Untersuchung zu Argentinien könnte das Innovationsverhalten seit dem Einsetzen der Krise nachzuzeichnen versuchen. Mit ihr könnten bessere Aussagen über die Nachhaltigkeit der einzelnen Effekte getroffen und der langfristige Wachstumspfad besser abgeschätzt werden. Anhand anderer Fallstudien könnte gezeigt werden, ob die Ergebnisse nach der Öffnung Argentiniens 1990-1999 in Hinblick auf das Wachstum und das Innovationsverhalten nur einen Sonderfall darstellen oder zu verallgemeinern sind. Ließe sich z.B. für eine Vielzahl von SL ein Anstieg in den Innovationsanstrengungen feststellen, so wäre das Modellgerüst der EWT mit seiner einfachen Beziehung zwischen Forschung und Produktion zu überdenken. Diese Befunde könnten in neue Wachstumsmodelle einfließen.

Darüber hinaus stellt m. E. die hier ansatzweise eingenommene dynamische Perspektive auf die Evolution eines NIS infolge einer Änderung in seinen Rahmenbedingungen eine wichtige Erweiterung der statischen Perspektive dar. Die Befunde dieser Arbeit geben nur erste Hinweise auf mögliche Integrationseffekte. Auf ihnen aufbauend erscheint eine systematischere Erfassung möglicher Wirkungskanäle einer Öffnung auf die Funktionsweise von Innovationssystemen geboten. Darüber hinaus erscheint mir die Analyse der einzelnen *lag*-Strukturen bei der Anpassung von Innovationssystemen an neue Rahmenbedingungen ein weiterer interessanter Untersuchungsaspekt zu sein. Überhaupt ist der Prozess der Öffnung eines Innovationssystems mit den daraus resultierenden neuen internationalen (und inländischen) Kanälen für Wissensflüsse und mit seinen Rückwirkungen auf das Verhalten der einzelnen privaten und öffentlichen Akteure ein Forschungsgegenstand, dem im Rahmen einer sich zunehmend globalisierenden Welt weitere empirische Untersuchungen folgen sollten.

---

[1] Beim heutigen Stand der Technik wären aber vermutlich keine aussagekräftigen Ergebnisse zu erwarten.

Anhänge

Anhang A.1: Anteil der F&E-Ausgaben am BIP

	1985	1990	1995
Argentina	..	..	0,38
Australia	1,18	1,41	..
Austria	1,27	1,35	1,56
Azerbaijan	..	..	0,19
Bangladesh	..	..	0,03
Belarus	..	..	1,12
Belgium	1,70	1,70	1,60
Brazil	..	..	0,84
Burkina Faso	..	..	0,08
Canada	1,46	1,51	1,68
Chile	..	..	0,67
China	..	0,68	0,61
Costa Rica	..	0,17	..
Croatia	..	..	1,00
Czech Republic	..	..	1,12
Denmark	1,31	1,70	2,08
Ecuador	..	..	0,02
Egypt, Arab Rep.	..	..	0,22
Estonia	..	..	0,61
Finland	1,61	1,97	2,46
France	2,27	2,43	2,35
Germany	..	..	2,31
Greece	..	..	..
Hungary	2,44	1,67	0,76
India	0,80	0,80	..
Indonesia	0,27	..	..
Ireland	0,89	0,97	1,61
Israel	..	2,15	2,14
Italy	1,14	1,32	1,03
Japan	2,77	3,03	2,96
Kazakhstan	..	..	0,30

Fortsetzung Anhang A.1: siehe nächste Seite

Fortsetzung AnhangA.1: Anteil derF&E-Ausgaben am BIP

	1985	1990	1995
Korea, Rep.	1,46	1,88	2,71
Kuwait	..	..	0,20
Latvia	..	..	0,53
Lithuania	..	..	0,70
Madagascar	..	..	0,18
Mauritius	0,26	..	..
Mexico	0,44	..	0,33
Netherlands	2,06	2,03	2,09
New Zealand	..	1,07	1,04
Norway	1,52	..	1,74
Poland	1,00	1,63	0,75
Portugal	..	0,55	0,62
Romania	..	..	0,72
Russian Federation	..	..	0,76
Rwanda	0,54	..	0,04
Senegal	..	..	0,02
Singapore	..	0,94	1,13
Slovak Republic	..	..	1,05
South Africa	0,93	..	..
Spain	0,56	0,86	0,86
Sweden	2,96	..	3,76
Switzerland	..	2,80	..
Thailand	0,34	0,18	0,13
Tunisia	..	..	0,33
Turkey	0,55	0,34	0,38
Uganda	..	..	0,60
United Kingdom	2,23	2,21	2,04
United States	2,87	2,77	2,61
Venezuela, RB	0,32	0,54	..

Quelle: Weltbank (2001)

Anhang A.2: Die großen argentinischen NHU

Name	Gründung	Tochterunternehmen	Branchen	Umsatz[1]	Exporte[1]	Importe[1]	Beschäftigte (1994)
Acindar	1942	17	Stahl	567,5	117,8	38,8	4.257
Alpargatas	1885	21	Schuhe, Textilien	417,7	111,8	11,1	9.750
Arcor	1951	28	Nahrung	835,0	91,1	27,1	8.700
Arte Gráfico Argentino	1945	26	Druck, Medien	553,8	0	50,9	1.500
B. Roggio	1908	37	Bau	359,8	0	8,5	12.000
Bridas	1928	18	Mineralöl	352,9	109,7	10,9	2.000
Bunge & Born	1884	9	Nahrung, Großhandel	1.450,0	353,3	63,3	5.302
Cartellone J	1918	16	Nahrung	202,3	2,8	27,8	k. A.
Catena	1926	8	Getränke	210,0	10,5	0	k. A.
CEI	1991	16	Papier, Telekomm.	114,6	37,4	25,4	k. A.
CEPA	k. A.	4	Nahrung	273,8	258,2	0	2.981
CIPAL	1940	8	Aluminium, Reifen	507,8	219,7	121,3	3.740
COFAL	1989	20	KFZ	1.687,8	127,0	208,0	4.465
Com. de Plata	1919	42	Energie, Dienstl.	729,3	29,4	60,6	k. A.
Corcemar	1926	7	Zement	170,0	2,8	0	k. A.
Pescarmona	1907	17	Bau, Dienstl.	658,3	110,0	18,9	6.979
Coto	k. A.	12	Einzelhandel	121,2	k. A.	26,0	k. A.
DyS	1947	5	Textilien	62,0	k. A.	k. A.	k. A.
Exxel Group	1992	18	Papier, Chemie, Dienstl.	352,9	2,1	0	4.000
Fortabat	1926	k. A.	Zement, Agrarprod., Dienstl.	396,7	0	0	2.525
Gatic	1959	13	Schuhe	365,2	3,0	33,4	5,198
Grupo RB		6	KFZ-Komponenten	228,0	k. A.	k. A.	k. A.
Karatex	k. A.	7	Textilien	141,0	k. A.	k. A.	k. A.

Fortsetzung Anhang A.2: siehe nächste Seite

Fortsetzung Anhang A 2: Die großen argentinischen NHU

Lab. Roemmers	1921	7	Pharma	351,3	5,4	49,4	737
Lab. Bagó	1934	24	Pharma	395,0	9,2	18,7	1.080
Lab. Sidus	k. A.	9	Pharma	195,0	4,9	23,4	850
Lactona	1962	4	Milchprod., Agrarerz.	145,0	1,2	0	k. A.
Mastellone	1929	5	Milchprod.	843,1	39,5	30,9	4.400
Meller (3)	k. A.	k. A:	Textilien, Telekomm.	215,0	k. A.	4,0	k.A.
Moreno	1961	4	Pflanzl. Öle	758,9	712,5	0	650
Multimedios	k. A.	6	Medien	120,0	k. A.	k. A.	k. A.
Penaflor	1928	8	Getränke	340,3	15,1	13,8	2.600
Perez Companc	1946	61	Energie, Tele-komm., Agrarerz.	1.476,0	277,4	113,5	6.837
QUINSA	1895	25	Getränke, Nahrung	753,0	4,1	46,9	2.980
Sancor	1936	26	Milchprod.	878,3	70,7	29,3	5.624
Socma	1954	48	Bau, KFZ-Komponenten,	2.741,9	373,5	46,5	21.491
Suc. A Williner	1928	3	Milchprod.	152,1	11,9	0	967
Techint	1952	58	Stahl, Bau, Telekomm.	4019,8	565,6	211,4	28.000
Urquia	1961	6	Pflanzl Öle	495,3	422,5	0	980
YPF	1929	33	Mineralöl	4.954,1	1.384,0	168,4	7.500
gesamt				**29.582**	**5.484**	**1.919**	**172.804**

[1] in Mio. arg. $.

Quelle: R. Bisang (2000), S. 144/145.

Anhang A.3: Zielländer der argentinischen Exporte 1991, 1994 und 1998

	1991		1994		1998	
	Wert (Mio. $)	Anteil (%)	Wert (Mio. $)	Anteil (%)	Wert (Mio. $)	Anteil (%)
Brasilien	1.489	12,42	3.655	23,34	7.829,00	29,61
USA	1.245	10,39	1.737	11,09	2057,00	7,78
Chile	488	4,07	999	6,38	1.697,00	6,42
Deutschland	732	6,11	605	3,86	571,00	2,16
Frankreich	249	2,08	216	1,38	320,00	1,21
Großbritannien	197	1,64	222	1,42	256,00	0,97
Italien	574	4,79	654	4,18	746,00	2,82
Niederlande	1.328	11,08	1.180	7,54	1.111,00	4,20
Spanien	482	4,02	584	3,73	824,00	3,12
Japan	454	3,79	445	2,84	660,00	2,50
sonstige	2.758	23,01	3.368	21,51	8372,00	31,66
gesamt	**11.987**	**100,00**	**15.659**	**100,00**	**26.441,00**	**100,00**

Quelle: IMF (1998, 2001).

Anhang A.4: Entwicklung der argentinischen Industrieproduktion (1993 = 100)

	1990	1991	1992	1993	1994	1995	1996	1997	1998
Nahrung, Genuss	80,2	90,9	99,8	100,0	107,5	109,3	109,7	115,6	118,2
Tabak	85,9	89,6	95,7	100,0	102,4	101,8	102,2	103,2	104,7
Textilien	105,4	115,5	115,6	100,0	102,9	98,8	106,3	100,9	86,6
Bekleidung	90,3	96,4	116,5	100,0	106,3	93,0	102,5	100,8	99,8
Lederverarbeitung	75,0	92,6	99,4	100,0	108,5	93,6	102,5	100,8	99,8
Holzbearbeitung	80,0	89,1	85,4	100,0	109,8	79,2	82,3	118,0	121,3
Papier	76,2	85,4	98,5	100,0	110,9	117,4	120,6	118,8	112,5
Druck	51,2	62,5	84,9	100,0	100,5	79,7	88,2	103,9	103,2
Brennstoffe	89,9	94,9	99,2	100,0	98,0	92,1	93,5	102,1	107,3
chemische Erzeugnisse	81,0	86,2	94,9	100,0	105,3	102,8	109,7	117,2	122,1
Gummi- und Plastikwaren	60,9	78,2	89,7	100,0	111,7	93,4	110,3	123,3	119,9
mineral. Erz. (ohne Metalle)	70,4	80,1	92,5	100,0	102,1	88,1	89,3	99,9	99,2
Metalle	110,9	98,1	94,9	100,0	109,7	115,9	129,4	143,9	145,7
Metallerzeugnisse	74,2	84,4	93,9	100,0	101,3	89,1	92,2	92,7	94,2
Maschinen u. Ausrüstungen	94,5	88,1	96,8	100,0	99,3	98,7	105,4	111,1	110,9
Büromaschinen	121,0	157,1	146,0	100,0	65,7	55,7	48,6	64,2	65,4
elektr. Geräte	88,5	98,5	95,3	100,0	90,1	81,9	86,0	95,0	98,5
Elektronik, Kommunik.-Ausr.	46,6	62,6	104,7	100,0	88,9	62,4	98,6	115,5	117,6
med. Geräte, Optik, Feinmechanik	134,2	142,3	124,3	100,0	88,5	74,2	70,3	93,3	86,2
Automobil	38,7	48,5	81,5	100,0	112,5	83,9	93,2	125,9	133,0
Transportausrüstungen	103,7	113,3	130,0	100,0	103,0	92,0	94,0	107,6	133,0
Möbel, sonstige	59,2	71,5	89,3	100,0	99,4	83,8	94,8	124,3	129,1
gesamt	**77,7**	**85,6**	**96,7**	**100,0**	**104,6**	**97,3**	**103,5**	**113,2**	**114,6**

Quelle: Secretaria de Programación / Indec (1999), S.50.

Literaturverzeichnis

ACEMOGLU, D. / ZILIBOTTI, F. (2001)
Productivity Differences
Quarterly Journal of Economics, Vol. 116, S. 563-606.

AL-UBAYDLI, O. / KEALEY, T. (2000)
Endogenous growth theory: a critique
Economic Affairs, Vol. 20, No. 3, S. 10-13.

AGHION, P. / HOWITT, P. (1998)
Endogenous Growth Theory
The MIT Press, Cambridge (Mass.), London.

AGHION, P. / HOWITT, P. (1992)
A Model of Growth Through Creative Destruction
Econometrica, Vol. 60, No. 2, S. 323-351.

ARNOLD, L. (1999)
Does Policy Affect Growth?
Finanzarchiv, Vol. 56, S. 141-164.

AITKEN, B. J. / HARRISON, A. (1999)
Do Domestic Firms Benefit from Direct Foreign Investment? Evidence from Venezuela
American Economic Review, Vol. 88, No. 3, S. 605-618.

ARNOLD, L. (1997)
Wachstumstheorie
Vahlen, München.

ARROW, K. J. (1962)
The Economic Implications of Learning by Doing
Review of Economic Studies, Vol. 29, S. 155-173.

BARBEITO, A. (1996)
Comentario al trabajo: La Transformacion Industrial en los Noventa. Un proceso con final abierto
Desarollo Económico, Numero Especial, Vol. 36, S. 187-216.

BARRO, R. J. (1991)
Economic Growth in a Cross-Section of Countries
Quarterly Journal of Economics, Vol. 106, No. 2, S. 407-443.

BARRO, R. J. / SALA-I-MARTIN, X. (1995)
Economic Growth
Mc Graw-Hill, New York.

BARRO, R. J. / SALA-I-MARTIN, X. (1997)
Technological Diffusion, Convergence and Growth
Journal of Economic Growth, Vol. 2, No. 1, S. 1-26.

BASU, S. / WEIL, D. N.1996)
Appropriate Technology and Growth
NBER Working Paper No. 5865.

BELL, N. / PAVITT, K. (1993)
Accumulating Technological Capability in Developing Countries
Proceedings of the World Bank Annual Conference on Development Economics 1992, S.257-281.

BERLINSKI, J. (2000)
The WTO Trade Policy Review of Argentina 1999
The World Economy, Vol. 23, No. 9, S. 1195-1213.

BIRDSALL, N. / RHEE, C. (1993)
Does Research and Development Contribute to Economic Growth in Developing Countries
World Bank Policy Research Working Paper No. 1221.

BISANG, R. / BONVECCHI, C. / KOSACOFF, B. / RAMOS, A. (1996)
La Transformacion Industrial en los Noventa. Un proceso con final abierto
Desarollo Económico, Numero Especial, Vol. 36, S.187-216.

BISANG, R. / MALET, N. (1998)
El Sistema Nacional de Innovación de la Argentinia
Universidad Nacional General Sarmiento (mimeo).

BISANG, R. (2000)
The Responses of National Holding Companies
in: Kosacoff, Bernardo (ed.): Corporate Strategies Under Structural Adjustment. Responses by Industrial Firms to a New Set of Uncertainties; Macmillan Press, Houndmills, New York.

BLOMSTRÖM, M. / KOKKO, A. (1998)
Multinational corporations and spillovers
Journal of Economic Surveys, Vol. 12, S. 247-277.

BOSWORTH, B. P. / COLLINS S. (1996)
Economic Growth in East Asia: Accumulation versus Assimilation
Brookings Papers on Economic Activity, Vol. 2, S. 135-203.

CARLSSON, B. /STANKIEWICZ, R. (1995)
On the nature, function, and composition of technological systems
in: Carlsson, B. (ed.): Technological Systems and Economic Performance: The case of factory automation, Kluwer, Dordrecht.

CASABURI, G. G. (1999)
Dynamic Agroindustrial Clusters
Macmillan Press, Houndsmills, Basingstoke.

CEPAL (1999)
Anuario estadístico
Santiago de Chile.

CHUDNOVSKY, D. (1999)
Science and Technology Policy and the National Innovation System in Argentina
CEPAL Review 67, S. 157-176.

CHUDNOVSKY, D. / Lopez, A. (1996)
Política tecnológica en la Argentina: hay algo más que laissez faire?
Redes, Vol. 3, No. 6, S. 33-75.

CHUDNOVSKY, D. / Lopez, A. / Porta, F. (1995)
Mas allá del flujo de caja. El boom de la inversión extranjera directa en la Argentina.
Desarrollo Económico, Vol. 35, No.137, S. 35-62.

CHUDNOVSKY, D. / NIOSI, J. / BERCOVICH, N. (2000)
Sistemas nacionales de innovacion, procesos de aprendizaje y política technológica: una comparación de Canadá y la Argentina.
Desarollo Economico, Vol. 40, No.158, S.213-252.

CHUI, M. / LEVINE, P. / PEARLMAN, J. (2001)
Winners and loosers in a North-South model of growth, innovation and the product cycle
Journal of Developing Economics, Vol. 65, S. 333-365.

COE, D. T. / HELPMAN, E. (1995)
International R&D Spillovers
European Economic Review, Vol. 35, No.5, S. 859-887.

COE, D.T. / HELPMAN, E. / HOFFMAISTER, A. (1997)
North-South R&D Spillovers
Economic Journal, Vol. 107, S.134-149.

COHEN, W. (1995)
Empirical Studies on Innovative Activities
in: Paul Stoneman: Handbook of Industrial Innovation and Technological Change, Blackwell Publishers, Oxford.

COHEN, W. / LEVINTHAL, D. (1989)
Innovation and learning: the two faces of R&D
Economic Journal, Vol. 99, S. 569-596.

CONNOLLY, M. (1998)
The Dual Nature of Trade: Measuring its Impact on Imitation and Growth
Federal Reserve Bank of New York Staff Report No. 44.

CORREA, C. M. (2000)
Reforming the Intellectual Property Rights System in Latin America
The World Economy, Vol. 23, No. 6, S. 851-872.

CORREA, C. M. (1998)
Argentina's national innovation system
International Journal of Technology Management, Vol. 15, No. 6, S. 721-760.

DAVID, P. A. / FORAY, D. (1995)
Accessing and Expanding the Science and Technology Knowledge Base
STI Review, No. 16, S. 13-68.

DE LONG, B. / SUMMERS, L. (1991)
Equipment Investment and Economic Growth
Quarterly Journal of Economics, Vol. 106; No.2, S.407-443.

DELLACHA, J. M. (1998)
Science, Technology and Innovation in Argentina
Documento de Trabajos No. 4

DEVEREUX, M.B. / LAPHAM B.J: (1994)
The Stability of Economic Integration and Endogenous Growth
Quarterly Journal of Economics, Vol. 109, S. 299-308.

DIXIT. A. / STIGLITZ J. E. (1977)
Monopolistic Competition and Optimum Product Diversity
American Economic Review, Vol. 67, S. 297-308.

DOWRICK, S. / DELONG, J. B. (forthcoming)
Globalisation and Covergence
in: Bordo, M. D., Taylor, A. M., Williamson J. G. (eds.): Globalization in Historical Perspective, The University of Chicago Press; Chicago London..

DUNNING, J (1988)
Explaining International Production
Unwin Hyman, London.

EATON, J. / KORTUM, S. (2001)
Trade in Capital Goods
European Economic Review, Vol. 45, S. 1195-1235.

EATON, J. / KORTUM S. (1996)
Trade in Ideas: Patenting and Productivity in the OECD
Journal of International Economics, Vol. 40, S. 251-278.

EASTERLY, W. (2001)
The Lost Decades: Developing Countries' Stagnation in Spite of Policy Reform 1980-1998
Journal of Economic Growth, Vol. 6, S.135-157.

EASTERLY, W. / LEVINE, R. (2001)
It's Not Factor Accumulation: Stylized Facts and Growth Models
World Bank Economic Review (forthcoming)

EASTERLY, W. /KREMER, M. / PRITCHETT, L. / SUMMERS, L. H. (1993)
Good policy or good luck?
Journal of Monetary Economics, Vol. 32, S. 459-483.

EDQUIST; C. (1997)
Systems of Innovation Approaches – Their Emergence and Characteristics
in: Edquist, C. (ed.): Systems of Innovation. Technologies, Institutions and Organizations; Pinter, London, Washington.

EDWARDS, S. (1998)
Openess, Productivity and Economic Growth: What Do We Really Know?
The Economic Journal, Vol. 108, S.383-398.

EICHER, T. S. / TURNOVSKY, S.J: (1999)
Non-scale Models of Economic Growth
The Economic Journal, Vol. 109, S. 394-415.

ETHIER, W. (1982)
National and International Returns to Scale in the Modern Theory of International Trade
American Economic Review, Vol. 72, S. 389-405.

FAGERBERG, J. (1994)
Technology and International Differences in Growth Rates
Journal of Economic Literature, Vol. 32, S. 1147-1175.

FEENSTRA, R. C. (1996)
Trade and Uneven Growth
Journal of Development Economics, Vol. 46, S. 229-256.

FIEL (1999)
Resena de la actividad economica 1998
Buenos Aires.

FIEL (1996)
Las Pequenas y Medianas Empresas de la Argentina
Buenos Aires.

FIEL (1990)
Protection of Intellectual Property Rights. The Case of the Pharmaceutical Industry in Argentina
Buenos Aires.

FREEMAN, C. / SOETE, L. (1997)
The Economics of Industrial Innovation (3rd ed.)
Pinter, London, New York.

FREEMAN, C. (1987)
Technology Policy and Economic Performance. Lessons from Japan.
Pinter, London, New York.

FRENKEL, M. / HEMMER H.-R. (1999)
Grundlagen der Wachstumstheorie
Vahlen, München.

FRENKEL, M. / TRAUTH, T. (1997)
Growth Effects of Integration among Unequal Countries
Global Finance Journal, Vol. 8, No. 1, S. 113-128

GACTEC (1999)
Plan Nacional Plurianual de Ciencia y Tecnología 2000-2002
Buenos Aires.

GACTEC (1998)
Plan Nacional Plurianual de Ciencia y Tecnología 1999-2001
Buenos Aires.

GACTEC (1997)
Plan Nacional Plurianual de Ciencia y Tecnología 1998-2000
Buenos Aires.

GALLINI, N. / SCOTCHMER, S. (2001)
When is the best incentive system?
Working Paper 303, University of Calofornia, Berkeley

GATT (1992)
Trade Policy Review. Argentina
Geneva.

GRILICHES, Z. (1998)
R&D and Productivity. The Econometric Evidence
The University of Chicago Press, Chicago, London.

GRILICHES, Z. (1994)
Productivity, R&D and the Data Constraint
American Economic Review, Vol. 81, No. 1, S. 1-23.

GROSSMAN, G. M. / HELPMAN, E. (1990)
Comparative Advantage and Long-Run Growth
American Economic Review, Vol. 80, No. 4, S.796-815.

GROSSMAN, G. M. / HELPMAN, E. (1991a)
Innovation in the Global Economy
MIT Press, Cambridge/Mass.

GROSSMAN G. M. / HELPMAN, E. (1991b)
Endogenous Product Cycles
Economic Journal, Vol. 101, S. 1214-1229.

GRUPP, H. (1998)
Foundations of the Economics of Innovation
Edward Elgar, Cheltenham.

GU, S. (1999)
Implications of National Innovation Systems for Developing Countries – Managing Change and Complexity in Economic Development
UNU/INTECH Discussion Paper No. 9903.

HELPMAN, E. / KRUGMAN, P. (1985)
Market Structure and Foreign Trade
MIT Press, Cambridge/Mass.

HOFMAN, A. A. (1999)
The Economic Development of Latin America in the Twentieth Century
Edward Elgar, Cheltenham.

HOWITT, P. (1999)
Steady Endogenous Growth with Population and R&D Inputs Growing
Journal of Political Economy, Vol. 107, No. 4, S. 715-730.

HOWITT, P. / AGHION, P. (1998)
Capital Accumulation and Innovation as Complementary Factors in Long-Run Growth
Journal of Economic Growth, Vol. 3, S. 111-130.

HULTEN, C. R. (2000)
Total Factor productivity: A Short Biography
NBER Working Paper No. 7471.

IMF (diverse Jahrgänge)
Direction of International Trade Statistics Yearbook
Washington D.C.

INdEC (1999)
Industria Manufacturera
Buenos Aires.

INdEC (1998)
Encuesta sobre la conducta tecnológica de las empresas industriales Argentinas
Buenos Aires.

JONES, C. I. (forthcoming)
Comment on Dowrick and De Long, „Globalisation and Convergence"
in: Bordo, M. D., Taylor, A. M., Williamson J. G. (eds.): Globalization in Historical Perspective, The University of Chicago Press

JONES, C.I. (1999)
Growth: With or Without Scale Effects
American Economic Review, Vol. 89, No. 2, S. 139-144.

JONES, C.I. (1995a)
Time Series Tests of Endogenous Growth Models
Quarterly Journal of Economics, Vol. 110, .495-525.

JONES, C.I. (1995b)
R&D based models of Long-Run Growth
Journal of Political Economy, Vol. 103, S. 759-784.

JORGENSON, D. W. / GRILICHES, Z. (1967)
The Explanation of Productivity Change
The Review of Economic Studies, Vol. 34, No. 3, S. 249-283.

JOVANOVIC, B. (1995)
Learning and Growth
NBER Working Paper No. 5383.

JUDD, K. (1985)
On the Performance of Patents
Econometrica, Vol. 53, S. 567-585.

KALDOR, N. (1961)
Capital Accumulation and Economic Growth
in: Lutz, F. A. / Hague, D. C. (eds.): The Theory of Capital; St. Martin's Press, New York.

KATZ, J. (2001)
Structural reforms and technological behaviour: the sources and nature of technological change in Latin America in the 1990s
in: Research Policy, Vol. 30, No. 1, S. 1-19.

KATZ, J. / BERCOVICH, N. (1993)
National Systems of Innovation Supporting Technical Advance in Industry: The Case of Argentina
in: Nelson, R. R. (ed.): National Innovation Systems: A Comparative Analysis; Oxford University Press, Oxford.

KELLER, W. (2001)
International Technology Diffusion
NBER Working Paper No. 8573.

KELLER, W. (1999)
How Trade Patterns and Technology Flows Affect Produktivity Growth
NBER Working Paper No. 6990.

KELLER, W. (1998)
Are international R&D spillovers trade related? Analyzing spillovers among randomly matched trade partners
European Economic Review, Vol. 42, S. 1469-1481.

KELLER, W. (1996)
Absorptive Capacity: On the creation and acquisition of technology in development
Journal of Developing Economics, Vol. 46, S. 199-227.

KENNY, C. / WILLIAMS, D. (2001)
What Do we Know About Economic Growth? Or, Why Don't We Know Very Much?
World Development, Vol. 29, No. 1, S. 1-22.

KING, R. G. / LEVINE, R. (1993)
Finance and Growth: Schumpeter Might Be Right
Quarterly Journal of Economics, Vol. 108, No. 3, S. 717-737.

KORTUM, S. (1997)
Research, Patenting and Technological Change
Econometrica, Vol. 65, No. 6, S. 1389-1419.

KOSACOFF, B. (ed.) (2000a)
Corporate Strategies Under Structural Adjustment. Responses by Industrial Firms to a New Set of Uncertainties
Macmillan Press, Houndmills, New York.

KOSACOFF, B. (2000b)
The Responses of Transnational Corporations.
in: Kosacoff, B. (ed.): Corporate Strategies Under Structural Adjustment. Responses by Industrial Firms to a New Set of Uncertainties, Macmillan Press, Houndmills, New York.

KRUGMAN, P. (1993)
Towards a Counter-Counterrevolution in Development Theory
Supplement to the .World Bank Economic Review and the World Bank Research Observer.

LALL, S. (1992)
Technological Capabilities and Industrialization
World Development, Vol. 20, No. 2, S. 165-186.

LA NACIÓN (2001a)
http://www.lanacion.com/ar
21.02.2001

LA NACIÓN (2001b)
http://www.lanacion.com/ar
02.03.2001

LEVINE R. / RENELT, R. (1992)
A Sensitivity-Analysis of Cross-Country Growth Regressions
American Economic Review, Vol. 82, No. 4, S. 942-963.

LEVINSOHN, J. (1993)
Testing the imports-as-market-discipline hypothesis
Journal of International Economics, Vol. 35, S. 1-22.

LICHTENBERG, F. (1992)
R&D investment and international productivity differences
NBER Working Paper No. 4161.

LICHTENBERG, F. / van POTTELSBERGHE de la POTTERIE, B. (1996)
International R&D spillovers: A re-examination
NBER Working Paper No. 5668.

LUCAS, R. E.(1988)
On the mechanics of economic development
Journal of Monetary Economics, Vol. 22, S. 3-24.

LUCAS, R. E. (1990)
Why doesn't capital flow from rich to poor countries?
American Economic Review. Papers and Proceedings, Vol. 80, S. 92-96.

LUNDVALL, B.-A. (ed.) (1992)
National Systems of Innovation
Pinter, London, New York.

MANKIW N. G. / ROMER, D., / Weil D. (1992)
A Contribution to the Empirics of Economic Growth
Quarterly Journal of Economics, Vol. 107, S. 407-437.

MATSUYAMA, K. (1991)
Increasing returns, industrialization, and indeterminacy of equilibrium
Quarterly Journal of Economics, Vol. 106, No. 2, S. 407-438.

MAURER, R. (1998)
Economic Growth and International Trade with Capital Goods
Mohr Siebeck, Tübingen.

MAUßNER, A. / KLUMP, R. (1996)
Wachstumstheorie
Springer; Berlin.

MELO, A. (2001)
The Innovation Systems of Latin America and the Carribbean
IDB Working Paper No. 460.

MEYER-STAMER, J. (1997)
Stimulating Knowledge-Driven Development
Graue Reihe des Instituts für Arbeit und Technik 1997-04.

METCALFE, S. (1995)
The Economic Foundations of Technology Policy: Equilibrium and Evolutionary Perspectives
in: Stoneman, P. (ed.): Handbook of Industrial Innovation and Technological Change; Blackwell Publishers, Oxford.

MEOSP (Ministerio de Economia y Obras Publicas) (1999)
Economic Report, Third Quarter 1999
Buenos Aires.

MCE (Ministerio de Cultura y Educación) (1996)
Bases par una discusión de una política de ciencia y tecnología
Buenos Aires.

MCE (Ministerio de Cultura y Educación) / SECYT (diverse Jahrgänge)
Indicadores de Ciencia y Tecnología
Buenos Aires.

MOORI-KOENIG, V. / YOGUEL, G. (1998)
Capacidades innovadoras en un medio de escaso desarollo del sistema local de innovación
Comercio Exterior, Vol. 48, No. 8, S. 641-659.

MURPHY, K:M. / SHLEIFER, A. / VISHNY, R. (1989)
Industrialization and the Big Push
Journal of Political Economy, Vol. 97, S. 1003-1026.

NELSON, R. R. (ed.) (1993)
National Innovation Systems: A Comparative Analysis
Oxford University Press, Oxford.

NELSON, R. R. / PACK, H. (1997)
The Asian Miracle and Modern Growth Theory
University of Pennsylvania Working Paper (mimeo).

NELSON, R. R. / PHELPS, E. (1966)
Investment in Humans, Technological Diffusion, and Economic Growth
American Economic Review, Vol. 56, S. 69-75.

NELSON, R. R. / ROSENBERG, N. (1993)
Introduction
in: Nelson, R. R. (1993): National Innovation Systems: A Comparative Analysis; Oxford University Press, Oxford.

NELSON, R. R. / WINTER, S. (1982)
An Evolutionary Theory of Technological Change
Harvard University Press, Cambridge/Mass.

NORDHAUS, W. D. (1969)
Invention, Growth and Welfare
MIT Press, Cambridge/Mass.

OECD (1999)
Managing National Systems of Innovation
Paris.

OECD (1997a)
National Innovation Systems
Paris.

OECD (1997b)
Research and Development Expenditure in Industry 1974-1995
Paris.

OECD (1997c)
Oslo Manual
Paris.

PAPAGEORGIU, D. / MICHAELY, M / CHOKSI, A. M. (ed.) (1991)
Liberalizing Foreign Trade, Vol. 1
Blackwell Publishers, Cambridge/Mass.

PARENTE, S. L. / PRESCOTT, E. C. (1994)
Barriers to Technological Adoption and Development
Journal of Political Economy, Vol. 102, No. 2, S. 298-321.

PAVITT, K. (1984)
Sectoral patterns of technological change: Towards a taxonomy and a theory
Research Policy, Vol. 13, S. 343-373.

PASTOR JR., M. / WISE, C. (1999)
Stabilization and its Discontents: Argentina's Economic Restructuring in the 1990s
World Development, Vol. 27, No. 3, S. 477-504.

POLS, A. (1999)
Efficiency Effects of Trade Liberalization – Argentina 1987-1995
Vervuert, Frankfurt/M.

PORTER, M. E. (1990)
The Competitive Advantage of Nations
Macmillan, London.

PORTER, M. E. / STERN, S. (2000)
Measuring the „Ideas" Production Function: Evidence from International Patent Output
NBER Working Paper No. 7891.

PRESCOTT, E. C. (1998)
Needed: A Theory of Total Factor Productivity
International Economic Review, Vol. 39, No. 3, S. 525-551.

PREUßE, H. G. (2001)
Mercosur – Another Failed Move Towards Regional Integration
The World Economy, Vol. 24, No. 7, S. 911-931.

PRITCHETT, L. (2000)
Understanding Patterns of Economic Growth: Searching for Hills among Plateaus, Mountains and Plains
The World Bank Economic Review, Vol. 14, No. 2, S. 221-250.

PRITCHETT, L. (1997)
Divergence, Big Time
Journal of Economic Perspectives, Vol. 11, S. 3-17.

PRITCHETT, L. (1996)
Where has all the education gone?
World Bank Policy Research Working Paper No. 1581.

QUAH, D. T. (1993)
Empirical Cross-Section Dynamics in Economic Growth
European Economic Review, Vol. 37, S. 426-434.

REINGANUM, J. F. (1989)
The Timing of Innovation: Research, Development and Diffusion
in Schmalensee, R.; Willig, R.D. (eds.): Handbook of Industrial Economics
Vol. 1, North Holland, NewYork.

RICYT (2001)
http://www.ricyt.org

RICYT (1998)
Principales Indicadores de Ciencia y Tecnologia
Buenos Aires.

RICYT / OEA / CYTED (2001)
Manual de Bogotá

RIVERA-BATIZ, L. A. / ROMER, P. (1991)
Economic Integration and Endogenous Growth
Quarterly Journal of Economics, Vol. 6, No. 2, S. 199-223.

RIVERA-BATIZ, L. A. / XIE, D. (1993)
Integration among Unequals
Regional Science and Urban Economics, Vol. 23, S. 337-354.

ROBERTS, M. J. / TYBOUT, J. R. (1996)
Industrial Evolution in Developing Countries
Oxford University Press; Oxford, New York.

RODRIGUEZ, F. / RODRIK, D. (1999)
Trade Policy and Economic Growth: A Sceptics Guide to the Cross-National Evidence
NBER Working Paper No. 7081.

ROMER, D. (1996)
Advanced Macoeconomics
Mc Graw-Hill, New York.

ROMER, P. (1994)
The Origins of Endogenous Growth
Journal of Economic Perspectives, Vol. 8, No. 1, S. 3-22.

ROMER, P. (1993a)
Two strategies for economic development: using ideas and producing ideas
Proceedings of the World Bank Annual Conference on Developing Economics 1992, S. 63-91.

ROMER, P. (1993b)
Idea Gaps and Object Gaps in Economic Development
Journal of Monetary Economics, Vol. 32, S. 543-573.

ROMER, P. (1990)
Endogenous Technological Change
Journal of Political Economy, Vol. 98, No. 5, S. S71-S102.

ROSENBERG, N. (1982)
Inside the Black Box: Technology and Economics
Cambridge University Press, Cambridge.

SACHS, J. (2000)
Globalization and Patterns of Economic Development
Weltwirtschaftliches Archiv, Vol. 136, No. 4, S. 579-600.

SACHS, J. (1995)
Natural Resource Abundance and Economic Growth
NBER Working Paper No. 5398.

SACHS, J. / WARNER, A. (1995)
Economic Convergence and Economic Policies.
NBER Working Paper No. 5039.

SALA-I-MARTIN, X. X. (1997)
I Just Ran Two million Regressions
American Economic Review, Vol. 87, No. 2, S. 178-187.

SCHERER, F. M. / HUH, K. (1992)
R&D Reactions to High-Technology Import Competition
Review of Economics and Statistics, Vol. 2, S. 202-212.

SEGERSTROM, P. (2000)
The Long-Run Growth Effects of R&D subsidies?
Journal of Economic Growth, Vol. 5, S. 277-305.

SEGERSTROM, P. (1998)
Endogenous Growth Without Scale Effects
American Economic Review, Vol. 88, No. 5, S. 1290-1310.

SEGERSTROM, P. / ANANT, T. C. A. / DINOPOULOS, E. (1990)
A Schumpeterian Model of the Product Life Cycle
American Economic Review, Vol. 80, No. 5, S. 1077-1091.

SENTI, R. (2000)
What did the Uruguay Round achieve for Latin America?
in: Foders, F. (ed): The transformation of Latin America: economic development in the early 1990s; Elgar, Cheltenham.

SETCIP (2001)
Una análisis de Areas de Vacancia desde la demanda
http.//www.setcip.gov.ar/analisis.

SETCIP (2000)
http.//www.setcip.gov.ar/indicadores2000

SHELL, K. (1966)
Toward a Theory of Inventive Activity and Capital Accumulation
The American Economic Review, Vol. 56, Issue 1/2, S. 62-68.

SÖRENSEN, A. (1999)
R&E, Learning and Phases of Economic Growth
Journal of Economic Growth, Vol. 4, S. 429-445.

SOLOW, R. (1957)
Technical Change and the Aggregate Production Function
Review of Economics and Statistics, Vol. 39, S. 312-320.

SOLOW, R. (1956)
A Contribution to the Theory of Economic Growth
Quarterly Journal of Economics, Vol. 70, S. 65-94.

STAMM, A. / KASUMOVIC, A. / KRÄMER, F. / LANGNER, C. / LENZE, O. / OLK, C. (2000)
Ansatzpunkte für nachholende Technologieentwicklung in den fortgeschrittenen Ländern Lateinamerikas: das Beispiel der Softwareindustrie Argentinens
DEUTSCHES INSTITUT FÜR ENTWICKLUNGSPOLITIK, Berichte und Gutachten 10/2000, Bonn.

STERN, S. / PORTER, M. E. / FURMAN J. L. (2000)
The Determinants of National Innovative Capacity
NBER Working Paper No. 7876.

STOKEY, N. (1991)
Human capital, product quality, and growth
Quarterly Journal of Economics, 106, Vol. 2, S.587-616.

STONEMAN, P. (1995)
Handbook of Industrial Innovation and Technological Change
Blackwell Publishers, Oxford.

TRAUTH, T. (1997)
Innovation und Außenhandel
Physica-Verlag, Heidelberg.

UNCTAD (diverse Jahrgänge)
World Investment Report

UNDP (2001)
Human Development Report
Oxford University Press, New York, Oxford.

UNO (1999)
International Trade Statistics Yearbook
New York.

UZAWA, H. (1965)
Optimum Technical Change in an Aggregative Model of Economic Growth
International Economic Review, Vol. 6, S. 18-31.

VERNON, R. (1966)
International investment and international trade in the product cycle
Quarterly Journal of Economics, Vol. 80, S. 190-207.

WEDER, R. / GRUBEL, H. G. (1993)
The New Growth Theory and Coasean Economics: Institutions to Capture Externalities
Weltwirtschaftliches Archiv, Bamd 129, Heft 3, S. 488-513.

WEF (2002)
World Competitiveness Report
Oxford University Press; Oxford, New York.

WELTBANK (2001)
World Development Indicators CD-Rom

WELTBANK (1999)
Knowledge for Development. World Development Report 1998/99.
Oxford University Press; Oxford, New York.

WOHLMANN, M. (1998)
Der nominale Wechselkurs als Stabilitätsanker
Vervuert, Frankfurt/M.

WTO (1999)
Trade Policy Review Argentina. 1999
Geneva

YOGUEL, G. (2000)
The Responses of Small and Medium Sized Enterprises
in: Kosacoff, Bernardo (ed.): Corporate Strategies Under Structural Adjustment. Responses by Industrial Firms to a New Set of Uncertainties; Macmillan Press, Houndmills, New York.

YOUNG, A. (1998)
Growth without scale effects
Journal of Political Economy, Vol. 106, No.1, S.41-63.

YOUNG, A. (1995)
The Tyranny of Numbers: Confronting the Statistical Realities of the East Asian Growth Experience
Quarterly Journal of Economics, Vol. 110, S. 641-680.

YOUNG, A. (1993a)
Invention and Bounded Learning by doing
Journal of Political Economy, Vol. 101, No. 3, S. 443-472.

YOUNG, A. (1993b)
Substitution and Complementarity in Endogenous Innovation
Quarterly Journal of Economics, Vol. 108, S. 775-807.

YOUNG, A. (1991)
Learning by doing and the Dynamic Effects of International Trade
Quarterly Journal of Economics, Vol. 106, No.2, S. 369-406.

ZHANG, X. / ZOU, H. (1995)
Foreign Technology Imports and Economic Growth in Developing Countries
World Bank Policy Research Working Paper No. 1412.

ZIMMERMANN, K. F. (1987)
Trade and Dynamic Efficiency
Kyklos, Vol. 40, S. 73-87.

Göttinger Studien zur Entwicklungsökonomik
Göttingen Studies in Development Economics

Herausgegeben von / Edited by Hermann Sautter

Die Bände 1-8 sind über die Vervuert Verlagsgesellschaft (Frankfurt/M.) zu beziehen.

Bd./Vol. 9   Hermann Sautter / Rolf Schinke (eds.): Social Justice in a Market Economy. 2001.

Bd./Vol. 10   Philipp Albert Theodor Kircher: Poverty Reduction Strategies. A comparative study applied to empirical research. 2002.

Bd./Vol. 11   Matthias Blum: Weltmarktintegration, Wachstum und Innovationsverhalten in Schwellenländern. Eine theoretische Diskussion mit einer Fallstudie über „Argentinien 1990-1999". 2003.